ボード・コンピュータ・シリーズ

すぐに作れる

AI/ロボット/スパコンから
ソフトウェア・ラジオ/ハイレゾ・オーディオまで

カメラ×センサ！
ラズベリー・パイ製作全集
[基板3枚入り]

トランジスタ技術編集部 [編]

CQ出版社

カメラ×センサ！ ラズベリー・パイ製作全集 [基板3枚入り]

イントロダクション 本書を使用するにあたって
ラズベリー・パイのOS「Raspbian」のインストール　編集部……8
  はじめに── 8
  Raspbianのインストール方法── 8

第1章　Wi-Fi×1.2GHz最新フルスペック・ラズパイで遊ぶ
ホビー・スパコンで科学の実験　砂川 寛行/三好 健文 …… 11

 みんなの科学ガジェット ラズパイ兄弟勢ぞろい　砂川 寛行── 11
  進化の過程その① 元祖ラズベリー・パイ B── 11
  進化の過程その② 25ドル！ ラズベリー・パイ A── 12
  進化の過程その③ 組み込み用！ Compute Module── 12
  進化の過程その④ USB電源強化＆コネクタ整理！ ラズベリー・パイ B＋とA＋── 12
  進化の過程その⑤ 900MHzクアッド・コア搭載！ ラズベリー・パイ 2B── 13
  進化の過程その⑥ 5ドル&1GHz！ ラズベリー・パイ ZERO── 13
  進化の過程その⑦ 1.2GHz & Wi-Fi/Bluetooth搭載！ ラズベリー・パイ 3B── 13
  進化の過程その⑧ picameraコネクタ・プラス！ ラズベリー・パイ ZERO ver1.3── 14
  進化の過程その⑨ Wi-Fi機能を搭載!! ラズベリー・パイ ZERO W── 14
  進化の過程その⑩ CPUパワーとネットワーク機能を強化!! ラズベリー・パイ 3B＋── 14

 ラズベリー・パイ3がおすすめな7つの理由　砂川 寛行── 15
 Pi1号発射！ 科学ガジェット・スパコン 私の遊び方　砂川 寛行── 19
  ホントに作って打ち上げる── 19
  発射── 23

 消費電力を実測！ 電池動作時間の見積もりと電源製作　砂川 寛行── 27
  準備── 27
  1 長時間の消費電流の変化── 29
  2 過渡的な消費電流の変動── 29
  ラズベリー・パイ3用バッテリ電源回路の設計例── 30

 実測！ CPUの演算性能とWi-Fi/Bluetoothの通信速度　三好 健文── 31
  基礎知識 CPUの性能を調べる方法── 31
  ①アプリケーション・レベルの総合性能 ベンチマーク法：GoogleのOctane── 32
  ②実測！ CPUの基本性能 ベンチマーク法：UnixBench── 34
  ③実測！ メモリ転送性能 ベンチマーク法：STREAM── 36
  ④実測！ ストレージ・アクセス速度 ベンチマーク法：Bonnie＋＋── 37
  Wi-Fiの通信速度 ベンチマーク法── 37
  Bluetoothの転送性能 ベンチマーク法：iPerf── 40
  まとめ── 40

 カメラ眼付き人工知能コンピュータの実験　三好 健文── 42
  コンピュータ上に学習能力を実現する技術「人工知能」── 43
  実験の準備── 45
  実験① ラズベリー・パイ3に数値文字の画像データを読み込ませて認識させてみる── 46
  実験② ラズベリー・パイ3は手描き文字'4'を言い当てられるか？── 46
  実験③ ラズベリー・パイはマウスをマウスと認識するか？── 47
  column 電源やクロック周波数をチェックしながら正しくベンチマーク・テスト── 34
  column ラズベリー・パイ3 Wi-Fiの実質的な転送速度── 41
  column 実験①でラズベリー・パイ3はどんな処理をしたのか？── 50

Appendix 1　ラズベリー・パイ3で6時間かかった文字認識が1時間弱で終了！
人工知能プログラミング環境 TenseFlowの分散処理機能で高速機械学習
…………52

CONTENTS

第2章 ラズパイ3拡張用プリント基板を一緒に組み立てよう！
はんだ付けから IoT電子工作ガジェット教材「Apple Pi」 　　小野寺 康幸……55
ラズベリー・パイを IoT 実験キットに進化させる拡張基板を製作 ── 55
拡張ボード Apple Pi の組み立て製作 ── 59
キー・パーツ ── 59
組み立て方 ── 61
動作確認済みソフトウェアのセットアップ ── 62
Apple Pi をテスト運転する ── 63
初めての IoT 電子工作 ── 68
製作① いつも正確！ ネットワーク時計 ── 68
製作② 全59チャネル！ 海外を感じる高音質インターネット・ラジオ ── 69
製作③ 農業や流通に！ ネットワーク温度モニタ ── 72
column イコライザ機能搭載！ 32ビット，384kHz D-A コンバータ・モジュール MM-5122 ── 56
column Apple Pi 製作用部品セット販売のお知らせ ── 58
column トランジスタ技術のWebサイトからプログラム・ソース一式を無料ダウンロード ── 64
column 通信できない？ と思ったらI²Cデバイスの駆動力不足かも ── 71
column イチオシ！ 音楽プレーヤ・アプリケーション VLC media player ── 72

第3章 24ビット/96kHz録音用×アンプ内蔵 計測用のデュアルA-Dコンバータ搭載
オールDIPで1日製作！ 音声認識ハイレゾPiレコーダ「Pumpkin Pi」 　　小野寺 康幸……75
音声認識ハイレゾPiレコーダ Pumpkin Pi のあらまし ── 76
ハードウェア編 ── 77
2つのA-Dコンバータを搭載 ── 77
組み立て方 ── 79
ラズベリー・パイにソフトウェアをセットアップする ── 81
応用製作 ── 84
応用1：音声認識Piリモコン ── 84
応用2：ハイレゾPiレコーダ ── 91
応用3：マルチPiテスタ ── 93
応用4：Pi温度計 ── 95
column Juliusの認識成功率を高める方法 ── 85
column 録音データの処理が間に合わない「overrunエラー」への対応 ── 86
column 800時間連続動作！ 手軽に作れるポータブル・マイク・アンプ回路 ── 87
column おすすめの録音編集ソフトウェア Audacity ── 94

Appendix 2 データやシステム・ファイルを傷つけずに安全に停止させる
スタンドアロン動作のラズベリー・パイのOSを赤外線リモコンでシャットダウン
…………96
column Pumpkin Pi 製作用部品セットの有償頒布とプログラム無料ダウンロードのご案内 ── 97

第4章 Arduino×ラズベリーパイ合体ボード作りました！
πduino誕生！ 　　砂川 寛行/岩田 利王……98
全実験室に告ぐ！ 高IQアルデュイーノ πduino誕生　　砂川 寛行 ── 100
合体による5つのメリット ── 102
実験用コンピュータ！ πduino誕生 ── 104
オールDIP！ 付録基板で1日製作！ πduinoの組み立て方　　砂川 寛行 ── 110
事前に準備するもの ── 110
組み立て方法 ── 114

カメラ×センサ！ ラズベリー・パイ製作全集 [基板3枚入り]

1番簡単！ スケッチ言語でπduinoプログラミング　砂川 寛行 ── 120
- 準備しておくもの ── 120
- ラズベリー・パイにArduino開発環境をセットアップ ── 120
- かゆいところに手が届く！ コマンドでArduinoをプログラミングしてみる ── 122

虫や動物，マシンの会話を盗み聞き！ こうもりヘッドホンの製作　砂川 寛行 ── 125
- こんな装置 ── 125
- ハードウェア ── 128
- ソフトウェア ── 131
- 街に飛び交っている超音波を聴いてみた ── 137

24時間ジロジロ 超ロー・パワーArduinoで作る違法駐車チクリ・カメラ魔　岩田 利王 ── 138
- こんな装置 ── 138
- システムの全体構成 ── 139
- 作り方 ── 141
- 実際に動かしてみた ── 151

- **column** キーボードやマウスなしでラズベリー・パイの電源を安全にシャットダウンする方法 ── 117
- **column** ケーブル・レスでスッキリ！ ラズベリー・パイ接続基板も製作してみた ── 118
- **column** πduino製作用部品セットの頒布（有償）とプログラム無料ダウンロードのご案内 ── 119
- **column** スケッチ不要！ ラズベリー・パイからArduinoの入出力を直接動かせるFirmataとは？ ── 123

Appendix 3　極楽プログラミング！ 拡張性バツグン！ ホビー用や教材だけでなく計測制御にも！
世界中の実験室で大活躍！ Arduinoってこんなマイコン・ボード ── 105
- **column** おススメの実験用パソコン ラズベリー・パイ・シリーズ ── 109

第5章　ハイパー計算エンジン搭載のロボットの眼で診る！ 観る！ 視る！
コンピュータ撮影！ Piカメラ実験室
鮫島 正裕／村松 正吾／志田 晟／富澤 祐介／エンヤ・ヒロカズ／大滝 雄一郎 ── 152

Piカメラ第1実験室　猫だけに反応！ 人工知能ツイッター・トイレ　鮫島 正裕 ── 152
- こんな装置 ── 153
- 準備 ── 153
- 設定 ── 153
- ハードウェア ── 154
- においセンサ用のソフトウェア制作 ── 155
- 猫識別用のソフトウェア ── 157
- ツイートの確認 ── 159
- まとめ ── 160

Piカメラ第2実験室　20cm以下の床下をらくらく点検！ Piカメラ偵察ローバ　村松 正吾 ── 161
- 用途と仕様 ── 161
- 本器の構成 ── 163
- MATLABからパイZeroを利用するための設定 ── 165
- MATLABのパイZero制御プログラミング ── 167
- ハードウェアの製作 ── 168
- パソコンで遠隔操作するためのGUI制作 ── 171
- 本器が単独で動作するプログラムの作成 ── 174
- ソフトウェアによるPWM制御ブロックの作成 ── 175

Piカメラ第3実験室　ミクロ探検隊！ スーパー・ズームPiカメラ顕微鏡　志田 晟 ── 178
- 本器の特徴 ── 178
- 準備 ── 180
- ラズベリー・パイ実験用ライブラリのインストール ── 180
- Simulinkを試運転…ラズベリー・パイをパソコンとつないで動かす ── 181
- ハードウェア製作 ── 183
- 画像処理機能 ── 184

CONTENTS

　　　　仕上げ ── 187
　Piカメラ第4実験室　「茶黒茶…100Ωです！」抵抗値即答マシン　富澤 裕介 ── 189
　　　　ラズベリー・パイとMATLABとの接続設定 ── 189
　　　　動作確認 ── 192
　　　　写真撮影 ── 193
　　　　画像データの基礎知識 ── 194
　　　　画像データの色検出と分析 ── 195
　　　　音声の読み上げ機能を追加する ── 197
　Piカメラ第5実験室　スピード対決！ お絵描き系MATLAB/Simulinks
　　　　　　　　　　　　　　　vs スクリプト系Python　富澤 裕介 ── 201
　　　　2つのプログラミング言語を比較した理由 ── 201
　　　　Simulinkでプログラム作成 ── 202
　　　　Pythonでプログラム作成 ── 202
　　　　対戦結果 ── 203
　Piカメラ第6実験室　−273〜＋300℃！ Piカメラ・サーモグラフィ　エンヤ・ヒロカズ ── 204
　　　　キー・パーツ「LWIRカメラ・モジュール」の特徴 ── 205
　　　　パイZeroにカメラ・モジュールを接続 ── 207
　　　　製作 ── 208
　　　　動作確認 ── 210
　　　　−273〜300℃！ Piカメラ・サーモグラフィーのLCDモニタ表示 ── 210
　Piカメラ第7実験室　Piカメラで体内透視！ 近赤外光レントゲン・プロジェクタ　大滝 雄一郎 ── 212
　　　　column　抵抗器に印刷されたカラーコードの意味 ── 200

第6章　サーモグラフィ・センサが熱源を自動追尾！ ご主人様に即画像転送！
　　　　ド真ん中撮影！ ロボット・アーム・カメラ「Pi蛇の眼」　松井 秀次／横山 昭義 ……… 216
　　　　こんなカメラ ── 216
　　　　ハードウェア構成 ── 217
　　　　キーパーツ ── 218
　　　　製作 ── 221
　　　　プログラム制作 ── 223
　　　　実験 ── 228
　　　　実際に動かしてみた ── 229
　　　　column　I²C用ツール MiniProg3 ── 229

第7章　無料のプロ用画像処理アプリを走らせてエッジや動きをリアルタイム検出＆分析！
　　　　のっけから異次元電子工作！ 24時間インテリジェント・ムービ　岩田 利王 ……… 231
　　　　画像処理ライブラリ OpenCV ── 231
　　　　準備 ── 233
　　　　画像処理の実験①「エッジ検出」── 235
　　　　画像処理の実験②「動き検出」── 236
　　　　OpenCVの応用 ── 238
　　　　column　ラズベリー・パイとmicro SDカードには相性がある？── 234

第8章　文字認識，リモコン操作，写真添付メールまで！ こりゃタダの撮影マシンじゃない
　　　　「安心してお出かけください」親切すぎるウェブ・カメラマンの製作　岩田 利王 ……… 239
　　　　温度を監視して異常時には警告，エアコンの遠隔操作ができる ── 239
　　　　工程① OpenCVを使ってUSBカメラからの画像をJPEGファイルに変換する ── 241
　　　　工程② JEPGファイルをメールに添付してユーザに送信する ── 242
　　　　工程③ ユーザからのメールを受け取る ── 242
　　　　工程④ USBリモコンをラズベリー・パイで使う ── 243
　　　　工程⑤ シェルスプリプトによる自動実行 ── 245

カメラ×センサ！ ラズベリー・パイ製作全集 [基板3枚入り]

工程⑥ 画像認識によって温度計の値を読み取る —— 246

第9章 　Wi-Fi/撮影サイズ/圧縮率/音声合成…，現地で設定してあげなくてもいい
実家の両親でも一発完動！ QRコード解読Webカメラ　　田中 二郎 …………… 249
本器の特徴 —— 250
準備 —— 250
ハードウェア製作 —— 251
ラズベリー・パイとカメラとの接続設定 —— 252
ソフトウェア制作 —— 253

第10章 　100μA低電力潜入＆0.数秒で高速覚醒！ 逃げ足速いアイツの姿を送ってくれる
ギャラは電池3本/月！ 必撮猪鹿カメラマン　　岩田 利王 …………… 257
屋外IoTの実例！ 赤外線センサ・カメラ —— 257
ラズベリー・パイの「寝起きの悪さ」をFPGAで補い，電源ON/OFFを常時動作のマイコンで制御 —— 258
3つのボードを組み合わせて確実な撮影と乾電池動作を実現 —— 258
全体のブロック図とフローチャート —— 260
ワンチップ・マイコンのファームウェア —— 262
ラズベリー・パイのアプリケーション —— 263
ソラコム社のSIMカードとUSBドングルAK-020をラズベリー・パイで使う —— 267
シェルスプリプト＋rc.localでアプリケーションやコマンドを自動的に動かす —— 267
単2乾電池×3本で1カ月動作する予定 —— 269
IoT時代の司令塔は意外にもワンチップ・マイコン —— 269

Appendix 4　罠トリガ対応版で害獣を捕まえる！ …………… 270
猪鹿カメラマンの課題と対処法 —— 270
猪鹿カメラマンのシステム —— 271
必撮猪鹿カメラマンで撮影した獣たち —— 271

第11章 　イメージ・センサの性能を暴き，画像の処理を自由自在に！
徹底解剖！ ラズパイ・カメラのRawデータ取り出しと性能評価　　越澄 黎 …………… 273
Rawデータの特徴 —— 273
STEP1 Rawデータを取り出す —— 274
STEP2 Rawデータの構造を見てみる —— 276
STEP3 イメージ・センサの感度を調べる —— 276
感度を実際に評価する —— 278

第12章 　専用サーバも専門知識も要らない！ 低消費だから24時間稼働OK！
自動で愛犬撮影＆メール送信！ 留守番ウェブ・カメラマン　　岩田 利王 …………… 281
こんな装置 —— 282
要素1：カメラ画像の取得 —— 282
要素2：メールの送信 —— 284
要素3：メールの受信 —— 285
仕上げ —— 286

第13章 　福井高専発の53MHz放射の跳ね返り信号，約－100dBmを信号処理で捕える
USBワンセグとラズパイで日中も！ 流星キャッチャの製作　　藤井 義巳 …………… 290
流星の電波をキャッチする —— 290
ハードウェア —— 292
ソフトウェア —— 294
パソコンとRTL-SDRで動作確認 —— 295
Simulinkによるプログラム作成 —— 296

CONTENTS

受信したRF *I-Q*データの保存 —— 299
column ソフトウェア無線を始めるなら！USBワンセグ・チューナ RTL-SDR —— 290
column VHF帯を使って電波を観測…流星エコーとは —— 300

第14章 短寿命のSDカードに三行半！冷却ファンで高速安定動作＆33.4MB/sの高速アクセス
ハードディスク×Pi 24時間365日フェニックス・サーバの製作　杉﨑 行優 …… 301

① OS起動ディスクのハードディスク化 —— 303
② 電源装置の変更 —— 306
③ 放熱ファンの追加 —— 308
まとめ —— 311
column raspberry Pi ワンポイントTips —— 310

第15章 すべてのCPUパワーを計測・解析・制御に注ぎ込む
2×ラズパイ2で超高速計算！ホーム用I/Oミニ・スパコンの製作　小野寺 康幸 …… 312

第1話　製作の動機 —— 312
自宅にミニ・スパコンが欲しい —— 312
ミニ・スパコンのメリット —— 314

第2話　計算能力を上げる定石 —— 316
高性能化の2大手法 —— 316
CPUの高性能化 —— 317
複数のCPUを同時に動かす —— 319

第3話　作り方 —— 325
製作手順 —— 325
ハードウェア —— 326
ソフトウェア —— 326
実験の下準備 —— 327
実験1　1台のラズベリー・パイでマルチスレッド化してみる —— 328
スパコンとしての測定を行う —— 329
実験2　2台のラズベリー・パイで分散処理をしてみる —— 330
実験結果 —— 332
column 自動でCPU資源の管理と負荷の分散をやってくれる商用ソフトもある —— 323
column Linux特有の仕組み 管理者権限とユーザ権限 —— 324
column 使わせていただいている無料版OS「Linux」と使ってあげている有料版OS「Windows」 —— 333

初出一覧 …… 334
著者プロフィール …… 335

本書を使用するにあたって

ラズベリー・パイのOS「Raspbian」のインストール

イントロダクション

編集部

はじめに

本書は『トランジスタ技術』に掲載したラズベリー・パイ関連の製作記事を集めたものです．

ラズベリー・パイは，OS上でプログラムが動作するパソコンで，ラズベリー・パイを使うためにはOSのインストールが必須です．インストールするOSは「Linux」をラズベリー・パイ専用にカスタマイズした「Raspbian」(ラズビアン)です．

Raspbianは頻繁にアップデートされていて，バージョンが変わると，基本的な機能が変更されることもあります．旧バージョンのRaspbian用に書かれたプログラムでは動作しない恐れがあるので，時としてプログラムに合わせたRaspbianをインストールする必要が出てきます．

最初にRaspbianのインストール方法と，旧バージョンのRaspbianのダウンロード方法を紹介します．

第1章から第15章の冒頭ページの脚注に，初出を記載しています．記事の再現にあたっては，掲載された時期のRaspbianをラズベリー・パイにインストールしてください．

Raspbianのインストール方法

Raspbianは，インターネットにつながっているWindowsパソコンを使ってダウンロードし，マイクロSDカードにコピーする必要があります．ただし，マイクロSDカードはラズベリー・パイに合うようにフォーマットをする必要があるため専用ツールを使います．手順は次のようにします．

● 手順1：SDメモリカード・フォーマット・ツール(SD Card Formatter)のインストール

Windowsパソコンを使って，マイクロSDカードをフォーマットするためのツール「SDFormatter v5.0」をインストールします．ツールは次のサイトから無償で入手できます．

http://www.sdcard.org/jp/downloads/formatter_4/eula_windows/

このサイトに進むと「SD Memory Card Formatter END USER LICENSE AGREEMENT」(エンドユーザー使用許諾契約書)というページが開きます．そのページの一番下側にある「同意します」というボタンをクリックするとダウンロードを開始します．

「SDCardFormatterv5_WinJP.zip」というzipファイルがダウンロードできます．ファイルを解凍すると，「SD Card Formatter 5.0.1 Setup JP.exe」(2019年2月現在のバージョンは5.0.1)というセットアップ・ファイルが得られます．

セットアップ・ファイルを実行し，表示されるダイ

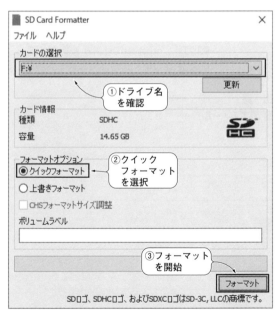

図1　フォーマット・ツール(SD Card Formatter)でSDカードをフォーマットする
2019年2月現在のバージョンは5.0.1

アログにしたがってインストールします．

● 手順2：マイクロSDカードをパソコンにセットしてフォーマットする

マイクロSDカードをパソコンにセットしてから，SD Card Formatterを起動すると，図1に示すダイアログが表示されます．マイクロSDカードのドライブ名が正しいかを確認します．フォーマットなので異なるドライブが指定されていると，すべてのデータを消失しますから注意しましょう．フォーマット・オプションは「クイックフォーマット」を選択します．

「フォーマット」ボタンをクリックすればフォーマットを開始し，数秒で完了します．

● 手順3：Raspbianのイメージ・ファイルをダウンロードする

▶最新版Raspbianの入手方法

最新版のRaspbianのイメージ・ファイルをダウンロードしてみましょう．次のサイトへアクセスしてください．

https://www.raspberrypi.org/downloads/raspbian/

図2に示すように「Raspbian Stretch with desktop」にある「Download ZIP」というボタンをクリックしてダウンロードを実行します．2019年2月時点では，「2018-11-13-raspbian-stretch.zip」というファイルがダウンロードできます．一般的な解凍ソフトで展開すると，「2018-11-13-raspbian-stretch.img」というイメージ・ファイルが得られます．

▶旧バージョンのRaspbianの入手方法

次のサイトから旧バージョンのRaspbianのイメージ・ファイルをダウンロードできます．

https://downloads.raspberrypi.org/raspbian/images/

開いたページ（図3）には，日付別に異なるバージョンのRaspbianがダウンロードできるリンクが張られています．

試しに「raspbian-2017-01-10/」を開いてみましょう．図4に示すように旧バージョンのzipファイルが格納されています．zipファイル名をクリックすると，旧バージョンのRaspbianのイメージ・ファイルがダウンロードできます．

● 手順4：書き込みツール「Win32 Disk Imager」のインストール

イメージ・ファイルをマイクロSDカードへ書き込むためには，「Win32 Disk Imager」というフリーソフトの書き込みツールを使います．次のURLにアク

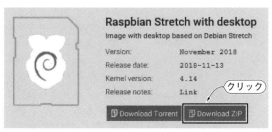

図2 「Download ZIP」をクリックすると，最新版のRaspbianのイメージ・ファイルがダウンロードできる
2019年2月時点では「2018-11-13-raspbian-stretch.zip」

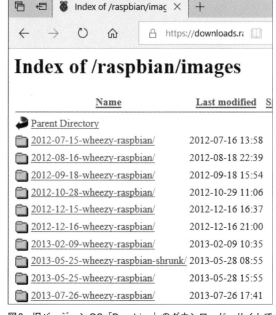

図3 旧バージョンOS「Raspbian」のダウンロード・サイトでは，日付別のフォルダにイメージ・ファイルを格納
各章が記載されているフォルダは，記事が紹介された時点で使用されたRaspbianを示す

図4 旧バージョンRaspbianのzipファイル名をクリックすると，イメージ・ファイルがダウンロードできる

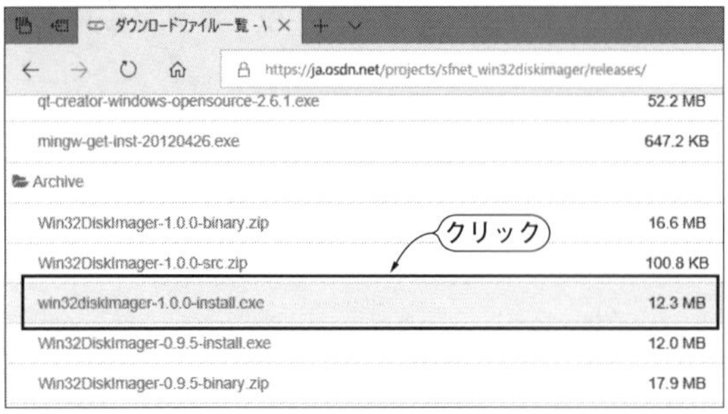

図5 ダウンロード・サイトから書き込みツール「Win32 Disk Imager」を入手する
2019年2月現在のバージョンは1.0.0

セスし，サイトの左下にあるセットアップ・ファイル「Win32DiskImager-1.0.0-install.exe」（2019年2月現在のバージョンは1.0.0）をダウンロードします（図5）．

https://ja.osdn.net/projects/sfnet_win32diskimager/releases/

セットアップ・ファイルを実行し，表示されるダイアログにしたがってインストールします．

● 手順5：書き込みツール「Win32 Disk Imager」でRaspbianをマイクロSDカードに書き込む

マイクロSDカードをパソコンにセットしてから，Win32 Disk Imagerを起動すると図6に示すダイアロ

図6 書き込みツール「Win32 Disk Imager」でRaspbianのイメージ・ファイルをSDカードに書き込む

グが表示されます．マイクロSDカードのドライブ名を確認し，ダウンロードしたいイメージ・ファイル名を指定します．「Write」をクリックすると書き込みができます．

＊　　　＊　　　＊

なお，使用するRaspbianのバージョンごとにマイクロSDカードを1枚ずつ用意してください．Raspbianを書き換える手間を省くだけでなく，Raspbianのバージョン違いによるトラブルの回避にも役立ちます．

第1章 ホビー・スパコンで科学の実験

Wi-Fi×1.2GHz 最新フルスペック・ラズパイで遊ぶ

ホビー・スパコンで科学の実験

砂川 寛行／三好 健文

使い捨てOKのWi-Fiコンピュータで
思いっきり遊ぶ

みんなの科学ガジェット ラズパイ兄弟 勢ぞろい

写真1 ラズパイ・ファミリの元祖「ラズベリー・パイB」
型名：Raspberry Pi 1 Model B，価格：35ドル，CPU：ARM11，クロック：700MHz，メモリ：256Mバイト，USBポート：2個，LANポート：あり，カメラ・ポート：あり，ストレージ：SDカード

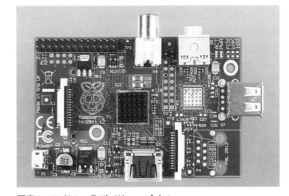

写真2 25ドル！ ラズベリー・パイA
型名：Raspberry Pi 1 Model A，価格：25ドル，CPU：ARM11，クロック：700MHz，メモリ：256Mバイト，USBポート：1個，LANポート：なし，カメラ・ポート：あり，ストレージ：SDカード

　ラズベリー・パイは，次々と新製品がリリースされるため，シリーズ・ラインナップがわかりにくくなりつつあります．偶然，初代から最新型まで，すべて手元にありましたので，ここで整理をしてみましょう．

進化の過程その① 元祖ラズベリー・パイB

　2012年，元祖ラズベリー・パイB（**写真1**）が発売されました．名刺サイズ（85.6×56.5 mm）に，Linuxパソコンの機能がしっかり詰め込まれています．
　CPUは，ARM11で700MHzクロックのシングル・コア，メモリは256Mバイト，モニタ出力はHDMIとコンポジット・コネクタ，USBポート2個とLANポートを1個搭載していました．
　26ピンのGPIO拡張コネクタには，入出力以外に，I^2Cバス，UART，SPIの3種のシリアル通信ポートがありました．ポートが限られてますが，PWM信号やクロック信号を出すこともできます．
　発売当時，このスペックで35ドルは驚異的な低価格でした．ラズベリー・パイよりもスペックの高いLinuxボードは他にもありましたが，50ドルを下回るものはありませんでした．ラズベリー・パイBは，世界中から注目されたことで，英国RSコンポーネンツに直接発注して手に入れるまでに半年待ちました．
　当時，X Window[*1]が立ち上がってLinuxが動くことはわかったのですが，動きが遅すぎてとてもパソ

コンのようには扱えませんでした．情報も少なく，シェルスクリプトでGPIOを動かして，レチカをさせるだけでも大変でした．モニタ出力に魅力があったので，信号を検知したらビデオ再生する装置を作っているうちに，GPIOをLinuxで制御できる点がラズベリー・パイの大きな魅力であることに気づきました．

進化の過程その②
25ドル！ラズベリー・パイA

ラズベリー・パイBの発売から少し時間をおいて，コスト・ダウン版が25ドルで発売されました(写真2)．

USBポートが1個になり，LANポートがありませんでした．当時のラズベリー・パイのUSBポートは，電源供給能力が低いため，Wi-Fiアダプタを接続しただけで動作が不安定になりました．USBマウスを抜き挿ししても同様でした．

進化の過程その③
組み込み用！Compute Module

ラズベリー・パイのトラブルシュート情報や工作例がインターネットでたくさん出回りだし「これは使えそうだな」と思い始めたころ，Compute Module(写真3)が発売されました．

当時，ラズベリー・パイは教育用と思われていましたが，Compute ModuleはCPU，メモリ，フラッシュなどをDIMMモジュールに詰め込んだ組み込み用でした．DIMMモジュールを受けるドータ・ボードとセットで，確か1万円以上で販売されていました．

進化の過程その④
USB電源強化＆コネクタ整理！
ラズベリー・パイB＋とA＋

ラズベリー・パイの認知度が高まり，GPIOの制御

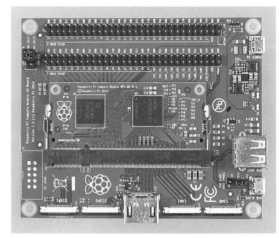

写真3　組み込み用！Compute Module
型名：Compute Module kit，価格：104ドル(moduleは30ドル)，CPU：ARM11，クロック：700 MHz，メモリ：512 Mバイト，USBポート：2個(USB，マイクロUSB)，LANポート：なし，カメラ・ポート：2個，ストレージ：オンボードeMMC(4 Gバイト)

やインターネットと連携できることで，応用の幅が広いことがわかり始めたころ，外形を見直し，主記憶メモリをマイクロSDとし，USBポートを4個にして，USB電源が強化されたタイプB＋(写真4)とタイプA＋(写真5)が発売されました．

B＋の性能は，Bとほぼ同じ性能ですが，使えるGPIOの数が多く，USBポートの電源容量不足を気にすることなく使えました．Bは，無秩序に並んだコネクタが邪魔をして，ケースに組み込みにくかったのですが，これもスッキリ整理されました．

A＋は，不要な機能を取り払ったぶん，基板サイズが小さくなり，価格も20ドルと抜群のコスト・パフ

写真4　USB電源をパワーアップ！ラズベリー・パイB＋
型名：Raspberry Pi 1 Model B＋，価格：35ドル，CPU：ARM11，クロック：700 MHz，メモリ：512 Mバイト，USBポート：4個，LANポート：あり，カメラ・ポート：あり，ストレージ：マイクロSDカード

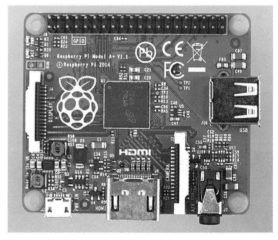

写真5　20ドル！ラズベリー・パイA＋
型名：Raspberry Pi 1 Model A＋，価格：20ドル，CPU：ARM11，クロック：700 MHz，メモリ：256 Mバイト，USBポート：1個，LANポート：なし，カメラ・ポート：あり，ストレージ：マイクロSDカード

＊1　X Window：Linuxのグラフィカルな操作画面のこと．コマンドを打ち込むのではなく，マウスのボタン操作で，インターネットを閲覧したりできる．CPUの処理量やメモリの使用量が増える．ラズベリー・パイをパソコン使いするときはX Windowが便利．

第1章　ホビー・スパコンで科学の実験

写真6　900 MHzクアッド・コア搭載！ラズベリー・パイ 2B
型名：Raspberry Pi 2 Model B，価格：35ドル，CPU：Cortex-A7（クアッド・コア），クロック：900 MHz，メモリ：1Gバイト，USBポート：4個，LANポート：あり，カメラ・ポート：あり，ストレージ：マイクロSDカード

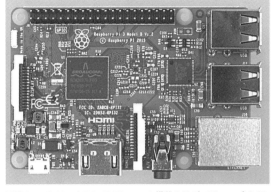

写真8　1.2 GHz & Wi-Fi/Bluetooth搭載！ラズベリー・パイ 3B
型名：Raspberry Pi 3 Model B，価格：35ドル，CPU：Cortex-A53（クアッド・コア），クロック：1.2 GHz，メモリ：1Gバイト，USBポート：4個，LANポート：あり，カメラ・ポート：あり，ストレージ：マイクロSDカード，Wi-Fi：あり，Bluetooth：あり

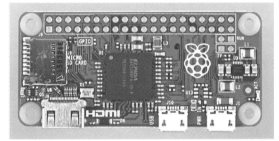

写真7　5ドル&1GHz！ラズベリー・パイ ZERO
型名：Raspberry Pi ZERO，価格：5ドル，CPU：ARM11，クロック：1 GHz，メモリ：512 Mバイト，USBポート：1個（マイクロUSB），LANポート：なし，カメラ・ポート：なし，ストレージ：マイクロSDカード

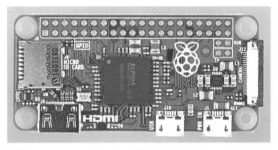

写真9　picameraコネクタ・プラス！ラズベリー・パイ ZERO ver1.3
型名：Raspberry Pi ZERO Ver1.3，価格：5ドル，CPU：ARM11，クロック：1 GHz，メモリ：512 Mバイト，USBポート：1個（マイクロUSB），LANポート：なし，カメラ・ポート：あり，ストレージ：マイクロSDカード

ォーマンスでした．ラズベリー・パイ ZEROが入手困難な今，CLI（Command Line Interface）(*2)で使用するのであれば，ラズベリー・パイ A＋がお勧めです．

■ 進化の過程その⑤
900MHzクアッド・コア搭載！
ラズベリー・パイ 2B

ラズベリー・パイ 2B（写真6）は，CPUが，ARM11のシングル・コアから，ARM Cortex-A7の4個（クアッド・コア）にパワー・アップしました．動作速度は900 MHzでメモリは1Gバイトです．

B＋までの「古いARM11コアが載った個人向けマイコン・ボード」という悪い印象はなくなりました．

電源起動の時間も短くなり，X Windowを動かしてもサクサク反応します．「これホントに個人向け？産業用で十分使える性能じゃないか…」と驚きました．

■ 進化の過程その⑥
5ドル&1GHz！ラズベリー・パイ ZERO

2015年11月，5ドルのラズベリー・パイ ZERO（写真7）が発売されるという衝撃的な発表がありました．早々に完売して入手は困難を極めました．

基本的にはラズベリー・パイ A＋と同じシステム構成ですが，USBとHDMIコネクタを小型化しています．カメラ・ポートはありません．メモリは512 Mバイト，動作クロックは1 GHzであり，実はラズベリー・パイ1シリーズよりも性能が上です．Arduinoやmbedボードも性能が上がり安く出回っていますが，ラズベリー・パイ ZEROには，スペックも価格も到底およびません．

■ 進化の過程その⑦
1.2 GHz&Wi-Fi/Bluetooth搭載！
ラズベリー・パイ 3B

2016年の3月末，64ビットのクアッド・コアを搭載したラズベリー・パイ 3B（写真8）が発売されました．

動作速度は1.2 GHzで，低価格なスマートホンとほど変わりません．Wi-FiとBluetooth機能も搭載さ

＊2　CLI（Command Line Interface）：キーボードから英数字の命令（コマンド）を打ち込んで操作するユーザ・インタフェース．画像を表示させる必要のない用途においては今もCLIのほうが起動も早く，消費電力が低い．ラズベリー・パイを組み込むならCLIのほうが有効．

れ，買ってきたらすぐにネットワークに接続できます．
ラズベリー・パイ専用のタッチパネル液晶をつないだら，基板むき出しのスマートホンになります．

進化の過程その⑧
picameraコネクタ・プラス！
ラズベリー・パイ ZERO ver1.3

3B発売の熱が冷めやらない同年の5月，ラズベリー・パイ ZERO ver1.3（**写真9**）が発売されました．従来のZEROにpicamera（800万画素）を接続するポートが付きました．

たかがカメラ・ポートと侮ってはいけません．5ドルの超低価格で省電力なLinuxボードに，8Mピクセルの高解像度カメラが付けられるということは，ウェアラブル・カメラが自作できるということです．IoTノードとしての活用も大いに期待されます．

進化の過程その⑨
Wi-Fi機能を搭載!!
ラズベリー・パイ ZERO W

ラズベリー・パイ ZERO ver1.3が発売されてから1年後の2017年7月，さらにWi-Fi機能を搭載したラズベリー・パイ ZERO W（**写真10**）が発売されました．
ZERO ver1.3でカメラ機能が搭載された上に，Wi-Fi機能まで装備されたのです．それでも価格は10ドル！ かなりの破格です．

従来であれば，Wi-Fiに対応させるためにZEROの基板上に準備されているマイクロUSBコネクタをUSBハブなどで拡張して，Wi-Fiドングルを接続する必要がありました．Wi-FiドングルがZEROの基板から大きくはみ出してしまい，お世辞にもスマートとは言えない形状でした．

ZERO Wならもう気にすることはありません．ZERO W単体だけでネットワークに接続できるのです．まさにIoT用途に適したボードになりました．

なお，基本性能については初代ZEROから引き継がれており，動作クロックは1GHz，メモリは512Mバイトです．ただし，消費電力はWi-Fi機能を搭載したことにより，ZEROよりも数十mA程度増えています．

進化の過程その⑩
CPUパワーとネットワーク機能を強化!!
ラズベリー・パイ 3B＋

2018年3月14日（π = 3.14の日），ラズベリー・パイ3モデルB＋（**写真11**）がリリースされました（日本では技術適合などの関係で，2018年5月から出荷開始）．ラズベリー・パイ3モデルB＋は3Bに対して以下のようにパワーアップしています．それでも販売価格は据え置きの$35（海外）です．

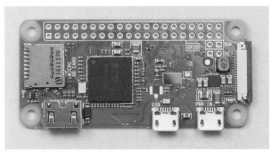

写真10 Wi-Fi搭載！ ラズベリーパイ ZERO W
型名：Raspberry Pi ZERO W，価格：10ドル，CPU：ARM11，クロック：1GHz，メモリ：512Mバイト，USBポート：1個（マイクロUSB），LANポート：なし，カメラ・ポート：あり，ストレージ：マイクロSDカード，Wi-Fi：あり

CPU動作クロックの強化：1.2GHzから1.4GHzになった．
ネットワークチップの高速化：100Mbpsから300Mbpsになった．
Wi-Fi機能の強化：IEEE 802.11ac（5GHz）に対応．
PoEに対応：Power over Ethernetは，対応したHubを接続すればイーサネット経由で電源を供給できる機能．もちろんネットワークにも接続できる．

すでにパソコン並みの扱いができるラズベリー・パイ3Bでしたが，ネットワークについてはパソコンよりも遅かったので，今回の強化でいっそうネットワークでも使いやすくなったと思います．さらにPoE機能を使えば，外部に設置した時の電源確保が容易になります．

CPUの処理速度も上がったので，実用的な用途も広がりそうです．例えば，PoE，PiCamera，OpenCV，TensorFlowを組み合わせれば，外部監視AIカメラが実現できます．

すながわ・ひろゆき

写真11 CPUパワーとネットワーク性能を強化！ ラズベリー・パイ 3B＋
型名：Raspberry Pi 3 Model B＋，価格：35ドル，CPU：Cortex-A53（クアッド・コア），クロック：1.4GHz，メモリ：1GB，USBポート：4個，LANポート：あり，カメラ・ポート：あり，ストレージ：マイクロSDカード，Wi-Fi：あり，Bluetooth：あり

1.2GHzのCPUパワーを1つの目的にぜいたくに利用できるApplication Specific Built in Computer

ラズベリー・パイ3がおすすめな7つの理由

イラスト1　ラズベリー・パイは35ドルの低価格パソコン教育システムとして誕生した

● [理由1] 使い捨てOK！破格の5,000円

　2012年，ラズベリー・パイは，英国のラズベリー・パイ財団が安価なパソコン教育システムとして開発しました（イラスト1）．

　目的が目的だけに，35ドルと破格で，OSもフリーのLinuxを採用しています．壊れたら取り換えればよいので，打ち上げたり，投げ捨てたり，海辺に置いたり，使い捨て感覚で思い切った扱い方ができます．複数台並べて並列に動かせば，ちょっとしたスーパー・コンピュータにもなります．

● [理由2] パソコン感覚で使える

　Linuxは，WindowsやMacと同じく，OS（Operating System）の1つです．Windowsほど一般的ではなく，メーカ・サポートもありませんが，無料なので世界中にたくさんのユーザがいて情報を出し合っています．Linuxはサーバやスーパー・コンピュータ，Androidスマホのベース OS にも使用されています．

　ラズベリー・パイ標準のOS Raspbianには，LibreOfficeという事務用ソフトウェアがついています（イラスト2）．表計算ソフトウェアやプレゼンテーション・ソフトウェアのほか（写真1），マインクラフト・ゲームまで付いています（写真2）．もちろんツイッターやGmailなどのWebアプリを利用することもできます．

　Raspbianは，Debianという種類のLinuxをラズベリー・パイ専用にチューニングしたものです．Linuxの種類にもよりますが，Windowsと同じようにGUI（Graphical User Interface）を使うことができます．Raspbianのほかに Windows10 など異なるOSも使えますが，特別な理由がない限り，Raspbianを選択するのが得策です．

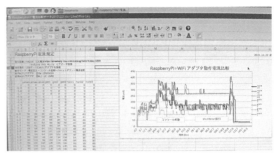

写真1 ラズベリー・パイがパソコンであることの証明①…ラズベリー・パイは事務に使うWindowsパソコンと同じように表計算ソフトウェアや文書作成ソフトウェアを利用できる
標準OS RaspbianについてくるLibreOfficeを動かしているところ

イラスト2 ラズベリー・パイ標準のOS Raspbian（無料）には，MicrosoftのOfficeに相当するLibreOfficeという事務用ソフトウェアがついている

イラスト3 最新型のラズベリー・パイ3はWi-FiとBluetoothを搭載しているで，すぐにインターネットに接続してWebアプリを楽しめる
ネットワーク・オーディオも簡単に実現できる

写真2 ラズベリー・パイがパソコンであることの証明②…キーボードやマウスをつないで，Windowsでもおなじみの無料ゲームソフト マインクラフトも楽しめる

● [理由3] スマホ並みの高性能！ YouTube再生もバッチリ

　CLI（Command Line Interface）を使って，ラズベリー・パイでプログラムを動かすと，CPUの処理能力の差は目立ちませんが，X Windowで操作すると，その差を強く感じます．タイプBやタイプB＋は，Webブラウザでインターネットを見ると，起動に時間がかかったり動きが遅かったりして使いものになりませんでした．

　2016年3月に発売された最新型のラズベリー・パイ3は，Webブラウズはもちろん，YouTubeも余裕で視聴できます．搭載されているCPUは，ARM社製のCortex-A53です．1年前のスマホと同等の性能があります．内部に4個のCPUコアを持ち，動作クロック周波数は1.2 GHzとパソコン並みです．カメラで動画を撮影したり再生したりしても，ストレスはまったく感じません．

　ARM社は，スマートフォンやデジカメ，自動車や家電によく使われているマイコンの設計メーカです．ARM社も英国です．

● [理由4] Wi-Fi & Bluetooth搭載だからケーブル・レスでWeb連携！ 世界のリアルにつないだり，再現したり

　ラズベリー・パイ3で，Wi-Fi機能とBluetooth機能が標準搭載されました（イラスト3）．Wi-Fi用のUSBドングルが不要になりました．買ってきてすぐにインターネットに接続できます．

　Raspbianが進化したおかげで，Bluetoothの通信設

写真3 BluetoothもWindowsやAndroidスマホなど同じようにマウス操作で接続できる

Bluetoothのロゴ・マークをクリックするだけで，ペアリングが行われる

写真4 Bluetoothスピーカとラズベリー・パイ3の接続もとても簡単

イラスト4 ラズベリー・パイ3はマイコンが得意な信号の出し入れも可能
パソコンにはまねができないこと…

ラズベリー・パイ・ドローン

定がマウスで操作できるようになりました．X Windowを立ち上げたときに，ディスプレイ右上に表示されるBluetoothのロゴ・マーク（写真3）をマウスでクリックするだけで，デバイスを検索したりペアリングしたりできます．実際，Bluetoothスピーカ（LBT-SPP300，写真4）とラズベリー・パイ3を接続して，YouTubeで音楽ビデオを視聴できました．

● [理由5] モータを制御したり，センサの信号を取り込んだりできる

ラズベリー・パイは，電気信号を直接出し入れ（I/O：Input Output）することができます．これは事務用のパソコンにはまねのできないことです（イラスト4）．

信号の出し入れは，ラズベリー・パイ3が備える40ピンの拡張コネクタを利用します．多くのICやマイコンが備える主要インターフェース（UART，SPI，I^2C）も備えています．センサやGPS（Global Positioning System）モジュールを動かすこともできます．PWM（Pulse Width Modulation）信号を出力して，サーボモータを動かすこともできます．

● [理由6] 800万画素カメラを接続できる

ラズベリー・パイ3は，800万画素の専用カメラpicameraをつなぐことができます（イラスト5）．文字や人の顔を認識することも可能です．ドローンにラズベリー・パイ3を搭載して空撮動画を無線で実況中継することもできます．

● [理由7] MATLABやExcelなどのアプリケーションを動かしながらI/Oできる

写真5に示すのは，ラズベリー・パイ3で作るノート・パソコン・キットpi-top（ラズベリー・パイ3込みで299.99ドル）です．13.3インチHD液晶，キーボード，タッチパッド，10時間動作するバッテリを内蔵しています．測定機能付きのI/OノートやGPSモジュ

イラスト5 ラズベリー・パイ用の800万画素カメラ・モジュール（picamera）も誕生

イラスト6 ラズベリー・パイ上でMATLABなどの計測制御ソフトウェアを動かしてそのまま組み込むこともできる

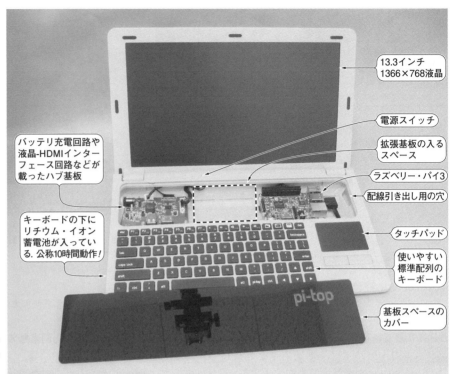

写真5 ラズベリー・パイ3を組み込むノート・パソコン・キットpi-top

- 13.3インチ 1366×768液晶
- 電源スイッチ
- 拡張基板の入るスペース
- ラズベリー・パイ3
- 配線引き出し用の穴
- タッチパッド
- 使いやすい標準配列のキーボード
- 基板スペースのカバー
- バッテリ充電回路や液晶-HDMIインターフェース回路などが載ったハブ基板
- キーボードの下にリチウム・イオン蓄電池が入っている．公称10時間動作！

ールと3Gモデムを組み込んだモバイル・トラッカが作れそうです．このI/OノートにMATLABをインストールして，ロボットにそのまま計測制御の頭脳として組み込むこともできます（**イラスト6**）．

*

モノのインターネットIoT（Internet of Things）という言葉が新聞やニュースをにぎわせています．人はWebを利用してネットワーク（HoI：Human of Internet）を構築したので，次はモノのためのインターネットを作ろうというわけです．

ラズベリー・パイを利用すれば，各国各地域の天気，渋滞情報，地震情報も簡単に手に入ります．天気が悪い日は少し早目に目覚まし音が鳴り，今日の天気を読み上げてくれるWeb時計（**写真6**）も作れます．

すながわ・ひろゆき

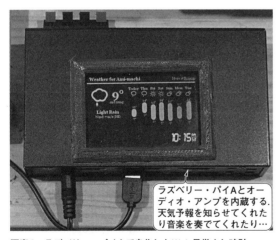

写真6 ラズベリー・パイ上で自作したWeb目覚まし時計
Webから天気情報を入手して，雨の日は少し早目に目覚まし音を鳴らしてくれる

ラズベリー・パイAとオーディオ・アンプを内蔵する．天気予報を知らせてくれたり音楽を奏でてくれたり…

第1章 ホビー・スパコンで科学の実験

800万画素カメラ/9軸センサ/GPS搭載！
打ち上げ動画撮影に挑戦

Pi1号発射！
科学ガジェット・スパコン 私の遊び方

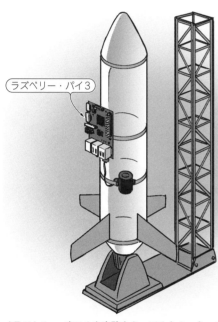

イラスト1　一度こんな実験をやってみたかった…コンピュータと無線，カメラを搭載したりロケットを作って発射！

イラスト2　こんな映像がリアルタイムで見られるはず…（テレビでよく見るやつ）

● ロケットから見える打ち上げリアルタイム映像を見てみたい

　以前から，一度やってみたかった実験があります．それはコンピュータと無線，カメラを手作りロケットに搭載して打ち上げて，地上の物体がみるみる小さくなっていくようすを動画に収めることです（イラスト1，イラスト2）．

　加速度，姿勢，地磁気，位置情報も無線で飛ばしたり，画像とともに管制センタ（パソコン）に送信すれば，ロケットから見えるリアルタイム映像とセンサ情報がグラフで可視化されるはずです（イラスト3）．私は，そんな構想を抱いていました．

　Wi-Fiを搭載した使い捨てコンピュータ「ラズベリー・パイ3」が誕生して，そんな夢実験を試すときがついにやってきました．800万画素の純正カメラ（picamera）も5,000円ほどです．ロケットが墜落した

り，着地に失敗して台無しになっても，心のダメージは数時間で済みそうです．

　本稿では，最新型のラズベリー・パイ3の性能や機能を生かした1つの遊び方を紹介しましょう．

ホントに作って打ち上げる

● 製作したペットボトル・ロケットの仕様

　写真1に製作したペットボトル・コンピュータ・ロケット（Pi1号と命名）を示します．図1に回路構成を示します．次のような部品を搭載しました．

- ラズベリー・パイ3
- 800万画素の純正カメラ・モジュールpicamera
- 9軸センサとGPSモジュール
- 単4型ニッケル水素蓄電池3本と電源回路

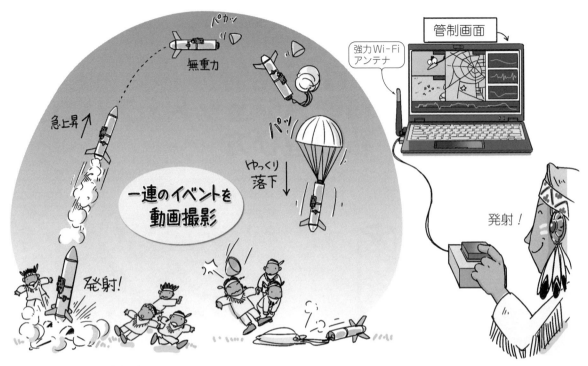

イラスト3 私の楽観的実験予想

写真1 製作したペットボトル・コンピュータ・ロケット Pi1号

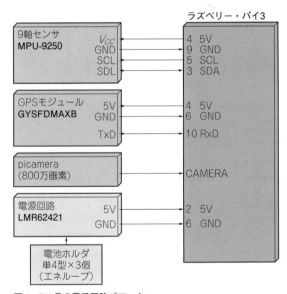

図1 Pi1号の電子回路ブロック

ペットボトルに水を入れて空気入れて圧縮して開放すると，一気に水が噴射します．このときに発生する反動エネルギを推進力にして，最長で60mほど飛びます．

● キーパーツ
▶800万画素の純正カメラ・モジュール picamera
　画素数が500万から800万に高解像度化が進んだラズベリー・パイ純正カメラpicamera（写真2）を搭載します．

▶加速度，姿勢，東西南北を測れるセンサ MPU-9250
　Pi1号の運動情報を得るために，9軸センサIC MPU-9250（InvenSense製，写真3）を搭載しました．図2に内部ブロック図を示します．加速度，姿勢（ジャイロ），地磁気，温度を一度に測定できます．ラズベリー・

第1章 ホビー・スパコンで科学の実験

写真2 Pi1号の眼！800万画素のラズベリー・パイ純正カメラpicameraを搭載

写真3 9軸センサIC MPU-9250（InvenSense）も搭載する
加速度（3軸），姿勢（3軸），地磁気（3軸），温度（1軸）を一度に測定してI²Cインターフェースで出力する

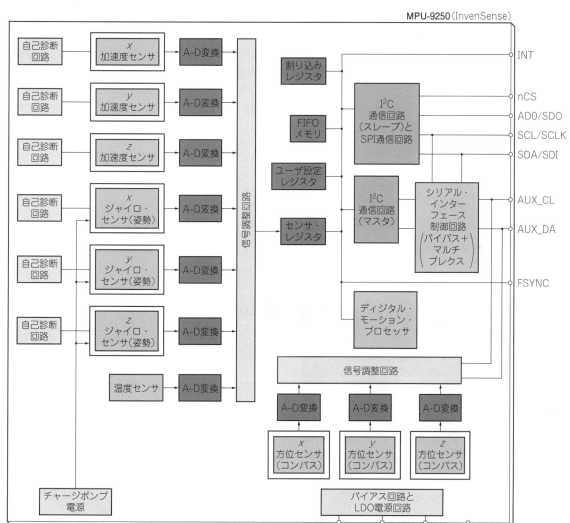

図2 Pi1号に搭載した9軸センサIC MPU-9250の内部ブロック図

パイとはI²Cインターフェースで接続します．
　MPU-9250は，3軸の電子コンパスIC AK8963（旭化成エレクトロニクス）を内蔵しています．AK8963は他のセンサとI²Cのデバイス・アドレスが異なります．

写真4 GPSモジュール GYSFDMAXBも搭載

裏面にコイン電池（CR2032）がある．1PPSも出力できる

▶GPSモジュール GYSFDMAXB

GPSモジュール GYSFDMAXB（太陽誘電）を搭載したキットを使用しました（**写真4**）．

電源レギュレータとホット・スタート用のコイン電池（CR2032）のホルダが1つになっています．準天頂衛星みちびきにも対応しており，1PPS信号も出力できます．GPSモジュールとラズベリー・パイとはUART（Universal Asynchronous Receiver Transmitter）で通信します．

多くのGPSモジュールは，1秒おきに測位結果（NMEAデータ）を更新します．Pi1号は1秒で数十mも移動するので，サンプリング周期が1秒では間に合いません．GYSFDMAXBは，送信周期を10Hzまで高めることができます．秋月電子通商のWebサイトから入手できるソフトウェア（Mini GPS V1.7.1）を利用して設定を書き換えました．単純に出力周期を短くすると，シリアル信号ラインがデータで混み，受信側の処理も重くなります．そこで，ボー・レートを115200bpsに設定しました．また，座標データだけが必要なので，NMEAセンテンスはGGA以外の情報は出力しないように設定しました（**図3**）．

▶バッテリと電源回路

単4型ニッケル水素電池3本と昇圧型DC-DCコンバータを搭載しました．詳細はp.27からの記事で紹介します．

*

図4に示すように，フリーの3D CAD FreeCAD（http://www.freecadweb.org/）を使って構成を検討

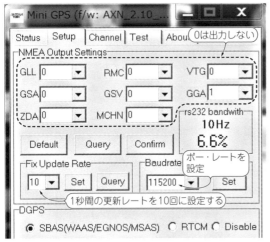

図3 Pi1号は移動スピードが速いので，GPSモジュールGYSFDMAXBの設定ソフトウェアで更新データの送信周期を10Hzまで上げる

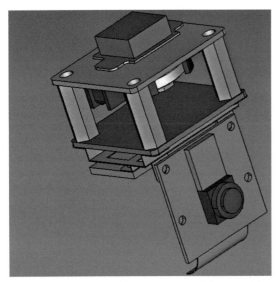

図4 3D CAD（FreeCAD）を使ってモジュール化のための検討をした

3D CADで構造検討すればこのぐらいコンパクトな高機能モジュールをバッチリ作れる

写真5 ラズベリー・パイ3以外の電子回路をコンパクトなモジュールに仕上げた

し，コンパクトなモジュール(写真5)に仕上げました．

■ ロケット筐体の製作

● できるだけ軽量化する

軽量化のために発泡スチロールでケースを作りました(写真6)．ラズベリーパイを含めた重量は350g程度，燃料の水を入れると300gほど増します．ケースもFreeCADで事前検討して設計しました(図5)．

● 落下時の衝撃対策

高さ30mから落下するときの衝撃は大きいので，部品と部品が接触しないように対策します．隙間はできるだけ衝撃吸収材(低反発スポンジ)で埋めました．

● 防水対策

推進エネルギ剤である水が入ったタンクと電子回路は，いくら遠ざけてもだめです．

電子回路は湿気に弱いので，少しでも水がかかったら一巻の終わりです．銅箔パターンや部品の端子が錆びてきて，接触不良が増えたり，伝送線路の特性が悪化したりします．

私は，誘電率が低くて高周波回路にも影響が少ない，フッ素系のコーティング剤 フロロサーフ(フロロテクノロジー社)を使用しました．コーティング剤は，アクリル系，シリコーン系，フッ素系など用途によってさまざまです．大洋電機社，サンハヤト社，ホーザン社など各社が取り扱っています．コネクタなどの接点部分はコーティング剤が付着すると接触不良になるので，マスキングを施してから筆で塗布しました．

コーティング剤による対策は，簡易的な水濡れや湿気対策です．完全な防水ではありません．屋外に配置したり，水中で使ったりするときは，防水ケースを作ってコーティングするべきです．

■ そのほか

● パソコンとPi1号との通信方法

パソコンとラズベリー・パイはモバイルWi-Fiルータを介して通信しました．

picameraの録画は，raspivid(*1)というコマンド・ラインから実行する動画キャプチャ・ソフトウェア(https://www.raspberrypi.org/documentation/usage/camera/raspicam/raspivid.md)を使って実現しました．今回は実験していませんが，アドホック・モードで動かせば，Wi-Fiルータがなくても通信できます．

● データの保存

測定ログや撮影した動画は，ラズベリー・パイのマイクロSDカードに保存します．

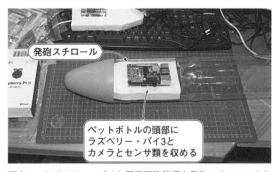

写真6 ラズベリー・パイと電子回路基板を発泡スチロールのケースに収めた

図5 動画記録に失敗した原因はコレ
発射直後に電池ケースで接触不良が発生していた

ファイル・フォーマットは，ラズベリー・パイとWindowsパソコンでは違います．ラズベリー・パイにsamba(*2)をインストールして共有フォルダを作り，パソコンから直接データにアクセスします(1)．sambaを使うためには初期設定が必要です．

● プログラミング環境

ラズベリー・パイの処理プログラムはPython(*3)言語で制作します．できあいのライブラリをコマンドで操作します．リスト1にプログラム・ソースを示します．

GPS情報と9軸センサの情報は，スレッド・プログラムで実行して非同期で取得します．100ms周期でデータを取得して，SDカードとコンソールに出力します．

発 射

● さようならPi1号

朝4時に起きて，Pi1号を打ち上げました(写真7)．

しかし残念なことに，打ち上げ動画を撮ることに失敗しました．

発射直前までは，データも動画も記録できているのですが，何度やっても発射直後に，Pi1号のシステム

---

*1 raspivid：コマンド・ラインで使うpicameraのビデオ・キャプチャ・ツール．raspivid -o [ファイル名] -t [録画時間] とラズベリー・パイに保存したファイル名とキャプチャ時間を入力すると，撮影画像がファイルに記録される．

がダウンして通信が途絶えました．でも，落下したPi1号を回収すると，ちゃんと動いています．

原因は電池ケースでした．少し振動を与えるだけで接触不良が発生していました(図5)．電力が途絶えると，ラズベリー・パイはリセットして再起動モードに入ります．発射直後，いったんはシステムダウンしますが，回収するころには再起動が完了し，何ごともなかったかのように動いていたのでした．

最後の発射実験で，Pi1号はアスファルトに真っ逆さまに落下し壊れました(写真8)．

● Pi1号はデータを残していた！

全5回，打ち上げ実験の中で，奇跡的に，発射時/天頂時(無重力)/自由落下時の加速度センサ・データとGPSデータを取り出すことができました(図6, 図7)．

データを分析すると，発射時，ロケットには最大5gの加速度が加わっているようでした．ただし，センサの計測が追従しきれていないようすもあり，実際の加速度はもっと高いようです．

● 失敗は成功の素！Pi2号に盛り込むべきこと

Pi1号は，使い捨てコンピュータとして使命をまっとうしました．Pi2号に盛り込むべき対策は次の3点と考えています．

(1) 衝撃に強くする

部品と部品に隙間やガタがあると，落下時の衝撃ですぐに壊れます．衝撃を吸収するスペースを設けるか，緩衝材を詰めるのがよさそうです．

(2) コネクタ部をしっかり固定する

センサ用コネクタとpicamera用のFFCコネクタは，少しの振動で接触不良を起こします．左右を補強してぐらつきを抑えます．ねじ留めのターミナルも振動でリード線が外れるので，できるだけはんだ付けします．

(3) 無停電電源回路を組み込む

おそらく，どんなに高級な電池ケースを使っても振

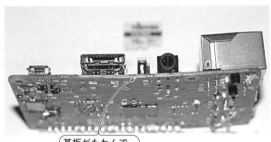

(a) ラズベリー・パイ3の最後の雄姿

(b) SDカードの最後の雄姿

写真8 さようならPi1号
最後の打ち上げ実験で，ラズベリー・パイ3とマイクロSDカードが割れてしまった

写真7 Pi1号発射！(4時起き)

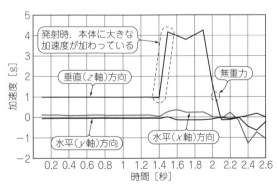

図6 ありがとうPi1号！壊れる前に加速度データを残してくれていたのだった…

＊2 samba：ファイル・サーバやプリント・サービスを行うフリーウェア．ラズベリー・パイのマイクロSDカードは，sambaを立ち上げてネットワーク・サーバにすればWindowsでも見られる．Windowsパソコンとネットワーク越しにファイルを共有できるNASとして使える．

動で接触不良が発生します．瞬停の時間は数msなので，電池に大容量キャパシタを並列に接続した無停電電源回路UPS(Uninterruptible Power Supply)を組み込むつもりです．

＊

● 七転び八起き

　私の挑戦は始まったばかりです．改良版のPi2号を開発して，必ずや打ち上げ映像をリアルタイムで捕えるつもりです．

　Pi2号では，マルチ画面録画と高度(Altitude)測定機能も盛り込む予定です．また，加速度センサ情報から天頂に到達したことを判断して，パラシュートを射出する制御にも挑戦したいです．

　picameraを接続できる低消費電力ラズベリー・パイ ZERO Ver1.3(プロローグ参照)を使うことも検討しています．鮨ネタ・サイズなので軽量で組み込みやすいです．

　次項(p.27～)で紹介するデータ・ロガー程度ならArduinoやmbedがちょうどよいですが，Pi1号のようにカメラやWi-Fiを搭載するなら，ラズベリー・パイ ZERO Ver1.3が断然有利です．

図7　Pi1号はGPSデータも残してくれていた！

◆参考文献◆

(1) Raspberry Pi3でストロベリー・リナックス社製の「MPU-9250 9軸センサモジュール（メーカー品番：MPU-9250）」を使う
　http://qiita.com/boyaki_machine/items/915f7730c737f2a5cc79

すながわ・ひろゆき

リスト1　ラズベリー・パイ3用に制作したプログラム(Python言語を使用)

```
# refer to http://qiita.com/boyaki_machine/
items/915f7730c737f2a5cc79

#!/usr/bin/python
import threading
import smbus
import time
import math
import serial
import pynmea2
import os

bus = smbus.SMBus(1)
address1 = 0x68
address2 = 0x0c

global flat
global flon
global falt

global MadjX
global MadjY
global MadjZ
global temp_data
global comp_data
global gyro_data
global accel_data

def get_gps():
    global flat
    global flon
    global falt

    serialPort = serial.Serial("/dev/ttyAMA0", 115200,
                                        timeout = 0.5)
    while True:
        try:
            str = serialPort.readline()
            if str.find('GGA') > 0:
                msg = pynmea2.parse(str)
                lattude = float(msg.lat)
                longitude = float(msg.lon)
                altitude = float(msg.altitude)

                # lattude 10-60 convert
                latup = int(lattude/100)
                latlow = float((lattude -
                 (latup*100))/60)
                flat = round(latup + latlow,6)

                # longitude 10-60 convert
                lonup = int(longitude/100)
                lonlow = float((longitude
                 - (lonup*100))/60)
                flon = round(lonup + lonlow,6)
                falt = altitude

                serialPort.flushInput()
        except:
            flat = 0
            flon = 0
            print 'GPS FIX wait!!'

def read_byte1(adr):
    return bus.read_byte_data(address1, adr)

def read_byte2(adr):
    return bus.read_byte_data(address2, adr)

def read_word1(adr):
    high = bus.read_byte_data(address1, adr)
    low = bus.read_byte_data(address1, adr + 1)
    val = (high << 8) + low
    return val

def read_word2(adr):
    high = bus.read_byte_data(address2, adr + 1)
    low = bus.read_byte_data(address2, adr)
    val = (high << 8) + low
    return val
```

＊3　Python：プログラミング言語の1つで，科学計算に利用されている．センサ・データをフーリエ変換するのも簡単．ラズベリー・パイはPythonを学習するためのボードとも言われ，名前の由来でもあると言われている．

リスト1　ラズベリー・パイ3用に制作したプログラム（Python言語を使用）（つづき）

```python
def read_word_2c1(adr):
    val = read_word1(adr)
    if (val >= 0x8000):
        return -((65535 - val) + 1)
    else:
        return val

def read_word_2c2(adr):
    val = read_word2(adr)
    if (val >= 0x8000):
        return -((65535 - val) + 1)
    else:
        return val

def write_byte1(adr, value):
    bus.write_byte_data(address1, adr, value)

def write_byte2(adr, value):
    bus.write_byte_data(address2, adr, value)

def mpu9250_init():        ┐
    global MadjX           │
    global MadjY           │
    global MadjZ           │
        write_byte1(0x6b, 0x80) # register reset
    write_byte1(0x6b, 0x00) # Set function enable
    write_byte1(0x37, 0x02) # ext i2c enable
    write_byte2(0x0b, 0x01) # mag register reset
    MadjX = read_mag_adj(0x10) #get X_adj_data
    MadjY = read_mag_adj(0x11) #get Y_adj_data
    MadjZ = read_mag_adj(0x12) #get Z_adj_data
    write_byte1(0x1a, 0b00000000) # Config
    write_byte1(0x1b, 0b00010000) # Gyro_config
                            fullscale 1000gpg
    write_byte1(0x1c, 0b00010000) # Accel_config
                            fullscale 8g        ┘

def read_mag_adj(adr):
    write_byte2(0x0a, 0b00001111) # Adj read mode
    val = read_byte2(adr)
    valadj = (((val-128)*0.5)/128)+1
    write_byte2(0x0a, 0b00000000) # Sleep mode
    return valadj

def get_mag_data():
    write_byte2(0x0a, 0b00000001) # Single sampling
    while read_byte2(2) == 0 :
        time.sleep(0.001)

def get_comp():
    global MadjX
    global MadjY
    global MadjZ
    get_mag_data()
    x_out = (read_word_2c2(0x03)) * MadjX + 21
    # manual offset
    y_out = (read_word_2c2(0x05)) * MadjY + 54
    # manual offset
    z_out = (read_word_2c2(0x07)) * MadjZ + 82
    # manual offset
    bearing = math.atan2(y_out, x_out)
    if (bearing < 0):
        bearing += 2 * math.pi
        return round(math.degrees(bearing),1)

def get_accel():
    x_out = round((8.0 / float(0x8000)) *
        read_word_2c1(0x3b),2)
    y_out = round((8.0 / float(0x8000)) *
        read_word_2c1(0x3d),2)
    z_out = round((8.0 / float(0x8000)) *
        read_word_2c1(0x3f),2)
    return x_out, y_out, z_out

def get_temp():
    temp_out = read_word1(0x41)
    return round(((temp_out/333.87)+21),1)

def get_gyro():
    x_out = round((1000 / float(0x8000))
        * read_word_2c1(0x43),2)
    y_out = round((1000 / float(0x8000))
        * read_word_2c1(0x45),2)
    z_out = round((1000 / float(0x8000))
        * read_word_2c1(0x47),2)
    return x_out, y_out, z_out

def get_9axis():
    global temp_data
    global comp_data
    global gyro_data
    global accel_data
    while 1:
        temp_data = get_temp()
        comp_data = get_comp()
        gyro_data = get_gyro()
        accel_data = get_accel()

if __name__ == '__main__':
    global flat
    global flon
    global falt
    global temp_data
    global comp_data
    global gyro_data
    global accel_data
    flat = 0
    flon = 0
    falt = 0
    temp_data = 0
    comp_data = 0
    gyro_data = 0,0,0
    accel_data = 0,0,0

    mpu9250_init()

    get_gps_thread = threading.Thread(target=
            get_gps, name="get_gps_thread")
    get_gps_thread.setDaemon(True)
    get_gps_thread.start()

    get_9axis_thread = threading.Thread(target=
            get_9axis, name="get_9axis_thread")
    get_9axis_thread.setDaemon(True)
    get_9axis_thread.start()

    f = open("petbottle_log.txt","a")

    os.system('raspivid -vf -o video.h264 -t 20000 &')

    for n in range (0,200):
        accel_x = accel_data [0]
        accel_y = accel_data [1]
        accel_z = accel_data [2]
        gyro_x = gyro_data [0]
        gyro_y = gyro_data [1]
        gyro_z = gyro_data [2]
        result = "Lat:" + str(flat) + ", Lon:" + str(flon)
            + ", Alt:" + str(falt) + ", Tmp:" +
str(temp_data) + ", Comp:" + str(comp_data) + ", Accel:"
            + str(accel_x) +","+ str(accel_y) +","+ str
(accel_z) + ", Gyro:" + str(gyro_x) + "," + str(gyro_y)
                            + "," + str(gyro_z)

        print result
        result = result +"¥n"
        f.write(result)
        time.sleep(0.1)

    f.close()
```

- 9軸センサMPU-9250を初期化
- コンパス・データを取得
- 加速度データを取得
- 温度データを取得
- 姿勢データ（ジャイロ）を取得
- 9軸データを取得
- 9軸センサのデータを取得するスレッド
- GPSデータを取得するスレッド
- ログ・ファイルを開く
- picameraの録画をスタート
- 9軸センサから200個のデータを取得する
- SDカードにデータを書き込む

第1章 ホビー・スパコンで科学の実験

単4型エネループ×3本で
確実起動＆45分連続動作！

消費電力を実測！
電池動作時間の見積もりと
電源製作

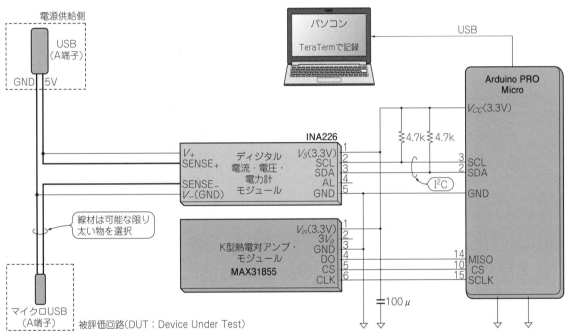

図1　電源回路を評価するための手作り測定器その①　プログラマブル電流ロガーの回路

　最新型のラズベリー・パイ3には，Wi-FiとBluetoothの2つの無線機能が搭載されました．これでデータ通信はワイヤレス化されたので，電池で動かせば，パーフェクトなワイヤレス化を達成できます．
　本稿では，前項で製作したペットボトル・ロケットの電源回路を設計する過程を紹介します．

準　備

■ 消費電流の測り方の基本

　ラズベリー・パイ3の消費電流がわかれば，必要な電池の種類や本数，電源回路を設計できます．次の2種類の消費電流を測るのが基本です．

（1）長時間の変動測定
　メーカ製は高価なので，電流ロガーをArduinoで手作りしました．分解能は100 msです．電源投入直後からX Window起動，そしてシャットダウン処理完了まで，ラズベリー・パイが消費する電流の変化をすべて記録します．
（2）短時間の（過渡的な）の変動測定
　ラズベリー・パイ3が起動した直後時に，設計した電源回路が電流を十分供給できるかどうかを波形から判断します．

■ 測定器を用意する

① プログラマブル電流ロガー

　図1に示すのは，実験用に手作りした電流ロガーのブロック図です．

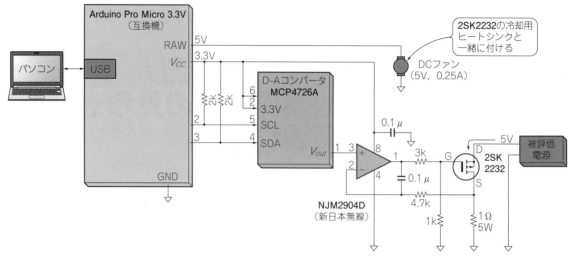

図2 電源回路を評価するための手作り測定器その② プログラマブル電子負荷の回路

USB電源ケーブルの間に電流・電圧・電力計IC INA226（テキサス・インスツルメンツ）を搭載したモジュールを挿入します（**写真1**）．測定結果はArduinoで読み取ります．

Arduinoには熱電対測定モジュールも接続してあり，ラズベリー・パイ3のCPUの表面温度も測ります．

② プログラマブル電子負荷

▶ラズベリー・パイ3はシステム・ファイルが簡単に壊れて起動しなくなる

試作途中の電源回路を評価するときは，ラズベリー・パイ3を負荷にしないほうがよいです．

設計のまずい出力不足の電源をつなぐと，SDカードに保存されているシステム・ファイルが壊れて起動しなくなります．理由は次のとおりです．

起動時や遮断時の大電流で，ラズベリー・パイ3への供給電圧が低下すると，ラズベリー・パイ3上のCPUにリセットがかかって再起動状態になります．ところが，再起動時にまたもや大電流が流れるので，供給電源が再び低下して再び起動状態になります．この一連が延々と繰り返され，SDカードに書き込まれている大切なシステム・ファイルが壊れて二度と起動しなくなります．

▶ラズベリー・パイをまねる実験用電子負荷を製作

そこで，ラズベリー・パイ3の電流消費をまねる実験用の電子負荷を作り，電源回路を検討しました．メーカ製は高価すぎて買えません．

図2に回路を示します．Arduino互換機につないだD-Aコンバータで，OPアンプの基準電圧を制御して出力電流を調節します．

ラズベリー・パイ3の電流消費のようすを下調べしてプロファイルし，実験用電子負荷でラズベリー・パ

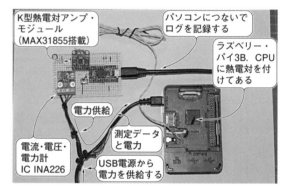

写真1 消費電流の長時間の変化を測定中

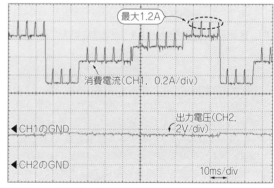

図3 エネループ単4型3本と昇圧型DC-DCコンバータをつなぎ，実験用電子負荷で電流を引いたときの昇圧型DC-DCコンバータの出力電圧（5 V）
電子負荷でラズベリー・パイが消費する電流を模擬する

イ3の電流消費パターンを疑似的に再現します（**図3**）．あとは，電子負荷につなぐ電源回路をとっかえひっかえして実験します．

1 長時間の消費電流の変化

● CPU負荷が軽いとき

図4に示すのは，ラズベリー・パイ3の低負荷時の消費電流とCPUの温度です．

消費電流が増すのは起動時と遮断時で，約500 mA流れます．何も操作をしない待機状態では約300 mAでした．X Windowの起動が完了するまでに約24秒，遮断に約9秒かかります．

● CPU負荷が重いとき

CPUに重い負荷がかかるUnixBenchというベンチマーク・プログラムをラズベリー・パイ3で実行します．UnixBenchは，CPUをぶん回す試験プログラムです．CPUがフル回転すると，消費電流がグンと増えます．同時にWebブラウザを立ち上げてYouTube動画を再生し，さらにCPUの負荷を重くしました．

図5に消費電流とCPUの表面温度の測定結果を示します．電流は多い所で約650 mAです．CPU表面は約64℃まで上昇しました．

通常使用状態では，消費電流は約550 mA（約2.8 W）でした．USBドングルやI/O端子にモジュールを接続すれば，そのぶん消費電流は増えます．

出力が5 Vで容量が1000 mA/hの電池（5 Ah）を使えば，CPUに最大負荷を加えたときでも連続で100分運転できます．

2 過渡的な消費電流の変動

● 電源のエネルギ供給能力が十分でないと起動しない

CPUは起動時に，定常動作時の何倍もの大電流を一瞬引き込みます．

電源回路にその大電流を供給する能力がないと，ラズベリー・パイ3の電源端子の電圧が規定値を下回って再起動モードに入ります．

前述のように，いったんこの状態に入ると，ラズベリー・パイは再起動を繰り返すようになり，SDカードにある大切なシステム・ファイルが壊れて起動しなくなります．

● オシロスコープで波形を観測する

図6に示すようにラズベリー・パイ3は，1 msより短い時間，最大1000 mAの電流を繰り返し引き込みます．この電流の変化のようすをオシロスコープと電流プローブ（NYA-01）を使って測ります．

図7に示すのは，ラズベリー・パイ3にTPS61020昇圧コンバータ（入力は単3型エネループ3本）をつないだときの消費電流と電源電圧です．引き込む電流が増えた瞬間，電源電圧が3 Vに低下して，リセットが

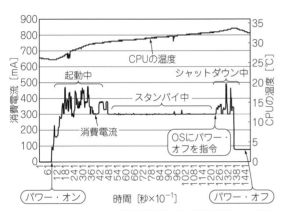

図4　ラズベリー・パイ3の待機時（低負荷時）の消費電流とCPU温度
電流消費が大きくなるのは起動時と遮断時で，約500 mAである

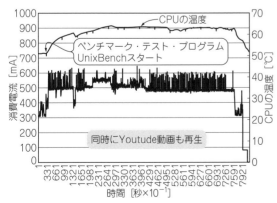

図5　ラズベリー・パイ3のフル回転時（重負荷時）の消費電流とCPU温度
消費電流は最大約650 mA．CPU表面は約64℃だった．このデータをもとに電源を設計する

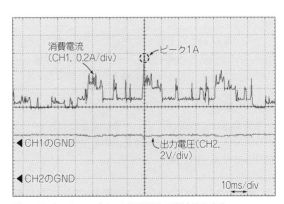

図6　ラズベリー・パイ3の消費電流の過渡的な変化
消費電流はオシロスコープでも確認しなければならない．ラズベリー・パイ3は，1 ms以下の短い時間で大電流（1000 mA）を消費している．図4や図5の測定では見つけられなかった

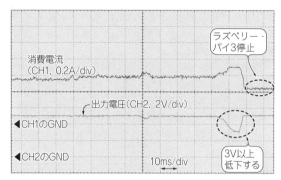

図7 ラズベリー・パイ3に電流供給能力の低い電源をつないだときの消費電流と電源電圧
電源電圧が3Vに低下した瞬間、リセットがかかって停止してしまった

写真2 LMR62421昇圧型DC-DCコンバータ・モジュールを使ってバッテリ電圧2.7Vを5Vに上げる

かかりました．開発元のラズベリー・パイ財団は，供給能力が2.5A以上の電源アダプタを推奨しています．

ラズベリー・パイ3用バッテリ電源回路の設計例

● 消費電流の変化のようすを整理

上記の実験結果から，ラズベリー・パイ3は，

- 通常動作時：約550mA
- 瞬時ピーク時：約1000mA

の電流を消費することがわかりました．

前項で紹介したペットボトル・ロケットに搭載することを前提に，これ以上の電流を供給できるバッテリ入力の5V出力電源を作ります．

● 電池の選択

安全性の実績と入手性の容易さから，ニッケル水素蓄電池（エネループ，パナソニック）を使います．

ラズベリー・パイ3の電源電圧は5Vですが，エネループの出力電圧は1本あたり1.2Vです．直結するなら4本以上必要ですが，軽量化を目指して単4型3本にしました．

アルカリ乾電池も手軽ですが，エネループよりも出力インピーダンスが高く，電圧降下が大きいです．ラズベリー・パイ ZEROは単3型アルカリ乾電池3本で動きましたが，ラズベリー・パイ3は4本にしないと起動しません．

重量エネルギ密度が高く，一番軽量化に貢献しそうなリチウム・イオン蓄電池は発火の危険があるので候補にしませんでした[1]．

● 昇圧型DC-DCコンバータで電池電圧を5Vに引き上げる

3本直列にすると，満充電時の3.6V（=1.2V×3本）から放電時の2.7V（=0.9V×3本）まで，出力電圧が変化します．この電圧を昇圧型DC-DCコンバータに入力して，5Vに引き上げて安定化します．

LMR62421（テキサス・インスツルメンツ）を搭載した昇圧型DC-DCコンバータ・モジュール（秋月電子通商，写真2）を使いました．LMR641の動作電圧下限2.7Vは，エネループ3本直列の放電終止電圧（=0.9V×3本）と同じです．

● 単4型エネループ3本＋昇圧型DC-DCコンバータで電池はどのくらいもつ？

単4型エネループの電流容量750mAh，5V側の消費電流を600mA，昇圧回路の効率を80%とすると，電池から流れ出す電流は次式から約1Aです．

$$\frac{(5\,V/3.6\,V) \times 0.6\,A}{0.8} \fallingdotseq 1000\,mA$$

単4型エネループ1本の容量は750m～900mAhなので，3本直列にすれば，ラズベリー・パイ3を約45分間，連続で動かすことができそうです．

● 動作確認

前出の図3に示すのは，エネループ単4型3本と昇圧型DC-DCコンバータをつないで，実験用電子負荷で電流を引いたときの，昇圧型DC-DCコンバータの出力電圧（5V）の変化です．最大負荷時に電源電圧が4.5Vまで低下していますが，ラズベリー・パイ3の動作に支障はないでしょう．

すながわ・ひろゆき

◆参考文献◆
(1) 佐藤 裕二；トコトン実験！小型リチウム・イオン蓄電池，トランジスタ技術2014年1月号，第1章，CQ出版社．
(2) 砂川 寛行；特集 緊急実験！5ドルI/Oコンピュータ上陸，トランジスタ技術2016年3月号，CQ出版社．

第1章 ホビー・スパコンで科学の実験

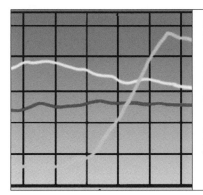

安くて速くて高性能な
CPUボードが続々と…
実測！ CPUの演算性能とWi-Fi/Bluetoothの通信速度

　Arduino, mbed, ラズベリー・パイ2, ラズベリー・パイ3, WROOM-02…．最近は安くて高性能なCPUボードが次々と誕生しています．自分の用途に合うボードを見つけるためには，性能を調べてみるのがよいでしょう．
　本稿では，ラズベリー・パイ3を例にして，CPUの処理能力やWi-Fiの通信性能を測るベンチマーク・テストの方法を紹介します．

● IoTノード「ラズベリー・パイ3」のCPUと無線通信の性能を調べる

　ガジェット・コンピュータ「ラズベリー・パイ3」は，最大動作周波数1.2 GHzのCortex-A53を内蔵した64ビット・プロセッサBCM2837を搭載しています．ARM11コア(700 MHz)のプロセッサを搭載していた初代のラズベリー・パイ，そしてクアッド・コア(4コア)のCortex-A7を搭載して大幅に性能が向上したラズベリー・パイ2(900 MHz)がさらにパワーアップして，Wi-FiとBluetoothの無線通信機能も搭載されました．
　タイプ3の誕生で，とても簡単にWebに接続できるようになり，IoT(Internet of Things)ノードとして遠隔から利用できるようになりました．
　本稿では，ラズベリー・パイ3のCPU性能を各種の比較テスト法(ベンチマーク)を利用して実測します．同じようなコンピュータ・システムも同じ条件で測定します．また，Wi-FiとBluetoothチップがどの程度使えるのかも実測します．
　「敵(実装したいアプリケーション)を見て，己(実装に使うボード，ラズベリー・パイ3)を知れば百戦危うからず(きちんとシステムが作れる)」ですね．
　なお，この性能評価はあくまで筆者の手元で実験して得た値です．実行方法や環境によって結果が上下することがあります．また，チャンピオン・データを取得するというより，特別な設定をしないでどの程度利用できるかを知るためのものです．

表1 ラズベリー・パイ3で4つのベンチマーク・テスト・プログラムを走らせてCPU処理性能を測る

プログラム名	評価できること
Octane2	演算速度とメモリ転送性能の総合力 (JavaScript VMの実行速度)
UnixBench	・プロセッサの演算処理速度(DhrystoneとWhetstone) ・OSのファイル操作やプロセス操作の速度
STREAM	メモリ転送速度
Bonniee++	ストレージへのアクセス速度(ラズベリー・パイ3のストレージはマイクロSDカード)

Octane2 → マクロ・ベンチマーク
UnixBench, STREAM, Bonniee++ → マイクロ・ベンチマーク

基礎知識　CPUの性能を調べる方法

● CPUとアプリケーションの相性がわかる「ベンチマーク・テスト」

　あるアプリケーション(αやβ)を実行するのに，コンピュータAとコンピュータBのどちらで実行したらよいのかを知りたいなら，コンピュータAとBを買ってきて，アプリケーションαとβを実際に動かしてみるのが一番でしょう．
　しかし，AとBの2台のコンピュータを用意するのは不経済です．AとBのコンピュータをもっている知り合いがいたとしても，手間をかけるわけにもいきません．
　そんなときは，ベンチマーク・プログラムを動かせば，少なくとも手持ちのパソコンがそのアプリケーションを動かすのに適しているかどうかを一人で判断できます．

● 2種類のベンチマーク・テスト
　表1に本稿で利用するCPUのベンチマーク・プロ

表2 ラズベリー・パイ3と比較するCPUボードのスペック

名前	プロセッサ・アーキテクチャ	プロセッサ動作周波数	メモリ	OS	Cコンパイラ
初代ラズベリー・パイ	ARM1176JZF-S	700 MHz	LPDDR2 512Mバイト	Raspbian3.18.11+（Debian 7）	gcc-4.8.2
ラズベリー・パイ2	Cortex-A7	900 MHz	LPDDR2 1Gバイト	Raspbian（Debian 7.8）Linux 4.4.9-v7+	gcc-4.8.2
DragonBoard 410c	Cortex-A53	1.2 GHz	1Gバイト	Linaro（Debian 8）Linux 4.2.0	gcc-4.9.2
Edison	Silvermont（Atom）	500 MHz	LPDDR3 1Gバイト	ubiLinux 3.10.17（Debian 7.8）	gcc-4.7.2
Nexus7（2013）	Quad Krait（Qualcomm Snapdragon S4）	1.5 GHz	DDR3L 2Gバイト	Android 6.0.1	—
ラズベリー・パイ3	Cortex-A53	1.2 GHz	LPDDR2 1Gバイト	Raspbian4.4.9-v7+（Debian 8）	gcc-4.8.2

グラム，表2に比較用に用意したCPUボードを示します．ベンチマーク・プログラムは，おおまかに次の2種類があります．

① マイクロ・ベンチマーク

コンピュータ・ボードの評価で言えば，"マイクロ・ベンチマーク"はプロセッサの計算速度やメモリ転送性能，ファイルの読み書き速度など，細かい項目に着目した実行時間を測定することです．"マクロ・ベンチマーク"はアプリケーション全体の実行時間を測定することです．

マイクロ・ベンチマークの結果を見ると，個別のアプリケーションに対しての処理速度をある程度予測できます．

例えば，評価したいアプリケーションが大量のメモリ・アクセスを必要とすることがわかっていれば，コンピュータAとコンピュータBのメモリ転送性能を比べて，どちらが向いているかという判断ができるでしょう．

ここでは，次のよく使われる定番のマイクロ・ベンチマークを利用します．

- UnixBench ● Stream ● Bonnie++

② マクロ・ベンチマーク

マイクロ・ベンチマークは「アプリケーションαはメモリにたくさんアクセスするので…」というふうに，アプリケーションの中身がわかっていないと評価結果を活用できません．「結局，そのコンピュータはどのくらい使えるの？」という目安には，あまり向いていません．

そこで役に立つのが，実際のアプリケーションに近い規模のプログラムの実行速度を評価するマクロ・ベンチマークです．本稿では，ブラウザで実行できるベンチマークOctane2で評価します．これは，Webアプリケーション端末としてどのくらい使えるかがわかります．

①アプリケーション・レベルの総合性能ベンチマーク法：GoogleのOctane

● どのくらいWebアプリが快適に使える？

スマホなどのモバイル端末とも肩を並べるスペックをもつラズベリー・パイ3は，パソコンとしてどのくらい使えるのでしょうか？

ここでは，ラズベリー・パイ3を含むいろいろな環境で評価しやすいベンチマークとしてGoogleのOctane2[*1]を使って処理速度を比較します．

Octaneは，WebブラウザのJavaScript VMの処理速度を評価するベンチマークです．Webブラウザ・ベースのワープロや表計算ソフトウェア，メーラ，Webアプリケーション端末としての使い勝手の目安として使えます．Webブラウザでテスト・ページにアクセスするだけで，パソコンでもスマホでも処理速度を調べることができます．

ラズベリー・パイ3との比較用に，

- ラズベリー・パイ2
- DragonBoard 410c
- Nexus7 2013

を用意しました．

ベンチマークの性質上，JavaScript VMの性能に強く依存するので，ブラウザのバージョンやビルド・オ

*1 Octane2：https://chromium.github.io/octane/

第1章 ホビー・スパコンで科学の実験

ストレージ	Webブラウザ	備考
SDカード/マイクロSD（Transcend，32Gバイト，Class 10）	―	―
マイクロSD（Transcend，32Gバイト，Class 10）	Chromium 47.0.2526.106	2代目ラズベリー・パイ
eMMC	Chromium 47.0.2526.106	ラズベリー・パイ3と同じARM搭載．OSは64ビット版
eMMC	―	Intelボード，OoO（Out of Order）プロセッサ
―	Google Chrome 47.0.2526.83	現役で十分活用できるAndroidタブレット
マイクロSD（Transcend，32Gバイト，Class 10）	―	測定ターゲット

表3 図1のOctaneベンチマークの各テスト・プログラムの意味

項目	内容
Richards	OSカーネルのシミュレーション
Deltablue	制約ソルバを解く
Crypto	暗号化と復号化
Raytrace	レイ・レーシング
EarleyBoyer	Scheme
Regexp	正規表現処理
Splay	スプレー木操作とメモリ管理システムによるデータ操作
SplayLatency	SplayテストときのGCレイテンシ
NavierStokes	ナビエストークス方程式を解く
pdf.js	PDFの読み込み
Mandreel	3D物理演算のテスト
MandreelLatency	3D物理エンジンのコンパイル
GB Emulator	ゲームボーイ・エミュレータの処理性能
Code loading	Scheme
Box2DWeb	2次元物理エンジンによる演算速度
zlib	圧縮エンジンzlibのパースとコンパイル
Typescript	Typescriptコードのコンパイル
Octane-Score	全スコアの相乗平均

プションをできるだけそろえる必要があります．ラズベリー・パイ2とラズベリー・パイ3では同一のChromiumバイナリを，DragonBoard 410cでもほぼ同じバージョンのChromiumバイナリを用いました．Nexus7ではバージョンがほぼ同じChromeを利用しています．Nexus7用のChromeはGoogleによってChromiumにいくつかの機能が追加されてビルドされたブラウザですが，VMの基本性能には大きな違いはないだろうということで，ここでは目をつぶることにします．

● 結果

図1に結果を示します．表3に示すのは各テストの内容です．縦軸はOctane2のスコアです．

総合結果であるOctane-Scoreを見てください．ラズベリー・パイ3の性能はラズベリー・パイ2の2倍程度は期待できます．ラズベリー・パイ2には少し重そうなWebアプリケーションが速く動きそうです．

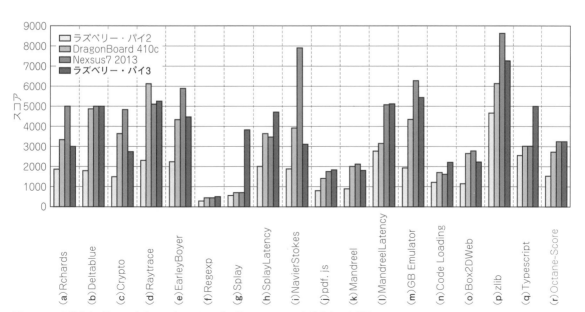

図1 CPUの総合力がわかる定番ベンチマーク・プログラムOctane2を動作させた結果
総合結果であるOctane-Scoreを見てほしい．ラズベリー・パイ3の性能はラズベリー・パイ2の2倍程度は期待できる

また，Nexus7 2013と同程度のスコアを叩き出していることから，ワープロや表計算，メーラなどのWebアプリケーションをタブレットと同じ程度に使えるデスクトップ端末として，十分な性能を持っているようです．

②実測！ CPUの基本性能ベンチマーク法：UnixBench

● CPUの計算速度とOSの処理速度がわかるUnixBenchベンチマーク

UnixBench(＊2)というベンチマーク法を利用すると，システムの基本性能を簡単に測ることができます．主にプロセッサ・コアのアーキテクチャと動作周波数に依存する処理速度や，プロセス切り換えなどのシステム性能を測れます．

表3に示すように，UnixBenchはいくつかのプログラムで構成されています．大きく次の2つに分類できます．

(1) プロセッサの演算処理速度を測るプログラム（DhrystoneとWhetstone）

(2) ファイル操作やプロセス操作などOSの処理速度を測るプログラム

参考になりそうなラズベリー・パイ3の比較相手として，次のコンピュータ・ボードでもUnixBenchを使って性能を測りました（表2）．

- 初代ラズベリー・パイ
- ラズベリー・パイ2
- DragonBoard 410c
- Intel Edison

● 具体的なテストの方法

Cコンパイラ（たとえばGCC）と，ベンチマークを実行するPerlで書いた起動スクリプト（フロントエンド）があれば実行できます．

早速評価してみましょう．UnixBenchのWebサイトからベンチマーク・ツール一式をダウンロードして展開し，./Runで実行するだけです．

展開したフォルダ直下のMakefileで，コンパイル・オプションを指定します．デフォルトでは，

---

column 電源やクロック周波数をチェックしながら正しくベンチマーク・テスト

CPUボードがちゃんと動いているように見えても，実際にはUSBの給電元の給電能力不足やケーブルでの電圧降下によって，パフォーマンスが低下していることがあります．ベンチマーク・テストを実行するときは十分な電力供給が必要です．

ラズベリー・パイ3は，供給電圧が低下すると，通常動作時には点灯しているボード上の赤いLED（写真A）が消灯するので確認できます．

HDMIケーブルでつないだディスプレイのモニタ画面右上に，小さな四角いマークが表示されたら，プロセッサの動作周波数が600MHzに低下しています．この状態では，プログラムの実行はできるものの，性能がぐんと落ち込んでいます．

対策は，大きな電流の供給が可能なUSBケーブルを使用して電源供給能力の高いハブやACアダプタを使います．

この原稿執筆のための測定では，タブレット充電用のケーブル（タブレットに付いてきた純正品）を利用しました．測定中にワット・メータでACアダプタ込みの消費電力をモニタリングしていましたが，マルチスレッドでメモリに負荷を加えるなど複数のコアを精一杯動かすような状況で5Wを越えるか越えないか，というところでした．

みよし・たけふみ

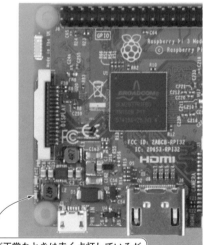

供給電圧が正常なときは赤く点灯しているが，低下すると消灯する

写真A　ベンチマーク・テスト中はCPUボードに供給されている電圧が低下していないかチェックする
ラズベリー・パイ3の基板上の赤いLEDが消灯したら供給電圧が低下している

＊2 UnixBench：https://github.com/kdlucas/byte-unixbench/

```
-O2 -fomit-frame-pointer -fforce-addr -
ffast-math -Wall
```

となっていますが，次のように，ターゲットCPU
（Cortex - A53）を指定してコンパイルします．

```
-O3 -mtune=cortex-a53
```

　また，CPUの動作周波数が評価の途中で変化しないように，cpufreqコマンドで1.2 GHzに固定します．

● 実測結果

　図2に測定結果を，表4にUnixBenchベンチマークの各テスト・プログラムの意味を示します．

▶考察1

　いずれの項目も，初代ラズベリー・パイの測定結果を1としています．ラズベリー・パイ3の結果は，各項目の一番右です．ラズベリー・パイ1とラズベリー・パイ2に比べて，どの項目でも処理速度が向上しています．

▶考察2

　数値演算性能もOSの動作を含むシステム性能も，ラズベリー・パイ2より動作周波数が上がったぶん，つまり約1.3倍向上しています．

　同じCortex - A53を搭載したDragonBoard 410cとの比較では，整数演算性能（Dhrystone）では，性能が劣っているものの，それ以外の項目では上回っています．OSやコンパイラのバージョンが違うため，ベンチマークの結果でだけで優劣を明確に語ることはできませんが，同じコアでも選定には注意が必要です．

▶考察3

　Intel Edisonは，異種アーキテクチャのマイコン・ボード代表として用意しました．この中では動作周波数が500 MHzと最も低いボードです．

　Edisonのコアはアウト・オブ・オーダ実行[*3]可能なアーキテクチャなので，700 MHzの初代ラズベリー・パイとの処理速度の比較では圧倒的は優位性が見られますが，さすがに1.2 GHzのラズベリー・パイ3には太刀打ちできないようです．

表4　CPUの計算速度とOSの処理速度がわかる定番ベンチマーク・プログラム UnixBench の各テスト・プログラムの意味

項　目	内　容
Dhrystone	整数演算処理性能
Whetstone	浮動小数演算処理性能
Execl	システム・コール処理性能
FileCopy1024	2Mバイトのファイルを1024バイト単位でコピー
FileCopy256	500Kバイトのファイルを256バイト単位でコピー
FileCopy4096	8Mバイトのファイルを4096バイト単位でコピー
Pipe	512バイトのデータのパイプ処理を繰り返す
ContextSwitching	プロセスのコンテキスト・スイッチを実行
ProcessCreation	プロセスのフォークを繰り返す
ShellScripts(1)	テキスト検索grepや並べ替えsortを繰り返す
ShellScripts(8)	ShellScripts[(1)]の処理を8個並列で行う
SystemCall	システム・コールを繰り返す
Over-all	上記全テストの結果の相乗平均
Frequency	動作周波数

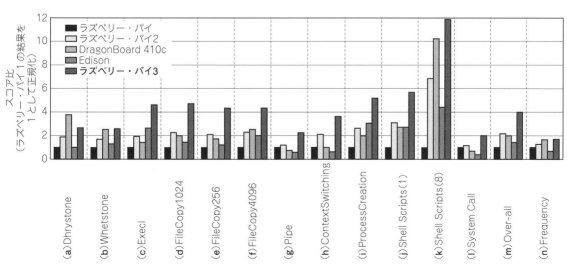

図2　CPUの計算速度とOSの処理速度がわかる定番ベンチマーク・プログラム UnixBench を動作させた結果

[*3] アウト・オブ・オーダ実行：プロセッサの命令実行方式．プログラムの命令を記述された順序で実行するのではなく，結果に影響を与えない限り，必要な入力データが準備できた命令から順に実行する．プロセッサ中の複数の実行ユニットを効率良く利用した高速な計算が期待できる．

③実測！メモリ転送性能ベンチマーク法：STREAM

● 方法

マイコン・ボードで大きな処理をするとき，速度の鍵となるプロセッサとメモリ間の転送性能を測ります．ラズベリー・パイ2でプロセッサの処理速度が問題で性能が出にくかったプログラムをラズベリー・パイ3で動作させると，プロセッサの処理速度は足りても，メモリ転送性能がボトルネックになるかもしれません．

メモリの転送性能は，たくさんデータを読み書きする，STREAM[*4]というベンチマーク法を利用して測ります．UnixBench同様，重要なベンチマークです．

表5にSTREAMベンチマークで実行される処理を示します．メモリとCPU間でデータをコピーしたり，メモリから読んだ値をCPUで加算，積和して書き戻したりして，メモリとCPU間の通信バンド幅を測ります．

Cプログラムで書かれた1つのシンプルなファイルで，次のような条件でのベンチマーク・テストを実行できるのが，STREAMの良いところです．

マルチスレッドで複数のCPUコアがたくさんメモリにアクセスするケースの性能も評価できます．

● 実測結果

図3に測定結果を示します．（括弧）内の数字は使用したコア数（スレッド数）です．

-Oオプションとプロセッサ向けの-mtuneオプションを付けてコンパイルを実行しました．比較相手は，ラズベリー・パイ2とDragonBoard 410cです．

▶考察1

ラズベリー・パイ2は，Copy処理をさせると，スレッド数が増したとき，実効転送速度が低下します．ADDやTriadなど，多少の計算を伴うプログラムでは，スレッド数に応じて転送速度が速くなっています．メモリの転送性能に対して多少余裕があることがわかります．

ラズベリー・パイ3は，どのプログラムでも転送速度がスレッド数によらずほぼ一定です．1スレッドがメモリに大量にアクセスする場合には，メモリの転送性能が不足しています．

▶考察2

ラズベリー・パイ2とラズベリー・パイ3のメイン・メモリは，どちらもEDB8132B4PB-8D-F（旧エルピーダ，現MICRON）で，32ビット幅で接続されています．デフォルトのメモリ・アクセス速度が400 MHzなので，スペック上の最大転送速度は3.2 Gバイト/s

表5 メモリとCPU間のデータ転送速度を測る定番ベンチマーク・プログラム STREAMで行われる処理

処理名	動作	プログラム例
Copy	メモリの単純な読み書き	c[j] = a[j]
Scale	メモリを読んで定数倍して書き出す	c[j] = scalar*a[j]
Add	加算して書き出す	c[j] = a[j] + b[j]
Triad	二つのデータを読み積和した結果を書き出す	c[j] = b[j] + scalar*a[j]

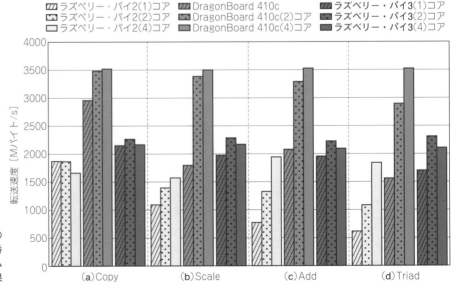

図3 メモリとCPU間のデータ転送速度を測る定番ベンチマーク・プログラムSTREAMを動作させた結果

[*4] STREAM：http://www.cs.virginia.edu/stream/

（400 MHz×2ビット/s×4バイト）です．図2の実測値から，実際の転送速度はスペックの6〜7割です．

DragonBoard 410cは3.5Gバイト/s付近で頭打ちしていますが，メモリ転送性能ではラズベリー・パイ3を凌駕しています．

DragonBoard 410cもプロセッサとメモリ間の接続幅は32ビットですが，メモリ・アクセス速度は533MHzで，スペック上の最大転送性能も4.264Gバイト/sです．ラズベリー・パイ3よりもベンチマークでの測定結果が上になるのは当然です．

ラズベリー・パイ3でもオプションでメモリの周波数を500MHz以上に変更できますが，発熱が増える，消費電力が増える，動作が不安定になる，などの問題も伴います．

④実測！ストレージ・アクセス速度ベンチマーク法：Bonnie++

● 方法

ラズベリー・パイ3のメインのストレージは，OSの起動に使用するマイクロSDカードです．

Bonnie++[*5]というベンチマークを使うと，ストレージへのアクセス速度を簡単に測定できます．コマンド・ライン・ベースのベンチマークで，LinuxとCコンパイラが使える環境で手軽に利用できます．Raspbianでは，aptコマンドを使ってインストールできます．

● 測定結果

結果を図4に示します．ラズベリー・パイ2での転送性能を1として正規化しています．ラズベリー・パイ3での測定結果の実測値は次のとおりです．

- 文字単位の逐次書き出し Seq.Output(chr)：177 Kbps
- ブロック単位の逐次書き出し Seq.Output（Block）：9855 Kbps
- ブロック単位の上書き Seq.Output(Rewrite)：7692 Kbps
- 文字単位の逐次読み出し Seq.Input(chr)：877 Kbps
- ブロック単位の逐次読み出し Seq.Input（Block）：26060 Kbps

▶考察

ラズベリー・パイ3の逐次読み書き速度は向上しています．文字単位の逐次書き出しはラズベリー・パイ2の3.5倍です．

とは言え，実測値を見てみると，書き込み速度は200Kbps程度しかありません．メイン・ストレージの利用方法としては，I/Oで収集したデータを書き集める，ログを保存するなどの利用が考えられますが，なるべくブロック単位で書き込むようにプログラムを工夫するべきです．

Wi-Fiの通信速度ベンチマーク法

● 測定環境を構築する

転送速度の測定は，ラズベリー・パイ3のWi-Fiを有効にして，Wi-Fi経由で，大きなデータを転送したり，ベンチマーク・プログラムを使って負荷を加えて速度を測ればよいでしょう．

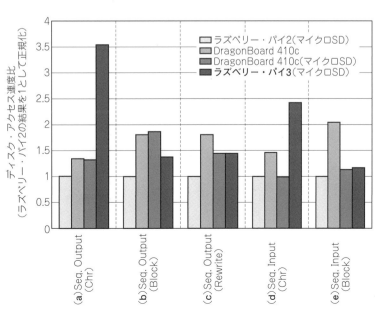

図4 ストレージへのアクセス速度を測る定番ベンチマーク・プログラムBonnie++を動作させた結果

＊5 Bonnie++：https://doc.coker.com.au/projects/bonnie

▶Mac miniと1:1通信する

図5に示すように，

- Mac miniとラズベリー・パイ3のペア
- Mac miniとノート・パソコン(MacBook Air)のペア
- Mac miniとIntel Edisonのペア

で同じ方法で転送速度を測りました．Mac OS Xのインターネット共有機能を利用してMac miniをアクセス・ポイントに仕立て，いずれも2.4 GHz帯のチャネル11を使用して通信します．認証方式にはWPA2パーソナルを用い，各ノードの通信モードはOSの自動選択に任せます．

▶通信距離など

ワイヤレス通信では，端末間の距離や障害物の有無による電波での強度や他に無線を利用する機器の動作状況が，転送性能に強く影響します．厳密に測るには，それらを排除する必要があり難しいため（言い訳です），次の2つの環境で評価しました．

（A）測定対象の2つの端末が近いとき（同じ実験テーブルの上などに置いたとき）
（B）測定対象の端末が水平方向に約15 m離れた本棚の影にあるとき

▶無線LANアクセス・ポイント経由で測ってはいけない

自宅でWi-Fiを使ってパソコンをワイヤレス接続する場合は，無線LANアクセス・ポイントを使っている人が多いと思います．

アクセス・ポイントを使ってWi-Fiネットワークを構築すると，データはすべてアクセス・ポイントを通過します．これでは，アクセス・ポイント自体がデータ転送の上限を決める可能性があり，どこの転送性能を測っているのかわかりません．

そこで図5のように，測定したい端末同士を1:1で接続しました．もちろん，ラズベリー・パイ3のWi-Fiを普通に使用するときは，アクセス・ポイントに接続すればよいでしょう．

● ベンチマークiPerfをセットして起動する

iPerf[*6]は，TCP/IPネットワークの転送性能を測るメジャーなベンチマークの1つです．

TCP(Transmission Control Protocol)とUDP(User Datagram Protocol)でのデータ転送レートやパケット到達時間のゆらぎを測定できます．パケット長や転送間隔，送受信バッファのサイズなど，さまざまなオプションを指定できます．Windows，LinuxやMacOSXなどの主要なOSで使うことができ，もちろんラズベリー・パイ3でも利用できます．

iPerfでは，転送性能を測定したい2つの端末の片方でサーバ・モードを，片方でクライアント・モードを起動して転送性能を測定します．

iPerfのバッファ・サイズなどのオプションは，それぞれの環境のデフォルト値をそのまま利用します．TCPでの転送性能を測るためには，一方の端末で，

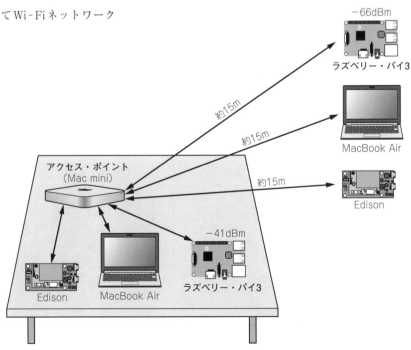

図5 最新型ラズベリー・パイ3に搭載されたWi-Fiの通信速度の測定環境

Mac OS Xのインターネット共有機能を利用して，Mac miniをアクセス・ポイントに仕立て，測定したい端末どうしを1:1で接続．2.4 GHz帯のチャネル11を使用．アクセス・ポイントを介して，Mac miniと通信したのでは，アクセス・ポイント自体がデータ転送の上限を決める可能性があるのでNG

*6 iPerf: https://iperf.fr

```
iPerf -d -p 10000
```

と，iPerfをポート番号10000で待ち受けるサーバ・モードで起動し，もう一方の端末で，

```
iperf -c ホスト名 -p 10000
```

としてクライアントを起動します．ポート番号は両者で同一のものであれば10000番でなくてもかまいません．UDPでの転送性能を測るためには，一方の端末で，

```
iperf -u -d -p 10000
```

と-uオプションを付与してサーバを起動し，もう一方の端末で，

```
iperf -u -c ホスト名 -p 10000  -b 100m
```

と送信側のデータ送信レートを指定してクライアントを起動します．

UDPではパケットが到達することが保証されませんので，クライアント側で指定した送信パケットがすべてサーバ側に届くとは限りません．クライアントの処理速度によっては，指定したレートでパケットを送出できないこともあります．

● 結果

図6に結果を示します．ラズベリー・パイ3とMac miniの通信では次のような転送速度(ビット・レート)が得られました．

(A)の場合：約40 Mbps
(B)の場合：約20 Mbps

iwconfigで表示される(A)では，信号のLink Quarityが69/70で受信レベルが−41 dBmでした．(B)では信号のLink Quarityが44/70で受信レベルが−66 dBmでした．Link Quarityと信号強度はEdisonでも同様でした．ラズベリー・パイ3のWi-Fi転送性能は，MacBook AirとEdisonのちょうど間くらいのようです．

▶考察

Edisonで作ったシステムを処理速度向上のためにラズベリー・パイ3に置き換えることを考えるなら，2.4 GHz帯の通信を利用する限りでは，Wi-Fi通信の観点でも多少有利に利用できそうです．Edisonは，5 GHz帯も利用できるので，電子レンジがある場合など2.4 GHzの混信が多い環境では，ラズベリー・パイ3より有利です．

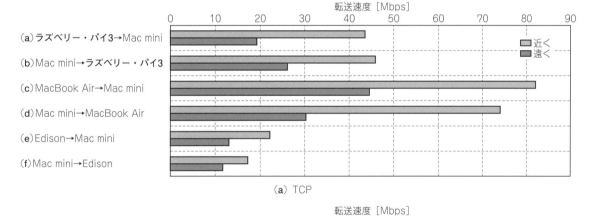

(a) TCP

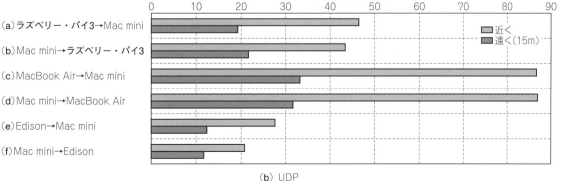

(b) UDP

図6 TCP/IPネットワークの転送性能を測る定番ベンチマーク・プログラムiPerfを動作させた結果

Bluetoothの転送性能ベンチマーク法：iPerf

● 方法

ラズベリー・パイ3に搭載されている，もう1つの無線接続であるBluetoothの性能も測定しましょう．

予備評価として，Bluetooth越しのTCP/IP通信の速度をiPerfで測定します．次に，実用シーンを考慮した簡易的な転送速度の測定として，ファイル転送に要する時間を測ります．どちらも通信相手は，Wi-Fiの転送性能測定に利用したMac miniです．

Mac miniでBluetooth越しの接続を許可することでアクセス・ポイントとし，ラズベリー・パイ3を接続します．

● 結果1　通信速度（ビット・レート）

iPerfを使って測定したBluetooth越しのTCP/IP通信の転送速度は次のとおりです．

- ラズベリー・パイ3からMac miniへの転送：259 Kbps
- Mac miniからラズベリー・パイ3への転送：185 Kbps

● 結果2　ファイル転送速度

LinuxでBluetoothを使ってファイルを共有します．コマンド・ラインで実行できるobexftpを使って時間を計測します．

obexftpを使って次のようにコマンドを実行し，Bluetooth越しにファイルを転送します．

obexftp -b 通信相手のMACアドレス -get ファイル名

64Kバイトから512Kバイトまでのファイルの転送にかかる時間をtimeコマンドで測り，転送速度を計算すると約5Kバイト/sでした．これは，512Kバイトのファイル転送に1分半ほどかかったことになります．

BluetoothはWi-Fiより低速ですが，ちょっとしたファイルの転送であれば便利です．また，Bluetooth越しでのログインや，センサとのデータとのやりとりには十分な転送性能です．

まとめ

ラズベリー・パイ3の性能を体感するために，プロセッサの処理速度およびWi-FiとBluetoothの転送性能を実測しました．ラズベリー・パイ2と比べて，周波数が高くなった分のプロセッサ処理速度の向上は期待できそうです．ただし，メモリ転送性能の上限値はラズベリー・パイ2とほぼ同程度のようですので，メモリをよく利用するアプリケーションで性能向上を期待するのは難しそうです．

オンボードのWi-FiとBluetoothはRaspbianで問題なく使用できます．実験をする上で特に不安定になることはありませんでした．別途無線モジュールを購入することなく利用できるのは便利です．

みよし・たけふみ

column ラズベリー・パイ3 Wi-Fiの実質的な転送速度
ビット・レートだけじゃわからない！ Webサーバにしてファイルをやりとりしてみた

● **Apache2をインストールしてサーバ化！ Wi-Fi無線とイーサネットの通信速度は？**

　より実際に近い状況を想定し，ラズベリー・パイ3をWebサーバとして使用した場合，どの程度の負荷に耐えられるかを測ってみました．

　Raspbianでは，aptでlighttpdやnginx，Apache2など複数のHTTPサーバ・プログラムをインストールできます．

　ここではApache2をインストールしました．設定はデフォルトのままです．

▶ **ベンチマーク・プログラム ApacheBenchを利用**

　Webサーバの処理速度の測定にはApacheBench[1]を使うのが簡単です．

　ApacheBenchは，Webサーバに対して柔軟に負荷を加えることができるベンチマーク・プログラムです．あるURLに対して，同時にリクエストするクライアントの数やリクエストする回数をオプションで指定できます．

　次のように100個のクライアントが同時に接続し，それぞれ10回ずつリクエストを発行して測定しました．

```
ab -n 1000 -c 100 http://ラズパイのアドレス/ファイル
```

● **結果**

　図Aに示すのは，次の2つの条件で，4K～64Mバイトまでのファイルにアクセスしたときのラズベリー・パイ3のデータ転送速度と処理速度です．データ・サイズである横軸は対数軸です．

- 有線で接続した場合
- Wi-Fiで接続した場合

　結果を見ると，有線の場合もWi-Fiの場合も，ファイル・サイズが64Kバイトを超えるあたりから転送速度が頭打ちになっています．有線の上限は約12Mバイト/s(96Mbps)です．これはラズベリー・パイ3に搭載されたイーサネットのほぼ限界値です．Wi-Fiは4Mバイト/sなので，これもiPerfで測定した転送速度に相当します．

　図A下のプロットは，1秒間当たりにさばけるリクエストです．サイズの大きいデータをやりとりすると，ネットワーク性能がボトルネックになり，1秒あたりにリクエストできる処理数が減少します．

　以上のことから，ラズベリー・パイ3上のWebサーバのボトルネックはCPUの処理速度ではなくネットワークの通信性能にありそうです．ラズベリー・パイには，単にWebサービスを提供するだけではなく，データの整形などの前処理をさせても余裕がありそうですね．

みよし・たけふみ

◆参考文献◆
(1) ApacheBench: http://httpd.apache.org/docs/2.4/programs/ab.html

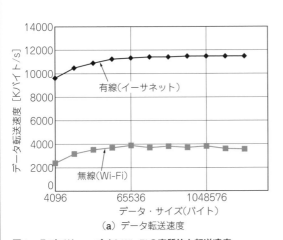
(a) データ転送速度

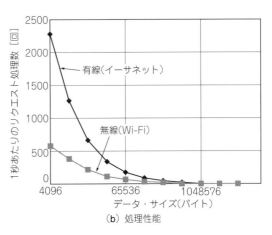
(b) 処理性能

図A　ラズベリー・パイ3 Wi-Fiの実質的な転送速度
Webサーバで動かして，ファイルをやりとりしてみた．p.39図6のビット・レートは実運用上あまり意味がない

いろんな形の数字(0～9)を覚えたラズパイ3は
手描き数字を読み取れるか？

カメラ眼付き
人工知能コンピュータの実験

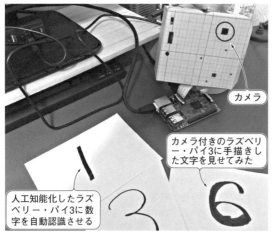

写真1　人気のラズベリー・パイ3の人工知能化に挑戦！
ラズベリー・パイ3にカメラをつけて，手描きの文字を認識させる

　人工知能，AI(Artificial Intelligence)，機械学習，ディープ・ラーニングという言葉が，毎日，テレビや新聞をにぎわせています．この技術は，最近生まれたものではなく，スキャナについてくる光学文字認識機能 OCR(Optical character recognition)や音声認識なども機械学習の応用です．

　仕組みは次のようなイメージです．例えば，コンピュータにさまざまな形の文字(あ～ん，0～9，A～Z)を見せ，同時に答えを教えます．これを繰り返すと，初めて見た文字入力に一番近い答えが出るようにコンピュータがパラメータを調整します．これをトレーニングまたは学習といいます．

　これまで，このトレーニングに，個人ではとても手に入らない高性能なコンピュータが必要でしたが，なんと5,000円そこそこで買えるラズベリー・パイ3で試すことができるようになりました．人工知能ブームの背景には，コンピュータの低価格化がありそうです．トレーニング後のデータ・ベースは，小さなマイコン

（a）カメラに写っている画像

（b）ラズベリー・パイの判定

図1　ラズベリー・パイ3にマウスを見せたらマウスと認識できるか？

でも動かせます．

　無数のコンピュータを所有してクラウド・サービスを提供するGoogleやAmazonは，ビッグデータを駆使して，人間の行動パターンをコンピュータに学習させています．近い将来，PICマイコンでも動かせるいろんな人工知能用ライブラリが出回り，電子工作に応用できる時代がくるのかもしれません．

● テレビも大注目！ 学習するコンピュータ「人工知能」をラズベリー・パイ3で初体験

　「イボか？ それともほくろ？ コンピュータが判別」「囲碁のトップ・プレーヤにコンピュータが挑戦して勝利!!」「将来，人間の仕事がなくなる？」「xx社が人工知能向けのプログラミング・フレームワークを無償公開！」「白黒写真にコンピュータが彩色した」など，人工知能に関する話題がさまざまなメディアで取りあげられています．

　本稿では，無料の機械学習向け演算プラットフォームTensorFlow（Google社）を使って，話題の人工知能の一種である機械学習をラズベリー・パイ3で体験します（写真1）．馴染みの言語で一からプログラミングしてもかまいませんが，ここでは下ごしらえされたでき合いの開発環境（フレームワークやライブラリ）を利用して手っ取り早く体験します．

　ラズベリー・パイ純正カメラを使ってリアル画像の認識にも挑戦します．図1に示すのは，人工知能化したラズベリー・パイ3にカメラを搭載して，マウスを見せたとき［図1（a）］の実験結果です．図1（b）に示すように，ラズベリー・パイ3は「カメラに映っている物体は99％の確率でマウスである」と判定しています．

コンピュータ上に学習能力を実現する技術「人工知能」

● 人工知能とは

　「人工知能がすごいらしい」という話をよく聞きます．コンピュータやプログラミングが好きな私としては「どうやって作るの？ 作ってみたい！」という気にさせられます．人工知能とは，人間のように考えるコンピュータです．最近世間を賑わせている話題の多くは，人工知能の一種である機械学習の成果です．機械学習は，人間が普段の日常生活の中で自然に行っている学習能力をコンピュータに持たせる技術です．

　個々のデータに合わせて人間がプログラミングするのではなく，データの塊から抽出した特徴や判断基準をコンピュータに覚え込ませて，大きなデータの分類や判別，新しいデータの処理まで自分でできるようにします．

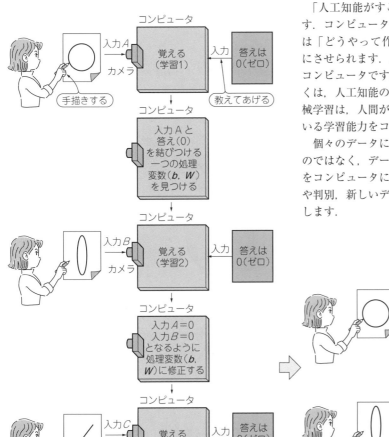

（a）STEP1 コンピュータをトレーニングする

（b）トレーニングを終えたコンピュータは，処理変数（b, W）を使って文字を認識する

図2　コンピュータに数字を学習させるプロセス（イメージ）

● **機械**(コンピュータ)**が学習**(トレーニング)**するイメージ**

コンピュータが人工知能化していくイメージを説明します.

図2に示すように,たとえば,円を紙に書いてコンピュータに見せます.同時に答えとして「これは0である」とコンピュータに教えます.コンピュータは,円と答え0(ゼロ)を結びつける都合の良い処理変数(bとW)を見つけます.

次に,縦に細長い丸を紙に書いてコンピュータに見せます.同時に答えとして「これは0である」とコンピュータに教えます.すると人工知能は,円と縦に細長い丸と,0(ゼロ)を結びつけられるように,先ほどの処理変数(bとW)を調整します.

さらに,斜めの直線を紙に書いてコンピュータに見せます.同時に答えとして「これは0ではない」とコンピュータに教えます.するとコンピュータは,円と縦長の丸が0(ゼロ)と結びつき,斜めの直線は0(ゼロ)と結びつかないように,先ほどの処理変数(b, W)を調整します.

これを繰り返してコンピュータに,0と0ではない文字を学習させます.

最終的に,n回の学習(トレーニング)を受けたコンピュータは,処理変数(b, W)を得ます.このコンピュータに,先ほどの手描きの円を見せると,勝手に「これは0っぽい」と答えます.

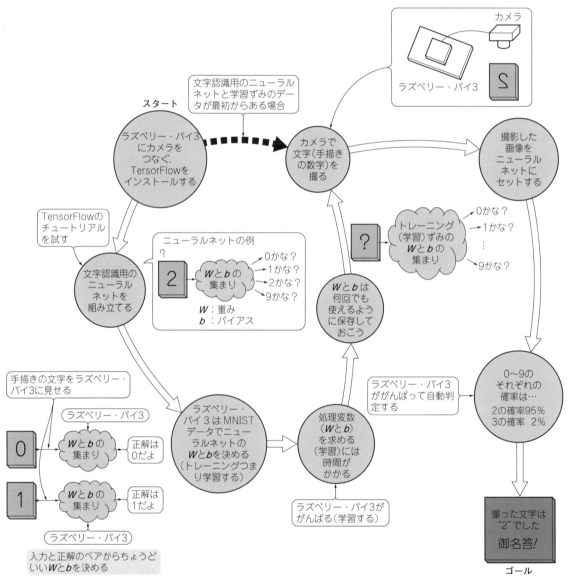

図3　ラズベリー・パイ3に人工知能プログラミング環境 TensorFlow を組み込んで行う実験の全体像

実験の準備

ラズベリー・パイ3にTensorFlowを組み込んで，人工知能を体験してみましょう．プログラミング言語はPythonを利用します．図3に実験の全体像を示します．

● 定番の人工知能実験プラットフォーム TensorFlow で遊ぶ

TensorFlow[*1]は，オープン・ソースの機械学習向けの数値計算開発環境（フレームワーク）です．よく使う関数をライブラリでもっていて，C, C++, Pythonの3種類のプログラミング言語を利用できます．パソコンはもちろんラズベリー・パイ3の上でも利用できます．

ライブラリを使って数値演算をノード，演算データの配列（テンソル）をエッジとするデータ・フロー・グラフを組み立てることができます．機械学習プログラミングの基本的な構成方法の1つであるニューラル・ネットワークもライブラリを使って構築できます（図4）．

一般に，ニューラル・ネットワークのパラメータは，高性能なコンピュータで莫大な計算を実行して算出します．公開されているフレームワークやライブラリでは，GPUや複数のコンピュータを使って効率良く計算できる仕組みを提供するものもあります．

● TensorFlowをコンパイルしてインストールする

TensorFlowが備えるライブラリをインストールします．ラズベリー・パイ3向けのコンパイル済みTensorFlowパッケージ[*2]が公開されているので，pipコマンドを使ってインストールしてください．構築の手順はドキュメントとしてまとめられているので自分でコンパイルすることもできます．コンパイルには数時間かかります．

pipを使ってインストールするにしても，サンプル・プログラムを簡単に試すために，TensorFlow一式を手元に置いておくとよいでしょう．

次のようにキーボードで入力して，GitHubからcloneします．

```
git clone --recurse-submodules https://
github.com/tensorflow/tensorflow
```

● ラズベリー・パイにカメラをつなぐ

ラズベリー・パイ純正カメラを使えるようにします．

Pythonスクリプトでラズベリー・パイ純正カメラを使うために，picameraをインストールしましょう．画像処理用ライブラリ（PillowとImageMagick）もイ

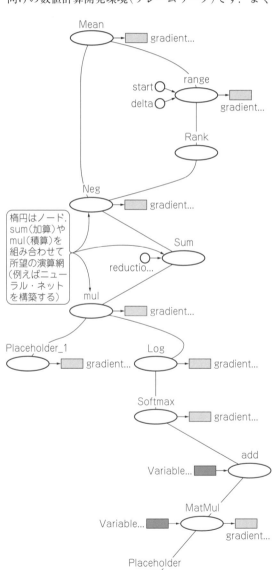

（a）演算フロー

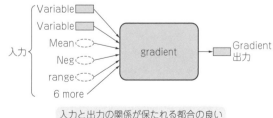

（b）grdient演算ブロックの入出力

図4 人工知能プログラミング環境 TensorFlow（Google）に構築されたsoftmax回帰による文字列認識の演算フロー
smuやmulなどの演算ノードを組み合わせている

*1 TensorFlow: https://www.tensorflow.org
*2 Installing TensorFlow on Raspberry Pi 3(and probably 2 as well)
https://github.com/samjabrahams/tensorflow-on-raspberry-pi

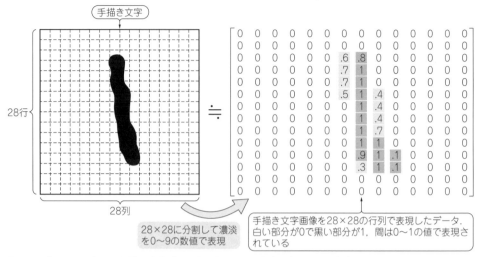

図5 ラズベリー・パイ3に画像の文字データを入力してその文字を当てさせる実験
TensorFlowにチュートリアルとして用意されている（MNIST For ML Beginners）．ラズベリー・パイ3にTensorFlowをインストールしてセットアップが終わったら，この標準的なテスト・データを読み込ませる

ンストールします．picameraとPillowの2つのライブラリはpipコマンドで，ImageMagickはaptコマンドでインストールします．

実験① ラズベリー・パイ3に数値文字の画像データを読み込ませて認識させてみる

● TensorFlowに用意されている入門者向けチュートリアル・ミニ実験

実験の準備ができたら，ラズベリー・パイ3に手描きした数値文字を認識させてみましょう．これは，古くから機械学習の評価用に利用されてきた題材です．

TensorFlowには，標準的なターゲット・データMNIST（Mixed National Institute of Standards and Technology database）が用意されています．MNISTデータには，

- 28×28ピクセルの画像データ（図5）
- その画像の数字が何であるか，という答え

がたくさん集められており，トレーニング用とトレーニング結果の確認用（テスト用）があります．

TensorFlowのチュートリアル（MNIST For ML Beginners(*3)）を試してみます．チュートリアルを読みながら，ステップ・バイ・ステップで実験を進めてください．ここでは最初に結果を紹介します．

MNIST For ML Beginnersでは，画像データで文字をラズベリー・パイ3に入力して，その文字を当てる確率を求める実験をします．softmax回帰という計算アルゴリズムがラズベリー・パイ3上で実行されます．

図6 文字を画像データでラズベリー・パイ3に入力してその文字を当てる実験の結果
文字認識の正解率は92.08％，トレーニング開始からテスト終了までにかかったのは18秒

● 実験結果…92％正解！

リスト1に，このチュートリアルで作るプログラムを示します．プログラムをファイルに保存して，ラズベリー・パイ3で実行してください．図6のように文字認識の正解率（92.08％）が出力されます．

実験② ラズベリー・パイ3は手描き文字'4'を言い当てられるか？

● 学習結果を実際に試してみる

チュートリアルを通じて，学習結果（Wとb）が得られました．ラズベリー・パイでこの学習済みデータを利用して，手描き文字をカメラで判定してみます．

ラズベリー・パイ純正カメラをPythonで利用する準備をします．

リスト2に示すのは，ラズベリー・パイ純正カメラで取得した画像データをMNISTデータと同じ28×28ピクセルのデータに変換するプログラムです．このプログラムは，認識させたい数値文字の画像をカメラで

*3 MNIST For ML Beginners
https://www.tensorflow.org/versions/r0.8/tutorials/mnist/beginners/index.html

リスト1 画像データで文字をラズベリー・パイ3に入力してその文字を当てるプログラムを制作

```
### TensorFlowチュートリアル MNIST For ML Beginners[7]
### にしたがって実装したsoftmax回帰による文字認識プログラム

import tensorflow as tf

### MNIST_dataの下にMNISTデータをダウンロードする
from tensorflow.examples.tutorials.mnist import input_
data
mnist = input_data.read_data_sets("MNIST_data/", one_
hot=True)

## TensorFlowのAPIを使って演算を定義, モデルを組み立てる
# 入力データを置き場所を用意
x = tf.placeholder(tf.float32, [None, 784])
# 重み付き加算のためのパラメタを用意
W = tf.Variable(tf.zeros([784, 10]))
b = tf.Variable(tf.zeros([10]))

# softmax回帰によって入力データが, どの数字が求める演算を定義
y = tf.nn.softmax(tf.matmul(x, W) + b)

# 正解の置き場所を用意
y_ = tf.placeholder(tf.float32, [None, 10])
# 計算によって求めた値 (y) と正解 (y_) の正しらしさを評価するための
# 交差エントロピーを求める演算を定義
cross_entropy = tf.reduce_mean(-tf.reduce_sum(y_ *
              tf.log(y), reduction_indices=[1]))

# cross_entropyを小さくするようにパラメタWとbを
                    決めるための最適化器を用意
train_step = tf.train.GradientDescentOptimizer(0.5).
minimize(cross_entropy)

# パラメタを初期化する演算を定義
init = tf.initialize_all_variables()

# TensorFlowの処理をするインスタンスを生成
sess = tf.Session()

## 組み立てたモデルをトレーニング
# まずはパラメタを初期化
sess.run(init)
# 1000回のトレーニングを実行
for i in range(1000):
  batch_xs, batch_ys = mnist.train.next_batch(100)
  # 入力 (x) にトレーニングの入力データの一部 (batch_x) を,
  # 正解データ (y_) にトレーニングの正解データ (batch_y) を与えて
  # 最適化器 (train_step) を実行することで, パラメタ (Wとb) を更新する
  sess.run(train_step, feed_dict={x: batch_xs, y_: batch_
                                                  ys})

## トレーニングによって得られたパラメタでテストデータで動作を確認
# 得られた結果 (どの文字か?の確率) と正解データ, それぞれの一番大きなも
                                                  のが
# 等しいかどうかを確認する演算を定義
correct_prediction = tf.equal(tf.argmax(y, 1),
                              tf.argmax(y_, 1))
# 正解した個数の割合を算出する演算を定義
accuracy = tf.reduce_mean(tf.cast(correct_prediction, t
                                              f.float32))

# 入力 (x) にテストの入力データを, 正解データ (y_) にテストの正解データを
                                                  与えて
# 正解率を求める
print(sess.run(accuracy, feed_dict={x: mnist.test.images,
                              y_: mnist.test.labels}))
```

写してキーボードのEnterキーを押すと, その撮像データを28×28ピクセルのデータに変換して返します.

実際, **写真2**のように紙に数字'4'を描いてカメラで映すと, **図7**のような結果が得られます. 白色の部分をはっきりさせるために, 適当なしきい値 (ここでは0.8にした) を設定して, それより大きいときは1.0, 小さいときは0.0と表示しています.

本当はこのしきい値設定と判定も学習できるとよいのですが….

▶学習で得たパラメータ W と b を保存して使いまわす (学習処理を初回だけにする)

このチュートリアル実験では, カメラで撮ったデータを入力とし, トレーニング・データを使ってパラメータ (W と b) を決定し, そのパラメータが有用かどうかをテスト・データで試しました.

毎回, いろんな形の数字 (0~9) をラズベリー・パイ3に学習させて, W と b を得るのは手間です. そこで, 一度学習して得たパラメータ (W と b) は保存して使いまわします.

リスト1のプログラムにリスト3を追加して実行すると, var.dumpというファイルに値を W と b を保存できます.

● '4' という手描き文字をカメラで撮影! 数字の4と認識できるか?

学習済みのパラメータが用意できたら, 全部組み合わせます. **リスト4**にプログラムを示します. パラメータと演算の定義の部分は**リスト1**と同じものです.

入力データを置く x, 重み付き加算用のパラメータ W と b, softmax回帰演算である y を定義しています. W と b の決定には, **リスト3**を実行して作成した学習済みデータvar.dumpを利用します. saver.saveで保存したデータをsaver.restoreを使って読み出せます. パラメータが用意できたら, 入力データ x にカメラの撮像データをセットして, softmax回帰演算を実行します.

ラズベリー・パイ3に手描きしたの文字'4'を見せると, **図8**のように'4'と答えました.

実験③ ラズベリー・パイはマウスをマウスと認識するか?

● サンプルでお試し! パンダの画像データを読み込ませて判定させる

画像認識も試してみましょう. TensorFlowのサンプル (Inception-v3) を試してみます [*4]. サンプル・プログラムは,

---

[*4] Image Recognition
https://www.tensorflow.org/versions/r0.8/tutorials/image_recognition/index.html

リスト2　ラズベリー・パイ純正カメラで取得した画像データを28×28ピクセルのデータに変換するプログラム

```
### PiCameraを使って紙に手で書いた文字を撮影するためのプログラム

import picamera
import picamera.array
import numpy

def picam_capture():
    # 撮像する画像サイズ 560x560
    WIDTH = 560
    HEIGHT = 560

    # 生成する画像サイズ 28x28
    RETURN_WIDTH = 28
    RETURN_HEIGHT = 28

    W_DIV = WIDTH//RETURN_WIDTH
    H_DIV = HEIGHT//RETURN_HEIGHT

    MAX = 1. * W_DIV * H_DIV

    # PiCameraを使って画像を取得
    with picamera.PiCamera() as camera:
        camera.resolution = (WIDTH, HEIGHT)
        # カメラのプレビューモードをオンにする
        camera.start_preview()
        # エンターキーが押されるのを待つ
        raw_input()
        with picamera.array.PiRGBArray(camera) as stream:
            camera.capture(stream, format='bgr')
            image = stream.array
        camera.stop_preview()
    image_ = numpy.array(image, dtype=numpy.float)
    a = [0.] * (RETURN_WIDTH * RETURN_HEIGHT)
    b = [MAX] * (RETURN_WIDTH * RETURN_HEIGHT)
    # 取得した画像データを白黒化．20x20ピクセルを1x1ピクセルにまとめる
    for y in range(HEIGHT):
        for x in range(WIDTH):
            c = image_[y][x]
            a[(y//H_DIV) * RETURN_HEIGHT + (x//W_DIV)] \
                += (255. - (c[0] + c[1] + c[2]) / 3.) / 255.
    a = numpy.divide(a, b)

    return a

if __name__ == '__main__':
    a = picam_capture()
    print(a)
```

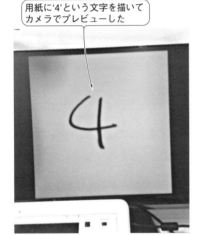

写真2　TensoFlowのチュートリアル学習で得た結果をラズベリー・パイに組み込んで，手描き文字（数字の'4'）をカメラで写して認識するかどうか実験

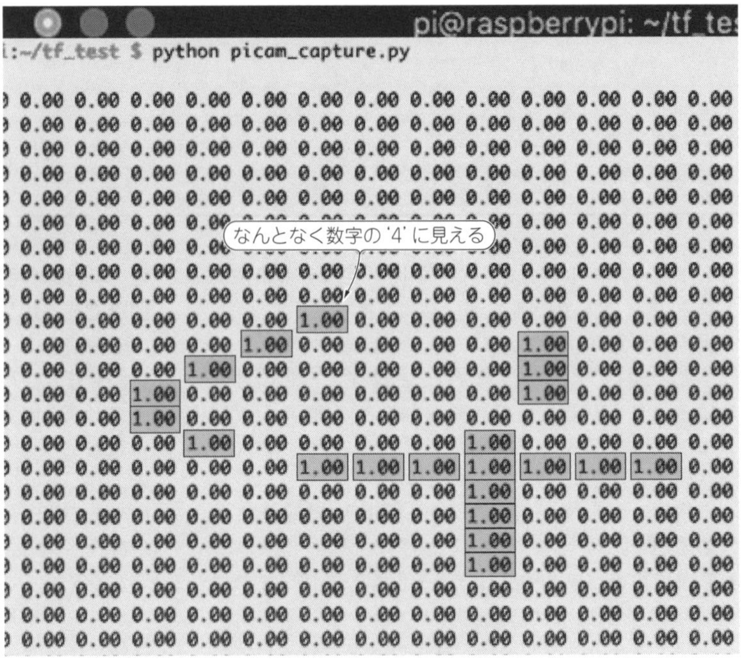

図7　TensoFlowのチュートリアル学習で得た結果をラズベリー・パイに組み込んで，手描き文字（数字の'4'）をカメラで写すとこのような結果が得られた
適当なしきい値(0.8)を設定して，それより大きいときは1.0，小さいときは0.0を表示している

```
tensorflow/models/image/imagenet/
```

の下のclassify_image.pyです．次のようにキーボードから入力すると実行できます．

```
python classify_image.py
```

初回実行時(/tmp/imagenetにデータがない場合)には，学習済みのデータをダウンロードして実行されます．デフォルトでは，/tmp/imagenet/cropped_panda.pngのパンダ画像(図9)を読み込んで，「これはパンダだ」と判断しています(図10)．

このサンプル・プログラムでは，

```
python classify_image.py --image=PNGファイル
```

と，指定したファイルに写っているものが何であるか

リスト3 リスト1にこのソース・コードを加えると，一度学習して得られたパラメータ（Wとb）を保存して使いまわせる

```
### トレーニングデータによって学習したパラメタをファイルに保存
するために
### リスト1に追加するコード片

# 保存するパラメタはWとb
saver = tf.train.Saver([W, b])
# 実行ディレクトリvar.dumpというファイルを作ってパラメタを保存
import os
path = saver.save(sess, os.path.join(os.path.dirname
(__file__), "var.dump"))
```

リスト4 ラズベリー・パイ3で手描き文字（数字の'4'）をカメラで写して認識させる実験用プログラム

```
### カメラで撮影した手描き文字の認識を行うプログラム例
import tensorflow as tf
import picam_capture
from pprint import pprint

## モデルの組み立て
# 入力データの置き場所を用意
x = tf.placeholder("float", [None, 784])
# パラメータであるWとbを用意
W = tf.Variable(tf.zeros([784, 10]))
b = tf.Variable(tf.zeros([10]))
# softmax回帰の演算を定義
y = tf.nn.softmax(tf.matmul(x,W) + b)

## パラメタを読み出す
# Wとbを保存データに指定
saver = tf.train.Saver([W,b])
# TensorFlowのセッションを生成
sess = tf.Session()
# Wとbをvar.dumpから読み出す
saver.restore(sess, "var.dump")

## 処理本体
# リスト2を使って画像を取得
a = picam_capture.picam_capture()
# 入力データxにカメラで撮ったデータを代入し，softmax回帰の演算を実行
# softmax回帰によって得られた，どの文字っぽいか，の確率リストが得られる
b = sess.run(y, feed_dict={x: [a]}).flatten().tolist()
pprint(b)
# 最も確率が高かったインデックスが認識された数字に相当する
print(b.index(max(b)))
```

判定させることもできます．

● カメラとラズベリー・パイ3にマウスの写真を見せてみる

　ラズベリー・パイ純正カメラに，マウス［**図1(a)**］を見せて認識させてみます．
　前述の文字認識のやり方と違い，撮像したカラー画像は，pngフォーマットで保存してclassif_image.pyに与えます．**リスト5**にプログラムを示します．カメラで撮像したイメージをfoo.pngというファイルに保存し，そのファイルをサンプル・プログラムの入力とします．

```
pi@raspberrypi:~/tf_test $ python test.py
[1.790145276459043e-08,
 3.359300899319351e-05,
 5.951743787591113e-06,
 6.463062163675204e-05,
 0.9944068193435669,
 1.927961193359806e-06,
 0.00041870540007948875,
 5.803814565297216e-05,
 3.360621121828444e-05,
 0.004976768046617508]
4
pi@raspberrypi:~/tf_test $
```

図8 ラズベリー・パイ3に手描き文字'4'を見せると'4'と答えた

図9 ラズベリー・パイ3にパンダの画像データを読み込ませて認識させる

　冒頭の**図1(b)**が実験結果です．ラズベリー・パイ3はカメラに写る物体をマウスと認識しました．

＊

　ここではラズベリー・パイを使った簡単な文字認識を試してみました．
　さて最近，世間をにぎわせているのは，ディープ・ラーニングです．より，人間に近いような判定とその応用ができるようになっています．
　ディープ・ラーニングが誕生する前，一般的な機械学習では，コンピュータをトレーニングするために，データからどの特徴を抽出するかを試行錯誤する必要がありました．参考文献の「深層学習[1]」によれば「自然言語処理でも検索でも，人工知能技術を用いて最後にコンマ何％という性能の勝負の段階になると，必ずこの職人技（ヒューリスティックとも呼ばれる）のかたまりになってくる」ということだそうです．ヒューリスティック（heuristic）とは試行錯誤のことです．
　ディープ・ラーニングがもてはやされている理由は，どの特徴を抽出するかをコンピュータに任せるこ

図10 ラズベリー・パイ3にパンダの画像データを読み込ませて認識させた結果
ラズベリー・パイは図9の画像データをパンダと認識した

とができ，従来よりも桁違いに高い精度で分類や判定ができるからだと言えます．

もっとディープ・ラーニングのことを知りたい方は，参考文献の次の各書をご覧ください．「インターフェース 2016年7月号[2]」や「人工知能は人間を超えるか[3]」を，より詳しく知りたい場合には，「深層学習[1]」や「深層学習Deep Learning[4]」が参考になると思います．

実験に使ったGoogleのTensorFlowのようなフレームワークだけでなく，大手ベンダが人工知能のサービスを提供しています．動画像に字幕をつけるなどの興味深いサンプルもあります．さまざまな人工知能を試せる時代になりそうです．

みよし・たけふみ

---

column　実験①でラズベリー・パイ3はどんな処理をしたのか？

図Aに，この文字認識チュートリアルで用いられる計算アルゴリズム（softmax回帰という）を示します．次の2個のステップで構成されます．

● 第1処理：エビデンスを集める

ラズベリー・パイ3に入力したデータが，数字という種類（クラス）に属しているかどうかの証拠（エビデンス）を集めます．入力画像があるクラスに属していることの証拠を集計するために，入力データの各ピクセルに重みを付けて加算します．この重みがカギで，学習を繰り返して決定していきます．

図Bに示すのは，チュートリアルに例示されている各文字（クラス）に対する重みの学習結果を可視化した画像です[1]．赤色がマイナスの重みで，答えから遠い部分．青色がプラスの重みで答えに近い部分です．

文字認識させたい信号が入力されたら，各ピクセル・データに重みをかけて加算します．すると青い部分に入力データが多くあるほど，赤い部分にある入力データが少ないほど，計算結果が大きくなります．計算結果が大きくなるように，重みを少し増やしたり減らしたりしながら計算を繰り返します．

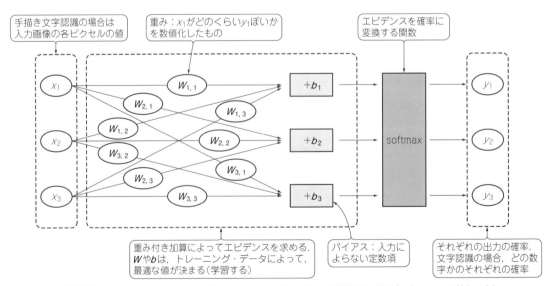

図A　人工知能ビギナ向けのTensorFlowの文字認識チュートリアルで用いられる計算アルゴリズム（softmax回帰という）

リスト5 ラズベリー・パイ3にマウス［図1(a)］を見せて認識させる実験用プログラム
実験結果は図1(b)

```
### カメラで撮影した画像をTensorFlowの画像認識サンプル
### classfy_image.pyを使って認識する例

import picamera
import subprocess
import os
from PIL import Image

with picamera.PiCamera() as camera:
    camera.resolution = (640, 480)
    # プレビューを開始
    camera.start_preview()
    # 改行のコード入力を待つ
    raw_input()
    camera.stop_preview()
    # 撮影した画像をfoo.jpgに保存
    camera.capture('foo.jpg')
    # 撮影した画像をディスプレイに表示
    im = Image.open('foo.jpg')
    im.show()
    print("start to recognize")
    # 外部プロセスとしてclassify_image.pyを呼び出し，何が写っているか
    認識させる
    subprocess.call("python classify_image.py --image_
                     file=foo.jpg", shell=True)
```

◆参考文献◆
(1) 岡谷貴之；深層学習（機械学習プロフェッショナルシリーズ），講談社，2015．
(2) 特集 ラズパイではじめる人工知能コンピュータ，インターフェース，2016年7月号，CQ出版社．
(3) 松尾 豊；人工知能は人間を超えるか，KADOKAWA/中経出版，2015．
(4) 麻生 英樹，安田 宗樹，前田 新一，岡野原 大輔，岡谷 貴之，久保 陽太郎，ボレガラダヌシカ，神嶌 敏弘（編集）；人工知能学会（監修），深層学習 Deep Learning，近代科学社，2015．

● **第2処理：エビデンスを確率に変換する**

　エビデンスを確率に変換するsoftmaxという関数を利用して，10個の数字に対応する確率分布を求めます．TensorFlowには，softmaxやmatmulなど，機械学習によく使う演算ライブラリが用意されています．

　ラズベリー・パイ3にトレーニング・データを入力して，次式のWとbの最適な値を求めます．

```
y=tf.nn.softmax(tf.matmul(x,W)+b)
```

　この計算式で求まった結果yが，トレーニング・データで与えられる正解$y\_$とどのくらい近いかを，交差エントロピを使って評価します．交差エントロピを求める演算をcross_entropyという名前で定義しています．この評価式を使ってWとbを最適化するためには，TensorFlowに用意されているtf.train.GradientDescentOptimizerが使えます．勾配降下法によって，yが$y\_$と近くなるようにWとbを調整していくわけです．

みよし・たけふみ

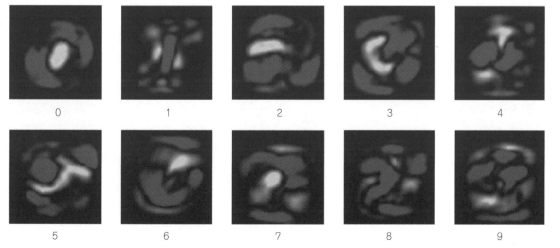

図B[(1)]　TensorFlowのチュートリアルに例示されている各文字の重みをラズベリー・パイ3に学習させた結果

Appendix 1

ラズベリーパイ3で6時間かかった文字認識が1時間弱で終了！

人工知能プログラミング環境 TensorFlow の分散処理機能で高速機械学習

■ ラズベリー・パイには本格的な学習は荷が重い…パソコンの力も借りて高速処理

本格的な文字認識処理[*1]では，ディープ・ニューラル・ネットワーク[*2]による文字認識モデル（リスト1はモデルの構築部分を抜粋したもの）が用いられており，本文の入門者向けチュートリアル・ミニ実験（p.47のリスト1）よりはるかに複雑です．演算回数も多く，大量のメモリが必要です．

実際にディープ・ニューラル・ネットワークによる文字認識モデルのパラメータをラズベリー・パイ3で学習させると，6時間半もの時間を要しました．ところが，Core i3 CPU，メモリ16Gバイト搭載したデスクトップ・パソコンで同じプログラムを実行すると，約50分で演算が終了しました．

普段使っているパソコンを利用しない手はありません．図1に示すように，数値演算プログラミング環境TensorFlowは，ネットワーク越しにあるコンピュータに計算を割り振ることができます．

■ 実験

● 実験の準備

ラズベリー・パイ3と連携して動作するように，パソコン用の環境にもTensorFlowをインストールします．ラズベリー・パイ3上に構築する手順[*3]を真似して自分でビルドすることもできます．

私は，CentOS 7の上でビルドしたバージョンを利用しました．自分でビルドしない場合でも，サンプルや便利なスクリプトを利用するために，手元にTensorFlow一式をダウンロードしておきましょう．

● Hello Worldで動作確認！

パソコンにインストールしたTensorFlow環境がネットワーク越しで利用できることを確認します．

ターミナルを開いてサーバを起動します．サーバ起動用のラッパ・スクリプトを使うのが便利です．サーバを起動するには，TensorFlowリポジトリのルート・ディレクトリの下で，

```
./tensorflow/tools/dist_test/server/grpc_
tensorflow_server_wrapper.sh ¥
  -cluster_spec='local|localhost:5555'
-job_
name=local -task_id=0
```

と入力します．これで，5555番ポートで待ち受けるサーバを起動できます．サーバを起動したパソコンの別のターミナルでPythonインタプリタを起動して，

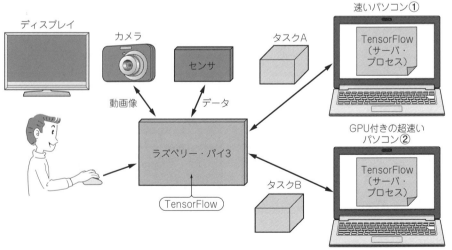

図1 TensorFlow の分散処理機能を利用すればディープ・ニューラル・ネットワークによる文字認識モデルのパラメータ計算を高速化できる
ラズベリー・パイ3で学習させると6時間半も要するが，Core i3 CPU，メモリ16Gバイト搭載したデスクトップ・パソコンで同じプログラムを実行すると約50分で終了する

*1 Deep MNIST for Experts: https://www.tensorflow.org/versions/r0.8/tutorials/mnist/pros/index.html
*2 ディープ・ニューラル・ネットワーク：ニューラルネットワークを多層に重ねたもの．層数を増して少ないノードで同じ性能のネットワークを作る．局所収束や学習が進まなくなる課題は，事前学習やDropoutの新技術，活性化関数などで解決している．

リスト1　TensorFlowに用意されている本格的な文字認識処理
ディープ・ニューラル・ネットワークによる文字認識モデル

```
### ディープニューラルネットワークによる文字認識プログラム
### 計算モデル定義部分の抜粋
### 最初のチュートリアルと比べるとモデルが，かなり複雑である

def weight_variable(shape):
 initial = tf.truncated_normal(shape, stddev=0.1)
 return tf.Variable(initial)

def bias_variable(shape):
 initial = tf.constant(0.1, shape=shape)
 return tf.Variable(initial)

def conv2d(x, W):
 return tf.nn.conv2d(x, W, strides = [1, 1, 1, 1],
padding='SAME')

def max_pool_2x2(x):
 return tf.nn.max_pool(x, ksize= [1, 2, 2, 1],
           strides= [1, 2, 2, 1], padding='SAME')

W_conv1 = weight_variable([5, 5, 1, 32])
b_conv1 = bias_variable([32])

x_image = tf.reshape(x, [-1,28,28,1])

h_conv1 = tf.nn.relu(conv2d(x_image, W_conv1) + b_conv1)
h_pool1 = max_pool_2x2(h_conv1)

W_conv2 = weight_variable([5, 5, 32, 64])
b_conv2 = bias_variable([64])

h_conv2 = tf.nn.relu(conv2d(h_pool1, W_conv2) + b_conv2)
h_pool2 = max_pool_2x2(h_conv2)

W_fc1 = weight_variable([7 * 7 * 64, 1024])
b_fc1 = bias_variable([1024])

h_pool2_flat = tf.reshape(h_pool2, [-1, 7*7*64])
h_fc1 = tf.nn.relu(tf.matmul(h_pool2_flat, W_fc1) + b_fc1)

keep_prob = tf.placeholder(tf.float32)
h_fc1_drop = tf.nn.dropout(h_fc1, keep_prob)

W_fc2 = weight_variable([1024, 10])
b_fc2 = bias_variable([10])

y_conv=tf.nn.softmax(tf.matmul(h_fc1_drop, W_fc2) + b_fc2)
```

```
import tensorflow as tf
c = tf.constant("Hello, distributed TensorFlow!")
sess = tf.Session("grpc://localhost:5555")
sess.run(c)
```

と入力すると，ターミナルに“Hello, distributed TensorFlow！”と表示されます．

肝は，tf.SessionでTensorFlowセッションのインスタンスを作る際の引数にサーバのURI(Universal Resource Locator)を指定している点です．たったこれだけで，起動したTensorFlowサーバ上に処理を任せることができます．

もちろん，同じパソコンからだけではなく，別のクライアントでも実行できます．ラズベリー・パイ3のターミナルでPythonインタプリタを起動して，

```
import tensorflow as tf
c = tf.constant("Hello, distributed TensorFlow!")
sess = tf.Session("grpc://10.0.0.4:5555")
sess.run(c)
```

としてみます．10.0.0.4は，TensorFlowサーバを起動したパソコンのIPアドレスです．

実行すると，ラズベリー・パイ3で“Hello, distributed TensorFlow！”という表示が出力されます．tcpdumpを使って観測してみると，**図2**のように通信が発生していることが確認できます．

● ラズベリー・パイ3×パソコン！文字認識を試してみよう！

ネットワーク越しのTensorFlowサーバを利用するときは，セッションのインスタンスを作成する際にURIを指定すればOKです．文字認識プログラムでも

```
Terminal — ⌘8
miyo@grappa:% sudo tcpdump -i enp2s0 port 5555
tcpdump: verbose output suppressed, use -v or -vv for full protocol decode
listening on enp2s0, link-type EN10MB (Ethernet), capture size 65535 bytes
05:25:01.929852 IP 10.0.0.102.50124 > grappa.personal-agent: Flags [P.], seq 125
1538065:1251538137, ack 3681464824, win 229, options [nop,nop,TS val 3302449 ecr
 33473160], length 72
05:25:01.930940 IP grappa.personal-agent > 10.0.0.102.50124: Flags [P.], seq 1:6
2, ack 72, win 235, options [nop,nop,TS val 33600871 ecr 3302449], length 61
05:25:01.931122 IP 10.0.0.102.50124 > grappa.personal-agent: Flags [.], ack 62,
win 229, options [nop,nop,TS val 3302450 ecr 33600871], length 0
```

図2　TensorFlowの分散処理が機能してパソコンと通信していることがわかる
tcpdumpコマンドで観測

＊3　Distributed TensorFlow
https://www.tensorflow.org/versions/r0.8/how_tos/distributed/index.html

分散TensorFlowを利用してみましょう．

チュートリアルでは，

```
sess = tf.InteractiveSession()
```

として，TensorFlowセッションのインスタンスを生成していますが，単に，

```
sess = tf.InteractiveSession("grpc://10.0.0.4:5555")
```

とすれば，10.0.0.4の上で動いているTensorFlowサーバに処理を投げることができます．他に変更する必要がないのがフレームワークの恩恵ですね．

試してみると，1時間弱で学習とテストが完了しました．このときのテスト・データでの文字認識の成功率は99.29％で，最初のチュートリアルのモデルより高い精度で文字を認識できています（**図3**）．

たった1行修正するだけで，ラズベリー・パイ3のカメラやI/Oを簡単に扱えるメリットを活かしつつ，計算速度が遅い・メモリが少ないというデメリットをパソコンで補うことができます．活用の幅が広がりそうですね．

みよし・たけふみ

```
step 19000, training accuracy 0.98
step 19100, training accuracy 1
step 19200, training accuracy 1
step 19300, training accuracy 1
step 19400, training accuracy 1
step 19500, training accuracy 1
step 19600, training accuracy 1
step 19700, training accuracy 1
step 19800, training accuracy 1
step 19900, training accuracy 1
test accuracy 0.9929

real    59m25.863s
user    3m0.150s
sys     1m17.700s
pi@raspberrypi:~/tf_test $
```

（トレーニング結果をテスト・データで試した結果（正解率99％））
（59分26秒）

図3 TensorFlowの文字認識プログラムをラズベリー・パイとパソコンで協調したところ，1時間弱で学習とテストが完了した
ラズベリー・パイ3単体で計算したときは6時間を要していた

第2章　はんだ付けから！IoT電子工作ガジェット教材「Apple Pi」

ラズパイ3拡張用プリント基板をいっしょに組み立てよう！

はんだ付けから！IoT電子工作ガジェット教材「Apple Pi」

付録基板記事

小野寺 康幸

写真1　本誌の付録プリント基板に部品（別売）を載せて組み立てたIoT電子工作ガジェット

ラズベリー・パイをIoT実験キットに進化させる拡張基板を製作

● モノ（Things）＋ラズベリー・パイ（Internet接続手段）＝IoT

　ラズベリー・パイ2B/3Bの登場は衝撃的でした．もともとは，子供のプログラミング学習用として開発されましたが，事務用パソコンとしても十分使えます．実際，標準のLinux OS「Raspbian」には，Office互換のLibreOfficeが搭載されていて，表計算や文書を作成することができます．もちろん家庭用サーバとしても利用できます．
　このラズベリー・パイ3が事務用パソコンと違うのは，I/O（電気信号の入出力）ができることです．人感センサやカメラを接続すると，スマホでモニタできる防犯システムができあがります．D-Aコンバータをつなぐと，ミュージック・サーバにもなります．店で買ってきたオーディオ・システムの蓋を開けたらラズベリー・パイ3が出てきた…なんてことがあるかもしれません．

● ラズベリー・パイ3に入力Thingsと出力ThingsをつないでIoTを体験！

　モノ（Things）がラズベリー・パイに接続されると，ラズベリー・パイ3を介してインターネット（Internet）に接続されます．これは，まさにIoT（Internet of Things）です．
　人はパソコンやスマホでインターネットに接続しました．今度は，モノがインターネットに接続される時代です．「ラズベリー・パイ3」はモノをインターネ

注意：本稿の実験装置を使って，屋外から自宅の家電製品の遠隔操作を行う実験をするときは，自宅に1名以上の協力者を必ず待機させて，火災などが起こらないように十分に気をつけてください．

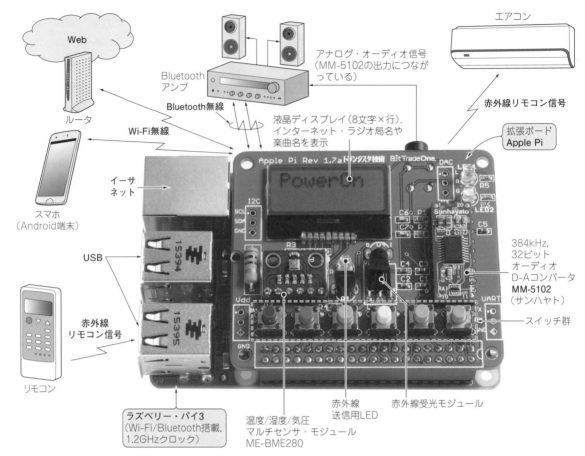

図1 拡張ボードApple Piとラズベリー・パイ3を組み合わせるとIoT実験装置が完成する
センサの情報を取り込んだり，音楽データを出力できる．またラズベリー・パイ3本体のWi-Fi機能を使って，インターネット接続も容易にできる

ットに接続する便利な実験ツールです．利用しない手はありません(図1)．

ラズベリー・パイ3は，USB，無線チップ，HDMIインターフェースなどを搭載してはいますが，それだけでIoTを実現できません．センサなどのThings(モノ)をラズベリー・パイ3に接続する必要があります．

入力デバイスであるセンサと，出力デバイスであるD-AコンバータやLCDをラズベリー・パイ3のGPIO拡張端子に接続すれば，立派なIoT実験プラットフォームの完成です．Thingsとラズベリー・パイ3を接続するときは，I/O，I²C，I²Sなどのいろいろなインターフェースを上手に使い分けることも重要です．

● IoT電子工作を体験できるプリント基板を付録

ラズベリー・パイ3とセンサやD-Aコンバータを搭載した拡張基板(Apple Piと命名)を組み合わせる

---

column　イコライザ機能搭載！ 32ビット，384kHz D-Aコンバータ・モジュール MM-5122

写真Aに示すのは，PCM5122を搭載した32ビット，384kHzのハイレゾ対応のD-Aコンバータ・モジュール MM-5122(サンハヤト)です．

搭載されているD-AコンバータIC PCM5122と本稿で採用したPCM5102Aの違いは，イコライザ機能とフィルタ機能が追加されている点です．特性を調整するときは，I²CまたはSPIで内蔵レジスタの値を変更します．　　　　　　　おのでら・やすゆき

写真A　MM-5102の高機能版D-Aコンバータ・モジュール MM-5122(サンハヤト)
イコライザ機能とフィルタ機能が追加されている

第2章 はんだ付けから！IoT電子工作ガジェット教材「Apple Pi」

表1 IoT実験用のラズベリー・パイ3拡張ボード Apple Piの基本仕様

※部品が干渉するため、RCA端子を持つラズベリー・パイに接続できない
※パーツセットはビット・トレード・ワンより販売予定

項　目	仕　様
接続対象	Model B＋/2B/3B
適合ケース	2B/3B用純正ケース
LCD表示	8文字×2行
タクト・スイッチ	6個
LED	2個
赤外線送受信	赤外線LED，赤外線受光
オーディオ再生IC	PCM5102A（32ビット，384kHz）
外部端子	I²C，UART，電源端子

表2 拡張ボードApple Piに搭載する部品

型　名	数	部品番号	備　考
MM-5102	1	U1	PCM5102A搭載，サンハヤト製
ME-BME280	1	U2	温度湿度気圧センサ
CHQ0038A	1	U3	赤外線受光モジュール
LP2950-3.3V	1	U4	3.3V，100mA
PCA9515A	1	U5	I²Cリピータ
AQM0802A-RN-GBW	1	LCD1	8文字×2行，バックライトなし
OSUB3131A	1	LED_1	φ3mm青LED
OSWT3131A	1	LED_2	φ3mm白LED
OSI5FU3A11C	1	IR	φ3mm赤外LED
2SC2120Y	1	Q_1	NPNトランジスタ
P-03653	1	SW_1	6mmタクト・スイッチ（茶）
P-03646	1	SW_2	6mmタクト・スイッチ（赤）
P-03652	1	SW_3	6mmタクト・スイッチ（橙）
P-03650	1	SW_4	6mmタクト・スイッチ（黄）
P-03651	1	SW_5	6mmタクト・スイッチ（緑）
P-03649	1	SW_6	6mmタクト・スイッチ（青）
470Ω	1	R_1	1608，チップ抵抗
470Ω	1	R_2	
22Ω	1	R_3	
240Ω	1	R_4	
200Ω	1	R_5	
200Ω	1	R_6	
10Ω	1	R_7	1W，酸化金属被膜抵抗
0.1μF	1	C_1	1608，チップ・コンデンサ
0.1μF	1	C_2	
10μF	1	C_3	
10μF	1	C_4	
0.1μF	1	C_5	
2200pF	1	C_6	
2200pF	1	C_7	
1μF	1	C_8	
1μF	1	C_9	
20x2	1	P1	40ピン・ソケット（20×2）
MJ-8435	1	JK_1	3.5mmステレオ・ジャック
AS-2611	2	－	M2.6mm，11mm
PC-2604	2	－	M2.6mm，4mm

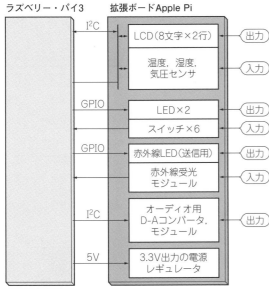

図2 IoT実験用のラズベリー・パイ3拡張ボード Apple Piのブロック図

LED出力制御，スイッチ入力制御，液晶表示，温度，湿度，気圧データの取得，赤外線送受信（リモコン），ハイレゾ再生などができる

IoT実験キット（**写真1**）を製作しました．

表1に主な仕様を，図2にブロック図を，図3に回路図，表2に使用した部品を示します．

このキットの製作用プリント基板を本誌に付録しました（**写真2**）．付録基板には，スイッチ，センサ，赤外線受光モジュールの入力デバイスと，キャラクタLCD，赤外線送信LED，オーディオ用D-Aコンバータの出力デバイスを搭載できます．基板は，ラズベリー・パイ純正ケースにピッタリ収まります．

ぜひこの基板を完成させて，Web電子工作を体験してください（**イラスト1**）．

▶お断り

(1) I²Cインターフェースはセンサ・モジュール内でプルアップしています．センサ・モジュールがないとLCDは機能しません．

(2) ラズベリー・パイ3に搭載されたARMマイコン（BCM2387）の発熱でケース内が温められます．温度は高めに，湿度は低めに測定されます．気圧もセンサIC内部で温度補償されているため影響を受けます．より正確な測定値がほしいときは，延長ケーブルでセンサをケースから取り出してください．

(3) ヘッドホンによっては，ケースの厚みが邪魔をしてジャックが奥まで入れられないことがあります．

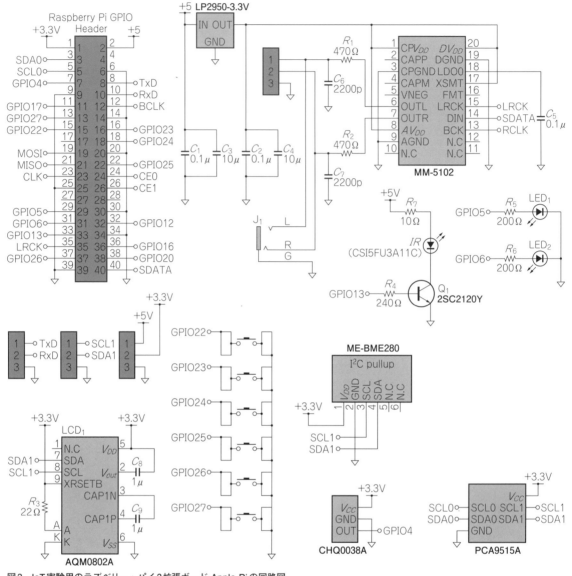

図3 IoT実験用のラズベリー・パイ3拡張ボード Apple Piの回路図

---

column　Apple Pi製作用部品セット販売のお知らせ

　本稿で紹介したIoT電子工作ガジェット教材「Apple Pi」の部品一式と部品実装済みキットを販売中です。

（A）部品セット（本誌の付録プリント基板を使って組み立てる）

型名：ADCQ1608K
JANコード：4562469770680
価格：5,480円（税別）

（B）組み立て済み（ケースなし）

型名：ADCQ1608P
JANコード：4562469770697
価格：6,980円（税別）

● 取り扱い店
千石電商，ツクモRobot王国，Amazon，ビット・トレード・ワン公式オンラインショップ

編集部

第2章 はんだ付けから！IoT電子工作ガジェット教材「Apple Pi」

（a）部品実装前（本誌の付録基板はこの状態）

（b）部品実装後（完成！）

写真2 IoT実験用のラズベリー・パイ3拡張ボード Apple Piの仕上げ前と仕上げ後
(a)はApple Pi製作用のプリント基板，(b)がApple Pi

イラスト1 拡張ボードApple Pi＋ラズベリー・パイ3で作って学ぶ

拡張ボードApple Piの組み立て製作

キー・パーツ

① オーディオ用D-Aコンバータ

サンプリング周波数384 kHz，分解能32ビットまでの音源を再生できるオーディオ用D-AコンバータPCM5102Aを搭載したモジュール MM-5102（**写真3**，サンハヤト製）を採用しました．

図4にPCM5102Aの内部ブロック図を示します．サンプリング定理によりその半分の192 kHzまでのアナログ信号を再生することができます．出力のCRロー・パス・フィルタ（2200 pFと470 Ω）のカットオフ周波数は約150 kHzです．

PCM5102Aの出力端子は3.5 mmのステレオ端子です．これはライン出力であり，ヘッドホン出力でもあります．抵抗（470Ω）の分圧効果によりイヤホン（16Ω）やヘッドホン（32Ω）を駆動できます．

② センサ・モジュール ME-BME280

温度センサ，湿度センサ，気圧センサを一体化したボッシュのBME280（**写真4**）を選択しました．**表3**に

仕様を示します.

　基板が小型で，ラズベリー・パイ3が装備しているシリアル・インターフェースI^2Cで測定データを取り込むことができます．CSB端子をプルアップすることでI^2C動作します．SDO端子をプルダウンするとI^2Cスレーブ・アドレスは0x76です．

　センサが出力する測定値は，ラズベリー・パイ3に取り込んだあとに，温度補償の計算をする必要があります．

③ キャラクタ液晶ディスプレイ

　8文字×2行の白黒キャラクタLCDモジュールAQM0802A (Xiamen Zettler Electronics製) を採用しました(**写真5**)．小型でI^2C通信が可能です．I^2Cスレーブ・アドレスは0x3eです．

④ 赤外線リモコン信号送信用LED

　テレビやエアコンのリモコン操作用の送信用LEDです．

　ピークが約300 mAのパルス電流を流します．このときの電流制限抵抗R_7を求めてみます．赤外線駆動用のトランジスタQ_1の$V_{CE} = 0.2$ V，赤外線LEDの順方向電圧$V_F = 1.35$ V，駆動電圧 = 5 Vとすると，

$$R_7 = (5\text{ V} - 0.2\text{ V} - 1.35\text{ V})/300\text{ mA} = 11.5\text{ }\Omega$$

と，ほぼ10 Ωになりました．

　瞬間的なパルス電流であるため，平均電力は小さいのですが，念のためR_7に耐電力1 W品を使います．もちろん，赤外線LEDもトランジスタQ_1も300 mAに耐えるものを選択しました(**図5**)．

写真3
Apple Piのキーパーツ①
32ビット×384 kHzのオーディオ用D-Aコンバータ・モジュール MM-5102 (サンハヤト製)

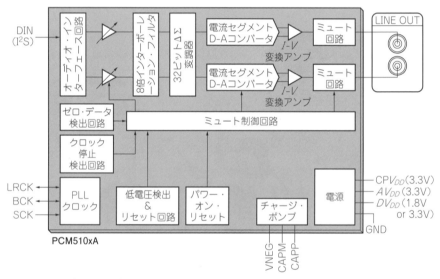

図4　MM-5102 (サンハヤト) に搭載されているD-AコンバータIC PCM5102A (テキサス・インスツルメンツ) の内部ブロック図

写真4
Apple Piのキーパーツ② 3軸センサ・モジュール ME-BME280

表3　温度/湿度/気圧センサを一体化したモジュール BME280 (ボッシュ) の仕様

項　目	値など
温度範囲	-40 ~ +85 ℃
温度精度	±1 ℃
湿度範囲	0 ~ 100 %RH
湿度精度	±3 %RH
気圧範囲	300 ~ 1100 hPa
気圧精度	±1 hPa

写真5　Apple Piのキーパーツ③ LCDモジュール AQM0802A
8文字×2行の白黒キャラクタLCD，Xiamen Zettler Electronics製

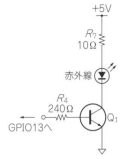

図5 赤外線LEDの駆動回路
テレビやエアコンをリモコン操作する

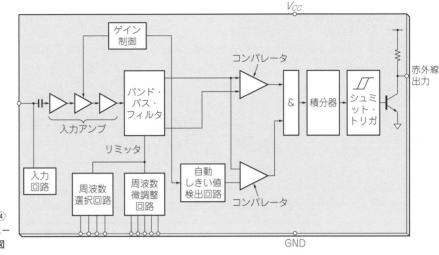

▶図6 Apple Piのキーパーツ④ 赤外線リモコン信号受信モジュール CHQ0038Aの内部ブロック図

⑤ 赤外線リモコン信号受信モジュール

CHQ0038A（ShenZhen ChengQiang Photoelectric Digital製）を採用しました．

フォトダイオードとOPアンプを組み合わせたICモジュールです（**図6**）．電源電圧は5 V（最低2.7 V），受信信号の変調周波数は37.9 kHz，到達距離は標準で25 m（最短10 m）です．

⑥ スイッチ入力のプルアップ

スイッチのプルアップには，ラズベリー・パイ3に搭載されたCPUの内蔵抵抗を利用します（**図7**）．

スイッチ入力機能を利用するときは，ソフトウェアでプルアップ設定が必要です．スイッチをONすると該当ピンの電圧はLレベルに，OFFするとHレベルになります．

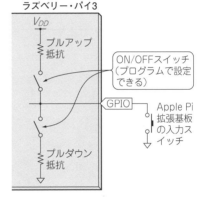

図7 ラズベリー・パイ3に搭載しているCPU（BCM2837）は，プルアップ抵抗とプルダウン抵抗を内蔵している

組み立て方

● 工具を準備する

付録基板を製作するときに使う道具類を紹介します．

(1) はんだごて

30 Wのはんだごてがお勧めです．ワット数が大きすぎると部品を壊す恐れがあります．

(2) こて台

やけど防止と作業効率を上げるために必要です．スポンジに水を含ませ，こて先をクリーニングします．

(3) 鉛はんだ

φ0.6 mmの鉛はんだです．太すぎるとはんだブリッジの原因になります．鉛フリーはんだは，温度管理が難しく，こて先が酸化するため避けます．

(4) ピンセット

表面実装部品をつまんだり，固定したりするために必要です．

(5) ニッパ

不要なリード線をカットします．

(6) テスタ

表面実装部品の抵抗値を読み取れない場合，テスタで確認します．

● 部品を実装する

次の手順で部品を搭載してください（**写真6**～**写真11**）．順番を間違えると取り付けられなくなる部品が出てきます．

① 表面実装部品（$R_1 \sim R_6$, $C_1 \sim C_9$, U_5）をはんだ付けします［**写真6(a)**］．

② LCDモジュール（AQM0802A）をはんだ付けします［**写真6(b)**］．

③ 左端のR_7をはんだ付けします．極性はありません［**写真6(c)**］．

④ LED_1,LED_2,IR(赤外線LED)をはんだ付けします.極性に注意してください[**写真6(d)**].
⑤ タクト・スイッチ(SW_1〜SW_6)をはんだ付けします[**写真6(e)**].
⑥ トランジスタ,3端子レギュレータ,赤外線受光モジュール,IC(Q_1,U_1,U_2,U_3,U_4)をはんだ付けします[**写真6(f)**].
⑦ 赤外線受光モジュールの端子は,あらかじめ90°に曲げておきます.
⑧ 最後に,40ピン・ソケットと基板裏面にJK1をはんだ付けします.I^2C端子,UART端子,電源端子は必要に応じてはんだ付けしてください.

● ケースへの組み込み手順
 部品を実装した基板は,次の手順で,専用のケースに収納することができます.

① Apple Piをラズベリー・パイ3のピン・ヘッダに差し込む(**写真7**).
② ケースのベース部分に,Apple Piが載ったラズベリー・パイ3をはめ込む(**写真8**).
③ ケース枠の爪をベースに引っかけて,折りたたむようにはめ込む.外すときは,ケース両脇の▶印を押します(**写真9**).
④ 残りのパネルをはめ込んで完成(**写真10**).

*

 必要に応じて,ケースにオーディオ出力端子用(DAC出力)の穴(内径6.5 mm)を開けます(**写真11**).無理に穴を開ける必要はなく,パネルを外すだけでも収納できます.

動作確認済みソフトウェアのセットアップ

 Apple Piを制御するソフトウェア(シェル,Python,C言語)を作りました.本誌のウェブサイトから無料でダウンロードが可能です.

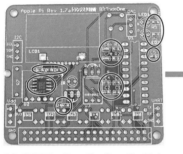
(a) STEP1 R_1〜R_6,C_1〜C_9,U_5を,ピンセットを使って固定しながらはんだ付けする

(b) STEP2 LCDモジュール(AQM0802A)をはんだ付けする.表示部が傾かないようにLCDの端子を基板に挿し込む.ピン間が狭いので,ショートに注意する

(c) STEP3 R_7をはんだ付けする.極性はないが,カラー・コードの第1数字を上にするのがベター

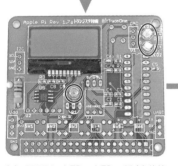
(d) STEP4 LED_1,LED_2,IR(赤外線LED)をはんだ付けする.極性があるので間違わないように

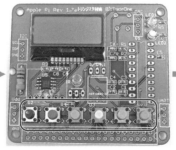
(e) STEP5 タクト・スイッチ(SW_1〜SW_6)をはんだ付けする.端子の基板の穴に合わせて少し広げて挿し込む

(f) STEP6 トランジスタ,3端子レギュレータ,赤外線受光モジュール,ICなど(Q_1,U_1,U_2,U_3,U_4)をはんだ付けする.赤外線受光モジュールの端子は,あらかじめ90°に曲げる.部品の向きを間違えないように

写真6 本誌の付録プリント基板に部品(別売)を載せる手順

第2章　はんだ付けから！IoT電子工作ガジェット教材「Apple Pi」

写真7　Apple Piをラズベリー・パイ3の外部端子に挿し込む

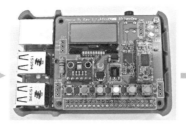
写真8　ケースのベース部に，Apple Piが載ったラズベリー・パイ3をはめ込む

写真9　ケース枠の爪をベースに引っかけて，はめ込む

写真10　残りのパネルをはめ込んで完成！

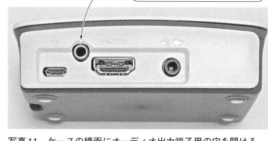
写真11　ケースの横面にオーディオ出力端子用の穴を開ける

● ステップ1

ソフトウェアを利用する前に準備が必要です．ラズベリー・パイ3には，Raspbianがインストール済みとします．I^2Cの設定とライブラリをインストールします．

キーボードで次に示すように入力して，コンフィグレーション設定をして，I^2Cを有効にします．

```
$ sudo raspi-config
```

● ステップ2

キーボードで次に示すように入力して，i2c-toolsをインストールします．

```
$ sudo apt-get install i2c-tools
```

● ステップ3

キーボードで次に示すように入力して，bcm2835ライブラリをインストールします．

```
$ wget http://www.airspayce.com/mikem/bcm2835/bcm2835-1.50.tar.gz
$ tar zxvf bcm2835-1.50.tar.gz
$ cd bcm2835-1.50
$ ./configure
$ make
$ sudo make check
$ sudo make install
```

Raspbian Jessieには，WiringPiライブラリが標準で付いているので，インストール作業は不要です．WiringPiは割り込みも使えます

● ステップ4

キーボードで次に示すように入力して，ApplePi.tarをダウンロードして展開します．

```
$ http://einst.web.fc2.com/RaspberryPi/ApplePi.tar
$ tar xvf ApplePi.tar
$ cd ApplePi
$ ./ApplePi.sh
```

すべてのソース（Apple Pi用に作った全実験用ソース・ファイル，ApplePi.tarを展開したファイル）をコンパイルすると，実行ファイルが生成されます．ソース・ファイル一式は，本誌ウェブサイトからダウンロードできます（p.64のコラムを参照）．

Apple Piをテスト運転する

■ テスト運転①　Apple PiのLEDをON/OFFする

● 準備

LED1はGPIO5，LED2はGPIO6に接続されています．まず，シェルによる操作方法を解説します．シェルではGPIOのポート番号に紐づいたデバイス・ドライバを操作します．

▶ステップ1
　キーボードで次に示すように入力してデバイス・ドライバを有効にします．

```
$ echo 5 > /sys/class/gpio/export
```

▶ステップ2
　キーボードで次に示すように入力してポートを出力設定にします．

```
$ echo out > /sys/class/gpio/gpio5/direction
```

▶ステップ3
　キーボードで次に示すように入力してポートに値を出力します．

```
$ echo 0 > /sys/class/gpio/gpio5/value
$ echo 1 > /sys/class/gpio/gpio5/value
```

　キーボードで次のように入力すれば，ステップ2とステップ3を同時に行うことができます．

```
$ echo low > /sys/class/gpio/gpio5/direction
$ echo high > /sys/class/gpio/gpio5/direction
```

　上記をシェルとして入力したのが，onLED1.shとoffLED1.shというファイルでダウンロード可能です．

● 操作方法
▶Pythonを使う
　Python言語で，Apple Pi上のLEDをONするときは，キーボードで次のように入力します．

```
$cat onLED1.py
#! /usr/bin/python
port=5                    #変数にポート番号を代入
import RPi.GPIO as GPIO   #GPIO使用宣言
GPIO.setmode(GPIO.BCM)    #GPIO番号使用
GPIO.setup(port,GPIO.OUT) #出力設定
GPIO.output(port,GPIO.HIGH) #HIGH出力
```

---

column 「トランジスタ技術」のWebサイトからプログラム・ソース一式を無料ダウンロード

　記事で使ったソフトウェア一式（表A）は，「トランジスタ技術」のWebサイト（図A）http://toragi.cqpub.co.jp/から無料でダウンロードできます．

■ 特設サイト（読者サポートサイト）

```
http://toragi.cqpub.co.jp/
tabid/807/Default.aspx
```

編集部

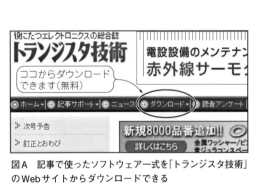

図A　記事で使ったソフトウェア一式を「トランジスタ技術」のWebサイトからダウンロードできる

表A　記事で使ったソフトウェア一式．NTP時計，温度表示，ストリーミング・ラジオなどをラズベリー・パイで作ることができる

各プログラムの機能	/bin/sh	/usr/bin/python	C
難易度	易しい	中	難しい
できること	簡単なこと	中	複雑なこと
実行速度	遅い	中	速い
プログラムリスト	/bin/sh	/usr/bin/python	C
GPIO初期化	init.sh	init.py	—
プルアップ設定	不可	pullup.py	—
SW1の状態取得	getSW1.sh	getSW1.py	getSW1.c
SW2の状態取得	getSW2.sh	getSW2.py	getSW2.c
SW3の状態取得	getSW3.sh	getSW3.py	getSW3.c
SW4の状態取得	getSW4.sh	getSW4.py	getSW4.c
SW5の状態取得	getSW5.sh	getSW5.py	getSW5.c
SW6の状態取得	getSW6.sh	getSW6.py	getSW6.c
LED1オン	onLED1.sh	onLED1.py	onLED1.c
LED1オフ	offLED1.sh	offLED1.py	offLED1.c
LED2オン	onLED2.sh	onLED2.py	onLED2.c
LED2オフ	offLED2.sh	offLED2.py	offLED2.c
LCD初期化	initLCD.sh	initLCD.py	initLCD.c
LCD位置指定	locateLCD.sh	locateLCD.py	locateLCD.c
LCD表示	printLCD.sh	printLCD.py	printLCD.c
赤外線送信	—	—	setIR.c
赤外線受信	—	—	getIR.c
センサ情報取得	—	—	getBME280.c

▶Cを使う

キーボードから次のように入力して，bcm2835 ライブラリを呼び出して制御します．ピン番号の指定方法が特殊です．

```
$ cat onLED1.c
#include <bcm2835.h>    // ヘッダ
// LED1=GPIO5=J8_29
#define PIN RPI_BPLUS_GPIO_J8_29
int main(int argc,char **arg)
{
    if(!bcm2835_init())return 1;
                             // 初期化
    bcm2835_gpio_fsel(PIN,BCM2835_
    GPIO_FSEL_OUTP);    // 出力設定
    bcm2835_gpio_write(PIN,HIGH);
                             // HIGH出力
}
```

■ テスト運転②
スイッチのON/OFFを読む

● あらまし

SW_1はGPIO22，SW_2はGPIO23，SW_3はGPIO24，SW_4はGPIO25，SW_5はGPIO26，SW_6はGPIO27に接続されています．スイッチはプルアップされるので，ボタンを押すと"L"レベルになります．ポートの状態を読み込んで'0'と'1'を返します．

● 操作方法

▶シェルを使う

GPIOのポート番号に紐づいたデバイス・ドライバを操作します．デバイス・ドライバでプルアップ設定する方法はないので，事前に別の方法でプルアップ設定する必要があります．pullup.pyでプルアップ設定します．

・ステップ1

キーボードから次のように入力して，デバイス・ドライバを有効にします．

```
$ echo 22 > /sys/class/gpio/export
```

・ステップ2

キーボードから次のように入力して，ポートを入力設定にします．

```
$ echo in > /sys/class/gpio/gpio5/direction
```

・ステップ3

キーボードから次のように入力して，ポートの状態を入力します．

```
$ cat /sys/class/gpio/gpio22/value
```

上記をシェルとして入力したものが，getSW1.sh というファイルでダウンロード可能です．

▶Pythonを使う

```
$cat getSW1.py
#! /usr/bin/python
port=22        #変数にポート番号を代入
import RPi.GPIO as GPIO  #GPIO使用宣言
GPIO.setmode(GPIO.BCM)   #GPIO番号使用
GPIO.setup(port,GPIO.IN,pull_up_
down=GPIO.PUD_UP)
                 #入力設定とプルアップ設定
print GPIO.input(port)   #ポートの入力
```

▶Cを使う

bcm2835ライブラリを呼び出して制御します．ピン番号の指定方法が特殊です．

```
$ cat getSW1.c
#include <bcm2835.h>    // ヘッダ

// SW1=GPIO22=J8_15
#define PIN RPI_BPLUS_GPIO_J8_15

int main(int argc,char **arg)
{
    int value;
    if(!bcm2835_init())return 1;
                             // 初期化
    bcm2835_gpio_fsel(PIN,BCM2835_
    GPIO_FSEL_INPT);    // 入力設定
    bcm2835_gpio_set_pud(PIN,BCM2835_
    GPIO_PUD_UP);
                         // プルアップ設定
    value=bcm2835_gpio_lev(PIN);
                             // ポート入力
    printf("%d¥n",value);
}
```

■ テスト運転③
キャラクタLCDに文字を出す

● 準備

キーボードから次のように入力すると，

```
$ sudo i2cdetect -y 1
```

ディスプレイに次のように表示されます．

```
     0  1  2  3  4  5  6  7  8  9  a  b  c  d  e  f
00:          -- -- -- -- -- -- -- -- -- -- -- -- --
10: -- -- -- -- -- -- -- -- -- -- -- -- -- -- -- --
20: -- -- -- -- -- -- -- -- -- -- -- -- -- -- -- --
30: -- -- -- -- -- -- -- -- -- -- -- -- -- -- 3e --
40: -- -- -- -- -- -- -- -- -- -- -- -- -- -- -- --
50: -- -- -- -- -- -- -- -- -- -- -- -- -- -- -- --
60: -- -- -- -- -- -- -- -- -- -- -- -- -- -- -- --
70: -- -- -- -- -- -- 76 --
```

LCDのI^2Cスレーブ・アドレスは0x3eです．0x76はセンサのI^2Cスレーブ・アドレスです．これで，RaspbianがLCDをI^2Cデバイスとして認識しているかどうかが確認できました．

● 操作法

LCDに文字を出すときは，次の3つのコマンドを使います．

(1) initLCD：LCDを初期化する
(2) locateLCD：表示開始位置を指定する．引き数は[x:0-7][y:0-1]
(3) printLCD：文字列を表示する．引き数は文字列

▶シェルを使う

次のファイルをダウンロードして利用してください．i2csetコマンドでI^2C送信をします．

(1) initLCD.sh
(2) locateLCD.sh
(3) printLCD.sh

▶Pythonを使う

次のファイルをダウンロードして利用してください．Pythonのsmbusライブラリを利用します．

(1) initLCD.py
(2) locateLCD.py
(3) printLCD.py

▶Cを使う

次のファイルをダウンロードして利用してください．デバイス(/dev/i2c-1)を直接制御します．

(1) initLCD.c
(2) locateLCD.c
(3) printLCD.c

▶I^2C経由でLCDに文字を出す

LCDを初期化し，表示位置指定して，文字"ABC"を表示します．

```
$ ./initLCD.sh
$ ./locateLCD.sh 0 0
$ ./printLCD.sh "ABC"
```

■ テスト運転④
センサ・モジュールから測定信号を取り出す

● 実行例

I^2Cインターフェース経由でマルチセンサ・モジュール(BME280)と通信します．

次のように，コンパイル後にできるファイル(getBME)を実行すると，計測値(温度，湿度，気圧)を読み出すことができます．

```
$ sudo ./getBME
35.94C
100769Pa
30.20%
```

次のようにオプションを指定すれば，必要な情報だけを表示することができます．

```
$ sudo ./getBME -t
35.93C
$ sudo ./getBME -h
30.38%
$ sudo ./getBME -p
100758Pa
```

湿度センサと気圧センサの測定値は，温度に大きく影響を受けます．そのため，ラズベリー・パイ3で補償計算をする必要があります．ソースコードの詳細は，ダウンロードしたファイル(getBME280.c)を参照してください．なお，初回実行のときだけ正しい値が表示されません．

■ テスト運転⑤
赤外線リモコンで送受信する

赤外線リモコン信号を送受信するためには，処理速度が必要なので，C言語で実現します．詳細なソース・コードは，ダウンロードしたファイル内にあります．次の二つのコマンドを使って赤外線信号を送受信します．

(1) 赤外線受信：getIRコマンド
(2) 赤外線送信：setIRコマンド

● 赤外線リモコン信号を受信する

getIRを実行したら，10秒以内に赤外線リモコン信号の受信を開始します．

```
# sudo ./getIR
```

```
NEC  32  56  199  144  111
```

リモコン信号には，NEC方式，家電協会方式，SONY方式などいろいろあります．これらを自動的に認識して受信します．

受信に成功すると，ビット数と赤外線コードが表示されます．最大ビット数は512です．bcm2835ライブラリに割り込みが用意されていないため，赤外線受信を常駐利用することはできません．

● 赤外線リモコン信号を送信する

赤外線リモコン信号を送信するときは，次のようにsetIRコマンドを利用します．

```
# sudo ./setIR NEC 32 56 199 144 111
```

引き数はgetIRで得られた情報です．

＊

次のファイルは，上記の機能を組み合わせたデモ用ソフトウェアです．
(1) `blink.sh`
LED1とLED2を交互に点灯します．SW6を押すと終了します．
(2) `demo.sh`
SW1を押すとLED1がONします．SW2を押すとLED1がOFFします．SW3を押すとLED2がONします．SW4を押すとLED2がOFFします．SW6を押すと終了します．

■ テスト運転⑥　D-Aコンバータで音楽を再生する

● 準備

写真11に示すアナログ・オーディオ出力端子にヘッドホンをつないで，音楽を聴いてみましょう．

D-Aコンバータ（PCM5102A）をRaspbian OS Jessieに認識させます．Raspbian OSのバージョンによってD-Aコンバータの設定方法が異なります．

```
$ uname -a
Linux raspberrypi 4.1.21-v7+ #872
SMP Wed Apr 6  17:34:14 BST 2016
armv7l GNU/Linux
```

D-AコンバータをOSに認識させるためには，/boot/config.txtファイルに，次の1行を追加してリブートします．

```
dtoverlay=hifiberry-dac
```

● Raspbian OSが装備する標準オーディオ再生用ソフトウェア ALSA

Linuxは，オーディオ再生をする際，ALSA（Advanced Linux Sound Architecture）というソフトウェアを利用します．デバイス・ドライバ，ライブラリ，ユーティリティを備えています．ALSAの詳細は次のサイトで参照できます．

http://www.alsa-project.org/

▶ALSAのコマンド

ALSAは，次のコマンドで操作することができます．

(1) 録音：arecordコマンド
(2) 再生：aplayコマンド
(3) ミキサ：amixerコマンド

▶再生できる音源ファイル・フォーマット

voc, wav, raw, auのファイル・フォーマットをサポートしています．mp3は再生できません．wavフォーマットは，S16_LE, S24_LE, S32_LEだけです．SとはSinged, LEとはLittle Endianです．オーディオ・フォーマット各種に対応したデスクトップ用の音楽再生アプリケーション VLC media playerがお勧めです．MPD（Music Player Daemon）やVolumioを利用してもかまいません．

● D-Aコンバータが動いているかどうかを確認する

`aplay -l`コマンドを実行すると次のようなテキストが表示されます．RaspbianがD-Aコンバータ（PCM5102A）を認識しているか確認します．次の例では，カード1のデバイス0として認識されています．

```
$ aplay -l
**** List of PLAYBACK Hardware
Devices ****
card 0: ALSA [bcm2835 ALSA],device
0: bcm2835 ALSA [bcm2835 ALSA]
  Subdevices: 8/8
  Subdevice #0: subdevice #0
  Subdevice #1: subdevice #1
  Subdevice #2: subdevice #2
  Subdevice #3: subdevice #3
  Subdevice #4: subdevice #4
  Subdevice #5: subdevice #5
  Subdevice #6: subdevice #6
  Subdevice #7: subdevice #7
card 0: ALSA [bcm2835 ALSA],device 1:
bcm2835 ALSA [bcm2835 IEC958/HDMI]
  Subdevices: 1/1
  Subdevice #0: subdevice #0
```

```
card 1: sndrpihifiberry [snd_rpi_
hifiberry_dac],device 0: HifiBerry
D-Aコンバータ HiFi pcm5102a-hifi-0 []
  Subdevices: 1/1
  Subdevice #0: subdevice #0
```

ラズベリー・パイ3の標準オーディオは，カード0のデバイス0として認識されています．出力するデバイスをカード番号とデバイス番号で識別します．

● .wav音源ファイルを再生する

次のようにaplayコマンドを使って，音源（WalkOn.wav）を再生します．hwのあとにカード番号とデバイス番号を指定します．

```
$ aplay -D hw:1,0 WalkOn.wav
Playing WAVE 'WalkOn.wav':Signed 16
bit Little Endian,Rate 44100
Hz,Stereo
```

● 正確なデバイス名を確認する

次のように，aplay -Lコマンドを使って，正確なデバイス名を確認します．ミキサを通す場合や，変換ソフトウェアを通す場合でデバイス名が異なります．

```
$ aplay -L
null
  Discard all samples (playback) or generate zero samples (capture)
sysdefault:CARD=ALSA
  bcm2835 ALSA,bcm2835 ALSA
  Default Audio Device
dmix:CARD=ALSA,DEV=0
  bcm2835 ALSA,bcm2835 ALSA
  Direct sample mixing device
dmix:CARD=ALSA,DEV=1
  bcm2835 ALSA,bcm2835 IEC958/HDMI
  Direct sample mixing device
dsnoop:CARD=ALSA,DEV=0
  bcm2835 ALSA,bcm2835 ALSA
  Direct sample snooping device
dsnoop:CARD=ALSA,DEV=1
  bcm2835 ALSA,bcm2835 IEC958/HDMI
  Direct sample snooping device
hw:CARD=ALSA,DEV=0
    bcm2835 ALSA,bcm2835 ALSA
    Direct hardware device without any conversions
hw:CARD=ALSA,DEV=1
    bcm2835 ALSA,bcm2835 IEC958/HDMI
    Direct hardware device without any conversions
plughw:CARD=ALSA,DEV=0
  bcm2835 ALSA,bcm2835 ALSA
  Hardware device with all software conversions
plughw:CARD=ALSA,DEV=1
  bcm2835 ALSA,bcm2835 IEC958/HDMI
  Hardware device with all software conversions
sysdefault:CARD=sndrpihifiberry
  snd_rpi_hifiberry_dac,
  Default Audio Device
dmix:CARD=sndrpihifiberry,DEV=0
  snd_rpi_hifiberry_dac,
  Direct sample mixing device
dsnoop:CARD=sndrpihifiberry,DEV=0
  snd_rpi_hifiberry_dac,
  Direct sample snooping device
hw:CARD=sndrpihifiberry,DEV=0
  snd_rpi_hifiberry_dac,
   Direct hardware device without anyconversions
plughw:CARD=sndrpihifiberry,DEV=0
  snd_rpi_hifiberry_dac,
  Hardware device with all software conversions
```

初めてのIoT電子工作

製作①
いつも正確！ネットワーク時計

● LCDモジュールとネットをつなぐ

LCDをラズベリー・パイ3経由でインターネットに接続し，正確な時刻を表示する時計を実現します．

インターネット上のNTPサーバに定期的にアクセスして正確な時刻に同期させます（図8）．

● NTPとは

Network Time Protocolを使い，ネットワーク上に接続されたコンピュータの時刻を同期させる仕組みです．正確な時刻を保証されたタイム・サーバと定期的に時刻同期します．ネットワークの通信遅延も考慮されており，おおむねミリ秒単位の精度を持っています．

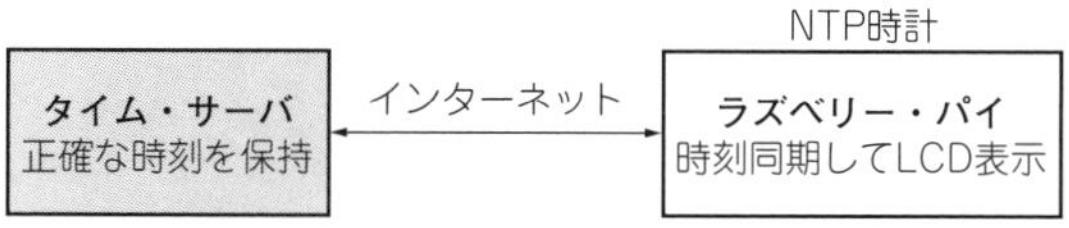

図8 NTPの仕組み．Network Time Protocolを使ってインターネット上のNTPサーバと時刻を同期させることにより，正確な時刻を保つことができる

写真12 ラズベリー・パイ3＋Apple Piで作ったNTP時計．自動的にインターネット上のNTPサーバの時計と同期を行い，正確な時刻を保つことができる

日本にはNICT（情報通信研究機構）が提供するタイム・サーバがあります．

ラズベリー・パイは，標準でntpdデーモンが起動し，定期的（64～1024秒の範囲）にNTPサーバと時刻を同期します．
（注：最新のOSではNTPが廃止され，別の方法が実装されています．）

● 作り方

時刻同期の状態を確認する方法は，以下のようにntpqコマンドを使います．

```
$ ntpq -p
remote  refid  st  t  when  poll  reach
delay  offset  jitter
===================================
+next.kkyy.me  133.243.238.163  2  u
152  1024  377  15.679  1.172  0.791
*sv01.azsx.net  10.84.87.146  2  u  497
1024  377  17.029  0.470  0.829
+ntp01.lagoon.nc  203.14.0.250  3  u
331  1024  377  151.435  8.528  8.403
122x215x240x51.223.255.185.2  2  u
308  1024  377  16.068  -0.872  2.705
```

この例では4つのタイム・サーバにアクセスしています．＊印のタイム・サーバに同期しています．stとはstratum階層番号です．タイム・サーバは，階層構造をしており，数値が小さいほど上層にあたります．whenが何秒前に受信したかです．pollが同期間隔（秒）です．delayが通信による遅延の推定値（ミリ秒）です．offsetが時刻のずれ（ミリ秒）です．jitterがoffsetの分散値（ミリ秒）です．日本のタイム・サーバに同期させたい場合は，/etc/ntp.confファイルにntp.nict.jpを記述してシステムを再起動します．

このようにNTPサーバに同期している限り，正確な時刻を保つことができます．システムの時刻はdateコマンドで確認します．

```
$ date+%T
02:26:53
```

● 動かしてみる

NTPサーバに同期した時刻をLCDに表示します（写真12）．電波時計のように正確で調整は不要です．NTP時計をシェル化（clock.sh）しました．以下は，シェルの内容です．

```
$ cat clock.sh
#!/bin/bash
base=/home/pi/ApplePi
$base/initLCD
while[1]
do
S="`date+%T`"
$base/locateLCD 0 0
$base/printLCD $S
sleep 0.2
done
```

製作② 全59チャネル！海外を感じる高音質インターネット・ラジオ

● D-Aコンバータ・モジュールとネットをつなぐ

ラズベリー・パイ3経由でインターネットにDACを接続すると，インターネット・ラジオになります（図9）．少し高度なIoTの例として紹介します．

将来ハイレゾ品質のラジオ局が登場すれば，ハイレ

図9 インターネット・ラジオの仕組み
インターネット上のストリーミング・サーバから音楽などのデータをラズベリー・パイで受信しながら，同時にDACでオーディオ出力に変換して音声を出力している

ゾ品質のラジオが実現するでしょう．現在はmp3品質です．

● 作り方

ラズベリー・パイ3が，音声をストリーミング配信するラジオ・サーバとインターネットを介して通信します．再生ソフトウェアは，VLC mediaplayerを使います．ストリーミング・サーバのURLさえわかれば，インターネットを介してサーバに接続し，データを音に変換して出力できます．

ストリーミング・サーバの例として，BBCのインターネット・ラジオを表4に示します．調べたところ，BBCのインターネット・ラジオは57チャネルもあります．

チャネルを赤外線リモコン(写真13)で切り替えます．

写真13 インターネット・ラジオに利用した赤外線リモコン(LV1-REMOCON, マルツエレック)
ここで使う赤外線リモコンは，NECフォーマット，家電製品協会フォーマットであれば対応できる．国内で使われている大体の赤外線リモコンなら対応するはずだ．各フォーマットには，ソフトウェア側で対応しており，自動的に認識する．あとはシェル内の赤外線コードを書き換えるだけ

> ※PCのブラウザでも，インターネット・ラジオを聞けますが，ここでは，ラズベリー・パイ3を使い，モニタやキーボードが不要のラジオを作ります．

表4 BBCのインターネット・ラジオの例．インターネット経由で，57チャネルにアクセスすることができる

BBC Radio 1	BBC Hereford & Worcester
BBC Radio 1xtra	BBC Radio Humberside
BBC Radio 2	BBC Radio Jersey
BBC Radio 3	BBC Radio Kent
BBC Radio 4	BBC Radio Lancashire
BBC Radio 4 Extra	BBC Radio Leeds
BBC Radio 5 Live	BBC Radio Leicester
BBC Radio 5 Live Sportsball Extra	BBC Radio Lincolnshire
BBC Radio 6 Music	BBC Radio London
BBC Asian Network	BBC Radio Manchester
BBC World Service	BBC Radio Merseyside
BBC Radio Cymru	BBC Newcastle
BBC Radio Foyle	BBC Radio Norfolk
BBC Radio nan Gaidheal	BBC Radio Northampton
BBC Radio Scotland	BBC Radio Nottingham
BBC Radio Ulster	BBC Radio Oxford
BBC Radio Wales	BBC Radio Sheffield
BBC Radio Berkshire	BBC Radio Shropshire
BBC Radio Bristol	BBC Radio Solent
BBC Radio Cambridgeshire	BBC Somerset
BBC Radio Cornwall	BBC Radio Stoke
BBC Coventry & Warwickshire	BBC Radio Suffolk
BBC Radio Cumbria	BBC Surrey
BBC Radio Derby	BBC Sussex
BBC Radio Devon	BBC Tees
BBC Essex	BBC Three Counties Radio
BBC Radio Gloucestershire	BBC Wiltshire
BBC Radio Guernsey	BBC WM 95.6
	BBC Radio York

インターネット・ラジオの再生には，VLC media playerを使い，リモコンからの赤外線の受信には，get IR2コマンドを使います．あとはこれらを組み合わせるだけです．

VLC media playerはインストール済みとします．チャネル・リストをstations.txtファイルに，対応するURLのリストをlist.txtファイルに記述します．

リスト1に，BBCのインターネット・ラジオを実現するシェル(radio.sh)の内容を示します．

登録したリモコンの+ボタンでチャネル・アップ，−ボタンでチャネル・ダウン，Muteボタンで受信を終了します．受信中は，チャネルを表示します．

受信チャネルをLCDに表示してみます．RCスクリプトにシェルを登録すれば，自動起動します．コマンドを入力する必要もありません．

column 通信できない？と思ったらI²Cデバイスの駆動力不足かも

原稿執筆時に，ラズベリー・パイ3がLCDモジュール(AQM0802A)を認識しないというトラブルに直面しました．I²Cスレーブ・デバイス側の電流駆動能力の不足が原因でした．

I²Cのスタンダード・モード(Standard-mode)と，ファスト・モード(Fast-mode)では，最低3mAの電流が必要と規定されています．ところが動作しないLCDは，I²Cの駆動能力が約1.3mAしかありませんでした．

ラズベリー・パイ3のI²C信号ラインは，内部で1.8kΩで3.3Vにプルアップされています．AQM0802AがI²Cの信号をLレベルにするときは，ラズベリー・パイ3内の1.8kΩを1.3mAで駆動します．しかし，1V(= 3.3V − 1.3mA × 1.8kΩ)までしか下がりません．ラズベリー・パイ3のI²C受信回路がLレベルと判定する入力電圧は1V(= $0.3V_{DD}$)ですからNGです．

I²CリピータIC PCA9515A(NXP，図B，写真B)を通信ラインに挿入して，電流駆動能力を補うことで解決しました(図C)．

〈おのでら・やすゆき〉

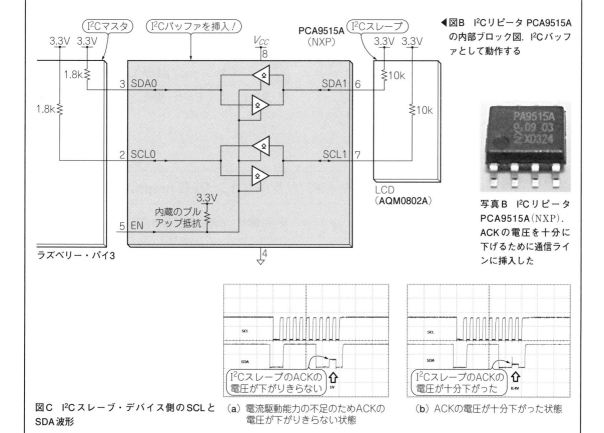

▲図B I²Cリピータ PCA9515Aの内部ブロック図．I²Cバッファとして動作する

写真B I²CリピータPCA9515A(NXP)．ACKの電圧を十分に下げるために通信ラインに挿入した

図C I²Cスレーブ・デバイス側のSCLとSDA波形
(a) 電流駆動能力の不足のためACKの電圧が下がりきらない状態
(b) ACKの電圧が十分下がった状態

リスト1 BBCのインターネット・ラジオを実現するシェル（radio.sh）．特設サイトから，ダウンロードできる

```
$ cat radio.sh                                      if [ "${S}" = "NEC 2038C78A75" ]
#!/bin/bash                                         then
base=/home/pi/ApplePi                               if [ $I -gt 1 ]
$base/initLCD                                       then
$base/locateLCD 0 0                                 I=`expr $I - 1`
$base/printLCD "Start "                             echo Index=$I
I=0                                                 $base/locateLCD 0 0
while [ 1 ]                                         $base/printLCD "down "
do                                                  echo `head -n $I $base/stations.txt | tail -n 1`
S="`sudo $base/getIR2 -h`"                          H=`head -n $I $base/list.txt | tail -n 1`
# +                                                 pkill vlc
if [ "${S}" = "NEC 2038C78679" ]                    sleep 1
then                                                vlc -I dummy --quiet --aout alsa --alsa-
if [ $I -lt 59 ]                                    audiodevice=hw:1,0 $H > /dev/null 2>&1 &
then                                                fi
I=`expr $I + 1`                                     fi
echo Index=$I                                       # Mute
$base/locateLCD 0 0                                 if [ "${S}" = "NEC 2038C7837C" ]
$base/printLCD "up "                                then
echo `head -n $I $base/stations.txt | tail -n 1`    $base/locateLCD 0 0
H=`head -n $I $base/list.txt | tail -n 1`           $base/printLCD "Stop "
pkill vlc                                           pkill vlc
sleep 1                                             echo Stop
vlc -I dummy --quiet --aout alsa --alsa-audiodevice= exit
hw:1,0 $H > /dev/null 2>&1 &                        fi
fi                                                  sleep 1
fi                                                  done
# -
```

```
$ ./radio.sh
Index=1
BBC Radio 1
Index=2
BBC Radio 1xtra
Index=3
BBC Radio 2
Index=4
BBC Radio 3
Index=5
```

```
BBC Radio 4FM
```

　/etc/rc.localのexit 0の直前に，"/home/pi/ApplePi/radio.sh &"と記述して登録します．

製作③　農業や流通に！ネットワーク温度モニタ

● 温度センサ・モジュールとネットをつなぐ

　温度センサをラズベリー・パイ3経由でインターネットに接続すると，温度管理システムになります．ここでは1時間おきにデータをログし，Webサーバ経由

---

column　イチオシ！音楽プレーヤ・アプリケーション VLC media player

　VLC media playerは，mp3を含むさまざまなフォーマットに対応しています．ボリューム機能やイコライザ機能もあります．次のホーム・ページで入手できます（図D）．

```
http://www.videolan.org/
```

● インストール

　ラズベリー・パイのキーボードから次のように入力します．

```
$ sudo apt-get install vlc
```

● 実験①　音楽ファイルを再生する

　VLC media player（図E）で，音楽ファイルを再生してみます．オーディオ出力先をハイレゾD-Aコンバータに変更し（図F），再生するファイルを選択します（図G）．mp3ファイルを再生するコマンド・ラインの記述例を次に示します．

```
$ vlc -I dummy --quiet --aout alsa
--alsa-audio-device=hw:1,0
ChistmasEve.mp3 vlc://quit
```

　"vlc"は，対話型など複数のインターフェースをもつコマンドです．"-I dummy"でインターフェースをダミーにします．"--quiet"で余計な表示を省略

しています．"--aout alsa --alsa-audio-device=hw:1,0"では，オーディオ出力先をApple Pi上のD-Aコンバータにしています．再生ファイルを指定したあと，"vlc://quit"でvlcコマンドを終了します．

※シェル化したファイル(play.sh)はトランジスタ技術のwebサイトからダウンロードできます．

● 実験② インターネット・ラジオを聞く

次のように，ラズベリー・パイ3のキーボードで入力すると，ハワイアン・レインボー・ラジオ放送(http://www.hawaiianrainbow.com/listen.html)を聞くことができます．

```
$ vlc --aout alsa --alsa-audio-device=hw:1,0 http://77.92.64.44:8022
```

※シェル化したファイル(iradio.sh)はトランジスタ技術のwebサイトからダウンロードできます．

● 実験③ 外部のパソコンやタブレット・パソコンから遠隔操作

vlcは外部のパソコンやタブレット・パソコンから遠隔操作できます．次のようにラズベリー・パイ3のキーボードで入力してみてください．

```
$ vlc --extraintf=http --http-port 8080 --http-password 1234 --aout alsa --alsa-audio-device=hw:1,0
```

パソコンやタブレットのブラウザで，ラズベリー・パイ3のURL(http://192.168.0.6:8080)を指定します．ポート番号は8080です．パスワードを聞かれます．

名前＝なし，パスワード＝1234

あとは再生ファイルを選択するだけです(図H)．
シェル化したファイル(bvlc.sh)は，特設サイトから無料ダウンロードできます．

おのでら・やすゆき

図D VLC media playerのダウンロード・ページ．オープンソースなので無料でダウンロードできる

図F オーディオ出力先をハイレゾD-Aコンバータに変更する

図E VLC media playerの画面．オープンソースの多機能な音楽プレーヤ

図G 再生する音楽ファイルを選択する

図H PCからラズベリー・パイ3のIPアドレスとポート番号を指定してアクセスする．ディレクトリが表示され，ファイルを選択すると音楽ファイルが再生される

図10 温度管理システムの仕組み
温度センサ(BME280)とWebサーバ(Apache)を組み合わせます

リスト2 log.sh
センサからデータを取得し，index.htmlを生成する

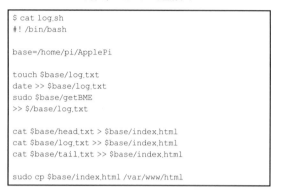

図11 ラズベリー・パイ3にApache HTTP Serverをインストールした．定期的にロギングした温度センサの情報をブラウザから見ることができる

で情報を表示します（図10）．

温室の管理としては，温度に応じて窓を自動開閉するなどできるでしょう．農業においては，積算温度を予測して収穫時期を決めます．

長期間のデータをクラウド上のサーバに送り，サーバでデータを解析することもできます．ネットにつながることで，データの利用方法が広がるのが，IoTのメリットです．

● 作り方

ある期間の1日あたりの平均気温の積算を積算温度（℃）と呼びます．農業の収穫予想や，桜の開花予想に利用されます．米の場合，出穂からおおむね積算温度が1000℃になるころに収穫されます．トマトは開花からおおむね積算温度が900℃で収穫時期になります．

温度センサで毎日の気温を記録することで，積算温度を知ることができ，収穫時期の予測に役立てることができます．

▶ステップ1

センサからデータを取得し，index.htmlファイルを生成するシェルlog.sh（リスト2）を作ります．

▶ステップ2

Apache HTTP Serverをインストールします．

```
$ sudo apt-get install apache2
```

ブラウザでhttp://192.168.0.10/にアクセスし，index.htmlが表示できればインストールは成功です．

※URLはラズベリー・パイ3のIPアドレスです．自分のラズベリー・パイ3のIPアドレスに読み替えてください．

▶ステップ3

cronにlog.shを設定します．毎時呼び出すようにします．

```
$ cat /etc/crontab
0 * * * * pi /home/pi/ApplePi/log.sh
```

図11のように毎時記録されたデータをブラウザで確認できます．

データが毎時記録されブラウザで確認できます．さらにCGIを利用すれば，Webブラウザからラズベリー・パイ3を制御できます．たとえば，I/Oを入出力制御できます．I/O出力にリレーを付ければ，外出先から家電の電源をON/OFFをできます．

自宅のLAN内であれば，このまま利用できますが，外部LANから利用するには，Webサーバを外部に公開する必要があります．WebサーバのIPアドレスを固定したり，ルータを超えられるような設定，セキュリティ対策が必要です．

＊

● あとはアイデア次第

ボードコンピュータのラズベリー・パイ3に，Apple Piという周辺機器を組み合わせると，IoT機器として利用範囲が広がります．皆さんのアイデアをぜひIoTという形で実現してみてください．

おのでら・やすゆき

24ビット/96kHz録音用×アンプ内蔵
計測用のデュアルA-Dコンバータ搭載

第3章 オールDIPで1日製作！音声認識ハイレゾPiレコーダ「Pumpkin Pi」

付録基板記事

小野寺 康幸

（a）ペットの通訳　　　　　　　　　　　　　（b）ジャズのライブで生録

図1　本書の付録基板で作れる音声認識ハイレゾPiレコーダ Pumpkin Piの遊びかた

● 遊びかた

本書には，オーディオ・レコーダ用と計測用の2つのA-Dコンバータを搭載できるラズベリー・パイ（1/2/3対応）用のアナログ拡張基板が付いています．すべてDIP部品なので，1日あれば組み立てることができます．搭載用の部品一式は，マルツエレックで購入できます（p.97のコラム参照）．

Pumpkin Piとラズベリー・パイを組み合わせると，アナログ・レコードをハイレゾ音源ファイルにして保存したり，エアコンやテレビを手ぶらで操作したりできます（図1）．自動車に組み込めば，音声でライトやワイパを操作できるでしょう．

● アナログ入力を強化してラズベリー・パイを完全無欠化

2016年2月，Wi-FiとBluetoothの2大ワイヤレス通信機能を搭載したラズベリー・パイ3が発表されました．I^2C，SPI，UART，PWMなど，マイコンが備えるインターフェースのほぼすべてと，Wi-Fi，イーサネット，USB，Bluetooth，HDMI，MIPIなど，パソコンやスマホが備えるインターフェースのほぼすべてを持つ完成度の高いI/Oコンピュータに成長しました（図2）．

ラズベリー・パイ3は，アナログのオーディオ信号とビデオ信号も出力できるので，入出力機能に関して

※ソフトウェアの使用にあたって
Pumpkin Pi用に無償で提供するソフトウェア類は，無保証なので修正義務も回答義務を負いません．直接，間接に関わらず，使用によって生じたいかなる損害も筆者は責任を負いません．また，仕様は予告なく変更されることがあります．

第3章　初出：「トランジスタ技術」2017年1月号
Pumpkin Piを製作する際は，この当時のRaspbian OSをラズベリー・パイにインストールしてください．詳細はp.8を参照．

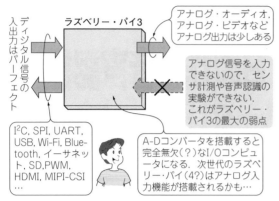

図2 ラズベリー・パイはあらゆるインターフェースを備えるパーフェクトなI/Oコンピュータに見えるけれど，実はアナログ信号を入力することはできない

はほぼ完全無欠かのように見えますが，アナログ信号を取り込むことだけはできません．また残念なことに，最近のノート・パソコンは，ステレオ・オーディオ入力端子を備えていません．

音声認識ハイレゾPiレコーダ Pumpkin Piのあらまし

● デュアル・アナログ入力拡張ボード

Pumpkin Pi(写真1)は，音声や温度，圧力などの物理信号とラズベリー・パイをインターフェースするアナログ入力拡張ボードです．

図3にブロック図を，表1に電気的仕様を示します．ラズベリー・パイにアナログ信号の入力機能を持たせると，次のように応用範囲がグンと広がります．

- レコーディング・システム
- 音声認識リモコン ● ストリーミング配信
- 音声翻訳(英語や大阪弁) ● ペットの気持ち解読

● 標準ケースにピッタリ収まる

Pumpkin Piは，ラズベリー・パイのModel B＋以降と組み合わせて使用することを前提に設計されています．そのためラズベリー・パイ 純正ケースとの相性も考慮されています．

● Pumpkin Pi用に制作したデバイス・ドライバを無償公開

A-Dコンバータ(PCM1808)を動かすために自作したデバイス・ドライバも無償で提供します．OSは，ラズベリー・パイ専用のLinux OS"Raspbian"を利用します．Raspbianは頻繁に更新されており，そのたびにカーネルのバージョンも上がります．Linuxのデバイス・ドライバは，カーネルのバージョンごとに厳密に管理されているので，バージョンの違うもの同士を組み合わせると動きません．

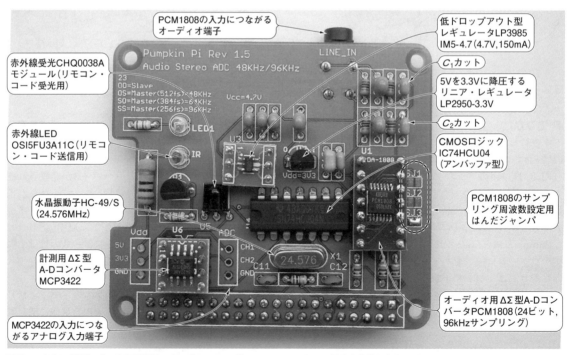

写真1 本書に付録している音声認識ハイレゾPiレコーダPumpkin Piに全ての部品を実装したところ
ラズベリー・パイのGPIOヘッダ端子に接続する．あらゆるディジタル・インターフェースを備えるラズベリー・パイがデュアル・アナログ入力を搭載することで，完全無欠なI/Oコンピュータにグレードアップする．本基板に搭載する部品セット，完成版，およびケースはマルツエレックで発売中．C_1とC_2を取り付ける必要はない．完成品ではカットする

第3章　オールDIPで1日製作！音声認識ハイレゾPiレコーダ「Pumpkin Pi」

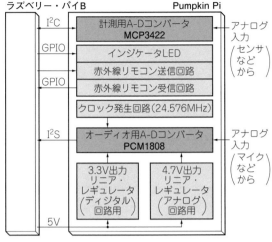

図3　音声認識ハイレゾPiレコーダ Pumpkin Piのブロック図とラズベリー・パイとの接続

表1　音声認識ハイレゾPiレコーダ Pumpkin Piのスペック

項　目		値など
接続できるCPUボード		ラズベリー・パイ Model B+/2B/3B
オーディオ信号入力A-Dコンバータ	型名	PCM1808
	変換方式	$\Delta\Sigma$
	チャネル数	2チャネル（ステレオ）
	量子化ビット数	24
	サンプリング周波数	48 kHz または 96 kHz
	最大入力範囲	$1V_{RMS}$ （$2.8V_{P-P}$）
	ダイナミック・レンジ	99 dB（代表値）
	SN比	99 dB（代表値）
	オーバーサンプリング	64倍
	データ形式	PCM
	インターフェース	I^2S
	LPFカットオフ周波数	34 kHz
	入力インピーダンス	47 kΩ
	オーディオ入力端子	3.5 mmステレオ・ミニ・ジャック
	デバイス・ドライバ	ALSA対応
センサ計測入力用A-Dコンバータ	型名	MCP3422
	変換方式	$\Delta\Sigma$
	チャネル数	2
	ゲイン（可変）	1，2，4，8倍
	データレート（可変）	3.75SPS（18ビット） 15SPS（16ビット） 60SPS（14ビット） 240SPS（12ビット）
	最大入力電圧	2.048 V（ゲイン設定に依存）
	インターフェース	I^2C
LED表示部		緑色
赤外線部	送信	赤外線LED（300 mAパルス駆動）
	受信	赤外線受信モジュール（38 kHz）
適合ケース		2B/3Bの純正品
基板寸法		65×56 mm（突起部を除く）

Raspbian OSは，ラズベリー・パイに搭載されているUSBやWi-Fiなどのハードウェアを動かすデバイス・ドライバを標準で備えています．これに，Pumpkin Piを動かすために自作したデバイス・ドライバを追加します．自作したデバイス・ドライバは主に，ハイレゾ・レコーダ用A-DコンバータPCM1808のI^2Sインターフェース制御用です．計測用A-DコンバータMCP3422はI^2Cインターフェースなので，標準でデバイス・ドライバが用意されています．

追加ドライバとして提供されます．カーネルを更新してしまうとデバイス・ドライバが動作しません．同じバージョンのデバイス・ドライバを入手するか，ご自身でデバイス・ドライバをコンパイルする必要があります．デバイス・ドライバのソース・コードは公開されており，入手可能です．

Pumpkin Piは，RCA端子を持つラズベリー・パイには接続できません．

ハードウェア編

2つのA-Dコンバータを搭載

■ オーディオ・レコーダ用A-Dコンバータ

● 24ビット，96 kHzのハイレゾ対応品

A-Dコンバータに，PCM1808（テキサス・インスツルメンツ）を採用しました．入手が容易で，デバイス・ドライバの開発が簡単だからです．**表2**にPCM1808の仕様を，**図4**に内部ブロック図を示します．

私は，PCM1808をピッチ変換基板に実装してモジュール化してから，Pumpkin Piプリント基板（付録基板）にはんだ付けしました．マルツエレックで販売されるPumpkin Pi部品セットは，**写真2(a)**に示すモジュール品（型名MPK-AD1808-M）で提供されています．

ラズベリー・パイとPCM1808は，I^2Sインターフェースで接続します．ラズベリー・パイがスレーブ，PCM1808がマスタです．デバイス・ドライバでI^2Sの

表2　音声認識ハイレゾPiレコーダ Pumpkin Piに搭載したオーディオ用A-DコンバータPCM1808のスペック

項　目	値など
量子化ビット数	24ビット
サンプリング周波数	48,96 kHz
最大入力電圧	$1V_{RMS}$
ダイナミック・レンジ	99 dB
SN比	99 dB

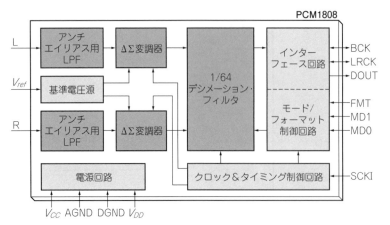

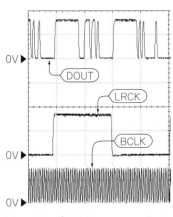

図4 音声認識ハイレゾPiレコーダPumpkin Piに搭載したオーディオ用A-DコンバータPCM1808の内部ブロック図

図5 オーディオ用A-DコンバータPCM1808とラズベリー・パイをつなぐI²Sインターフェース(DOUT, LRCK, BCLK)の信号波形(2 V/div, 2.5 μs/div)

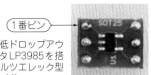

(a) 24ビット,96 kHzのハイレゾ録音用A-DコンバータPCM1808を搭載したDIPモジュール(マルツエレック型名MPK-AD1808-M)

(b) 5 V入力,4.7 V出力の低ドロップアウト型リニア・レギュレータLP3985を搭載したDIPモジュール(マルツエレック型名MPKLP3985IM5-4.7-M)

(c) 可変ゲイン・アンプや基準電源を内蔵する計測用A-DコンバータMCP3422を搭載したDIPモジュール(マルツエレック型名MPK-MCP3422-M)

写真2 A-Dコンバータや電源などの表面実装パッケージのICはピッチ変換基板でDIPモジュールに仕上げてから基板に搭載
マルツエレックから販売される部品セットにはこれらのDIPモジュールが同梱されている

マスタとスレーブを切り替えます。I²S信号ラインには,衝突防止用の抵抗を入れています。

PCM1808の最高サンプリング周波数は96 kHzです。サンプリング定理により,その半分の48 kHzまでのアナログ信号を正しくディジタル信号に変換できます。

入力のCRロー・パス・フィルタ(0.01 μFと470 Ω)のカットオフ周波数を約34 kHzにしました。ライン入力の入力インピーダンスは47 kΩです。マイク信号は,アンプで増幅してから入力してください。

図5に示すのは,PCM1808側のI²S信号です。サンプリング周波数は96 kHzです。

BCLKは6.144 MHz(24.576 MHz ÷ 4)の同期用クロック信号です。LRCKはLチャネルとRチャネルの切り替え信号で,周波数は96 kHzです。DOUTは,アナログ入力信号のレベルに応じて値が変化するオーディオ・データ信号です。LRCKがLレベルの期間は,DOUTで左チャネルの信号が送られています。同様にHレベルの期間は右チャネルの信号が送られます。

● PCM1808にクロックを供給する回路

A-DコンバータPCM1808の動作に必要なクロック(24.576 MHz)は,CMOS(74HCU04)による標準的な発振回路で供給します。

バッファのない74HCU04を必ず使用してください。バッファを内蔵した74HC04では動かないことがあります。水晶発振子も逓倍発振タイプは使わないでください。

● リニア・レギュレータ

Pumpkin Piは,ラズベリー・パイから電源供給を受けます。供給元のラズベリー・パイは,パソコンのUSBから供給します。USB電源はスイッチング・ノイズが小さくないので,少しでもノイズを抑えるために,リニア・レギュレータLP3985を追加しました。

Pumpkin Piのアナログ回路用電源は4.7 V,ディジタル回路用電源は3.3 Vです。

音声信号の入力レベルの最大値は0 dBV(= 1V$_{RMS}$)です。これ以上振幅の大きい信号を入力すると,クリップして割れたような音になります。入力電圧の最大値は,電源電圧の60 %で制限を受けます。1V$_{RMS}$(= 2.82 V$_{P-P}$)の正弦波をクリップなく入力できるようにするには,4.7 V(= 2.82 V/0.6)の電源電圧が必要です。LP3985は,入出力間電圧差がは0.1 Vと小さくても,出力電圧を一定にキープしてくれるので,ラズベリー・パイの電源5 Vを入力すると,4.7 V以上を出力してくれます。

私は,LP3985をピッチ変換基板に載せてモジュー

表3 音声認識ハイレゾPiレコーダPumpkin Piに搭載した計測用A-DコンバータMCP3422のスペック

項目	値など
フルスケール最大入力電圧	2.048 V/設定ゲイン
入力電圧範囲	$V_{SS} - 0.3\ V \sim V_{DD} + 0.3\ V$
入力インピーダンス	2.25 MΩ/設定ゲイン
分解能と変換速度	12ビット(240SPS) 14ビット(60SPS) 16ビット(15SPS) 18ビット(3.75SPS)
内蔵基準電源の電圧	2.048 V
電源電圧範囲	2.7～5.5 V

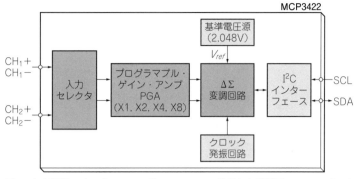

図6 音声認識ハイレゾPiレコーダPumpkin Piに搭載した計測用A-DコンバータMCP3422の内部ブロック図

ル化してから，Pumpkin Piプリント基板(付録基板)にはんだ付けしました．マルツエレックで販売しているPumpkin Pi部品セットは，**写真2(b)** に示すモジュール品(型名MPK-LP3985IM5-4.7-M)で提供されています．

2 計測用A-DコンバータMCP3422

Pumpkin Piは，オーディオ用のPCM1808に加えて計測用A-DコンバータMCP3422を搭載しています．IoT機器やロボット開発に欠かせないセンサを使った計測や分析・解析が可能になります．

表3にMCP3422の仕様を，**図6**に内部ブロック図を示します．2チャネルの入力をもち，分解能は最大18ビットです．ラズベリーパイとはI²Cで接続します．

分解能は，12，14，16，18ビットを指定でき，分解能を犠牲にして変換速度(SPS：Sampling Per Second)を高めることもできます．2.048 V(±0.05 %)の基準電圧源やゲイン(1倍，2倍，4倍，8倍)を切り替えられるプログラマブル・ゲイン・アンプ(PGA)も内蔵しています．電源電圧は3.3 Vで駆動しているため，アナログ入力の上限は3.3 Vに制限されます．ゲインを8倍としたときの入力電圧の最大値は256 mV$_{peak}$です．

私は，MCP3422をピッチ変換基板に載せてモジュール化してから，Pumpkin Piプリント基板(付録基板)にはんだ付けしました．マルツエレックで販売しているPumpkin Pi部品セットは，**写真2(c)** に示すモジュール品(型名MPK-MCP3422-M)で提供されています．

組み立て方

● 付録基板に部品を実装する

回路図を**図7**に，部品表を**表4**に示します．部品がしっかり基板に挿入されているかどうか，足が接触していないかどうか，確認しながら慎重に作業を進めてください．

▶ステップ1
抵抗($R_1 \sim R_{11}$)をはんだ付けします．

▶ステップ2
コンデンサ($C_1 \sim C_{12}$)をはんだ付けします．

▶ステップ3
LED(LED1)とトランジスタ(Q_1)をはんだ付けします．極性があります．LEDは端子の長いほうがアノード(A)，短いほうがカソード(K)です．

▶ステップ4
X_1をはんだ付けします．念のため，基板から約1 mm浮かせて不用意なショートを避けます．

▶ステップ5
モジュール($U_1 \sim U_6$)をはんだ付けします．向きに注意してください．赤外線モジュール(U_5)の足は90°曲げます．

▶ステップ6
40ピン・ソケットとJK_1を基板の裏にはんだ付けします．

▶ステップ7
PCM1808のサンプリング周波数設定用ジャンパをはんだ付けします．通常は，SJ1 = オープン，SJ2 = ショート，SJ3 = ショートです．ジャンパをオープンにすると，PCM1808内部でプルダウンされます．

● ケースに組み込む

純正ケースは，ラズベリー・パイ2用とラズベリー・パイ3用の2種類あります．LEDの位置が異なります．

必要に応じてケースにオーディオ入力端子(A-Dコンバータ入力)の穴(内径6.5 mm)を開けます(**写真3**)．マルツエレックで，穴加工ずみのスペシャル・ケースを発売しています．ハイレゾ出力端子はケースの厚みで干渉し，ステレオ・ジャックが奥まで挿さらないことがあります．

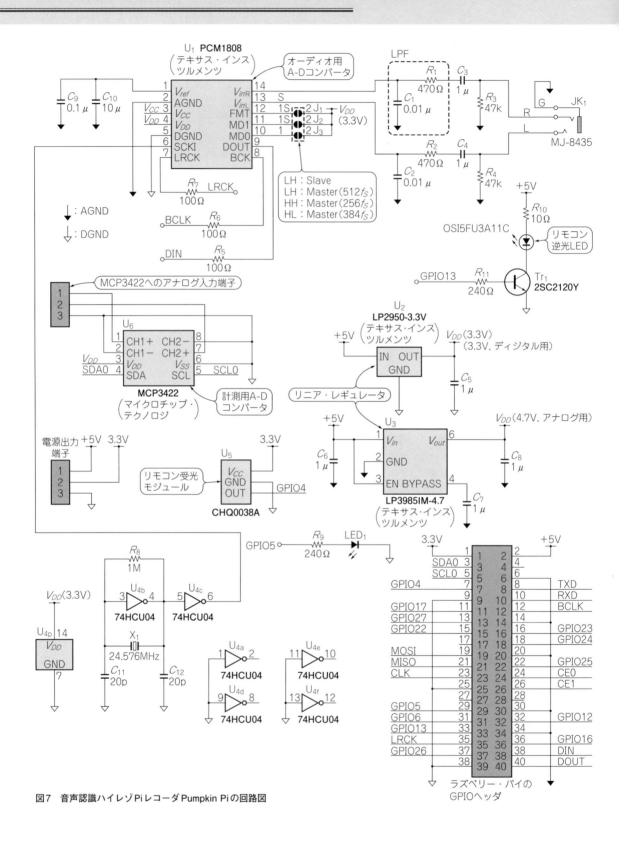

図7 音声認識ハイレゾPiレコーダ Pumpkin Piの回路図

第3章 オールDIPで1日製作！音声認識ハイレゾPiレコーダ「Pumpkin Pi」

表4 音声認識ハイレゾPiレコーダPumpkin Piの部品表

部品番号	型名，値など	数量	種類，メーカ名など
U_1	MPK-AD1808-M	1	オーディオ録音用 $\Delta\Sigma$ 型A-Dコンバータ PCM1808搭載
U_2	LP2950-3.3V	1	3.3V，100mA
U_3	MPK-LP3985IM5-4.7-M	1	LP3985IM5-4.7（4.7V，150mA）搭載
U_4	74HCU04	1	CMOSロジック，アンバッファ型
U_5	CHQ0038A	1	赤外線受光モジュール
U_6	MPK-MCP3422-M	1	計測用 $\Delta\Sigma$ 型A-Dコンバータ MCP3422搭載，PGA内蔵
LED_1	EBG3402S	1	$\phi3mm$，緑色
IR	OSI5FU3A11C	1	$\phi3mm$，赤外
Q_1	2SC2120Y	1	NPNトランジスタ
R_1，R_2	470Ω	2	金属皮膜抵抗，1/6W
R_3，R_4	47kΩ	2	金属皮膜抵抗，1/6W
R_5，R_6，R_7	100	3	炭素皮膜抵抗，1/6W
R_8	1MΩ	1	炭素皮膜抵抗，1/6W
R_9	240Ω	1	炭素皮膜抵抗，1/6W
R_{10}	10Ω	1	酸化皮膜抵抗，1W
R_{11}	240Ω	1	炭素皮膜抵抗，1/6W
C_3，C_4，C_5，C_6，C_7，C_8	1μF	6	積層セラミック，5mm
C_9	0.1μF	1	積層セラミック，5mm
C_{10}	10μF	1	積層セラミック，5mm
C_{11}，C_{12}	20pF	2	セラミック，2.5mm
X_1	24.576MHz	1	HC-49/S
P_1	20ピン×2列	1	40ピン・ソケット
JK_1	MJ-8435	1	3.5mmステレオ・ジャック
スペーサ	AS-2611	2	M2.6mm，11mm
ねじ	PC-2604	2	M2.6mm，4mm

※ C_1 と C_2 はありません．

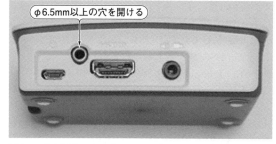

写真3 音声認識ハイレゾPiレコーダPumpkin Piとラズベリー・パイ3を合体し，標準ケースに穴を1個追加して収めたところ
マルツエレックにて穴加工ずみのオリジナル・ケース（MTG-PKP-CASE-RW）を発売中

ラズベリー・パイに ソフトウェアをセットアップする

■ Pumpikin Piのセットアップ方法

● ステップ1：専用のmicroSDカードを用意する

はじめに，Pumpkin Pi用に容量16Gバイト以上のmicroSDカードを1つ用意して，フォーマットします．他の実験と兼用しないでください．すでに実験を行ったRaspbian OSを使い回すと動作しません．トラブルの元なので，Pumpkin Pi専用のmicroSDカードを用意しましょう．

● ステップ2：ソフトウェアをインストールする

Pumpkin Piではさまざまなソフトウェアのインストールと設定が必要です．次の手順どおりに操作すれば動くでしょう．「トランジスタ技術」2017年1月号で紹介した古いPumpkinPi.tarを使わないでください．

▶手順1：microSDカードのフォーマット

パソコン上でmicroSDカードをフォーマットします．フォーマットにはSDアソシエーションが配布しているSDFormatterというソフトウェアを使用します．次のURLからダウンロードできます．

https://www.sdcard.org/jp/downloads/

▶手順2：最新Raspbian OSの入手

パソコン上で最新のNOOBS（Zipファイル）を，次のURLからダウンロードします．

https://www.raspberrypi.org/downloads/

▶手順3：microSDカードにNOOBSファイルをコピー

パソコン上でダウンロードしたNOOBS（Zipファイル）の中身を，microSDカードにコピーします．Zipファイルを解凍して格納されているすべてのファイルをそのままmicroSDカードにコピーします．

▶手順4：OSのインストール

手順3で作成したmicroSDカードをラズベリー・パイにセットして起動します．画面の指示に従ってRaspbian OSをインストールします．

▶手順5：Pumpkin Pi用ソフトウェアのインストール

ラズベリー・パイ上で次のようにコマンドを入力すると，Pumpkin Pi用のソフトウェアのダウンロードとインストールを実行します．インストール完了までには約20分かかります．

```
$ cd
$ wget http://einstlab.web.fc2.com/
              RaspberryPi/PumpkinPi.tar
$ tar xvf PumpkinPi.tar
$ cd PumpkinPi
$ ./setup.sh
$ sudo reboot
```

このセットアップ（setup.sh）は，大きく分けて次の2つを行います．

(1) デバイス・ドライバのインストール
(2) Juliusのインストール

これらが済めば，Pumpkin Pi用ソフトウェアのインストールと設定は完了します．続いて，注意事項とデバイス・ドライバに関して解説します．

■ やってはいけないこと

ラズベリー・パイは，1つのピンに複数の機能が割り当てられています．どの機能を有効にするかは，設定により選択できます．

設定を誤ったり間違った使い方をしたりすると，Pumpkin Piで使用するピン（表5）と別の機能として使用するピンが競合して動かなくなります．どう設定したらよいのかわからないピンは，無効にしておきましょう．

① カーネルの更新

カーネルの更新を行うと，カーネルのバージョンとデバイス・ドライバ（PCM1808用）のバージョンがずれて動かなくなります．具体的には，次のコマンドを実行しないでください．

```
$ sudo rpi-update
$ sudo apt -get update
$ sudo apt -get upgrade
```

もし実行してしまったら，PumpkinPiディレクトリ直下のsetup.shをもう一度実行してください．デバイス・ドライバを作り直します．

② 1-Wire機能の有効化（GPIO4）

ラズベリー・パイConfigurationのインターフェース設定で，1-Wire機能を有効にしないでください．Pumpkin Piは赤外線の受信にGPIO4ピンを使います．1-Wire機能は同じGPIO4ピンを使用するので，有効にすると機能競合します．

③ PWM1機能（GPIO13）

PWM1機能を使用しないでください．Pumpkin Piは赤外線の送信にGPIO13ピンを使用します．PWM1と機能競合します．

④ I^2C1機能（GPIO2，GPIO3）

Pumpkin PiはI^2C1機能を使用して計測用A-Dコンバータと通信します．GPIO機能としてGPIO2ピンとGPIO3ピンを使用しないでください．

⑤ I^2S機能（GPIO18，GPIO19，GPIO20）

Pumpkin PiはI^2S機能を使ってオーディオ・レコーダ用A-Dコンバータと通信します．GPIO機能としてGPIO18，GPIO19，GPIO20を使用しないでください．

⑥ SPI機能

SPI機能を使用しないでください．Pumpkin Piが使用しているさまざまなピンが競合します．

■ デバイス・ドライバのインストール解説

Pumpkin Piのセットアップで自動的に行われるため，操作する必要はありませんが，何を行っているのか概要を知ると，理解の助けになります．

まず前提知識として，カーネルのバージョンとデバイス・ドライバのバージョンは厳密に管理されており，同じでなければなりません．異なっているとデバイス・ドライバが動作しません．単にデバイス・ドライバのファイルをコピーしただけでは動作しません．

Raspbian OSは頻繁にリリースされ，カーネルがバージョンアップします．そこですべてのカーネルのバージョンに対応するため，使用するカーネル上でPCM1808用のデバイス・ドライバを生成します．

具体的には，ソースコードをコンパイルしてデバイス・ドライバを生成します．このとき，カーネルのソースコードを参照するため，一時的にカーネルのソースコードが必要です．しかも使用しているバージョンのカーネルのソースコードです．このカーネルのソースコードをダウンロードするrpi-sourceコマンドがあります．

表5 Pumpkin Piで使用するGPIOピン
1つのピンを異なる機能が共有するため，使い分けないと機能競合する

機　能	使用するピン名
LED1	GPIO5
赤外線送信	GPIO13
赤外線受信	GPIO4
I^2C	GPIO2，GPIO3
I^2S	GPIO18，GPIO19，GPIO20

カーネルのバージョンは，unameコマンド（**リスト1**）で確認します．

生成してインストールするデバイス・ドライバは，次の2つのファイルです．

(1) pcm1808-adc.ko
（PCM1808固有の動作を決定するドライバ）
(2) snd_soc_pcm1808_adc.ko
（ラズベリー・パイのサウンドとして属性を決定するドライバ）

この他に，デバイス・ツリー情報ファイル（pcm1808-adc.dtbo）を必要とします．カーネル4.4以降ではデバイス・ツリー構造を導入したので，カーネルからハードウェア構造を切り離し，カーネルの肥大化を防止するためです．

デバイス・ドライバを次のソースコードからコンパイルして生成します．

(1) pcm1808-adc.c
(2) snd_soc_pcm1808-adc.c

コンパイルに必要なファイルは ~/PumpkinPi/Driverに置かれています．

デバイス・ドライバをコンパイルするために，一時的にカーネルのソースコードの助けが必要です．ヘッダ・ファイルなどを参照するためで，カーネル自体をコンパイルするわけではありません．

▶手順1

まず，rpi-sourceコマンドに必要なツールをインストールします．デフォルトでインストール済みの場合もあります．

```
$ sudo apt-get -y install build-essential
$ sudo apt-get -y install git
$ sudo apt-get -y install ncurses-dev
$ sudo apt-get -y install device-tree-
                                compiler
$ sudo apt-get -y install bc
```

▶手順2

使用しているバージョンのカーネルのソースコードを探してダウンロードするrpi-sourceコマンドをインストールします．

```
$ sudo wget https://raw.githubusercontent.
               com/notro/rpisource/
master/rpi-source -O /usr/bin/rpi-source
$ sudo chmod +x /usr/bin/rpi-source
$ sudo /usr/bin/rpi-source -q --tag-update
```

▶手順3

rpi-sourceコマンドを実行して，カーネルのソースコードをダウンロードします．少し時間がかかります．カーネルのソースコードは/root/linuxに展開されます．

```
$ sudo rpi-source --skip-gcc
```

▶手順4

次のように入力してデバイス・ドライバをコンパイルします．デバイス・ドライバとデバイス・ツリー情報ファイルが生成され，適切なディレクトリにコピーします．

```
$ cd ~/PumpkinPi/Driver
$ sudo make stop
$ sudo make remove_dts
$ sudo make remove_modules
$ sudo make dts
$ sudo make
$ sudo make install_dts
$ sudo make install_modules
$ sudo make start
```

▶手順5

起動時にデバイス・ドライバが自動的に読み込まれるように設定します．/boot/config.txtに次の1行を追加します．

```
dtoverlay=pcm1808-adc
```

▶確認作業1

リブートします．

リスト1 使用中のRaspbianのLinuxカーネルのバージョンはunameコマンドで確認できる

```
$ uname -r
4.4.13-v7+

$ modinfo pcm1808-adc.ko
filename:       /usr/src/pcm1808/pcm1808-adc.ko
license:        GPL v2
author:         Yasuyuki Onodera
description:    ASoC PCM1808 codec driver
srcversion:     EBCC5DB5FB4BF3CC66DEE0E
alias:          of:N*T*Cti,pcm1808*
depends:        snd-soc-core
vermagic:       4.4.13-v7+ SMP mod_unload
                        modversions ARMv7

$ modinfo snd_soc_pcm1808_adc.ko
filename:       /usr/src/pcm1808/snd_soc_pcm1808_
                                        adc.ko
license:        GPL v2
description:    ASoC Driver for PCM1808 ADC
author:         Y.Onodera
srcversion:     4384FEFE5004902A65B0317
alias:          of:N*T*Ceinstlab,pcm1808-adc*
depends:        snd-soc-core
vermagic:       4.4.13-v7+ SMP mod_unload
                        modversions ARMv7
```

▶確認作業2

リスト2に示すように，lsmodコマンドで，デバイス・ドライバが認識されているか確認します．リストからわかるように，pcm1808_adcとsndsoc_pcm1808_adcが組み込まれています．

デバイス・ドライバの情報はmodinfoコマンドで確認します．

```
$ modinfo /lib/modules/`uname -r`/kernel/
                         sound/soc/codecs/
pcm1808-adc.ko
$ modinfo /lib/modules/`uname -r`/kernel/
                         sound/soc/bcm/
snd_soc_pcm1808_adc.ko
```

筆者の例を参考に，modinfoの実行事例を示します．デバイス・ドライバのバージョンを確認できます．

```
$ modinfo /lib/modules/`uname -r`/kernel/
                   sound/soc/codecs/pcm1
808-adc.ko
filename:      /lib/modules/4.9.77+/kernel/
                         sound/soc/codecs/
pcm1808-adc.ko
license:       GPL v2
author:        Yasuyuki Onodera
description:   ASoC PCM1808 codec driver
```

リスト2 PCM1808のI²Sインターフェース制御用のデバイス・ドライバ(pcm1808_adcとsndsoc_pcm1808_adc)が認識されているかどうかを確認する

```
$ lsmod
Module                  Size   Used by
snd_soc_pcm1808_adc     2437   0
pcm1808_adc             1760   1
cfg80211                427855 0
rfkill                  16037  1 cfg80211
snd_soc_bcm2835_i2s     6354   2
snd_bcm2835             20511  0
snd_soc_core            125885 3 snd_soc_bcm2835_
                               i2s,pcm1808_adc
,snd_soc_pcm1808_adc
snd_pcm_dmaengine       3391   1 snd_soc_core
bcm2835_gpiomem         3040   0
i2c_bcm2708             4770   0
snd_pcm                 75698  3 snd_bcm2835,snd_
                                 soc_core
,snd_pcm_dmaengine
bcm2835_wdt             3225   0
snd_timer               19160  1 snd_pcm
snd                     51844  4 snd_bcm2835,
                                  snd_soc_core
,snd_timer,snd_pcm
uio_pdrv_genirq         3164   0
uio                     8000   1 uio_pdrv_genirq
i2c_dev                 5859   0
fuse                    83461  1
ipv6                    347530 30
```

```
srcversion:    E88719D48E594F5AFFFFBEA
alias:         of:N*T*Cti,pcm1808C*
alias:         of:N*T*Cti,pcm1808
depends:       snd-soc-core
vermagic:      4.9.77+ mod_unload modversions
                                  ARMv6 p2v8

$ modinfo /lib/modules/`uname -r`/kernel/
    sound/soc/bcm/snd_soc_pcm1808_adc.ko
filename:      /lib/modules/4.9.77+/kernel/
                         sound/soc/bcm/snd_
soc_pcm1808_adc.ko
license:       GPL v2
description:   ASoC Driver for PCM1808 ADC
author:        Yasuyuki.Onodera
srcversion:    B2ECB49690E3A033D3F9C5F
alias:         of:N*T*Ceinstlab,pcm1808-adcC*
alias:         of:N*T*Ceinstlab,pcm1808-adc
depends:       snd-soc-core
vermagic:      4.9.77+ mod_unload modversions
                                  ARMv6 p2v8
```

▶確認作業3

次のようにdtoverlayコマンドで，デバイス・ツリーとして認識されているか確認します．認識されているとpcm1808-adcを表示します．

```
$ dtoverlay -a | grep 1808
pcm1808-adc
```

少々面倒なことをしていますが，これもPCM1808用デバイス・ドライバを確実に動作させるための対策です．

応用製作

応用1：音声認識Piリモコン

■ 概要

● 家電を音声操作

ラズベリー・パイでフリー(無料)の音声認識ソフトウェア「Julius」を動かします．次にPumpkin Piに搭載されている赤外線送信回路でリモコン・コードを送信し，エアコンやテレビなどの家電を音声操作してみました(図8)．これは，ラズベリー・パイという高い処理能力をもつコンピュータだからこそなせる技です．

第3章 オールDIPで1日製作！音声認識ハイレゾPiレコーダ「Pumpkin Pi」

図8 音声認識Piリモコンを作ってみよう

本器は，次の3つの機能を組み合わせて実現します．
① A-D変換による音声の取り込み
　オーディオ用A-DコンバータPCM1808を利用し，サンプリング周波数48 kHzで音声信号を取り込みます．
② 音声認識ソフトウェアによる認識
　Juliusという音声認識ソフトウェアを利用して，A-Dコンバータから取り込んだPCM信号を解読します．Juliusの辞書と文法を作成して認識速度と認識率を向上させています．音声を学習させる必要はなく，子供でも大人でも，男性でも女性でも認識します．
③ 赤外線送信機能
　ラズベリー・パイに操作したい家電のリモコン・コードをあらかじめ登録しておき，音声命令に対応する赤外線リモコン信号を送信します．
　市販のスマート・スピーカと異なる点は，インターネットに接続することなく単独で家電を音声操作できることです．IFTTTに対応したスマート・リモコンも必要ありません．
　本器は，発音の個人差やマイク感度によって認識率

写真4 音声認識Piリモコンの制作…ステレオ・マイクロホン AT9902（オーディオ・テクニカ製）を使用

に差が出ます．実用に耐える高い認識率はありますが，ときどき認識間違いが発生します．人命に関わるような用途には利用しないでください．

■ 準備

● マイク・アンプ

　Pumpkin Piに接続するマイクには，アンプ内蔵タイプを利用してください．アンプを内蔵していない場合は，アンプで増幅する必要があります．今回はゲイン40 dBのマイク・アンプ（p.87のコラム）とステレオ・マイクロホンAT9902（オーディオ・テクニカ製，写真4）を組み合わせました．

---

column **Juliusの認識成功率を高める方法**

　Juliusの認識率は，辞書ファイルでわかりやすい発音を選ぶと高まります．似たような発音を選ぶと区別しにくくなります．短い発音は間違いが増えます．「おん」と「おふ」は短く違いも少ないため，辞書にはふさわしくありません．
　また声に出すときに，滑舌よくはっきりと発音するとよいでしょう．早い発音は認識間違いが多くなります．ゆっくり目で発音すると認識率が上がりま

す．適切な音量管理も必要です．音量を上げすぎると，音が割れて認識率が下がります．逆に音量が小さすぎると反応しません．騒音や雑音も認識率を下げる要因になります．
　辞書に登録する言葉が多すぎても誤認が増えます．
　読みは紐づけなので，"Hungry"の読み（発音）を「わんわん」としてもかまいません．

おのでら・やすゆき

● 音声認識ソフトウェア

　Juliusは，日本の大学で生まれた無料の音声認識用ソフトウェアです．公式ページのURLは次のとおりです．

　　http://julius.osdn.jp/

　次の3つのソフトウェアを利用します．

(1) Julius音声認識エンジン
(2) ディクテーション・キット
(3) 文法認識キット

■ 確認作業

　前述のPumpkin Piのセットアップを実行するとJuliusのインストールと設定は完了しています．動作確認作業を行います．

● 確認作業1　マイクから入力して音声を取り込む

▶手順1

　まず，次のようにarecordコマンドを使って，録音デバイスのカード番号とデバイス番号を確認します．PCM1808のデバイス・ドライバが正しくインストールされていないと表示されません．

```
$ arecord -l
```

▶手順2

　次のようにコマンドを入力して実際に録音，再生してみます．手順1で確認したカード番号とデバイス番号を使用します．

　この例(hw0,0)では録音時のカード番号は0，デバイス番号は0です．

　-c 2で録音するチャンネル数(ステレオ)を指定します．

　-d 60で録音時間(秒)を指定します．

　Juliusの仕様に合わせて，サンプリング周波数(-r 48000)を48 kHzに指定します．

　-f S16_LEでデータ形式を符号付16ビットに指定します．

　出力ファイルはtest.wavです．

```
$ arecord -vD hw:0,0 -c 2 -d 60 -r 48000 -f
                              S16_LE test.wav
$ aplay test.wav
```

▶手順3

　次のようにコマンドを入力して，デバイスの優先順位を確認します．

```
$ sudo cat /proc/asound/modules
0 snd_soc_pcm1808_adc
1 snd_bcm2835
```

　小さい数字ほど優先順位が高いことを意味します．Juliusの関係でsnd_soc_pcm1808_adcを最優先にします．最優先にしないとエラーが発生します．優先順位は/etc/modprobe.d/alsa-base.confファイルで設定します．正しくない場合は以下のようになっているか確認してください．設定を反映するためにリブートが必要です．

```
$ cat /etc/modprobe.d/alsa-base.conf
options snd slots=snd_soc_pcm1808_adc,
                                snd_bcm2835
```

▶手順4

　lsmodコマンドを使って，snd-pcm-ossデバイスが起動されているか確認します．起動されていればリスト表示されます．

```
$ lsmod | grep snd_pcm_oss
```

　起動していない場合は，/etc/modulesファイルにsnd-pcm-ossの記述があるか確認します．

```
$ cat /etc/modules
```

---

column　録音データの処理が間に合わない「overrunエラー」への対応

　まれにarecordでoverrunエラーを発生することがあります．処理が間に合わないためです．次のようにいくつかの対策があります．

(1) **バッファ・サイズを増やす**

　次のarecordの-Bオプションでバッファ・サイズを増やしてください．

```
$ arecord -B 96000
```

(2) **Class10のマイクロSDカード**

　書き込みの速いマイクロSDカードを使用してください．ファイルの書き出し速度が追いつかずoverrunになることがあります．

(3) **/tmpを使う**

　録音ファイルをtmpfsである/tmpに置いてください．メモリ上のファイルであるため高速に書き込みます．

　ただし，リブートしたり電源を切るとファイルが失われるため，録音後，別の場所にファイルを移動してください．

おのでら・やすゆき

● 確認作業2　Juliusの動作確認
▶手順1
　Juliusが正しくインストールされているか確認するため，Juliusのバージョンを確認します．

```
$ julius -version
```

　ちなみに，Julius本体のインストールは以下のように行っています．

```
$ cd
$ wget https://github.com/julius-speech/
            julius/archive/master.zip
$ unzip master.zip
$ rm master.zip
$ cd julius-master
$ ./configure
$ make
$ sudo make install
```

　ディクテーション・キットと文法認識キットのインストールは以下のように行っています．

```
$ cd
$ mkdir julius-kit
$ cd julius-kit
$ wget https://github.com/julius-speech/
            dictation-kit/archive/master.zip
$ unzip master.zip
$ rm master.zip
$ wget https://github.com/julius-speech/
            grammar-kit/archive/master.zip
$ unzip master.zip
$ rm master.zip
```

▶参考
　Juliusに複数のオプションを指定して起動する場合，オプションをまとめて記述した設定ファイル（.jconf）を用意しておき，読み込ませる方法があります．

```
$ julius -C command.jconf
```

　設定ファイルの例です．

```
$ cat command.jconf
-gram command
-C ../hmm_ptm.jconf
-input mic
-48
-quiet
-nolog
-rejectshort 1000
```

　Juliusのサンプリング周波数はデフォルトで16 kHzのため，-48で48 kHzを指定します．
　-gramで文法ファイルを指定します．
　-rejectshort 1000で1000 ms以下の短い音を破棄し誤動作を低減します．

■ Juliusの仕組み

　Juliusは自由に発せられた音声を書き取り（ディクテーション）できますが，誤認識することがあります．また，認識速度も遅いことがあります．
　音声認識リモコン用途では認識してほしい言葉（単語）が限られているため，自由度を減らすことで認識率と認識速度を改善します．
　この実現のために，Juliusには辞書ファイルと文法ファイルが用意されています．特定の単語を辞書ファイルに登録し，言葉の文法を文法ファイルに記述します．Julius起動時に辞書と文法を指定することで，特定の言葉と特定の文法に反応するように絞り込みます．

---

column　800時間連続動作！手軽に作れるポータブル・マイク・アンプ回路

　図Aに示すのは，OPアンプNJM2732を使ったゲイン40 dBのマイク・アンプです．コンデンサ・マイクにバイアス電圧を加えます．電源は単4×2本で動作し，消費電流は約1 mAです．容量800 mAhの電池と組み合わせれば，800時間連続動作します．
　　　　　　　　　　　　　　おのでら・やすゆき

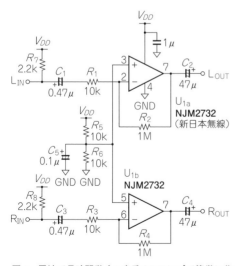

図A　電池で長時間動く！定番OPアンプで簡単に作れるマイク・アンプ

(1) 辞書ファイル(拡張子.voca): 単語と読み(発音)の関係を記述します.
(2) 文法ファイル(拡張子.grammar): 文法を記述します.

辞書ファイルと文法ファイルを事前に作成しておきます. 辞書ファイルに発音(読み)を特殊なローマ字で表記します. この作業は難しいので, いったんひらがなで表記した発音(読み)ファイル(拡張子.yomi)を用意します. そして, 専用の変換ツールyomi2voca.plで発音(読み)ファイルを辞書ファイルに変換します.

リスト3(a)に示す.yomiファイルを作成して, yomi2voca.plで変換すると, リスト3(b)に示す.vocaファイルが生成されます(図9).

このときひらがなの文字コードに注意します. Raspbianの文字コードはUTF-8ですがyomi2voca.plの文字コードはEUCを前提にしています. そこでiconvコマンドを使ってUTF-8とEUCを相互変換します.

次に示すのは, 文法ファイル(拡張子.grammar)の記述例です.

```
$ cat command.grammar
S   : NS_B PLEASE NS_E
```

辞書ファイルに登録された単語の文法(文章)を定義します. NS_Bは始まり, NS_Eは終わりを意味します. つまり, 命令(PLEASE)の1単語だけからなる文法を定義しています. 例えば単語「てれびつけて」を命令とする文法(文章)です.

辞書ファイル(拡張子.voca)と文法ファイル(拡張子.grammar)を用意したら, Juliusが認識できるファイル形式に変換します. Perl言語で書かれた専用のツールmkdfa.plで変換すると, 3つのファイルを生成します.

.dfaファイル
.termファイル
.dictファイル

Juliusの起動オプション-gramで拡張子なしのファイル名で指定します. 今回の音声認識に必要なファイルは以下のディレクトリに格納されています.

```
$ cd ~/julius-kit/grammar-kit-master/command
```

発音(読み)ファイルと文法ファイルから変換を自動で行うsetup.shを用意しています.

● 動作確認

次のようにして, 作成した辞書と文法を読み込んで, Juliusを起動します. 音声認識すると候補と結果が表示されます. CTRL+Cで終了します.

ここでは「てれびつけて」と「てれびけして」を発音してみました. 単語のTVonとTVoffとして認識しています.

```
$ cd ~/julius-kit/grammar-kit-master/command
$ julius -C command.jconf
STAT: include config: command.jconf
STAT: include config: ../hmm_ptm.jconf
pass1_best: [s] TVon [/s]
sentence1: [s] TVon [/s]
pass1_best: [s] TVoff[/s]
sentence1: [s] TVoff [/s]
<<< please speak >>>
```

リスト3 辞書ファイルの変換前と変換後

(a) 辞書ファイル(変換前)　(b) 辞書ファイル(変換後)

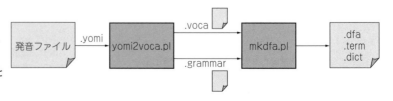

図9 Juliusにセットする辞書ファイルと文法ファイルの制作作業

■ 音声認識リモコンを実現する

● Juliusをサーバモード(-module)で起動し，クライアント・ソフトからアクセスする

ラズベリー・パイとPumpkin Piを組み合わせて音声認識するところまできました．いよいよ音声認識リモコンを完成させます．

Juliusにもクライアント・サーバ・モデルの考え方が採用されています．Juliusをサーバ・ソフトとして起動し，クライアント・ソフトからサーバにアクセスします．

具体的には，図10に示すソフトウェア構造を構築します．

Juliusサーバは音声命令(音声コマンド)が入力されると分析します．Juliusクライアントはjuliusサーバからの情報を受け取り，音声命令に応じた外部シェルを起動します．

外部シェルが赤外線リモコン信号を送信します．事前に送信する赤外線リモコン・コードを解析しておきます．表6に，音声コマンドと起動シェルの例を示します．

Juliusクライアントは，TCP/IP(ポート10500)を使ってJuliusサーバに接続します．サーバは音声認識した情報をクライアントに提供します．その中に認識結果とスコアがあります．スコアは0から1までの少数で，1に近いほど信頼性があります．誤動作を防ぐため，スコアが0.9以上のときだけ認識結果を信用することにします．

PythonでJuliusクライアント(リスト4, remocon.py)を記述しました．サーバはクライアントに対して，全情報を1つのパケットで送るとは限らず，何度かに

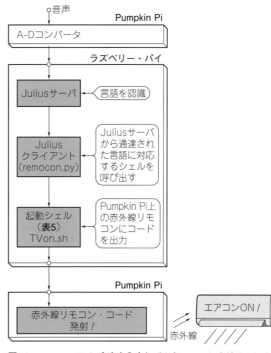

図10 Pumpkin Piに音声を入力してからエアコンのリモコンから赤外線コードが発射されるまで

表6 Juliusにセットした指示音声と起動シェル・スクリプト・ファイル

音声コマンド	起動シェル
てれびつけて	TVon.sh
てれびけして	TVoff.sh
えあこんつけて	AIRCONon.sh
えあこんけして	AIRCONoff.sh
でんきつけて	LEDon.sh
でんきけして	LEDoff.sh

リスト4 Juliusクライアント(図10)のPythonプログラム・ソース(remocon.py)

```
from __future__ import print_function
import os
import sys
import socket
from contextlib import closing

def main():
    host = '127.0.0.1'
    port = 10500
    bufsize = 4096
    b = ""
    index = -1

    sock = socket.socket(socket.AF_INET,
                         socket.SOCK_STREAM)
    with closing(sock):
      sock.connect((host, port))
      while True:
        a = sock.recv(bufsize)
        if "<RECOGOUT>" in a:
          b = ""
        b = b + a
        if "</RECOGOUT>" in a:
          index = b.find("CM=",110)
          score = float(b[index+4:index+9])
          print(score)
# check score
          if score > 0.9:
            if "STOP" in b:
              print("STOP")
              break
            if "TVon" in b:
              os.system("./TVon.sh")
            if "TVoff" in b:
              os.system("./TVoff.sh")
            if "AIRCONon" in b:
              os.system("./AIRCONon.sh")
            if "AIRCONoff" in b:
              os.system("./AIRCONoff.sh")
            if "LEDon" in b:
              os.system("./LEDon.sh")
            if "LEDoff" in b:
              os.system("./LEDoff.sh")

      return

if __name__ == '__main__':
  main()
```

分けて送信することがあるため，クライアントは一時的に情報を蓄積します．

必要な情報は〈RECOGOUT〉から〈/RECOGOUT〉までであり，これを目印にして蓄積します．その中からスコアと認識結果を抜き出します．スコアが0.9以上なら認識結果に応じて外部シェルを起動します．

クライアントのソフトは以下のディレクトリに格納されています．

```
$ cd ~/PumpkinPi/Remocon
```

■ 音声認識リモコンを試す

● 事前準備：はんだジャンパの設定

音声認識を使うときはサンプリング周波数を48 kHzにします．96 kHzでは動作しません．サンプリング周波数ははんだジャンパ（**写真5**，**表7**）で設定します．各ジャンパは次のとおり設定します．

SJ1：オープン
SJ2：オープン
SJ3：ショート

● 実行手順

▶手順1

Juliusサーバを起動します．

```
$ cd ~/julius-kit/grammar-kit-master/command
$ julius -C command.jconf -module &
```

▶手順2

次にJuliusクライアント（remocon.py）を起動します．音声認識すると，サーバからスコアが送られてきます．そして単語に応じた外部シェルが起動されます．約1秒以内に反応します．スコアが低いときは外部シェルを起動しません．感覚的に9割くらいは意図したとおりに反応します．

```
$ cd ~/PumpkinPi/Remocon
$ ./remocon.py
0.985
AIRCONon
0.999

AIRCONoff
0.977
TVon
0.993
TVoff
```

面倒なので音声認識リモコンの起動と停止コマンドを用意しました．

▶起動コマンド

音声認識ソフトウェアJuliusのサーバとJuliusクライアントを起動します．次のコマンドを入力すると起動します．

```
$ cd ~/PumpkinPi/Remocon
$ ./start.sh
```

▶停止コマンド

次のコマンドを入力すると，JuliusのサーバとJuliusクライアントを停止します．

```
$ cd ~/PumpkinPi/Remocon
$ ./stop.sh
```

▶自動起動の設定方法

辞書ファイルの自動起動するときは，/etc/rc.localにstart.shを実行する記述を追加します．piユーザでログインして，/etc/rc.localの最終行のexit 0の上に**リスト5**の記述を追記します．

● 音声認識コマンドの追加方法

任意の音声認識コマンドを追加する方法を解説します．ここでは例として，「トランジスタ技術」2017年1月号で紹介した音声認識リモコンに，テレビのチャネルを1ずつ上げていくCHupと，1ずつ下げていくCHdownの2つの音声認識コマンドを追加してみます．

リスト5　音声認識ソフトウェアJuliusを自動起動するために/etc/rc.localに追記する内容
最終行のexit 0の上に追加する

```
su -l pi -c /home/pi/PumpkinPi/Remocon/start.sh &
exit 0
```
（追記部分）

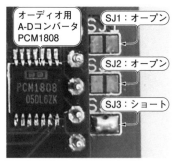

写真5　音声認識ソフトウェアを使うときのはんだジャンパ設定
はんだを乗せて2つのランドをくっつけることでショートに設定する．ショートからオープンに戻すときは市販のはんだ吸い取り線などを使用してはんだを除去する

表7　はんだジャンパの設定内容

ジャンパ SJ1	設定内容（フォーマット）
オープン	I²S
ショート	Left-justified

（a）オーディオ・データの伝送フォーマット

ジャンパ		設定内容（サンプリング周波数）
SJ2	SJ3	
オープン	オープン	Slave mode
オープン	ショート	48 kHz
ショート	オープン	64 kHz
ショート	ショート	96 kHz

（b）音声信号のサンプリング周波数

▶ステップ1：辞書ファイルに追記

ひらがなで発音を表記した辞書ファイルcommand.yomiファイルに「識別キーワード（単語）」と「読み」を追加します．command.yomiファイルは次の場所に格納されています．

```
/home/pi/julius-kit/grammar-kit-master/
           command/command.yomi
```

command.yomiファイルをテキスト・エディタで開いて編集します．「読み」は，できるだけ紛らわしい発音を避けます．

リスト6に示すようにCHupとCHdownを追記したら，同じcommandディレクトリ内にあるsetup.shを実行してJuliusサーバに登録します．次のコマンドを実行すると登録されます．

```
$ cd ~/julius-kit/grammar-kit-master/command
$ ./setup.sh
```

▶ステップ2：Juliusクライアントに追記

JuliusクライアントのPythonプログラムremocon.pyに「識別キーワード（単語）」と起動する「シェル」を追加します．remocon.pyファイルは次の場所に格納されています．

```
/home/pi/PumpkinPi/Remocon/remocon.py
```

テキスト・エディタでremocon.pyを編集します．リスト7に追加部分のみ抜粋して示します．たとえばJuliusサーバから識別キーワードCHupが通知された

らCHup.shを起動します．

▶ステップ3：起動シェルを作成

音声コマンド（音声命令）に応じて実行する起動シェルを作成します．例として事前にCHup用の赤外線リモコン・コードを解析し，起動シェルするCHup.shを作成します．

赤外線受信コマンドgetIR2を使って登録する赤外線リモコン・コードをあらかじめ確認します．getIR2を実行して，赤外線を受信すると次のようにリモコン・コードを解析します．

```
$ cd ~/PumpkinPi/Remocon
$ ./getIR2
AEHA 48 2 32 176 0 52 132
```

赤外線送信コマンドsetIR2を使って解析したリモコン・コードを送信します．テキスト・エディタでCHup.shを編集します．リスト8に内容を示します．

なお起動シェルに実行権を与えることを忘れないでください．

```
$ chmod +x CHup.sh
```

▶ステップ4：Juliusを再起動

Juliusを再起動するため，stop.shとstart.shを実行します．

応用2：ハイレゾPiレコーダ

Pumpkin Piが完成したらラズベリー・パイとドッキングして，ディジタル・レコーダを製作してみましょう．

■ Linuxが標準で備えるオーディオ処理プログラムALSAを操作してみる

Linuxのオーディオ・アプリケーションは，ALSAという仕組みで構成されています．ALSAには，次に示すコマンドが組み込まれています．

（1）aplay：再生　（2）arecord：録音
（3）amixer：ミキシング（音量調節）

● ラズベリー・パイのどの端子で信号を入出力するかを指定する

入出力先はカード番号とデバイス番号で識別します．次のように，aplay -lコマンドを使って音声信号の出力先を確認します．

リスト6　ひらがなで発音を表記した辞書ファイル（command.yomi）

```
% PLEASE
TVon        てれびつけて
TVoff       てれびけして
CHup        ちゃんねるうえ       ← この2つを追加する
CHdown      ちゃんねるした
AIRCONon              えあこんつけて
AIRCONoff             えあこんけして
LEDon       でんきつけて
LEDoff      でんきけして
STOP        きのうていし
REBOOT      さいきどう
POWEROFF              でんげんきる
% NS_B
[s]         silB
% NS_E
[/s]        silE
```

リスト7　JuliusクライアントのPythonプログラム（remocon.py）の追加部分

```
    if "CHup" in b:
        os.system("./CHup.sh")
    if "CHdown" in b:
        os.system("./CHdown.sh")
```

リスト8　赤外線リモコン・コードを出力する起動シェルCHup.shの内容
赤外線コードはgetIR2コマンドを使って解析する

```
#/bin/sh
base=/home/pi/PumpkinPiZero/Remocon
sudo $base/setIR2 AEHA 48 2 32 176 0 52 132   ← 赤外線コード
```

```
$ aplay -l
**** List of PLAYBACK Hardware Devices ****
card 0: ALSA [bcm2835 ALSA], device 0:
bcm2835 ALSA [bcm2835 ALSA]
Subdevices: 8/8
  Subdevice #0: subdevice #0
  Subdevice #1: subdevice #1
  Subdevice #2: subdevice #2
  Subdevice #3: subdevice #3
  Subdevice #4: subdevice #4
  Subdevice #5: subdevice #5
  Subdevice #6: subdevice #6
  Subdevice #7: subdevice #7
card 0: ALSA [bcm2835 ALSA], device 1:
bcm2835 ALSA [bcm2835 IEC958/HDMI]
  Subdevices: 1/1
  Subdevice #0: subdevice #0
```

上記の結果から，ラズベリー・パイの標準の出力先は次のようにわかります．

（1）標準ステレオ・ミニ端子（bcm2835 ALSA）：card 0, device 0
（2）標準HDMI端子（bcm2835 IEC958/HDMI）：card 0, device 1

● aplayコマンドを使ってみる

次のように入力すると，ラズベリー・パイ本体の標準ステレオ・ミニ端子にオーディオ信号が出力されます．下記の"0,0"は，"card 0,device 0"という意味です．-Dオプションでカード番号とデバイス番号を指定します．

```
$ aplay -D hw:0,0 WalkOn.wav
```

aplayはmp3形式の音楽ファイルやS24_LE形式のWAVファイルを再生できません．サンプリング周波数が96 kHzのWAVファイルも標準で再生できません．-Dplug:defaultオプションが必要です．

● amixerコマンドを使ってみる

音量は，amixerコマンドで調節できます．
▶ボリュームの初期状態を確認

"-c 0"でカード番号を指定します．次のように入力すると，ボリューム100％のときのゲインは4 dBであり0 dBではないことがわかります．

```
$ amixer -c 0
Simple mixer control 'PCM',0
  Capabilities: pvolume pvolume-joined
pswitch pswitch-joined
  Playback channels: Mono
  Limits: Playback -10239 - 400
  Mono: Playback 400 [100 %][4.00 dB][on]
```

▶ボリュームを調節してみる
ボリュームを50％に設定してみます．

```
$ amixer -c 0 set PCM 50 %
Simple mixer control 'PCM',0
  Capabilities: pvolume pvolume-joined
pswitch pswitch-joined
  Playback channels: Mono
  Limits: Playback -10239 - 400
  Mono: Playback -4919 [50 %][-49.19 dB][on]
```

次のように，dBでも指定できます．

```
$ amixer -c 0 set PCM 0 dB
Simple mixer control 'PCM',0
  Capabilities: pvolume pvolume-joined
pswitch pswitch-joined
  Playback channels: Mono
  Limits: Playback -10239 - 400
  Mono: Playback 0 [96 %][0.00 dB][on]
```

▶ミュートをかけてみる
`set PCM off`でミュートがかかります．`set PCM on`で解除されます．

```
$ amixer -c 0 set PCM off
$ amixer -c 0 set PCM on
```

■ 録音する

● ステップ1

次のようにコマンドを入力して，Pumpkin Piの入力先を調べます．

```
$ arecord -l
**** List of CAPTURE Hardware Devices ****
card 1: sndrpipcm1808da [snd_rpi_pcm1808_
dac], device 0: PCM1808 ADC HiFi pcm180
8-dai-0 []
  Subdevices: 1/1
  Subdevice #0: subdevice #0
```

入力端子は，card 1, device 0で指定できることがわかりました．

● ステップ2

リスト9のようにコマンドを入力して，Pumpkin Pi上のはんだジャンパで設定したサンプリング周波数を指定して録音します．リスト9の指定コマンドの意味は次のとおりです．24ビットの分解能を活かしたいなら，S32_LE形式を指定します．S24_LE形式は再生側でサポートしていないことが多いからです．

リスト9 ハイレゾPiレコーダの制作…録音するときのコマンド入力例

```
$ arecord -vD hw:1,0 -c 2 -d 60 -r 96000
                             -f S16_LE test.wav
Recording WAVE 'test.wav' : Signed 16 bit
          Little Endian,Rate 96000 Hz,Stereo

Hardware PCM card 1 'snd_rpi_pcm1808_dac'
                      device 0 subdevice 0
  Its setup is:
    stream           : CAPTURE
    access           : RW_INTERLEAVED
    format           : S16_LE
    subformat        : STD
    channels         : 2
    rate             : 96000
    exact rate       : 96000 (96000/1)
    msbits           : 16
    buffer_size      : 48000
    period_size      : 12000
    period_time      : 125000
    tstamp_mode      : NONE
    period_step      : 1
    avail_min        : 12000
    period_event     : 0
    start_threshold  : 1
    stop_threshold   : 48000
    silence_threshold: 0
    silence_size     : 0
    boundary         : 1572864000
    appl_ptr         : 0
    hw_ptr           : 0
```

-D hw:1,0：カード番号とデバイス番号を指定する
-c 2：チャネル数(ステレオ)を指定する
-d 60：録音時間(秒)を指定する
-r 96000：サンプリング周波数を指定する
-f S16_LE：WAVファイルの形式を指定する

● ステップ3

録音を終了するとtest.wavが生成され，aplayコマンドで再生できます．aplayはデフォルトで，サンプリング周波数48 kHz対応に設定されています．96 kHzのWAVファイルを再生するためには，上記の-rオプションを指定します．

応用3：マルチPiテスタ

計測用A-DコンバータMCP3422を使って，データ・ロガーを作り，バッテリの放電特性を測ってみました．MCP3422のA-D分解能は16ビット，内蔵アンプのゲインは1倍に設定します．入力電圧の最大値は2.048 Vです．I²Cアドレスは0x68(7ビット)です．

● ラズベリー・パイのセットアップ
▶ステップ1
コンフィグ設定でI²Cを有効にします．

```
$ sudo raspi-config
```

▶ステップ2
i2c-toolsをインストールします．

```
$ sudo apt-get install i2c-tools
```

▶ステップ3
次のようにコマンドを入力して，ラズベリー・パイがMCP3422を認識しているか確認します．

```
$ sudo i2cdetect -y 1
     0  1  2  3  4  5  6  7  8  9  a  b  c  d  e  f
00:          -- -- -- -- -- -- -- -- -- -- -- -- --
10: -- -- -- -- -- -- -- -- -- -- -- -- -- -- -- --
20: -- -- -- -- -- -- -- -- -- -- -- -- -- -- -- --
30: -- -- -- -- -- -- -- -- -- -- -- -- -- -- -- --
40: -- -- -- -- -- -- -- -- -- -- -- -- -- -- -- --
50: -- -- -- -- -- -- -- -- -- -- -- -- -- -- -- --
60: -- -- -- -- -- -- -- -- 68 -- -- -- -- -- -- --
70: -- -- -- -- -- -- -- --
```

▶ステップ4
MCP3422のCH1入力から，データ取得するCプログラム(getCH1.c)を用意しました．CH2用はgetCH2.cです．ソースはPumpkinPi/ADCディレクトリにあります．リスト10にソースコードの一部を示します．
▶ステップ5
次のように入力してgetCH1.cを実行すると，モニタに電圧値が表示されます．

```
$ gcc -o getCH1 getCH1.c
$ ./getCH1
0.027563
```

＊

あとは定期的にデータを取得するだけです．cronを使えば1分単位で記録できます．

● ニッケル水素蓄電池の放電特性を測ってみた

ニッケル水素蓄電池の放電特性を記録してみます．リスト11に，MCP3422のCH1のデータを1分おきに120分間計測するシェル・スクリプトを示します．データはlog.txtに出力されます．

log.txtを表計算ソフトでグラフ化すると，図11に示す結果が得られます．80分後，充電電圧が低下しはじめ，0.8 Vで自動的に放電が停止しました．電流

column おすすめの録音編集ソフトウェア Audacity

Audacity（図B）は，多重録音などもできる定番の音楽編集ソフトウェアです．使うときは録音サンプリング周波数を48 kHzに設定します．ミキサの関係で96 kHzは使えません．

▶ステップ1

次のコマンドを入力してAudacityをインストールして，［Menu］-［Run］を選んで，Audacityを起動します．

```
$ sudo apt-get install audacity
```

▶ステップ2

［Edit］-［Preferences］-［Devices］を選ぶと開くダイアログ（図C）で，デバイスを次のように設定します．

```
Playback Device:bcm2835 ALSA:-(hw 0,0)
Recording Device:snd_rpi_pcm1808_
  adc:-(hw 1,0)
```

▶ステップ3

［Edit］-［Preferensces］-［Quality］と選ぶと開くダイアログ（図D）で，次のように再生品質（Quality）を設定します．

```
Default Sample:Rate 48000 Hz
```

▶ステップ4

次のボタンを使って録音したり再生したりします．

```
Record：録音ボタン　Stop：停止ボタン
Play：再生ボタン
```

▶ステップ5

［File］-［Export Audio］でファイル形式を選択して保存します．

＊

［Analyze］-［Plot Spectrum］と選ぶと周波数レスポンス（図E）を解析できます．

おのでら・やすゆき

図B　ラズベリー・パイでも使えるおすすめの録音編集ソフトウェアAudacityの使用画面

図C　ターゲット・デバイスの設定

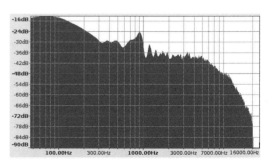

図D　再生クオリティの設定

図E　周波数レスポンス解析もできる

リスト10 マルチPiテスタの製作…計測用A-DコンバータMCP3422のCH1入力からデータを取得するCプログラム（getCH1.c）

```
$ cat getCH1.c                                // wrinting 1=Initiate, reading 0=Ready
 #include <stdio.h>                           } bit;
 #include <stdlib.h>                      } CONFIG;
 #include <string.h>
 #include <unistd.h>                      int main()
 #include <fcntl.h>                       {
 #include <errno.h>
 #include <sys/ioctl.h>                          int     i2c;
 #include <linux/i2c-dev.h>
                                                 CONFIG config;
 #define SLAVE_ADDRESS    0x68                   WORD_VAL ad;
 #define filename         "/dev/i2c-1"           char buf[3];

 typedef unsigned char          BYTE;            if( (i2c=open(filename, O_RDWR)) <0 ){
                                /* 8-bit unsigned  */      return 1;
 typedef unsigned short int     WORD;            }
                                /* 16-bit unsigned */
                                                 if(ioctl(i2c, I2C_SLAVE, SLAVE_ADDRESS)<0){
 typedef union                                           close(i2c);
 {                                                       return 1;
         WORD Val;                               }
         BYTE v[2];
         short S;                                config.bit.RDY=1;
         struct                                  config.bit.C=0; // channel1
         {                                       config.bit.OC=0;// One-shot
                 BYTE LB;                        config.bit.S=2; // 16bits
                 BYTE HB;                        config.bit.G=0; // gain=1
         } byte;                                 // Initiate Continuoμs 16bits, 15SPS
 } WORD_VAL;                                     buf[0]=config.UC;
                                                 write(i2c,buf,1);
 typedef union
 {                                               // wait 100ms
         unsigned char UC;                       usleep(100000);
         struct
         {                                       read( i2c, buf, 3);
                 unsigned char G:2;              ad.byte.HB=buf[0];
                    // 00=1, 01=2, 10=4, 11=8 Gain   ad.byte.LB=buf[1];
                 unsigned char S:2;              config.UC=buf[2];
                 // 00=12, 01=14, 10=16, 11=18bits  close(i2c);
                 unsigned char OC:1;
                     // 0=One-shot, 1=Continuoμs     printf("%f¥n",2.048*ad.S/0x7fff);
                 unsigned char C:2;              return 0;
                    // 00=channel1, 01=channel2  }
                 unsigned char RDY:1;
```

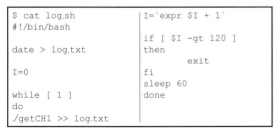

リスト11　マルチPiテスタの製作…計測用A-DコンバータMCP3422のCH1のデータを1分おきに120分間連続計測するシェル・スクリプト

```
$ cat log.sh              I=`expr $I + 1`
#!/bin/bash
                          if [ $I -gt 120 ]
date > log.txt            then
                                  exit
I=0                       fi
                          sleep 60
while [ 1 ]               done
do
./getCH1 >> log.txt
```

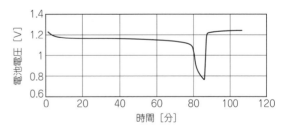

図11　マルチPiテスタでニッケル水素蓄電池の放電特性を実測

の積算値を計算すると，その電池が蓄えることができる容量を知ることができます．

応用4：Pi温度計

アナログ出力の温度センサ（MCP9700，**写真6**）を使って温度計を作ってみました．

MCP9700は，$-40\sim+125$ ℃を$0.1\sim1.75$ Vに変換するワンチップICです（**図12**）．精度は±4℃です．ラズベリー・パイから電源を供給し，V_{out}をA-DコンバータのCH1に接続します．次のコマンドを入力すると，$V_{out}\fallingdotseq0.81$ Vとわかります．

写真6　Pi温度計の制作…アナログ出力の温度センサMCP9700（マイクロチップ・テクノロジ）を使う

```
$ ./getCH1
0.809250
```

出力電圧V_{out}と温度Tには次の関係があり，30.9℃と求まります．

$$T = \frac{V_{out} - 0.5\,\text{V}}{10\,\text{mV}} = \frac{0.809250 - 0.5}{10\,\text{mV}} \simeq 30.925\,\text{℃}$$

図12　Pi温度計の制作…アナログ出力の温度センサMCP9700の温度-出力電圧特性

おのでら・やすゆき

Appendix 2　スタンドアロン動作のラズベリー・パイのOSを赤外線リモコンでシャットダウン

データやシステム・ファイルを傷つけずに安全に停止させる

● まずOSをシャットダウン！電源を切るのはその後

みなさんは，パソコンの電源をOFFする前に，OSをシャットダウンしていると思いますが，もし，OSが起動している最中にいきなり電源をOFFすると，ファイル・システムが壊れたり，データが消えたりします．Windows OSでこのような事態に陥ったら，chkdskを走らせたり，Linuxではfsckを走らせたりして，ファイル・システムの修復にTRYすることになりますが，修復できる保証はありません．

● マウスもモニタもないラズベリー・パイのOSはどうやって落としたらいい？

みなさんが使っているパソコンの多くは，電源ボタンとOSが連携していて，電源ボタンを押すと，まずOSがシャットダウンして，次に電源がOFFします．

安さが売りのラズベリー・パイには電源ボタンがありませんが，モニタを見ながら，マウスを使ってOSをシャットダウンすれば，安全に電源をOFFできます．しかし，スタンドアロン・サーバとして使ったり，持ち運んだりするときはOSを落とすことができません．

● リモコンでOSをシャットダウンするソフトウェアをセットアップする

そこで，Pumpkin Pi上の赤外線受光モジュールでリモコン信号を受け，コードを解読して，Raspbian OSをシャットダウンするソフトウェアを作りました．赤外線リモコンのコードは，家電協会方式，NEC方式など，決められたフォーマットがあり公開されているので，使うリモコンの種類がわかっていれば，コードを解読できます．

NECフォーマットの赤外線リモコン（LV1-REMOCON）を使います．

▶手順1　ラズベリー・パイに赤外線コードを解読するプログラムをセットする

次のように入力して，「トランジスタ技術」2016年8月号で紹介したApple Pi用のソフトウェアに含まれるgetIR2.cをコンパイルして，getIR2ファイルを生成します．

```
$ wget http://einstlab.web.fc2.com/
              RaspberryPi/ApplePi.tar
$ tar xvf ApplePi.tar
$ cd ApplePi
$ gcc -o getIR2 getIR2.c -l wiringPi
```

▶手順2　LV1-REMOCONの赤外線コードの意味を解読する

getIR2 -hを実行して，LV1-REMOCONからラズベリー・パイに向けて赤外線を送信すると，ラズベリー・パイはこのコードのフォーマットがNEC

2038C7847Bであると判定します．

```
$ sudo ./getIR2 -h
NEC 2038C7847B
```

▶手順3　OSをシャットダウンするシェル・スクリプトを作る

次のシェル・スクリプト/home/pi/ApplePi/poweroff.shを記述してください．赤外線コードを解読してOSがシャットダウンするようになります．一般的にはsudo shutdown -h nowを実行しますが，同じ効果のsudo poweroffを利用しました．

```
#!/bin/bash
# for ApplePi
# (C)Copyright 2016 All rights reserved
                            by Y.Onodera
# http://einstlab.web.fc2.com
# append /home/pi/ApplePi/poweroff.sh &
                     in /etc/rc.local
base=/home/pi/ApplePi
while [ 1 ]
do
S=”`sudo $base/getIR2 -h`”
#if [ "${S}" = "AEHA30022080003DBD" ]
if [ "${S}" = "NEC 2038C7847B" ]
then
    sudo poweroff
fi
sleep 1
done
```

▶手順4　RCスクリプトに登録する前にファイルに実行権限を与える

```
$ chmod +x poweroff.sh
```

▶手順5　/etc/rc.localファイルのexit 0の直前に/home/pi/ApplePi/poweroff.sh &を記述する

シェルをRCスクリプトに登録し，OS起動時に常駐させます．割り込み処理で実現するのでCPUには負荷がかかりません．最後の＆はバック・グラウンド実行を意味します．これによりOS起動時にpoweroff.shが常駐します．

▶手順6　OSのシャットダウンを確認して電源をOFFする

リブート後，OSが起動するまで待ちます．赤外線を送信すると，OSがシャットダウン・モードになり，ディスクのアクセス・ランプが点滅します．点滅が停止したら，電源を供給しているUSBケーブルを抜きます．

おのでら・やすゆき

---

column　Pumpkin Pi製作用部品セットの有償頒布と記事サポートの紹介

本書に付録している音声認識ハイレゾPiレコーダ「Pumpkin Pi」1日製作用プリント基板」は，すべてDIPパッケージの部品で作ることができます．はんだ付けの経験があれば，数時間で製作を終えることができます．また，協賛企業のマルツエレック社にて付録基板の製作用部品一式や完成品を発売しています．

詳細は，「トランジスタ技術」のWebサイトを参照してください（図F）．

▶部品セットの購入先：マルツパーツオンライン
https://www.marutsu.co.jp
検索窓から「Pumpkin Pi」で検索してください．

▶サポート・ページ：https://toragi.cqpub.co.jp/
［記事サポート］-［2016］-［ラズベリー・パイ電子工作］

編集部

図F　本書付録基板の関連情報を「トランジスタ技術」Webサイトで案内

第4章 Arduino×ラズベリー・パイ合体ボード作りました！
π(パイ)duino(デュイーノ)誕生！
付録基板記事

砂川 寛行／岩田 利王

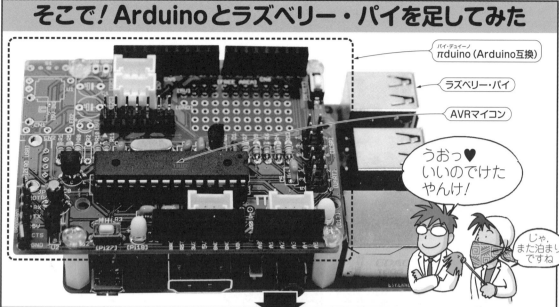

計測制御が得意なArduinoと
分析が得意なラズベリー・パイが合体！

全実験室に告ぐ！
高IQアルデュイーノ
π duino 誕生
（パイ・デュイーノ）

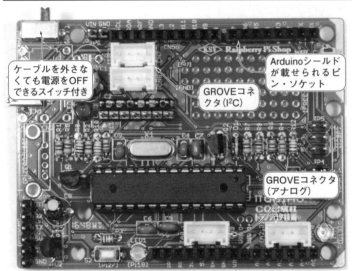

- 製作フリー・エリア付き．小規模な回路やモジュールであれば基板にはんだ付けできる
- センサ・モジュール接続コネクタ付き．最近人気のGROVEモジュールを接続できる
- 電源スイッチ付き
- マイクロUSBケーブルから電源を供給できる

（a）① 単体で使用する

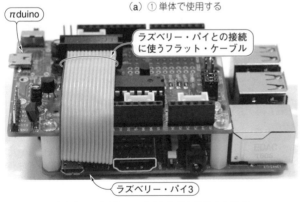

（b）② ラズベリー・パイ1/2/3と組み合わせる

- ラズベリー・パイの上に装着でき，さらにその上にArduinoシールドも装着できる
- Arduinoとラズベリー・パイの連携が容易に実現できる．アナログ・インターフェースやリアルタイム性の求められる処理はArduinoで実行し，画面表示やネットワーク接続などの高度な処理はラズベリー・パイに任せることができる
- 電源はラズベリー・パイから供給する

（c）③ ラズベリー・パイZeroと組み合わせる

- 乾電池駆動に対応（別途昇圧モジュールが必要）
- 変換ケーブルなしでWi-Fiドングルを接続できる（ラズベリー・パイZeroのUSBコネクタを，マイクロUSB→タイプAコネクタに変換）
- そのほかパターン2と同じ特徴を持つ

写真1　π duinoの使い方は3通り
Arduinoとラズベリー・パイを合体！測定から記録，解析に至るまで，実験に必要なほとんどの機能がそろう

第4章　Arduino×ラズベリー・パイ合体ボード作りました！ πduino誕生！

　「Arduino」は，プログラミングの手軽さと安価な価格設定で電子工作界の人気者のマイコン・ボードです．しかし，GPIOやシリアル・インターフェース，アナログ入力など，ひと通りの周辺機能を備えているものの，性能が低く，複雑な制御は苦手です．インターネットへの接続機能もありません．
　本特集では，もう1つの人気者である低価格コンピュータ・ボードのラズベリー・パイを使い，Arduinoに強力な知能を与えます．ラズベリー・パイと合体することで，研究や実験室に必要なほとんどの機能がそろいます．

　Arduinoとラズベリー・パイは，コネクタ配置や基板形状などにまったく互換性がないので，買ってきても物理的な理由で合体できませんでした．
　本書では，ラズベリー・パイと合体させるために開発したArduino互換基板「πduino(パイ・デュイーノ)」を紹介します(写真1)．Arduino UNO互換のボードにラズベリー・パイ接続用のコネクタを追加し，合体できるようにしました．基板形状も合体することを前提に設計されています．
　Arduino-ラズベリー・パイ間は，UART(Universal Asynchronous Receiver Transmitter)を使用したシリアル信号で相互通信できます．Arduinoへのプログラム書き込みや，データのやりとりなど，両者の連携が容易に実現できます．
　センサを用いた測定やモータの駆動のようなリアルタイム性が求められる制御はπduinoで行えます．画面表示やネットワーク接続などの高度な処理はラズベリー・パイに任せることができます．本器が1台あれば，測定から記録，解析に至るまで，実験に必要な全てがそろいます．

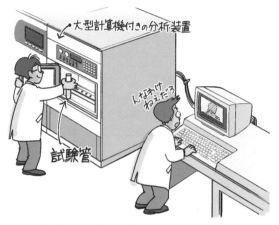

（a）昔のコンピュータは大げさでとても遅かった

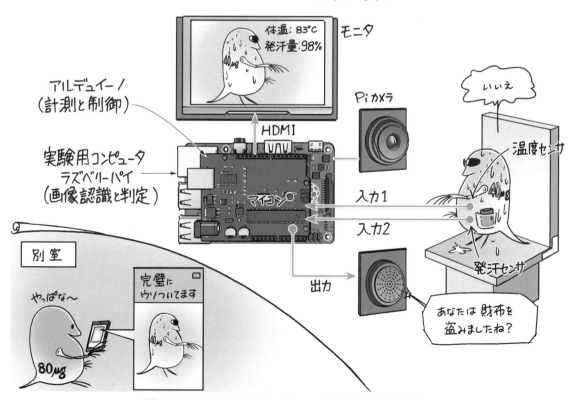

（b）今やこんなにすごい小型コンピュータが1万円そこそこで手に入る

図1　Arduinoとラズベリー・パイを合体させたπduinoはI/Oも分析もできる万能な奴

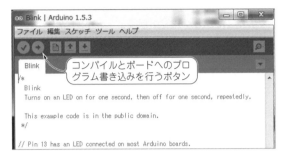

図2 数分でLチカできる超特急プログラミング環境Arduino IDE
従来の統合開発環境と比べてシンプルなインターフェースを備えている

合体による5つのメリット

■ 測定/記録/解析まで！実験に必要なほとんどの機能がそろう

Arduinoとラズベリー・パイは，両者ともGPIOや，UART，SPI，I²Cといったシリアル通信機能を搭載しています．どちらか一方だけでも簡単な計測システムが作れますが，それぞれ苦手な処理があり，すべてを担えません．

● Arduino…わずらわしい手続き不要！手足のように今すぐ動かせるマイコン・ボード

Arduinoは，プログラムを格納するフラッシュ・メモリの容量が32Kバイトしかありません．規模の大きなプログラムが搭載できないので，複雑な制御はできません．

そのぶん，仲介するソフトウェアが最低限しかないので，命令から処理実行までの時間が短く，高いリアルタイム性を持っています．そのほかにも，アナログ入力やPWM出力が複数チャネル付いています．今すぐに動かしたい！ という場合にArduinoは有効です．

● ラズベリー・パイ…パソコン感覚で使える！ 高性能コンピュータ・ボード

ラズベリー・パイは，パソコンと同じようにOSによって動作するコンピュータ・ボードです．

LinuxというOSが動作しており，複数のプログラムを同時に実行できます．ファイル・システムやネットワーク機能もOSの一部として用意されています．

複数の測定プログラムを同時に実行させたり，測定結果をどんどんファイルにため込んだり，パソコンと同じ感覚で結果をネットワーク経由で送信したりできます．

Linuxは複雑な処理が実行できる反面，リアルタイム性の求められる制御は苦手です．数μ～数msの間隔で信号を監視したり，決められた時間内に動作を完了させるのは苦手です．そのほかにも，アナログ入力がないので，アナログ信号は扱えません．

■ 合体して最強の実験用コンピュータに

Arduinoとラズベリー・パイの合体により，お互いのウィーク・ポイントを補完できます．測定から記録，解析まで，この2台で実験に必要なすべてがそろいます（図1）．

応答速度やリアルタイム性の求められる処理はArduinoが担当します．長時間膨大なデータを取り込んだり，複雑な演算をさせたり，複数のセンサを常時監視したりする処理はラズベリー・パイに任せます．

■ 超特急プログラミングが可能

ArduinoはI/Oピンへのアクセス手続きが簡単で，すぐにI/Oできます．詳細はAppendix 1を参照してください．

ラズベリー・パイも，WiringPiなどのI/Oライブラリを使えば簡単にGPIOを制御できますが，電源投入から実際に使えるようになるまでや，電源OFFのシャットダウン処理に時間がかかります．Arduinoなら，電源を入れて即座に動かせます．

● Lチカまでわずか数分

Arduinoは，イタリアで学生向けに開発されたマイコンのプロトタイピング・システムです．対象がマイコン初心者の学生なので，理解しやすいシンプルなプログラム構成になっています．次の2つの関数を定義するだけでマイコンをプログラミングできます．

- setupルーチン：初期設定を記述
- loopルーチン　：動きを記述

LEDを光らせたり，センサの情報を読み取ったりするI/Oの手続きも，数行の記述で済みます．初めてマイコンを使う人でも，わずか数分でLEDをチカチカ（Lチカ）できます（図2）．

PICやH8など，従来から使用されていたマイコンは，電気信号を入出力するまでの手順が多く大変でした．分厚いハードウェア・マニュアルを読み，レジスタの設定を理解しなければ，I/Oできません．手続きも面倒でした．後に便利な統合開発環境なども登場し，GUIで直観的に設定できるようになりましたが，使い方を覚えるだけでも数日かかります．

ラズベリー・パイ単体でも，WiringPiと呼ばれるI/Oアクセス用のライブラリを使うことで簡単に電気信号の入出力ができますが，インストールや設定に手間がかかります．

● パソコンはもう要らない！ 外出先からラズベリー・パイ経由でArduinoをプログラミングすることも

ラズベリー・パイは，マイコン・ボードのように小

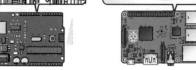

図3 Arduinoとラズベリー・パイは両方ともお手本プログラムがそろっている
Arduinoは読み込むだけで使えるサンプル・プログラムが最初から豊富に用意されている．ラズベリー・パイは世界中のエンジニアが開発したライブラリが使える

型ですが，パソコン並みの性能を持っています．Arduinoの統合開発環境であるArduino IDEをインストールして実行することもできます．

ラズベリー・パイ1個で，Arduinoのプログラム開発から書き込み，検証までできます．もうパソコンは不要です．

ラズベリー・パイはネットワークにもつながるので，遠隔地からArduinoをプログラミングすることもできます．

■ すぐに動かせる出来合いのお手本がたくさんある

● ソフトウェア

Arduinoには，読み込むだけで使えるサンプル・プログラムが豊富に用意されています．電子工作でよく使われているようなモジュールやセンサであれば，だいたいライブラリが用意されています．動かすことが難しいデバイスでも，サンプルやライブラリに手を加えることで，手軽に自分のプログラムが作成できます（図3）．

ラズベリー・パイはLinuxが動作するコンピュータ・ボードです．過去20年以上にわたるLinuxの歴史で培ってきたLinuxアプリケーションが動きます．パソコン用のアプリケーションは，使用しているCPUが違うので，そのままでは動きません．

Linuxにはソースコードが無料で公開されているプログラムが多く存在しています．自分でコンパイルして，いろいろなアプリを試すことができます．このように少しの知識は必要ですが，Linuxのリソースが利用できます．そのほかにも，C，C++，Python，Java，PHPなど多様な言語によるプログラミングが可能です．対応言語が多いぶん，サンプル・プログラムやライブラリも多様に存在します．

● ハードウェア

Arduinoには，シールドと呼ばれる専用の機能拡張基板が用意されています．シールド用のライブラリも用意されているので，買ってきて接続すれば，すぐに使えます．従来のマイコン・ボードのように，機能を拡張するたびに部品を買ってきて基板を作る必要はありません．

Arduinoはオープンソース・ハードウェアであり，回路図やガーバーデータなどの設計情報がすべて公開されています．自分好みのArduinoボードがなければ，自分で互換機を作ることもできます．一定の条件を守れば販売することも可能です．

ラズベリー・パイは，USBやイーサネット，専用カメラ用のインターフェースMIPI-CSIなど，高速インターフェースを搭載しています．USBカメラやPi Cameraと呼ばれる専用の高画質カメラを付ければ，写真や動画が撮影できます．3Dプリンタやレーザ加工機のホスト・コンピュータに使用することもあります．

■ リアルタイム制御も高度で複雑な処理も両方こなす

● 高速応答やリアルタイム性が必要な処理はArduinoに任せる

多くのArduinoには8ビットのAVRマイコン（マイクロチップ・テクノロジー）が搭載されています．動作周波数は，Arduino UNOだと16MHzです．いまどきの32ビット・マイコンと比べると非力ですが，単純な動作をさせるには必要十分な性能です．

タイマ，割り込み，PWM出力，A-Dコンバータなど，周辺機能も一通りそろっています．

ArduinoにはOSがないので，複数のプログラムを同時に実行することはできません．1つのプログラムがマイコンを占有するので，別のプログラムの動作により，処理時間が遅くなることはありません．タイマ割り込みを使えば，より正確な時間間隔で処理が行えます．

1つのプログラムしか動かせないので，複雑な処理は苦手です．

● 高度で複雑な処理にはラズベリー・パイを

Linuxが動作するコンピュータ・ボードのラズベリー・パイには，パソコンと同様の機能が最初から搭載されています．CPUの性能が高く，メモリも豊富な

図4 πduinoはリアルタイム性と多機能性を備える
高いレスポンスや時間制約のある処理はArduinoが担当し，高度で複雑な処理はLinuxが担当する

図5 Arduinoもラズベリー・パイも安価なのでたくさんそろえられる
実験室のあらゆる場所に設置することもできる

ので，ネットワーク接続や画像処理，データの記録など，複雑な処理が得意です．

多機能で複雑な処理ができる反面，リアルタイム性の求められる処理は苦手です．処理の開始時間や終了時間は，同時に実行されている別プログラムとの兼ね合いを見つつ，OSが勝手に決定します．そのため一定時間内で処理を完了させることは困難です．

● 合体したらスゴイ

Arduinoとラズベリー・パイが合体すれば，リアルタイム性と多機能性の両方を備える強力なマシンが完成します（図4）．

リアルタイム制御をArduinoに任せ，画面表示や高度な信号処理，ネットワークによる通信などはラズベリー・パイに任せることで，研究や実験室に必要なほとんどの機能がそろいます．

たとえば，Arduinoで超音波センサを駆動させて対物距離の変化で移動体を検出することを想定します．センサからの検知情報をトリガに，ラズベリー・パイでカメラ撮影します．OpenCVと呼ばれる画像処理ライブラリを使用すれば，カメラ画像から移動体が何なのかを判断できます．

ネットワーク機能が搭載されているので，画像処理で判断した結果をインターネット経由でクラウド・サーバに転送したり，Eメールを送ったり，ツイッターに投稿することもできます．機械学習もできるので，個人識別のような具体的な判断もできます．

■ 安い！両方そろえても1万円以下

Arduinoとラズベリー・パイは，どちらも優れたマシンであるにもかかわらず，ほかの製品と比べるととても安いのです（図5）．最もスタンダードなArduino UNOとラズベリー・パイ3モデルBの両方をそろえても，1万円以内で済みます．格安で入手できるArduino互換品とラズベリー・パイZeroを組み合わせれば，2,000円台で済みます．

実験用コンピュータ！πduino誕生

● これ1台あればOK！実験や電子工作を強力サポート

πduinoには，3通りの使い方があります．用途に合わせて自分好みに仕上げてください．

① 単体で使用する

πduino単体でArduino UNOの互換ボードとして使用できます．Arduinoへのプログラムの書き込みには，ラズベリー・パイ，またはFTDI社製のTTL-232R-5VのようなUSBシリアル変換アダプタとパソコンが必要です．

② ラズベリー・パイ1/2/3と接続して組み合わせる

πduinoを，ラズベリー・パイの上に載せて，拡張ボードとして使用できます．Arduinoへのプログラムの書き込みはラズベリー・パイから行います．

③ ラズベリー・パイZeroと組み合わせる

πduinoの上にラズベリー・パイZeroを載せれば，ラズベリー・パイ搭載Arduino UNO互換ボードとして使用できます．

すながわ・ひろゆき

Appendix 3

極楽プログラミング！拡張性バツグン！ホビー用や教材だけでなく計測制御にも！

世界中の実験室で大活躍！Arduinoってこんなマイコン・ボード

■ あらまし

● 先生が学生のために作った超エントリ・マイコン・ボード

　Arduinoは，8ビットのAVRマイコン（旧アトメル，現マイクロチップ・テクノロジー）を搭載したイタリア生まれのマイコン・ボードです．2005年末に，イタリアの大学で，電気・電子の学生のために開発されました．

　電気・電子やソフトウェアの専門家でなくても容易にマイコン・プログラミングができるよう，さまざまな工夫がされています．現在では，アート系や機械系，情報系，文系の学生など，エレクトロニクスやプログラミングのビギナにも広く利用されています．

● Arduinoという言葉の意味

▶マイコン・ボードと開発環境を組み合わせた全体を指す

　「Arduino」という名称は，マイコン・ボードのことだけを指すわけではありません．プログラムを開発するためのソフトウェアや，さまざまなデバイスを動かす

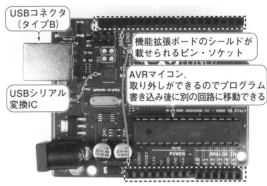

写真1　Arduinoの中でも最もよく使われているマイコン・ボード…Arduino UNO

ためのプログラム群（ライブラリ）を含めた，プロトタイプ（試作品）の総合開発システムのことを指します．

▶マイコン・ボード

　Arduinoという名称の付いたマイコン・ボードは，いくつかあります．最もよく使われるのは写真1に示すAVRマイコンを搭載したArduino UNOです．ほかのボードと比べると性能は低いですが，もっとも代表

表1　Arduinoマイコン・ボードのいろいろ
小型モデルから高性能マイコン搭載モデルまでさまざまなタイプが発売されている

ボード名	Arduino UNO	Arduino Pro Mini (5Vモデル)	Arduino MEGA 2560	Arduino Leonardo	Pro Micro注 (5Vモデル)	Genuino 101	Arduino ZERO	ESP-WROOM-02注
搭載マイコン	ATmega328 （マイクロチップ・テクノロジー）	ATmega2560 （マイクロチップ・テクノロジー）	ATmega32U4 （マイクロチップ・テクノロジー）			Curie （インテル）	ATSAMD21G18 （マイクロチップ・テクノロジー）	ESP8266EX （Espressif System）
CPUコア	8ビット AVR	8ビット AVR	8ビット AVR			32ビット Quark	32ビット Cortex-M0+	32ビット Tensilica L106
クロック周波数	16 MHz	16 MHz	16 MHz			32 MHz	48 MHz	80 MHz
フラッシュ・メモリ	32 Kバイト	256 Kバイト	32 Kバイト			196 Kバイト	256 Kバイト	4 Mバイト
SRAM	2 Kバイト	8 Kバイト	2.5 Kバイト			24 Kバイト	32 Kバイト	50 Kバイト
EEPROM	1 Kバイト	4 Kバイト	1 Kバイト			−	−	−
電源電圧	5 V	5 V	5 V			3.3 V	3.3 V	3.3 V
寸法 [mm]	53.4×68.6	18×33	53.31×101.52	53.3×68.6	17.8×33	53.4×68.6	30×68	18×20
シールド・コネクタ	あり	なし	あり	あり	なし	あり	あり	なし
その他周辺機能	−	−	−	−	−	Bluetooth, 6軸センサ （加速度／ジャイロ）	−	Wi-Fi

注：正式にはArduinoではないがArduino IDEでプログラミングできるのでリストに加えた

的なボードとして，書籍やネット上の情報が多いです．

ほかのタイプのボードとして，小型タイプのArduino Pro MiniやPro Micro，高性能なARMマイコンを使用したArduino ZERO，インテル製マイコンを搭載したEdisonや101などがあります．代表的なArduinoマイコン・ボードを表1に示します．

▶開発環境

Arduinoには，Arduino IDEと呼ばれる専用のマイコン・プログラム開発ソフトウェアが用意されています．Windows，macOS，Linuxでの動作をサポートしています．Linuxコンピュータであるラズベリー・パイでも動作します．

▶ライブラリ

Arduino IDEには，入出力やタイマなどマイコンの機能を簡単に使えるようにする，でき合いのプログラム（ライブラリ）が組み込まれています．

ライブラリには使用例（サンプル・プログラム）が一緒に登録されています．最初はサンプル・プログラムをベースに変更を加えていき，自分のプログラムを作るのが近道です．

Arduino IDEに自分の欲しい機能のライブラリが用意されていないときは，サード・パーティ製のライブラリを探してきて，追加することもできます．

■ 特徴

① プログラムの書き込みが超簡単！

Arduinoでは，パソコンとマイコン・ボードをUSBケーブルで接続するだけで，プログラムの書き込みができます（Arduino Pro Miniなど，別途USBシリアル変換モジュールが必要な製品を除く）．

通常のマイコン・ボードだと，専用の書き込み器が必要で，別途購入する必要があります．

プログラム書き込みの時にユーザが行う作業は，図1に示すArduino IDEで［→］のボタンをクリックするだけです．そうすると，自動でコンパイルと書き込みが実行されます．

▶仕組み

Arduinoに使われるマイコンには，ブートローダと呼ばれる書き込み用のファームウェアが書き込まれています．ブートローダは，パソコンからプログラムをダウンロードしてきて，内蔵のフラッシュ・メモリへの書き込みを行います．

ブートローダは電源投入直後から動き出し，最初はパソコンからプログラムが送られてこないか監視しています．送られてこないときは，すでに書き込まれているメイン・プログラム（前回ユーザがArduino IDEで書き込んだプログラム）を実行します．プログラムが送られてきたときは，メイン・プログラムは実行せずに，書き換えを行います．

▶パソコンとのインターフェース

プログラム書き込み時のインターフェースは，非同期シリアル通信のUART(Universal Asynchronous Receiver Transmitter)です．ユーザから見るとUSBで行っているように見えますが，実は図2のようにArduinoマイコン・ボード上でUARTに変換しています．

パソコン側にUARTの機能があれば，変換なしで直接マイコンにプログラムを書き込むこともできます．

Arduino LeonardoのATmega32U4のように，搭載マイコンによっては直接USBでパソコンとやり取りしている場合もあります．

② C++ベースの独自言語「スケッチ」を使う

Arduinoのプログラム記述には，C++をベースとした独自言語「スケッチ」を使用します．

プログラムの大まかな構成は，ライブラリを読み出すインクルード文，初期化ルーチンのsetup()，メイン・プログラムのloop()の3つに分けられます．

▶インクルード文

必要なライブラリを読み出す記述です．LED点滅やシリアル通信による文字出力くらいならインクルード文は不要です．機能拡張基板のシールドや，センサ

図1 プログラムの書き込みに複雑な手続きは不要
Arduino IDEでは［→］ボタンを押すとコンパイルと書き込みがいっぺんに実行される

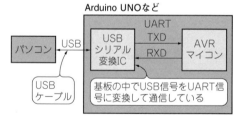

（a）USBシリアル変換機能付きボードの場合

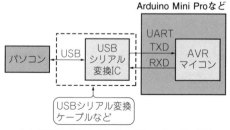

（b）USBシリアル変換機能がないボードの場合

図2 USBケーブルでつなぐだけ！ Arduinoではマイコンの種類を意識することなくプログラムを開発できる

やGPSなど各種ハードウェアを追加するときにライブラリの読み出しが必要です．
▶初期化ルーチン：setup()
　電源投入後やリセット直後のように，マイコンを起動した直後に1度だけ行う処理を記述します．具体的には，次のような内容を記述します．

- シリアル通信の初期化設定
- I/Oピンの入出力設定
- 追加ハードウェアの初期設定

　ライブラリの設定や，動作を開始させる処理もここに記述します．
　ほかのマイコンでいうイニシャル処理やセットアップ・ルーチンに相当します．
▶メイン・プログラム：loop()
　Arduinoに実行させる制御を記述します．記述した内容は無限ループで実行されます．ほかのマイコンでいうmain()に相当します．
③ I/Oアクセスの手続きが簡単
　LEDを光らせたり，スイッチの入力を検出したりするには，入力信号や出力信号をプログラムで制御できるGPIOと呼ばれるI/Oピンを使用します．使用するには事前に設定が必要です．
　通常のマイコンでは，入力/出力の設定をするだけでも大変でした．マイコンの構造を理解するために分厚いマニュアルを調べ，使いたいI/Oピンのレジスタのアドレスとビットを確認します．さらにどのように書けば設定が反映されるのかを調べ，理解したうえでやっと使えるようになります．
　Arduinoでは，そんな苦労は一切必要ありません．ボード上に明記されているピン番号を指定して，簡単な設定をするだけで済みます．マイコンのマニュアルも読む必要はありません．
▶入力/出力の設定
　pinModeという命令を使います．Arduinoの3番ピンを出力に，4番ピンを入力に設定するには，次の通り設定します．

```
pinMode(3,OUTPUT);
pinMode(4,INPUT);
```

▶出力ピンの設定
　出力状態を指定するには，digitalWriteという命令を使います．3番ピンを"H"出力にするには，次の通り設定します．

```
digitalWrite(3,HIGH);
```

▶入力ピンの情報読み取り
　"H"か"L"かを読み取るには，digitalReadという命令を使います．4番ピンの状態を読み取るには，次の通り記述してvalに値を代入します．

```
val=digitalRead(4)
```

▶プルアップ抵抗の設定
　Arduinoではマイコン内蔵のプルアップ抵抗が使えます．4番ピンを入力に設定し，さらに内蔵プルアップ抵抗を有効にするには，次の通り記述します．

```
pinMode(4,INPUT_PULLUP)
```

*

　以上のように，ArduinoはI/Oアクセスがとても簡単にできます．初めてマイコンを使う人でも，Arduino IDEを使い始めて数分後にはLEDチカチカができるようになります．
④ 選りどり見どり拡張ボード Arduinoシールド
　写真2に示すのは，シールドと呼ばれるArduino専用に開発された機能拡張ボードです．Arduinoの上から挿して使用します．
　基板形状はArduinoと似ています．スタッキング・コネクタを採用しているので，何段にも積み重ねて使用できます．
　写真2(a)に示すのは，左から，LEDおよびブザーを搭載した実験用シールド，LANケーブル経由でネットワークに接続できるイーサネット・シールド，USB機能が使えるUSBホスト・シールドです．写真2(b)は，Seeed社のGROVEシステム用のコネクタを大量に搭載したシールドです．GROVEモジュールが接続できるようになります．写真2(c)はカラー液晶を搭載したシールドです．これも準備されている専用ライブラリを使えば，簡単に動かせます．探している物がどのくらいの距離でどの方角にあるかを，レーダ探知機のように表示しています．タッチ・パネルも動作します．
⑤ ライブラリ
　シールドには，動かすためのライブラリも準備されています．ライブラリを使えば，装着直後でもすぐに動かせます．シールドではなく，センサやモジュールなど単体の電子部品にもライブラリが用意されいる場合があります．
　たとえばイーサネット・シールドは，最初からArduino IDEにサンプル・プログラムが入っているので，すぐ動かせます．USBホスト・シールドは，Webページからライブラリをダウンロードする必要がありますが，サンプル・プログラムも一緒に付いているので，すぐに動かせます．
　近ごろでは，大手デバイス・メーカが新製品のPRのArduinoを使うことがあります．ローム社から発売された写真3の脈波センサBH1790GLCには，センサを実装した評価ボードとArduinoライブラリをセットにしたキットが用意されています．

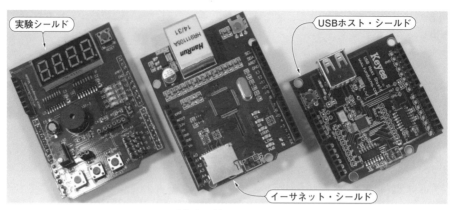

(a) さまざまなシールド

(b) GROVEコネクタを大量に搭載したシールド　　(c) カラー液晶を搭載したシールド

写真2　Arduinoにはものすごくたくさんの種類のでき合い拡張ボードがある
作らなくていい！選んで挿すだけ

写真3　Arduinoは大手デバイス・メーカの新製品PRに利用されることもある
メーカがArduinoライブラリを用意しているセンサ評価ボード（ローム社製の脈波センサBH1790GLC）

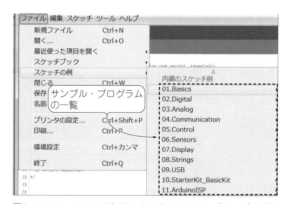

図3　Arduino IDEには初めからたくさんのサンプル・プログラムが用意されている

　新製品の評価にも使われるArduinoは，もう学生用のお勉強マイコン・ボードなどではないのです．
　これらのシールドやライブラリは，Arduino互換機でも使えます．本書付録のπduino（パイ・デュイーノ）でも使えます．

⑥ サンプルから楽々プログラミング

　Arduino IDEで［ファイル］-［スケッチの例］を選択すると，図3のようにサンプル・プログラムが一覧表示されます．後で追加したライブラリもここに表示されます．
　インストール直後のデフォルト状態でも，I/Oポートの操作，シリアル通信，キャラクタLCD表示などさまざまなサンプル・プログラムが標準で入っています．Arduino IDEがバージョン・アップされるごとに，

column おススメの実験用パソコン ラズベリー・パイ・シリーズ

ラズベリー・パイとは，ラズベリー・パイ財団が教育を目的に2011年に発表した小型のLinuxコンピュータです．USBコネクタを最大4ポート搭載しており，キーボードやマウスが使えます．HDMIコネクタを搭載しているためモニタを接続すれば，ほぼパソコンと同じように使えます．

ネットワークの接続機能を搭載しているため，インターネットと接続すれば，Webサイトの閲覧やYouTubeなどの動画鑑賞，ハイレゾ・オーディオもを楽しめます．ラズベリー・パイ3では，Bluetoothで外部機器との接続も可能です．

最も安いラズベリー・パイZeroは$5から購入できます．1番性能の良いラズベリー・パイ3モデルB+でも$35（日本では4,500円程度）です．表Aにラズベリー・パイ・シリーズのスペックを示します．

すながわ・ひろゆき

表A 格安コンピュータ・ボード ラズベリー・パイ・シリーズの仕様

モデル		Raspberry Pi Zero	Raspberry Pi Zero W	Raspberry Pi 3 Model B	Raspberry Pi 3 Model B+
価格（円表記は参考価格）		$5（約600円）	$10（約1,200円）	$35（約4,000円）	$35（約4,500円）
CPU	チップ名	BCM2835（ブロードコム）		BCM2837（ブロードコム）	BCM2837B0（ブロードコム）
	コア名	ARM1176JZF-S		ARM Cortex-A53	
	コア数	1		4	
	動作クロック	1 GHz		1.2 GHz	1.4 GHz
	アーキテクチャ	ARM11（32ビット）		ARM Cortex-A（64ビット）	
GPU	コア名	VideoCore IV（ブロードコム）			
	動作クロック	250 MHz		400 MHz	
	内蔵機能	OpenGL ES 2.0（描画性能24GFLOPS），MPEG-2，VC-1，1080p30 H.264/MPEG-4 AVC High Profile ハードウェア・デコード・エンコード			
メモリ	種類	LPDDR2 SDRAM			
	容量	512 Mバイト		1 Gバイト	
ストレージ	種類	microSDカード			
USB2.0	ポート数/形状	1/マイクロUSB		4/Type A	
拡張コネクタ	対応規格	GPIO/SPI/I²C/I²S/PWM/3.3 V 出力/5 V 入出力/GND			
	端子数	40ピン			
映像入力		15ピン MIPI-CSI カメラ・インターフェース			
映像出力		Mini HDMI (1.3/1.4)		コンポジット RCA(PAL/NTSC)，HDMI (1.3/1.4)，MIPI-DSI	
音声入力		I²S			
音声出力		−		3.5mm ジャック，HDMI，I²S	
ネットワーク		−		10/100BASE-T(RJ45)	Gigabit Ethernet (RJ45)
無線		−	2.4 GHz IEEE 802.11.b/g/n Bluetooth 4.1/BLE		2.4 GHz and 5 GHz IEEE 802.11.b/g/n/ac Bluetooth 4.2/BLE
消費電力（目安）		100-140 mA (0.5-0.7W)	150 mA (0.75 W)	1.4 A (7 W)	2.5 A
電源入力		マイクロUSB または GPIO			マイクロUSB または GPIO，Power over Ethernet (PoE)
動作電圧		5 V			
質量		9 g		45 g	
寸法（コネクタの突起を除く）		65×30 mm		85.6×56.5 mm	85×56 mm
動作するOS		Debian(Raspbian)，Fedora，Arch Linux，RISC OS		左記に加えて Windows 10 IoT Core	

標準で付いてくるプログラムも増えています．

自分のやりたいコトに近いサンプル・プログラムを見つけ，実行してみましょう．そのプログラムの動きを理解して，不要な機能を削ったり必要な機能を追加したりするのが簡単だと思います．

サンプル・プログラムのソースコードが長いときは，インクルード部，インスタンスの生成部，初期化部，関数の使われ方を見て真似をします．

すながわ・ひろゆき

仕上げが肝心！工作に必要な道具・材料から，完成後の動作確認まで

オールDIP！付録基板で1日製作！πduinoの組み立て方

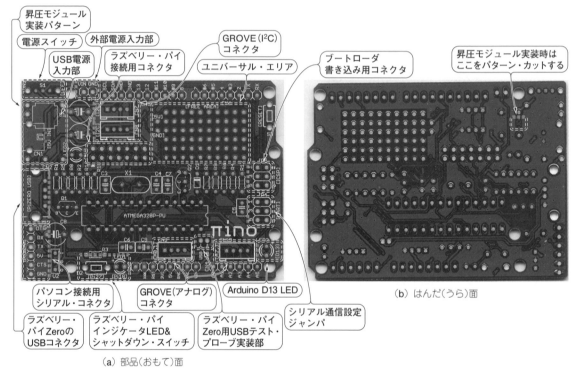

(a) 部品（おもて）面
(b) はんだ（うら）面

写真1　オールDIP対応！本書付録の1日製作プリント基板πduino（部品実装前）

　本書付録の1日製作プリント基板「πduino（パイ・デュイーノ）」の組み立て方を解説します．写真1に示すのは，組み立て前の本書付録のプリント基板です．図1に回路図を，表1に実装部品を示します．

事前に準備するもの

● 工具

　πduinoの組み立てには，はんだ付けと部品の加工が必要です．事前に写真2に示す工具を準備してください．100円ショップでもたいていの工具がそろいますが，品質も値段相応なので，作業に支障をきたすこともあります．専門メーカーの工具は比較的高価ですが，品質は確かです．はんだこてだけでも専門メーカの製品を用意するとよいでしょう．

　参考までに，私が使用している工具の型番・メーカ名を示します．中には30年以上愛用しているものもあります．

▶はんだこて：PX-201（太洋電機産業）

　こて先を常に適温に保ち，必要以上の加熱で部品や基板にダメージを与える恐れが低い温度調整機能付きを推奨します．特に初心者の方ほど，こて先の温度を調整できるタイプを選んだほうがよいです．

　こて先は使っていくうちに劣化する消耗品なので，定期的に交換しましょう．

▶はんだこて台：ST-11（太洋電機産業）

　はんだ付けの作業中，こて先は300℃を超える高温

表1 πduinoに実装する部品(本書付録プリント基板に搭載する部品一覧)
製作用の部品一式と完成品をKSY社にて発売中

配線番号	品 名	値・型名など	実装有無 単体	実装有無 Pi1/2/3	実装有無 Zero	数量
C_1	電解コンデンサ	47 μF	−	−	○	1
C_2	電解コンデンサ	47 μF	○	○	○	1
C_8	電解コンデンサ	10 μF	○	○	○	1
C_3, C_4	積層セラミック・コンデンサ	22 pF	○	○	○	2
C_5, C_6, C_7, C_9	積層セラミック・コンデンサ	0.1 μF	○	○	○	4
CN_1	電源用マイクロUSBコネクタ	MRUSB-2B-D14NI-S306	○	−	−	1
CN_2	USBコネクタ(タイプA)	UE27AC54100	−	○	○	1
CN_3, CN_6	Arduinoシールド用ピン・ソケット	1×8ピン	○	○	○	2
CN_4	Arduinoシールド用ピン・ソケット	1×10ピン	○	○	○	1
CN_5	Arduinoシールド用ピン・ソケット	1×6ピン	○	○	○	1
CN_7, CN_8	GROVEコネクタ	4ピン	○	○	○	2
CN_9, CN_{10}	GROVEコネクタ	4ピン	○	○	−	2
D_1	ダイオード	BAT43	○	○	○	1
IC_1	AVRマイコン	ATMEGA328P-PU[注1]	○	○	○	1
JP_1	電源入力用ピン・ヘッダ	1×2ピン	−	−	−	1
JP_2	ラズベリー・パイ接続用ピン・ヘッダ	1×40ピン	−	−	○[注2]	1
JP_3	パソコン接続用ピン・ヘッダ	1×6ピン	○	−	−	1
JP_4	シリアル通信設定用ピン・ヘッダ	1×6ピン	−	○	○	1
JP_5	AVRマイコン書き込み器接続用ピン・ヘッダ	1×6ピン	○	○	○	1
LED_1	発光ダイオード	OSK54K3131A, ピンク色	−	−	○	1
LED_2	発光ダイオード	SLR-342VR3F, 赤色	○	○	○	1
LED_3	発光ダイオード	SLR-342MG3F, 緑色	○	○	○	1
Q_1, Q_2	バイポーラ・トランジスタ	TCSC1815-Y	○	○	○	2
R_1, R_2, R_5, R_7	炭素皮膜抵抗器	4.7 kΩ	−	○	○	4
R_3	炭素皮膜抵抗器	1 kΩ	○	○	○	1
R_4	炭素皮膜抵抗器	3.3 kΩ	○	○	○	1
R_6	炭素皮膜抵抗器	2.2 kΩ	○	○	○	1
R_8, R_{12}	炭素皮膜抵抗器	1 kΩ	○	○	○	2
R_9	炭素皮膜抵抗器	10 kΩ	○	○	○	1
R_{10}, R_{11}	炭素皮膜抵抗器	2.2 kΩ	○	○	○	2
S_1	スライド・スイッチ	SK12D07	○	○	○	1
S_2	プッシュ・スイッチ	TVBP06	−	○	○	1
S_3	プッシュ・スイッチ	TVBP06	○	○	○	1
TP_1, TP_2	テスト・プローブ	スプリング・コネクタ・ピン φ1.5×12 mm(プラグイン・タイプ)	−	−	○	2
U_1	昇圧電源モジュール	LMR62421 昇圧型DC-DCコンバータモジュール(ストロベリーリナックス)	−	−	○[注3]	1
U_2	3.3 Vレギュレータ	LP2950L-3.3V(100mA)	○	○	○	1
X_1	水晶発振子	HUSG-16.000-20(16MHz)	○	○	○	1
その他	ICソケット	28ピン	○	○	○	1
その他	ラズベリー・パイZero接続用ピン・ソケット	2×7ピン	−	−	○	1
その他	ジャンパ・ピン	−	○	○	−	3
その他	樹脂スペーサ	M2.6×8.5 mm	−	−	○	3
その他	樹脂スペーサ	M2.6×15 mm	−	○	−	3
その他	樹脂ネジ	M2.6×5 mm	−	○	○	8
その他	コネクタ付14ピン・フラット・ケーブル	2×7ピン	−	−	○	1

注1:販売中のπduino製作用部品セットおよび完成品ではArduinoブートローダ書き込み済み
注2:ラズベリー・パイZeroの40ピン拡張コネクタに実装する
注3:販売中のπduino製作用部品セットおよび完成品には付属しない

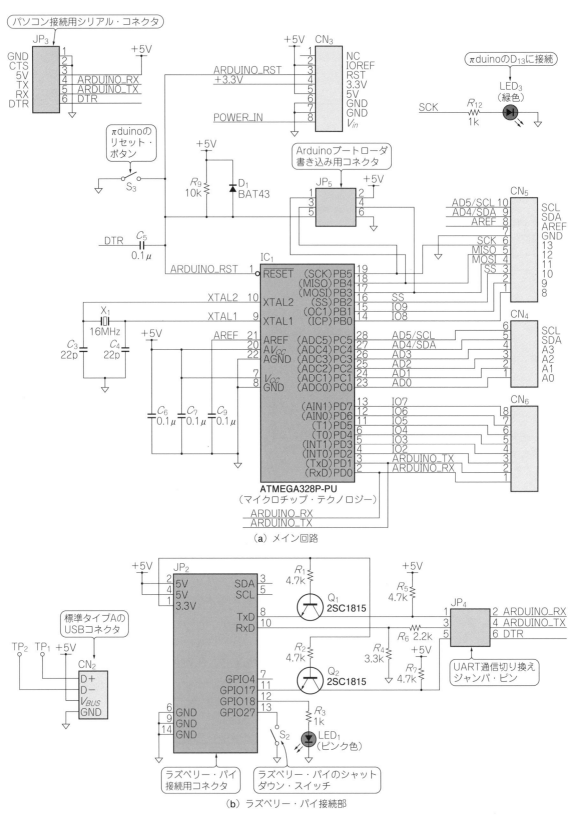

図1 本書の付録プリント基板πduinoの回路

第4章 Arduino×ラズベリー・パイ合体ボード作りました！ πduino誕生！

になります．安全な作業を行うために，必ずこて台を用意してください．
▶はんだ：スパークルハンダ150 g（千住金属工業）
　電化製品に使われているはんだは鉛フリーが主流ですが，融点が高く，はんだ付けには相応のテクニックが必要です．
　個人の電子工作であれば，有鉛はんだでよいでしょう．頻繁にはんだ付けを行うのであれば，150 g巻きを推奨します．
▶ニッパ：N-34（ホーザン）
　はんだ付けしたあとのリード線の切断に使用します．大きすぎるニッパだと，リード線をきれいに切断できません．基板にダメージを与えることもあります．可能であれば専用品を用意しましょう．
▶ラジオペンチ：P-35（ホーザン）
　硬いリード線を曲げたり，部品を加工したりするときに使用します．なくても組み立ては可能ですが，あったほうが便利です．必要に応じて準備してください．
▶ピンセット：P-891（ホーザン）
　細かい部品をつまむときに使用します．πduinoはすべてDIP部品なので，使用する機会は少ないかもしれません．表面実装の部品をはんだ付けするときには，

これがないとうまく実装できません．
▶はんだ吸い取り線：CP-3015I（太洋電機産業）
　誤ってはんだ付けした部品や，あとで部品を取り外すときに使用します．

(a) はんだこて

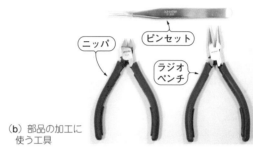

(b) 部品の加工に使う工具

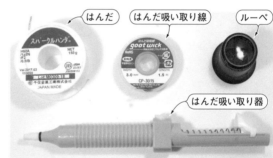

(c) はんだ付けに使う道具

写真2　πduinoの製作におすすめの工具

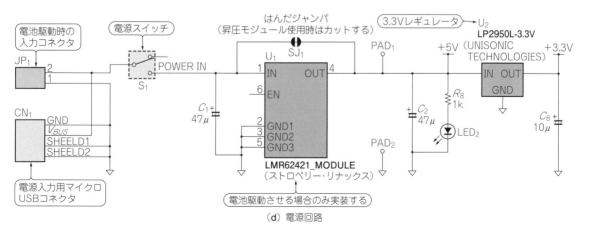

(c) GROVEコネクタ

(d) 電源回路

使用するときは，出力の高いはんだこてで，しっかりはんだを溶かして吸い取ります．出力の低いはんだこてだと，吸い取り線がランドやパターンにくっついてしまい，離すときにダメージを与えます．

▶はんだ吸い取り器：GS-108（太洋電機産業）

はんだ吸い取り線と同様に，不要なはんだを除去する工具です．はんだこてではんだを溶かし，液状のうちに吸い取ります．

▶ルーペ：アイルーペT-3（シンワ）

はんだ付けの状態のチェックに使用します．微細なブリッジなど，肉眼では確認できない不良もあります．100円ショップで販売されている物でも使えると思います．

▶＋ドライバ

πduinoとラズベリー・パイをねじで固定するときに使用します．

▶テスタ：CDM-14（カスタム）

電子工作を行う人の必須アイテムです．安い物は1,000円以下でも買えます．はんだ付けを行った後のチェックに使います．

はんだ付けが終わったら，すぐに電源を入れて動作確認するのではなく，想定通りに接続できているか確認が必要です．次のような項目をチェックします．

- 電源とグラウンドはショートしていないか
- πduino単体で電源を接続したときの電圧値は正常か

チェックなしで電源を投入すると，πduinoおよび接続相手であるラズベリー・パイを壊す恐れもあります．

● **部品**

▶使い方によって必要な部品が異なる

πduinoには，3通りの使い方があります．**表1**のように，使い方によって必要な部品も異なります．

必ずしも本稿の内容に従う必要はありません．用途によって，実装する部品を変更したり，改造したりして，自分の使いたいように作り変えてもよいでしょう．

▶キーパーツ：AVRマイコン ATmega328P

πduinoに使用するマイコンはATmega323Pです．Arduino UNOにも採用されています．そのため，πduinoはArduino UNO互換ボードとして使えます．Arduino UNO用のライブラリも使用できます．

最高20MHzのクロックで動作します．電源電圧によって動作可能な周波数が変わります．Arduinoでは電源として5Vを供給するので，16MHzで動作します．Arduino pro miniのように電源電圧が3.3Vだと，8MHzで動作します．

32Kバイトのフラッシュ・メモリ，2Kバイトの RAM，1KバイトのEEPROMを内蔵しています．

タイマは16ビットが1個，8ビットが2個搭載されています．それぞれのタイマから2個，合計6個のPWMが出力できます．

A-Dコンバータは合計6チャネル搭載しています．

シリアル・インターフェースとしては，UART，SPI，I^2Cを搭載しています．

小型マイコンに必要な機能はほとんど搭載されています．メモリの容量も必要十分です．搭載されているマイコン機能のほとんどは，スケッチによるプログラムで使えます．

組み立て方法

● **背の低い部品からはんだ付けしていくときれいに仕上がる**

背の低い部品から順番にはんだ付けを行うと，作業がスムーズできれいに仕上がります．具体的には，次の順番ではんだ付けを行うとよいでしょう．

(1) 抵抗，ダイオード
(2) 水晶振動子
(3) スイッチ類
(4) セラミック・コンデンサ
(5) ICソケット
(6) LED
(7) 電解コンデンサ
(8) トランジスタ
(9) コネクタ類
(10) ジャンパ・ピン

背の低い部品を後からはんだ付けしようとすると，基板をひっくり返したとたんに部品が落っこちてしまう場合があります．

● **必須部品**

πduinoには3通りの組み合わせ方がありますが，AVRマイコンおよび周辺の回路は，どの構成でも使用します．次の部品は必ず実装してください．

- AVRマイコン（ICソケット）
- 水晶振動子
- コンデンサによる発振回路
- リセット回路
- コネクタ$CN_3 \sim CN_6$
- 3.3Vレギュレータ回路

AVRマイコン ATmega328P-PUは，Arduinoとして動作させるためのブートローダ・プログラムをあらかじめ書き込んでおく必要があります．πduino以外のArduinoボード，もしくはAVRマイコン用書き込

第4章　Arduino×ラズベリー・パイ合体ボード作りました！　πduino誕生！

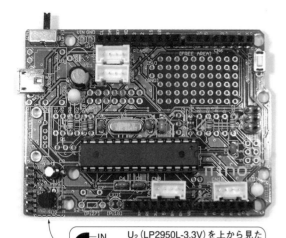

写真3　πduinoの構成①…単体で使用する
Arduino UNO互換ボードとして動作する

表2　シルク印字とレギュレータICの対応

πduinoの シルク印字	レギュレータIC の端子
I	入力
G	グラウンド
O	出力

写真4　電源用マイクロUSBコネクタのはんだ付け
シールド部の足は部品面（おもて面）からのはんだ付けによる補強を行う

シールド部の足は部品面からはんだ付けして補強する

み器AVRISP mkⅡを使って書き込みます．
　頒布する部品キットに同梱されるAVRマイコンには，あらかじめブートローダが書き込まれているので，書き込み器は不要です．あらかじめブートローダが書き込まれたAVRマイコンも単品で販売されています．

● πduinoの構成方法
[構成①]　単体で使用するとき（Arduino UNO互換ボード）
　写真3に実装例を示します．Arduinoプログラムの書き込みは，パソコンからシリアル・インターフェースを経由して行います．
▶3.3VレギュレータU₂
　3.3V電源の生成には，レギュレータIC LP2950L - 3.3V（UNISONIC TECHNOLOGIES）を使用しています．πduinoプリント基板のシルク印刷と部品形状が異なるので，取り付け向きを間違えないようにしてください．
　プリント基板に信号名が印字されています．表2に示す端子に対応しています．信号名と端子を間違えないようにしてください．
　LP2950Lの出力電流は100 mAです．ESP8266のような，消費電流の大きなモジュールを動かすには電流容量が不足します．必要に応じて電流容量の大きいレギュレータICに交換してください．TA48M033F（東芝）は最大500 mAの電流を出力できます．
▶ピンヘッダJP₃
　プログラム書き込み用のポートとして実装します．JP₃のピン配置は，FTDI社製のUSBシリアル変換アダプタTTL-232R-3V3を直接挿せるようになっています．

ArduinoIDEでは，通常のArduino UNOとして使用します．USBシリアル変換アダプタのドライバは，あらかじめパソコンにインストールしてください．
▶ジャンパ・ピンJP₅
　ブートローダを書き込むときに使用します．あらかじめブートローダが書き込まれたAVRマイコンを使用する場合は使用しません．
▶マイクロUSBコネクタCN₁
　πduinoへの電源供給ポートとして使用します．供給電圧は5Vです．携帯電話やスマートフォンなどに使用するUSB充電器が使用できます．マイクロUSBコネクタは，シールド部の足が短いため，はんだ面（裏側）からはんだ付けすると，確実な固定ができません．写真4のように，部品面（表側）からのはんだ付けによる補強を行い，確実に固定するようにしてください．
▶スライド・スイッチS₁
　電源スイッチです．供給されている5V電源をしゃ断できます．本家Arduinoには電源スイッチが付いていません．電源をOFFするには，DCプラグを外すか，ACアダプタをコンセントから抜く必要があり面倒です．πduinoでは手軽に電源OFFができます．
▶GROVEコネクタ
　GROVEとは，Seeed社が販売するマイコン評価キットの名称です．専用のArduinoシールドをベースに，いろいろなモジュールを接続できます．各モジュールの接続コネクタは，2mmピッチ4ピンのコネクタ（電源，グラウンド，信号1，信号2）で統一されています．Arduinoシールドとして用意された拡張されたコネクタに挿して使います．新たに配線ケーブルを設けることなく，ケーブルをコネクタに挿すだけで接続が完了するので，とても手軽にモジュールを増設できます．
　πduinoには，I²Cとアナログ信号のGROVEコネクタを搭載しました．
▶ユニバーサル・エリア
　外付け回路が必要な場合，従来のArduinoはブレッドボードやユニバーサル基板シールドを使う必要がありました．

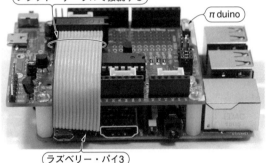

写真5 πduinoの構成②…ラズベリー・パイ1/2/3と接続して使用する
ラズベリー・パイの上にπduinoを載せて使用する．両者は14ピン・フラット・ケーブルで接続する

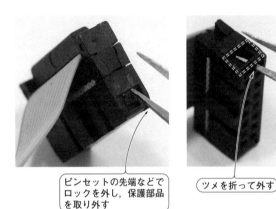

（a）保護部品のロックを外す　　（b）ツメを折る

写真6 14ピン・フラット・ケーブルの改造方法
そのままだとラズベリー・パイ上の40ピン拡張コネクタに干渉するので，保護部品ロック用のツメを外しておく

πduinoでは，回路を組むことのできるユニバーサル・エリアを設けました．スペースは狭いですが，小規模な外付け回路であれば組むことが可能です．

[構成②] ラズベリー・パイ1/2/3と組み合わせるとき

写真5に実装例を示します．πduinoとラズベリー・パイは14ピン・フラット・ケーブルを使ってJP₂のピン・ヘッダに接続します．接続後は両者間でシリアル信号（UART）による通信ができます．πduinoの形状は，ラズベリー・パイの上に載せて固定できるようになっています．

▶14ピン・フラット・ケーブル

フラット・ケーブルをラズベリー・パイに挿すとき，そのままだとラズベリー・パイ上の40ピン拡張コネクタの15ピンと16ピンに干渉するので改造が必要です．手順は次の通りです．

リスト1　ラズベリー・パイで実行するπduino動作確認用のプログラム（shutdown.py）

```python
#!/usr/bin/env python
# -*- coding: utf-8 -*-

import threading
import os
import wiringpi as wpi

class MyThread(threading.Thread):

    def __init__(self):
        threading.Thread.__init__(self)

    def run(self):
        while 1:
            wpi.softPwmWrite(1,0)
            wpi.delay(100)
            wpi.softPwmWrite(1,10)
            wpi.delay(100)
            wpi.softPwmWrite(1,50)
            wpi.delay(100)
            wpi.softPwmWrite(1,100)
            wpi.delay(100)
            wpi.softPwmWrite(1,50)
            wpi.delay(100)
            wpi.softPwmWrite(1,10)

wpi.wiringPiSetup()
wpi.pinMode(2,0) # sets pin 2 to input
wpi.pullUpDnControl(2,2); # sets pin 2
 to pullup
wpi.softPwmCreate(1,0,100) # PWM PORT
 1,PWM RANGE 0 to 100

def main():
    my_thread = MyThread()
    my_thread.setDaemon(True)
    my_thread.start()

    i = 0
    while 1:
        if wpi.digitalRead(2) == 1:
            i = 0
        else:
            i += 1
            if i > 10:
                print"Shutdown now!!"
                os.system("sudo shutdown -h now")
                i = 0;
            else:
                pass
        wpi.delay(100)
main()
```

（LEDの光量を段階的に可変させて，心拍しているように見せている）
（ポート設定）
（LED点滅制御をスレッドで実行）
（1番ピンが1秒間"L"になったらシャットダウンを実行する）

(1) フラット・ケーブルのコネクタのすき間に，写真6(a)のように細い物（ピンセットなど）を差し込み，ロックを外して保護部品を取り外す
(2) 写真6(b)に示す部分を折って外す

ケーブルの長さは，約100 mmが適正です．それ以上長いとかさばります．

▶ジャンパ・ピンJP₄

ラズベリー・パイとπduinoのシリアル通信の設定

第4章　Arduino×ラズベリー・パイ合体ボード作りました！　πduino誕生！

> **column**　キーボードやマウスなしでラズベリー・パイの電源を安全にシャットダウンする方法
>
> 　ラズベリー・パイで実行するπduino動作確認用サンプル・プログラムshutdown.py（リスト1）には，次の2つの動作が記述されています．
>
> - PWM出力によるLEDの点滅
> - スイッチ入力待ち，およびスイッチが押されたらシャットダウン・コマンドを実行させる
>
> 　LEDを光らせる処理はスレッドを使用しているので，ほかの処理も同時に実行できます．shutdown.pyでは，スイッチ入力待ちの処理と，LEDを光らせる処理を同時に行っています．
>
> 　ラズベリー・パイ起動時にshutdown.pyを自動実行させる手順は次のとおりです．
>
> 　rc.localというファイルに自動実行されるように登録します．次のコマンドを実行して，rc.localをnanoエディタで開きます．
>
> `sudo␣nano␣/etc/rc.local⏎`
>
> 　最終行に次の記述を追加します．ホーム・ディレクトリにshutdown.pyを保存したときの例です．別の場所に保存した場合は/home/pi/の記述をプログラムを保存したディレクトリのパスに書き換えてください．
>
> `cd␣/home/pi/;python shutdown.py␣&⏎`
>
> 　ラズベリー・パイが起動したらLEDが点滅します．起動していないときやハングアップしたときは点滅が止まるので，インジケータとして使えます．
>
> 　ラズベリー・パイをキーボードやディスプレイなしで動かしていると，シャットダウン・コマンドの実行ができません．ファイル・システムを壊す覚悟で電源ケーブルを直接外すしかありませんでした．シャットダウン用のスイッチがあれば安心です．正常にシャットダウンできたかLEDで確認できます．
>
> すながわ・ひろゆき

表3　ラズベリー・パイの端子とπduinoの端子の機能と関係

ラズベリー・パイ		πduino
ピン番号	機能	接続先
2, 4	5 V	5 V電源
1	3.3 V	3.3 V→5 V変換回路
6, 9, 14	GND	GND
8	TXD	ArduinoのRXD
10	RXD	ArduinoのTXD
11	GPIO17	Arduinoのリセット
12	GPIO18	LED$_1$
13	GPIO27	S$_2$（プッシュ・スイッチ）
7	GPIO4	未使用
3	SDA	未使用
5	SCL	未使用

写真7　M3の樹脂ねじを使う場合は頭を半分切断してからラズベリー・パイに取り付ける

ねじの頭を半分切断しておく

を行うジャンパ・ピンです．JP$_3$を使ってパソコンと通信するときは，ジャンパ・ソケットを外してください．πduinoとラズベリー・パイの通信が切断されます．

▶LED$_1$とスイッチSW$_2$

　LED$_1$はラズベリー・パイの12ピン（GPIO18）と接続されています．ラズベリー・パイを起動し，リスト1のサンプル・プログラムを実行すると，LEDが点灯します．起動していないときやハングアップしたときは点滅が止まります．

　スイッチSW$_2$は，ラズベリー・パイの13ピン（GPIO27）と接続されています．スイッチを押すと，シャットダウンが実行されてラズベリー・パイの電源を強制的にOFFします．

▶その他のラズベリー・パイ信号

　5本のGIOPをπduinoへ接続しています．ラズベリー・パイからπduinoへ接続している信号と，πduinoでの使用/未使用の状態を表3に示します．

▶πduinoの取り付け方法

　ラズベリー・パイにπduinoを取り付けます．スペーサ取り付けねじにM3を使用すると，πduinoのコネクタと干渉します．写真7に示すように，ねじの頭を半分切断してください．

　左端のスペーサは，14ピン・フラット・ケーブルと干渉するので取り付けません．

[構成③]　ラズベリー・パイZeroと組み合わせるとき

　実装例を写真8に示します．πduinoは，ラズベリー・パイZeroを載せることもできます．電源もπduinoからラズベリー・パイZeroに供給します．πduinoとラズベリー・パイの接続は，USB以外はパターン2と同

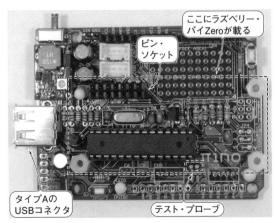

写真8 πduinoの構成③…ラズベリー・パイZeroと接続して使用する
πduinoの上にラズベリー・パイを載せて使用する．両者はピン・ソケットとピン・ヘッダで接続する

写真10 テスト・プローブの実装方法
1mm程度浮かせてはんだ付けすると，USB通信が安定する

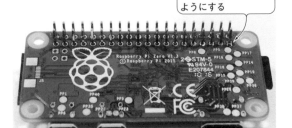

写真9 ラズベリー・パイZeroの40ピン拡張コネクタに足の長いピン・ヘッダをはんだ付けする
はんだを付けすぎると，ピン・ソケットの奥まで挿さらなくなる

じです．

▶ラズベリー・パイZeroとの接続

πduinoのJP₂と接続するには，**写真9**のようにラズベリー・パイZeroの40ピン拡張コネクタに足の長いピン・ヘッダをはんだ付けする必要があります．πduino側はピン・ソケットを実装します．

ラズベリー・パイZero側には，はんだを付けすぎないようにしてください．はんだが多いとπduinoのピン・ヘッダの奥まで挿せません．接触不良により動作が不安定になる場合もあるので，はんだ吸い取り線などで余分なはんだを除去します．

▶USBコネクタ：Wi-Fiドングルが直接挿せるようにマイクロUSB→標準タイプAに変換

ラズベリー・パイZeroには，マイクロUSBコネクタが付いています．LANコネクタが付いていないので，ネットワークと接続するにはWi-Fiドングルを使用するのが手軽で便利です．ところが，Wi-FiドングルのUSBコネクタは，ほとんどが標準タイプAの形状なので，接続には変換ケーブルが必要で，すっきり付けられません．

---

column ケーブル・レスでスッキリ！ラズベリー・パイ接続基板も製作してみた

πduinoでは，ラズベリー・パイとの接続に14ピン・フラット・ケーブルを使用しています．機能的には問題ありませんが，見た目がスッキリしないので，**写真A**の接続基板を製作してみました．

この基板を**写真A(b)**のように付けることで，πduinoをラズベリー・パイの40ピン拡張コネクタに直接挿せるようになります．外からも見えないので，見た目もスッキリします． すながわ・ひろゆき

● KSYにてπduino専用のラズベリー・パイ接続用基板を発売中！

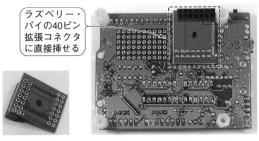

(a) 外観　　　　(b) πduinoに実装したようす
写真A ラズベリー・パイ接続用基板を製作してみた

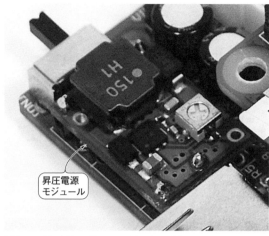

写真11 昇圧電源モジュールを使用すれば電池による駆動もできる

πduinoは，ラズベリー・パイZeroのマイクロUSBコネクタを，標準タイプAに変換します．Wi-FiドングルやUSBハブを直接接続できます．

接続には，基板製造時の検査で使用されるテスト・プローブを使用しています．内蔵のばね構造により，先端が伸縮します．

伸縮構造なので，接触不良を起こしやすく，高速な信号を伝送するときは接触抵抗によるインピーダンスの不整合が発生しやすいようです．

接触不良を防ぐには，プローブの伸縮部をできるだけ縮めて接触を安定させます．写真10のように，テスト・プローブの実装位置を1mm程度浮かせてはんだを付けると安定します．

▶昇圧モジュール：電池駆動用

πduinoには，昇圧電源モジュールLMR62421昇圧型DC-DCコンバータモジュール（ストロベリー・リナックス）を搭載できるスペースを設けています．写真11のように実装できます．実装すると，πduinoおよびラズベリー・パイを電池で駆動できるようになります．単3型，もしくは単4型のニッケル水素蓄電池3本による駆動を想定しています．

LMR62421昇圧型DC-DCコンバータモジュールは，入力電圧2.7～5.5V，出力電圧5～24Vの昇圧電源モジュールです．πduinoでは5V出力で使用します．3V入力時に最大800mAの電流が流せて，形状がとても小さく，値段も安いことから本モジュールを選びました．

ラズベリー・パイ3タイプBを駆動させるには厳しいですが，πduinoとラズベリー・パイZeroを駆動させるのであれば十分です．単4型乾電池3個の容量でラズベリー・パイ3タイプBが動作するのは30分ほどです．

マイコンやラズベリー・パイZeroを実装する前に，昇圧電源モジュールの電圧が5Vである事を確認してください．間違って電源投入時に24Vが出てしまったら，ラズベリー・パイが壊れます．

▶ジャンパ・ピンJP$_4$

ラズベリー・パイZeroと干渉するので未実装とし，リード線でショートさせて使用してください．

すながわ・ひろゆき

お知らせ　πduino製作用部品セットの頒布（有償）とプログラム無料ダウンロードのご案内

本書に付録しているラズベリー・パイのI/O強化基板「サイエンス・ディスカバリπduino 1日製作用プリント基板」は，すべてDIPパッケージの部品で作ることができます．はんだ付けの経験があれば，数時間で製作を終えることができるでしょう．

本付録基板の製作用部品一式（定価：4,250円＋税，プログラム書き込み済みAVRマイコンほか）と完成品（定価：6,000円＋税）をネットや店頭で販売します．詳細は，随時アップデートされる「トランジスタ技術」のWebページを参照してください（図A）．

トランジスタ技術Webページ
http://toragi.cqpub.co.jp/
［記事サポート］-［2017年］-［Piデューノ電子工作］

本Webページからは，動作確認済みの各種プログラムも無料で提供します．

編集部

図A 本書付録基板の関連情報を「トランジスタ技術」Webサイトで案内

シリアル・ポートの設定から
開発環境のセットアップまで

1番簡単！スケッチ言語で
πduinoプログラミング体験

本稿では，πduino(パイ・デュイーノ)のプログラミング方法を紹介します．図1のように，ラズベリー・パイでArduino IDEを実行するまでの手順を解説します．

準備しておくもの

● ハードウェア

組み立て済みのπduinoのほかに，ラズベリー・パイ本体とラズベリー・パイ専用OS Raspbianをインストールしたマイクロ SD カードを用意してください．ラズベリー・パイにはマウス，キーボード，HDMIディスプレイなど，直接操作するために必要な周辺機器を接続しておいてください．

● ソフトウェア

動作確認に使用したラズベリー・パイの環境は次の通りです．

- OS
  Raspbian Jessie with PIXEL（イメージ・ファイルは2016-09-23-raspbian-jessie）
- バージョン
  Linux raspberrypi 4.4.21-v7+ #911 SMP Thu Sep 15 14:22:38 BST 2016 armv7l GNU/Linux

次のコマンドを実行して，WiringPiとPythonをインストールしておいてください．

```
sudo apt-get install python-dev python-setuptools
sudo apt-get install python-pip
sudo pip install wiringpi2
```

コマンドの実行には，ターミナルと呼ばれるアプリケーションを使用します．ラズベリー・パイを起動したら，デスクトップ画面左上にあるランチャ・アイコンから［ターミナル］というアプリケーションを起動します．

図1 ラズベリー・パイでArduino IDEを実行させたときの画面
事前にシリアル・ポートの設定とArduino IDEのインストールが必要．使い方はパソコンと変わらない

ラズベリー・パイに Arduino開発環境をセットアップ

● ステップ1：UART機能を有効にする

▶(1)シリアル・ポートの設定変更

テキスト・エディタでconfig.txtを編集します．次のコマンドを実行してnanoエディタでconfig.txtを開きます．

```
sudo nano /boot/config.txt
```

最終行の下にリスト1の2行を追加します．追加が終わったら，［Ctrl］＋［O］で上書き保存し，［Ctrl］＋［X］でnanoエディタを終了します．

次にcmdline.txtの修正を行います．次のコマンドを実行してnanoエディタでcmdline.txtを開きます．

```
sudo nano /boot/cmdline.txt
```

cmdline.txtの内容をリスト2に変更します．変更が終わったら，上書き保存してnanoエディタを終了します．

ここまでの作業が済んだら，ラズベリー・パイを再

リスト1 シリアル・コンソール無効化①…config.txtの最終行の下に2行の記述を追加する

```
dtoverlay=pi3-miniuart-bt
enable_uart=1
```

リスト2　シリアル・コンソール無効化②…cmdline.txtの内容を変更する（改行は入れないで1行で記述）

```
dwc_otg.lpm_enable=0 console=tty1 root=/dev/
    mmcblk*** rootfstype=ext4 elevator=deadline
                        fsck.repair=yes rootwait
```
"***"は元の記述と同じにする

起動します．

▶(2)シリアル・ポートのデバイス・ファイル名変更

シリアル・ポートは，デバイス・ファイルttyAMA0として割り当てられます．この名前のままだとArduino IDEがシリアル・ポートとして認識しませんので，ttyS8という名前でttyAMA0へのリンクを作成します．次のコマンドを入力して，ルール・ファイルを作成します．

```
sudo nano /etc/udev/rules.d/80-ttyS8.rules
```

リスト3に示す内容で80-ttyS8.rulesを作成します．その後，上書き保存してnanoエディタを終了します．

ここまでの作業が済んだら，ラズベリー・パイを再起動します．/devにttyS8が存在していることを確認してください．

▶(3)UARTのRTS機能を有効にする

Arduinoに限らず，マイコン・ボードにプログラムを書き込む際は，リセットのように何らかの操作を行うことでマイコンを書き込みモードにしておく必要があります．

Arduinoの統合開発環境のArduino IDEでは，プログラム書き込み時にUARTインターフェースのRTS信号を使い，AVRマイコンにリセットをかけて，書き込み待ち受け状態にします．

ラズベリー・パイのRTS機能を有効化し，GPIO17をRTSとして使えるように設定します．GPIO17はπduino上のAVRマイコンのリセット端子とつながっています．ラズベリー・パイからAVRマイコンにリセットがかけられるようになり，Arduinoプログラムの書き込みができるようになります．

手順は次の通りです．rc.localにGPIO17ピンを有効化する記述を追加します．次のコマンドを入力して，nanoエディタでrc.localファイルを開きます．

```
sudo nano /etc/rc.local
```

最終行の下に，GPIO17ピン（WiringPiの0ピン）の有効化の記述を追加します．リスト4に追加内容を示します．追加が済んだら上書き保存してnanoエディタを終了します．

● ステップ2：Arduino IDEのセットアップ

▶(1)インストール

Arduino IDEをインストールします．手順は簡単で，次のコマンドを実行するだけです．

```
sudo apt-get install arduino
```

インストール後はGUIのメニューに登録されます．使い方はパソコン版と変わりません．起動画面を図1に示します．

▶(2)ボードの設定

起動したらボードの設定を行います．［ツール］-［ボード］を選択すると，ボードを設定できます．πduinoはArduino UNOと互換性があるので，「Arduino UNO」を選択します．

▶(3)シリアル・ポートの設定

シリアル・ポートの設定を行います．図2のように［ツール］-［ポート］を選択すると，シリアル・ポートを設定できます．ステップ1で設定した通り「ttyS8」を選択します．

● ステップ3：Arduinoをプログラミングしてみる

サンプル・プログラムを使って，πduinoのLチカに挑戦します．図3のように［ファイル］-［スケッチの例］-［01.Basics］-［Blink］を選択します．

Lチカのサンプル・プログラムが読み出されたら，そのまま［→］ボタンを押します．するとArduino IDEはコンパイルを実行し，実行ファイルをAVRマイコンへ書き込みます．うまくいけば，ほんの数秒でπduinoのLED3が点滅を開始します．

＊

図2　シリアル・ポートの設定
「ttyS8」に設定する

リスト3　Arduino IDEでシリアル・ポートを認識させるためにデバイス・ファイル名をリンクさせる
ttyS8→ttyAMA0へリンクするようにする

```
KERNEL=="ttyAMA0", SYMLINK+="ttyS8", GROUP="dialout", MODE:=0666
```

リスト4　GPIO17を有効化…rc.localの"exit 0"の行の上に追記する

```
/usr/bin/gpio mode 0 alt3
```

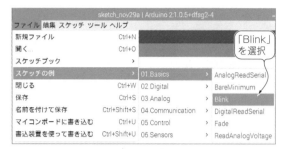

図3 πduinoをとりあえず動かしたい！サンプル・プログラムの読み出し
Lチカのサンプル・プログラム「Blink」を選択する

このように，πduinoは正規のArduinoと同じことができます．異なる点は，プログラムの書き込みにパソコンが不要なことです．

残念なのは，対応OSとCPUの関係により最新バージョンのArduino IDEをラズベリー・パイにインストールできない点です．パソコン版にインストールできる最新版と比較すると，対応ボードが少なかったり，ライブラリを検索して登録する機能が入っていなかったりします(手動でライブラリを登録することは可能)．

かゆいところに手が届く！コマンドでArduinoをプログラミングしてみる

● リモート操作でもArduinoプログラムの開発が可能

ラズベリー・パイを使用するとき，モニタやマウスを接続せず，sshプロトコルを用いてネットワークを経由してリモート操作している人もいると思います．その場合，コマンドがメインのCUI(Character User Interface)を使った作業がメインとなり，GUI(Graphical User Interface)はかえって使いづらいと思います．

リモート操作でも，Arduinoとラズベリー・パイ両方のプログラミングができます．ラズベリー・パイにつなぎっぱなしでArduinoがプログラミングできるので，とても快適です．

GUIを使わずにArduinoをプログラミングする方法として，Arduino IDEのコマンド・ライン・ツールであるInoツールを使う方法が有名です．ここでは，Inoツールよりも対応ボードが多く，多機能なPlatformIO（プラットフォームアイオー）と呼ばれるツールを使う方法を紹介します．

● 汎用マイコン開発環境PlatformIOの特徴

▶欲しいものがすぐ見つかる！ライブラリの検索＆登録機能付き

ライブラリの検索と登録を行う，ライブラリ・マネージャ機能があります．

ライブラリ・マネージャには，Arduinoライブラリを検索・インストールする機能があります．検索用のキーワードを入力すると，関連したライブラリのリストを出力します．ライブラリにはIDナンバがついています．インストールするときは，IDナンバを指定します．

Arduinoを使う大きなメリットの1つに，すぐに使えるでき合いのライブラリが充実している点が挙げられますが，ラズベリー・パイにインストールされるArduino IDEにはライブラリの検索や登録をする機能がありません．

Arduino IDEのGUIの方が使いやすい人でも，ライブラリ取得のためだけにPlatformIOを使ってもよいくらい便利な機能です．

PlatformIOにはオフィシャル・サイトがあります．詳しい操作方法は下記のURLを参照してください．

http://docs.platformio.org/en/stable/quickstart.html

▶Arduinoもmbedも！対応可能なボードが多い

最新のボードにもしっかり対応しています．2016年春ごろに発売が開始されたD1 miniもサポートしています．

対応プラットフォームはArduinoだけでなく，mbedもサポートしています．

● インストール手順

▶(1) pipコマンドのインストール

PlatformIOのインストールにはpipコマンドを使用します．pipコマンドが入っていない場合は，次のコマンドを実行してインストールします．

```
sudo apt-get install python-pip
```

▶(2) PlatformIOのインストール

pipコマンドのインストールが完了したら，次のコマンドを実行して，PlatformIOをインストールします．

```
sudo pip install - U platformio
```

▶(3) 動作確認

PlatformIOが正常にインストールされたかどうかを確認します．次のコマンドを実行して，PlatformIOが対応しているボードが表示されれば，正常にインストールされています．

```
platformio platform list
```

● 使い方

事前にArduino開発環境をセットアップのステップ1で紹介した手順で，ラズベリー・パイのUART機能を有効にしてください．

▶(1) プロジェクト・ディレクトリの作成

任意の場所にプロジェクト・ファイルを格納するた

第4章　Arduino×ラズベリー・パイ合体ボード作りました！　πduino誕生！

```
new_directory
├── lib
│   ├── Bar
│   │   ├── docs
│   │   ├── examples
│   │   └── src
│   │       ├── Bar.c
│   │       └── Bar.h
│   └── Foo
│       ├── Foo.c
│       └── Foo.h
├── readme.txt
├── platformio.ini
└── src
    └── main.c
```

図4　PlatformIOのプロジェクト・ディレクトリ構成
初期化コマンドを実行すると自動的に生成される

リスト5　platform.iniへの追加内容

```
upload_port = /dev/ttyS8
```

▶(2)プロジェクトの初期化

次のコマンドを実行し，使用するボードの設定を行います．πduinoはArduino UNOと互換性があるので，Arduino UNOに設定しています．

```
platformio init --board uno ↵
```

コマンドを実行すると，プロジェクトに必要な**図4**に示す各種ファイルが生成されます．

▶(3)シリアル・ポートの設定

(2)のコマンドを実行すると，PlatformIOの設定ファイルplatformio.iniが生成されます．platformio.iniに記述を追加して，シリアル・ポートの設定を行います．まず，次のコマンドを実行してplatform.iniを開きます．

```
nano platform.ini ↵
```

最終行の下に，**リスト5**の記述を追加します．追加したら上書き保存し，nanoエディタを終了します．

▶(4)ライブラリの検索と登録

プログラムに必要なライブラリを検索し，登録します．次のコマンドを実行すると，Arduinoプラットフ

めのディレクトリを作成します．ここでは，ホーム・ディレクトリにnew_directoryという名前のディレクトリを作成したとして説明します．次のコマンドを実行して，new_directoryディレクトリを作成します．

```
mkdir new_directory ↵
```

作成したらnew_directoryに移動します．

```
cd new_directory ↵
```

---

column　スケッチ不要！ラズベリー・パイからArduinoの入出力を直接動かせるFirmata(ファーマタ)とは？

Firmata(ファーマタ)は，パソコンからArduinoを制御するライブラリです．スケッチがなくてもラズベリー・パイから直接I/Oを動作できます．

パソコンからシリアル・インターフェース経由で制御信号を送ると，ArduinoのI/Oを動かせるようになります．GPIO入出力の制御や，PWM出力の制御ができます．あたかもパソコンがI/O機能を搭載したかのようにふるまいます．

Firmataはラズベリー・パイでも使用できます．ラズベリー・パイからπduinoを制御することも可能です．

pipがインストール済みであれば，次のコマンドでインストールできます．

```
sudo pip install pyfirmata ↵
```

似たようなものとして，Drogon Remote Control(DRC)と呼ばれるライブラリがあります．こちらはWiringPiのサイトから入手できます．あまり使われていないようで，制御側のライブラリが見つかりませんでした．

FirmataとDRCの機能，およびメリットとデメリットを**表A**に示します．　　　すながわ・ひろゆき

表A　FirmataとDrogon Remote Control(DRC)の比較

項目	Firmata	Drogon Remote Control(DRC)
通信速度	57 kbps	112 kbps
機能	・Write ・Read ・アナログ ・PWM	・Write ・Read ・アナログ ・PWM
メリット	・GPIOピンのようにArduinoのI/Oを制御できる ・pyfirmataなどラズベリー・パイ側にもライブラリがあり，すぐに使うことができる	・GPIOピンのようにArduinoのI/Oを制御できる
デメリット	・ラズベリー・パイの負荷が大きい ・絶えずシリアル通信する	・ラズベリー・パイ側の制御ライブラリがない ・ラズベリー・パイの負荷が大きい ・絶えずシリアル通信する

```
[ ID ]  Name              ライブラリ Compatibility              "Authors": Description
                          のID
[ 10 ]  I2Cdevlib-AK8975  arduino, atmelavr           "Jeff Rowberg": AK8975 is 3-axis electron
[ 11 ]  I2Cdevlib-Core    arduino, atmelavr           "Jeff Rowberg": The I2C Device Library (
imple and intuitive interfaces to I2C devices.
[ 14 ]  Adafruit 9DOF Library arduino, atmelavr       "Adafruit Industries": Unified senso
[ 15 ]  Adafruit ADXL345  arduino, atmelavr           "Adafruit Industries": Unified driver fo
[ 16 ]  Adafruit BMP085 Unified arduino, atmelavr     "Adafruit Industries": Unified ser
or)
[ 23 ]  Adafruit L3GD20 U arduino, atmelavr           "Adafruit Industries": Unified sensor d
[ 24 ]  Adafruit L3GD20   arduino, atmelavr, atmelsam, espressif8266, intel_arc32, micro
D20 I2C Gyroscope Breakout
[ 25 ]  Adafruit LED Backpack Library arduino, atmelavr  "Adafruit Industries": Adaf
[ 26 ]  Adafruit LSM303DLHC arduino, atmelavr         "Adafruit Industries": Unified sensor
[ 29 ]  Adafruit PN532    arduino, atmelavr, atmelsam, espressif8266, intel_arc32, micro
nd I2C access to the PN532 RFID/Near Field Communication chip
Show next libraries? [y/N]: y
```

図5 PlatformIOのライブラリ・マネージャ機能でI²C関連のライブラリを検索してみた
リスト化されて表示される．ライブラリごとにIDナンバが割り当てられている

ォームでI²Cに関連したライブラリを検索できます．

```
platformio lib search "i2c" --frame
work = "arduino"
```

コマンドを実行すると，キーワード「i2c」に関連したライブラリがリスト化されます．**図5**のように，表示されたリストにはライブラリごとにIDナンバが書かれています．使いたいライブラリを登録するには，次のコマンドを実行します．

```
platformio lib -g install IDナンバ
```

例えば，マイコン入りLED NeoPixel（Adafruit）を動かすライブラリの検索と登録は，次のように行います．

● ライブラリの検索

```
platformio lib search "NeoPixel" --
framework = "arduino"
```

コマンドを実行すると，NeoPixelに関連したライブラリのリストが表示されます．使用したいNeoPixelのライブラリはID28でした．

● ライブラリの登録

```
platformio lib -g install 28
```

コマンドを実行すると，ライブラリがインストールされます．

▶ (5) ソースコードの作成

プログラムのソースコードは，プロジェクト・ディレクトリの下のsrcディレクトリに保存します．ファイル形式はC++（main.cpp）でもスケッチ（xxx.ino）でもかまいません．

NeoPixelを動かすプログラムを作成するなら，次のようなコマンドでテキスト・エディタを実行し，通常通りArduinoプログラムを作成します．

```
nano ./src/neopixel.ino
```

▶ (6) コンパイル

ソースコードの作成が終わったら，次のコマンドを実行してコンパイルします．

```
platformio run
```

初回コンパイル時は，コンパイルに必要な各種ファイルのダウンロードを行うため，完了までに数分かかります．2回目以降はダウンロードは発生しません．

次のコマンドを実行すると，コンパイルと書き込みが一気に実行されます．

```
platformio run --target upload
```

エラーがなければ，数十秒で書き込みまで完了します．完了時の画面を**図6**に示します．

コンパイルとArduinoへの書き込みにかかる処理時間は，私の手持ちのパソコンとラズベリー・パイ3では，ほとんど変わりませんでした．

すながわ・ひろゆき

```
pi@raspberrypi:~/sketchbook/blink $ platformio run --target upload
[Tue Nov 29 01:20:24 2016] Processing uno (platform: atmelavr, upload_port
Verbose mode can be enabled via `-v, --verbose` option
Converting blink.ino
Collected 32 compatible libraries
Looking for dependencies...
Project does not have dependencies
Compiling .pioenvs/uno/src/blink.ino.o
Looking for upload port...
Use manually specified: /dev/ttyS8
Uploading .pioenvs/uno/firmware.hex

avrdude: AVR device initialized and ready to accept instructions

Reading | ################################################## | 100% 0.00s

avrdude: Device signature = 0x1e950f
avrdude: reading input file ".pioenvs/uno/firmware.hex"
avrdude: writing flash (2364 bytes):

Writing | ################################################## | 100% 0.33s

avrdude: 2364 bytes of flash written
avrdude: verifying flash memory against .pioenvs/uno/firmware.hex:
avrdude: load data flash data from input file .pioenvs/uno/firmware.hex:
avrdude: input file .pioenvs/uno/firmware.hex contains 2364 bytes
avrdude: reading on-chip flash data:

Reading | ################################################## | 100% 0.24s

avrdude: verifying ...
avrdude: 2364 bytes of flash verified

avrdude: safemode: Fuses OK (H:00, E:00, L:00)

avrdude done.  Thank you.
```

図6 PlatformIOを使ってコンパイルと書き込みを実行したときの画面表示
このような表示がでたらコンパイルに成功している

第4章　Arduino×ラズベリー・パイ合体ボード作りました！　πduino誕生！

πduinoで超音波を可聴音声に変換

虫や動物，マシンの会話を盗み聞き！こうもりヘッドホンの製作

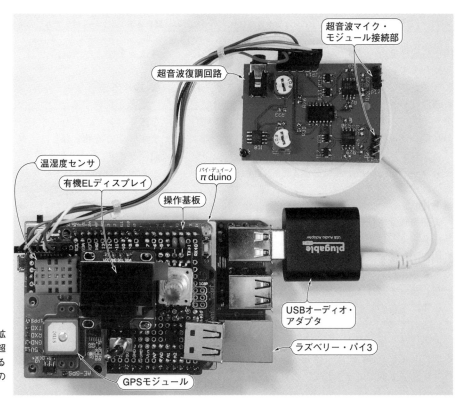

写真1　人間の聴力を拡張！16 k～100 kHzの超音波が聴けるようになる「こうもりヘッドホン」のコントロール部

　人間の耳で聴くことのできる周波数は，下は20 Hz程度から，上は15 k～20 kHzまでと言われています．これより高い周波数の音は超音波と呼ばれ，人間の耳では聴くことができません．超音波は，身近なところで飛び交っています．家庭用品から軍事兵器まで，いろいろな用途に活用されています．具体的には，測距計，エコー検査装置，魚群探知機，故障診断装置，洗浄機，加工機などに使われています．
　動物も超音波を活用しています．コウモリは自ら超音波を発し，その反射音を聞くことで，暗闇でも障害物を検知できます．
　最近では，お店や電車の中などで不特定多数のスマートフォンへ情報伝達する手段として超音波が使われるケースもあります．
　本稿では本書付録プリント基板のπduinoを使って，人間でも16 k～100 kHzの範囲の超音波を聴けるようにする写真1の「こうもりヘッドホン」を製作してみます．

■ こんな装置

● πduinoだからこそ作れる
　Arduinoの特徴である高速応答性やアナログ入力を活かして変調回路を構成し，ヘテロダイン方式による

125

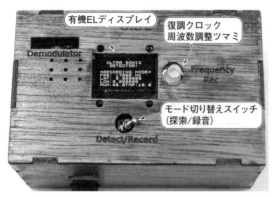

(a) 専用ケースに格納したコントロール部　　(b) ステレオ・ヘッドホンと超音波マイク

写真2　「こうもりヘッドホン」はπduinoやラズベリー・パイなどの基板を格納するケース付きで外への持ち出しもOK

周波数変換を行います．これにより超音波を可聴域に変換します．

変換後の音声データはmp3方式で録音します．録音時温度や湿度などの条件はインターネット経由でオンライン・ストレージへアップロードします．これらの高度な処理はラズベリー・パイに任せます．

各プログラムは，極力ライブラリを用いて新規のソースコード記述が最小限になるように作成しました．

● 外観

人間の聴覚を拡張する目的で製作したので，外に持ち出せるように専用ケースを製作しました．写真2に外観を示します．

写真2(a)はコントロール部分です．写真2(b)のように超音波マイクはステレオ・ヘッドホンに仕込んであります．左右の耳と同じ位置に超音波マイクを配置しているので，聴こえる方向から発信源を特定できます．

屋外に持ち運ぶため，コントロール部を囲うケースも製作しました(写真3)．2.3 mm厚のベニヤ板を半導体レーザ加工機でカットして，これを組み立ててケースにします．

● 操作方法

電源を投入すると，20 k～52 kHzの範囲で超音波をスキャンし，入力レベルの一番高い周波数を検出します．その結果をもとに復調クロックの周波数を自動設定します．モード切り替えスイッチで，探索(Detect)/録音(Record)モードを切り替えます．

▶探索(Detect)モード

超音波発信源および超音波の周波数を探知します．復調クロックの周波数はツマミで調整できます．調整範囲は16 k～99.9 kHzです．

▶録音(Record)モード

測定情報を記録します．ツマミを押すと録音を開始します．録音時間は1分間です．音声データはmp3形式の音声ファイルに保存します．録音完了後，復調クロックの周波数，位置情報，温湿度をインターネット上のストレージ・サービスにアップロードします．

▶インジケータ表示

ツマミのLEDは，ラズベリー・パイの動作状態を示すインジケータです．起動するとゆっくり点滅します．録音時は点灯になります．録音やアップロードに失敗すると，高速で点滅してエラーを通知します．

● 本器で行う処理

超音波は人間の耳では聴こえないので，本器で可聴周波数の信号に変換します．変換はヘテロダイン方式で行います．AMラジオの受信機でも使われているオーソドックスな方式です．本器で行う処理は図1に示す通りです．

▶ステップ1：超音波信号と内部クロックを混合する

変換対象の信号と，それよりも数kHz周波数の高い信号を変調器(DBM：Double Balanced Modulator)で混合すると，「和」と「差」の成分が含まれた信号が生成されます．

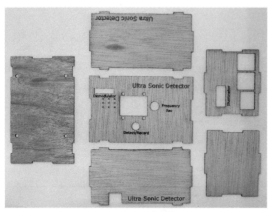

写真3　持ち出しせるように製作した専用ケース
2.3 mm厚のベニヤ板を半導体レーザ加工機でカット

第4章　Arduino×ラズベリー・パイ合体ボード作りました！　πduino誕生！

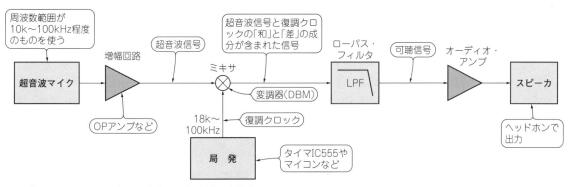

図1　「こうもりヘッドホン」は超音波を可聴周波数に変換する

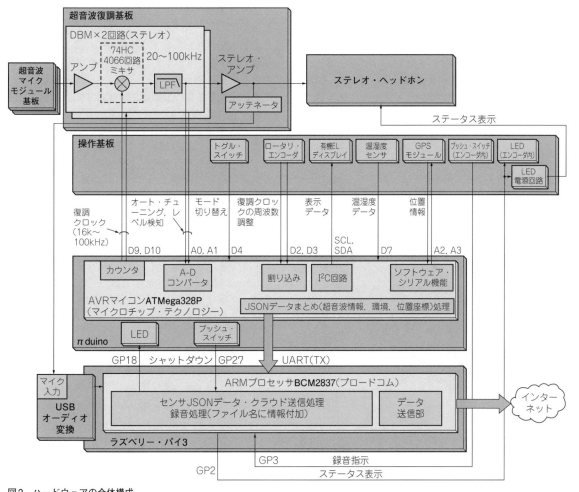

図2　ハードウェアの全体構成
5つの基板で構成．①超音波マイク・モジュール基板，②超音波復調基板はプリント基板製造サービスを使用して作成した

　たとえば変換対象の信号を50 kHz，混合する信号を52 kHzの信号を変調器で混合すると，次の2つの信号が生まれます．

- 和：50 kHz + 52 kHz = 102 kHz
- 差：52 kHz − 50 kHz = 2 kHz

▶ステップ2：ローパス・フィルタで20 kHz以下の成分だけを通過させる

　生成された信号から，ローパス・フィルタにより20 kHz以下の低い周波数成分だけを取り出します．これで人間の耳でも聴ける可聴域の音になります．
　人間の可聴帯域が十数kHzなのに対し，超音波の

周波数は16k～100kHzと広いので，混合する周波数は変換対象に合わせて調整が必要です．たとえば対象が30kHzのときは，31kHzに調整します．

このような装置は一般に「バット・ディテクタ」とも呼び，コウモリを探す用途に使われています．インターネットに製作事例も公開されています．タイマIC555で復調クロックを生成している例もありました．

本器では復調クロックの周波数がマイコンで自由に制御できるようにします．

ハードウェア

■ 全体構成

図2に本器の全体構成を示します．①超音波マイク・モジュール基板，②超音波復調基板，③操作基板，④π duino，⑤ラズベリー・パイの5つの基板で構成します．

超音波マイク・モジュールと復調部の回路は，事前にブレッドボードで試作しましたが，配線が多く持ち出すのが困難でした．そのため専用のプリント基板を製作しました．

回路および基板の設計には，プリント基板CADのEAGLEを使用しました．基板の製造には，安価に利用できるFusion PCB(SeeedStudio)というプリント基板製造サービスを使用しました．依頼から2週間程度で基板が到着しました．

https://www.seeedstudio.com/fusion_pcb.html

■ 回路

① 超音波マイク・モジュール基板

超音波マイクSPM0404UD5(Knowles Electronics社)と，OPアンプLM358MX(フェアチャイルド)で構成したアンプ回路を搭載する基板です．図3に回路図，写真4に外観を示します．設置場所を自由にアレンジできるよう，マイクの直近にアンプを配置しました．電線による本基板の引き回しが可能です．

超音波マイクSPM0404UD5は，1.5～3.6Vで動作します．本基板の電源電圧V_{CC}は5Vなので，青色発光ダイオードLED_1の順方向電圧V_Fにより電圧を下げて使用しました．青色発光ダイオードのV_Fは3.4Vなので，超音波マイクへ供給される電源電圧は1.6V程度です．

② 超音波復調回路基板

図4に回路図を示します．入力信号のバッファ(反転/非反転)とロジックIC 74HC4066でDBM(Double Balanced Mixer, 2重平衡変調器)を構成しています．クロック信号で反転と非反転信号を切り替えることで超音波を復調します．

▶ 復調回路部

超音波を探索するとき発信元の方向を特定できるよう，復調回路は2チャネルのステレオ出力としました．原理的には，受信信号の遅延時間を比較することで発信源の方角も計算可能です．

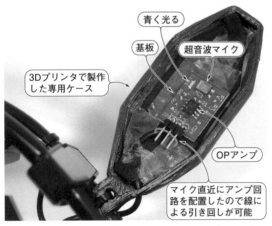

写真4 ヘッドホンに仕込まれた超音波マイク・モジュール基板

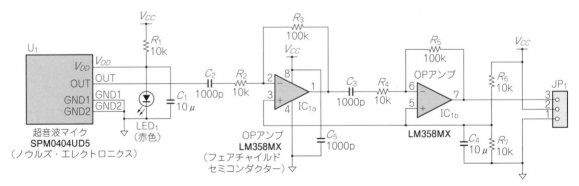

図3 超音波マイク・モジュール基板の回路
設置場所を自由にアレンジできるよう，マイクの直近にアンプを配置した．電線による本基板の引き回しが可能

図5に示すのは，超音波の入力信号と変調後の出力信号です．変調後の出力信号には，次の2つの成分が含まれています．

● 和：元の信号＋クロック信号

● 差：クロック信号－元の信号

この信号からローパス・フィルタで高周波成分を除去すると，可聴信号のみになります．図6に示すのは，変調後の信号とローパス・フィルタ通過後の可聴信号です．

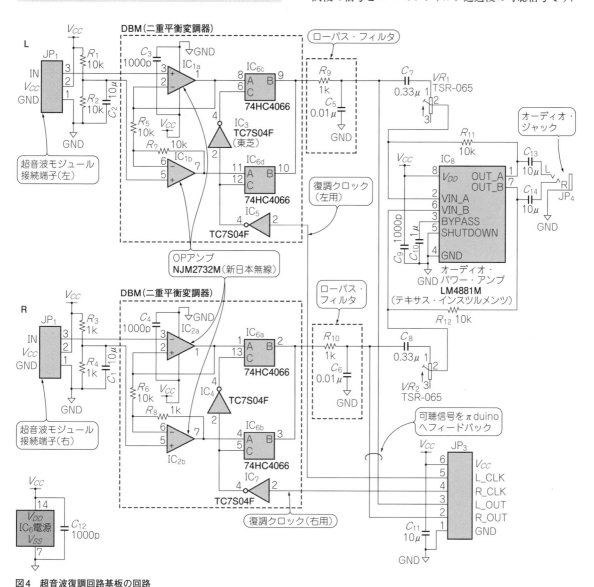

図4　超音波復調回路基板の回路
超音波マイク・モジュール基板を2個接続できるステレオ構成になっている

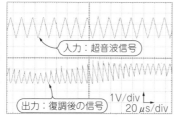

図5　超音波入力信号と復調回路の出力（20 μs/div，1 V/div）
出力には和と差の成分が追加されているので，いびつな形になっている

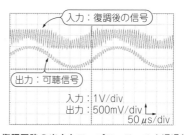

図6　復調回路の出力とローパス・フィルタ通過後の可聴信号（50 μs/div，ch1：1 V/div，ch2：500 mV/div）

写真5 ラズベリー・パイへの可聴信号入力に使用したUSBオーディオ・アダプタ
Plugable Technologies社製

図5，図6の例では，超音波信号を50 kHz，復調用のクロック信号を52 kHzとして実験しました．実験の結果，2 kHzの出力信号を得られました．

▶ヘッドホン出力部

可聴信号をヘッドホンに出力するオーディオ・パワー・アンプには，LM4881M（テキサス・インスツルメンツ）を使用しました．可聴信号の録音用にヘッドホン出力を分岐し，アッテネータを経てラズベリー・パイに接続できるようにしました．

ラズベリー・パイにはアナログ入力機能がなく，単体では録音できないので，写真5のUSBオーディオ・アダプタ（Plugable Technologies社）を使用しました．このアダプタのマイク入力は，残念ながらモノラルです．

③ 操作基板

写真6に示すような，Arduino専用のユニバーサル基板で製作しました．回路は図2に示す通りです．本基板は，Arduinoシールドのようにπduinoに重ねて使用できます．

▶有機ELディスプレイ

各情報を表示するために，I²C接続の0.96インチ有機ELディスプレイを実装します．Aliexpressで購入できます．

▶周波数調整用エンコーダ

復調クロックの周波数を調整するためのエンコーダEC12PLGRSDVF‐D‐25K‐24‐24C‐31/0（Top‐Up Industry）を実装します．本エンコーダの軸はプッシュ・ボタンとしても使え，LEDも内蔵しています．本器では録音開始ボタン，およびステータス表示インジケータとしても使います．

可聴信号を聴くときに使用するステレオ・ヘッドホンにLEDイルミネーションが付いていました．せっかくなので，こちらにもステータスを表示させることにしました．ステータス表示インジケータの制御信号を増幅し，電源として供給します．

▶位置座標と環境情報の取得

超音波測定時の位置情報の取得用にGPSモジュールGYSFDMAXB（太陽誘電），環境情報の取得用に温湿度センサDHT11（Aosong Guangzhou Electronics）を実装します．

写真6 操作基板の製作に使用したArduino専用ユニバーサル基板 Proto Shield REV3.1（中国betemcu社）

④ πduino

超音波復調回路の復調クロック生成，有機ELディスプレイの制御，GPSモジュールの位置情報受信，温湿度センサの制御，エンコーダ信号の受信を行います．各種信号を取りまとめて，JSON形式のフォーマットでラズベリー・パイにシリアル伝送します．JSONはデータを表現するための記法の1つです．

▶位置情報の受信

GPSモジュールから送られてくる位置情報はシリアル信号です．ハードウェア・シリアル機能はラズベリー・パイとの通信ですでに使用しています．性能は劣りますが，ソフトウェア・シリアル機能を使用して受信します．

▶復調クロック周波数の自動調整

可聴信号をA-Dコンバータに取り込み，レベルを監視します．初期化時に入力レベルが最大になるよう，復調クロックの周波数を自動調整します．

動作中もA-Dコンバータで信号レベルを検出し，有機ELディスプレイに表示します．

＊

GPSモジュールの位置情報受信と，可聴信号のレベル表示を同時に行うと，Arduinoの性能が足りず，レスポンスも悪くなるので，トグル・スイッチでモードを切り替えます．

⑤ ラズベリー・パイ

▶可聴信号の録音

超音波復調回路で生成したヘッドホン出力をmp3形式で録音します．録音開始時には，πduinoから受信したJSON形式の情報をもとにファイル名を付加します．

▶各種センサ情報のアップロード

πduinoからUARTを経由して送られてくるJSON形

式の各種センサ情報は，インターネットを経由してオンライン・ストレージにも保存します．IFTTT（イフト）と呼ばれるクラウド・サービスを使用して，Google Drive Spreadsheet形式で逐次情報を記録します．

通常，IFTTTでは3個までの情報しか受け渡せません．センサ情報をひとまとめにしたJSON形式のテキスト・データを1つの情報として受け渡します．

▶ステータス表示

JSON情報の取得やIFTTTへのアップロード，録音の状況（成功・失敗）などを，LEDの点滅でステータス表示するようにしました．

ソフトウェア

■ πduino用プログラムの作成（スケッチ）

p.122で紹介したPlatformIOを使用してπduino用プログラム（スケッチ）を作成します．

使用するライブラリおよびID番号を表1に示します．ライブラリはPlatformIOのライブラリ・マネージャで取得します．取得コマンドは次のとおりです．

`platformio lib -g install ID番号`

πduino用スケッチのソースコードの抜粋をリスト1（pp.134〜136）に示します．

● クロック生成部

復調クロックを生成するため，本器ではAVRマイコン内のレジスタに直接値を書き込んで設定します．

周波数はArduinoのtone命令でも設定できますが，出力されるクロックの周波数が安定しません．復調後の音が不安定になるので，直接タイマ信号を使用します．

タイマ信号の出力にはPWM機能を使用します．デューティ比を50％に設定して，9番ピン，および10番ピンから2チャネル分出力します．

A-Dコンバータの変換速度は，Arduinoのデフォルトだと遅いので，こちらもレジスタに直接値を書き込んで設定します．

● 有機ELディスプレイの表示処理

ディスプレイ駆動には，U8g2ライブラリをインストールすると付いてくるU8x8というライブラリを使用します．

U8g2は文字や図形，ビットマップ形式の画像を簡単にディスプレイに表示できるライブラリですが，メモリ使用量が多いので本器では使用しませんでした．

U8x8は文字サイズが固定で変更できませんが，メモリ使用量が少なくて済みます．表示の自由度は低い

表1 πduino用プログラムに使用したArduinoライブラリ

ライブラリ名	ID番号	内容
dht11	19	湿温度センサdht11のライブラリ
adafruit sensor	18	dht11とセットで必要なライブラリ
TinyGPS	416	GPSモジュールから位置情報を受信するためのライブラリ
U8g2	942	有機ELディスプレイを駆動するライブラリ

ですが，よく使われている16×2のキャラクタLCDよりも多くの情報を表示できます．

● 復調クロック周波数の自動調整機能

可聴信号の出力レベルから復調クロックの周波数を自動調整する機能です．起動直後の初期化時に使用します．

可聴信号の出力レベルはAVRマイコンのA-Dコンバータに入力して検知します．下限の16kHzから上限の52kHzまで周波数をスイープさせ，入力レベルが一番大きかった周波数を検出します．その結果から復調クロックの周波数を自動的に調整します．

動作中もA-Dコンバータで信号レベルを検出し，有機ELディスプレイに表示します．

● 各種センサからの測定情報の取得

▶温湿度センサ・モジュールの制御

DHT11の制御には，専用ライブラリのDHT.hを使用しました．

▶GPSモジュールの位置情報受信

位置情報の受信には，TinyGPSと呼ばれるライブラリを使用しました．インターフェースにはソフトウェア・シリアル機能を使用します．

本来であればGPSから送られてくる位置情報を絶えず監視したいのですが，そのためにはソフトウェア・シリアル機能を常時動作させる必要があります．AVRマイコンを占有するので，ほかの処理が実行できなくなります．

有機ELディスプレイに超音波信号のレベルを表示しているときは，位置情報の受信は行わないようにしました．

● ロータリ・エンコーダによる周波数の調整

復調クロックの周波数は，ロータリ・エンコーダを回すことで調整できるようにしました．

A相，およびB相のエンコーダ信号が入力されると，割り込みが発生します．割り込み処理ではA相とB相の論理状態から回転方向がCW（clockwise，時計回り）なのかCCW（counterclockwise，反時計回り）を判断して，周波数を変更します．CWなら周波数を高く，

CCWなら周波数を低くします．周波数の変更は，タイマに値を書き込んで行います．

エンコーダを回すと，聴こえてくる音も変化します．AMラジオをチューニングしているときのような音が聞こえます．

■ ラズベリー・パイ用プログラム（Pythonスクリプト）の作成と事前設定

● プログラムの作成

こうもりヘッドホン用プログラムultrasonic02.pyを作成します．ソースコードをリスト2（pp.136 ～ 137）に示します．

▶πduinoとの通信

πduinoからUARTで送信されたJSON形式のデータを受信し，次の情報を読み取ります．

- GPSモジュールが出力した位置情報
- 温湿度情報
- 復調クロック周波数
- 可聴信号の電圧レベル

常時データの受信を確認させるため，これらのプログラムの実行にはスレッドを使用します．

▶録音ステータス表示LEDの制御

超音波の録音可否など，プログラムのステータスを，ロータリ・エンコーダのLED，およびヘッドホンのイルミネーションLEDに表示します．

本プログラムも，ほかのプログラムと並列に常時実行させるため，スレッドを使用します．

▶録音機能

可聴信号の録音には，soxコマンドを使用します．subprocessライブラリを使用して外部実行しました．

● 事前設定①：ラズベリー・パイのセットアップ

▶起動時の自動実行

ラズベリー・パイの起動時に，こうもりヘッドホン用プログラムultrasonic02.pyを自動で実行させるには，次の手順でrc.localファイルに記述を1行追加してください．

まず，rc.localファイルをnanoエディタで開きます．次のコマンドを実行してください．

```
sudo nano /etc/rc.local
```

rc.localファイルを開いたら，末尾に次の記述を追加してください．

```
cd /home/pi/program/;python ultrasonic02.py &
```

追加が完了したら，上書き保存してnanoエディタを終了します．

▶録音機能の有効化

USBオーディオ・アダプタを使って可聴信号を録音できるよう設定します．Raspbian Jessieの場合の手順は次の通りです．

USBオーディオ・アダプタをUSBポートに挿して10秒程度経ったら，次のコマンドを実行します．

```
cat /proc/asound/modules
```

正常に認識されると次のように表示されます．

```
0 snd_bcm2835
1 snd_usb_audio
```

1 snd_usb_audioがUSBオーディオ・アダプタです．次のコマンドを実行してテキスト・エディタでasound.confファイルを作成します．

```
sudo nano /etc/asound.conf
```

asound.confファイルの内容は次の通りにします．

```
pcm.!default {
type hw card 1
}
ctl.!default {
type hw card 1
}
```

作成が完了したら上書き保存して，nanoエディタを終了します．その後，再起動します．

再起動したら，デバイス・リストを確認します．次のコマンドを実行してリストを表示します．

```
aplay -l
**** List of PLAYBACK Hardware Devices ****
…中略…
card 1: Device [USB Audio Device], device 0: USB Audio [USB Audio]
  Subdevices: 1/1
  Subdevice #0: subdevice #0
```

USBオーディオ・アダプタは「Card1:device:0」として認識されています．

確認できたらマイクの音量を設定します．次のコマンドを実行して100％のマイク音量で録音されるように設定します．

```
sudo amixer sset Mic 100%
```

▶録音プログラムのインストール

可聴信号を録音するプログラムをインストールします．ファイル容量を抑えたいので，mp3形式で録音します．録音プログラムにはsoxを使用します．次のコマンドを実行してインストールします．

第4章　Arduino×ラズベリー・パイ合体ボード作りました！ πduino誕生！

（a）山手線車内

（b）さすが俺のこうもりヘッドホン！超音波の発信源を発見

写真7　自慢のこうもりヘッドホンをして山手線に潜入！なんで俺の周りはこんなにすいてるんだ…？
2016年11月以降，山手線の全車両で，乗り継ぎ情報や遅延情報などの運行状況，車両番号，号車などが，人の耳には聞こえない超音波で放送されている．将来はスマホ用の速報アプリなどが開発されるのかもしれない．現在は，暗号がかけられているので利用はできないが，どんな通信音なのか聞いてみた

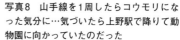
写真8　山手線を1周したらコウモリになった気分に…気づいたら上野駅で降りて動物園に向かっていたのだった
仲間達は分厚いガラスの向こう側に．「なにも聞こえねぇぜ…中に入りてぇ」「お父さん，お願いだからもうやめてぇ！」

```
sudo apt-get install alsa-utils sox libsox-fmt-all
```

次のコマンドで録音できるか確認します．「plughw:1,0」は，CardナンバとDeviceナンパです．

```
export AUDIODRIVER=alsa
AUDIODEV=plughw:1,0 rec test.mp3
```

mp3再生プログラムmpg123をインストールします．次のコマンドを実行します．

```
sudo apt-get install mpg123
```

録音した音声を聴くには，次のコマンドを実行します．

```
mpg123 test.mp3
```

● 事前設定②：クラウド・サーバのセットアップ

πduinoから受信した位置情報，温湿度情報，復調クロック周波数，可聴信号の電圧レベルのデータを，インターネット経由でクラウド・サーバにアップロードします．

本器では，録音終了と共にIFTTTと呼ばれるクラウド・サービスを使って，Google Drive Spreadsheetに各種データを書き込みます．

IFTTTは「if this then that」の頭文字を取ったものと言われています．This側とThat側のサービスを選び，This側であらかじめ決めたイベントが発生したら，That側の処理を実行します．利用するには事前にアカウントを作成と各種設定が必要です．手順は次の通りです．

▶ステップ1：IFTTTのアカウント作成
次のURLにアクセスしてIFTTTのアカウントを作成します．

```
https://ifttt.com/
```

▶ステップ2：クラウド・サーバ上の設定
Maker Channelへアクセスがあったときに，Google Drive Spreadsheetに各種データを書き込むように設定してます．今回はThis側をMakerチャネル，That側をGoogle Driveチャネルにして，次のURLにアクセスがあった場合に，各種データを書き込むようにします．

```
http://maker.ifttt.com/trigger/{event}/with/key/{キー}
```

{キー}にはIFTTTのアカウント情報を埋め込みます．{event}にはイベント内容を区別するためのEvent Nameを埋め込みます．今回のEvent Nameは「Piduino」としました．

Pythonでは，requestsライブラリを使用すれば，簡単にIFTTTにpostできます．IFTTT経由で記録されたデータを**リスト3**（p.137）に示します．

リスト1　こうもりヘッドホンのπduino用プログラム(スケッチ)のソースコード

```
#include <Adafruit_Sensor.h>
#include "DHT.h"
#include <TinyGPS.h>
#include <SoftwareSerial.h>
#include <Arduino.h>
#include <U8x8lib.h>
#include <Wire.h>
#include <SPI.h>

U8X8_SSD1306_128X64_NONAME_SW_I2C u8x8(/* clock=*/
    SCL, /* data=*/ SDA, /* reset=*/ U8X8_PIN_NONE);
                // OLEDs without Reset of the Display

static const int RXPin = A3, TXPin = A2;
static const uint32_t GPSBaud = 9600;
TinyGPS gps;
SoftwareSerial ss(RXPin, TXPin);
#define DHTPIN 7   // The DHT11 object
#define DHTTYPE DHT11   // DHT 11
DHT dht(DHTPIN, DHTTYPE);

unsigned long sys_clk = 16000000;
unsigned long frq_init = 52000;
unsigned long frq_min = 20000;
unsigned long frq_max = 99900;
unsigned long frq;
unsigned int  sonic_pp = 0;
unsigned int  sonic_prk = 0;
unsigned int  sonic_adj = 0;
unsigned int  Level_R, Level_L;
float gps_lat, gps_lng;
bool newData = false;
float hum, temp;

int frqset_frg = 0;
String buildJson() ;

void setTCR1_frq(unsigned long frq) {
  unsigned int fdata;
  fdata = sys_clk / frq;// 設定値計算
  ICR1 = fdata;// 周波数を設定
  OCR1A = fdata / 2; // PWMのDuty 50%
  OCR1B = fdata / 2; // PWMのDuty 50%
}
void contrl_ph_A() {
  int pha_st, phb_st;
  if (frqset_frg == 0) {
   frqset_frg = 0;
   pha_st = digitalRead(2);
   phb_st = digitalRead(3);
   if ((pha_st == HIGH) && (phb_st == HIGH)) {
    frq = frq + 100;
   }
   else if ((pha_st == LOW) && (phb_st == HIGH)) {
    frq = frq + 100;
   }
   else if ((pha_st == HIGH) && (phb_st == HIGH)) {
    frq = frq - 100;
   }
   else if ((pha_st == LOW) && (phb_st == LOW)) {
    frq = frq - 100;
   }
   else {
   }
   if(frq > frq_max) frq = frq_max;
   else if (frq < frq_min ) frq = frq_min;
   setTCR1_frq(frq);
  }
  else {
  }
}
```

（変調周波数設定用の関数）

（割り込みによるエンコーダ処理(A相入力部)．エンコーダの回転方向を判断し，設定周波数を100ずつ増減させる．設定値は上下限でリミッタをかけている）

```
void contrl_ph_B() {
 int pha_st, phb_st;
 if (frqset_frg == 0) {
  frqset_frg = 0;
  pha_st = digitalRead(2);
  phb_st = digitalRead(3);
  if ((phb_st == HIGH) && (pha_st == HIGH)) {
   frq = frq - 100;
  }
  else if ((phb_st == LOW) && (pha_st == HIGH)) {
   frq = frq - 100;
  }
  else if ((phb_st == HIGH) && (pha_st == HIGH)) {
   frq = frq + 100;
  }
  else if ((phb_st == LOW) && (pha_st == LOW)) {
   frq = frq + 100;
  }
  else {
  }
  if(frq > frq_max) frq = frq_max;
  else if (frq < frq_min ) frq = frq_min;
  setTCR1_frq(frq);
 }
 else {
 }
}
unsigned int getSonicLevel_R(void) {
 unsigned int sonic_level;
 unsigned int sonic_max = sonic_adj;
 unsigned int sonic_min = sonic_adj - 1 ;
// for (int i = 0; i < 1024; i++) {
 for (int i = 0; i < 256; i++) {
  sonic_level = analogRead(A0);
  if (sonic_max < sonic_level) sonic_max = sonic_level;
  else if (sonic_min > sonic_level) sonic_min = sonic_level;
 }
 return (sonic_max - sonic_min);
}
unsigned int getSonicLevel_L(void) {
 unsigned int sonic_level;
 unsigned int sonic_max = sonic_adj;
 unsigned int sonic_min = sonic_adj - 1 ;
// for (int i = 0; i < 1024; i++) {
 for (int i = 0; i < 256; i++) {
  sonic_level = analogRead(A1);
  if (sonic_max < sonic_level) sonic_max = sonic_
                                             level;
  else if (sonic_min > sonic_level) sonic_min =
                                      sonic_level;
 }
 return (sonic_max - sonic_min);
}
void get_Sonic_Level(unsigned int *Level_R,
                     unsigned int *Level_L) {
 *Level_R = 0;
 for (int i = 0; i < 64; i++) {
  *Level_R = *Level_R + getSonicLevel_R();
  delay(0.1);
 }
 *Level_R = *Level_R >> 6;

 *Level_L = 0;
 for (int i = 0; i < 64; i++) {
  *Level_L = *Level_L + getSonicLevel_L();
  delay(0.1);
 }
 *Level_L = *Level_L >> 6;
}
```

（割り込みによるエンコーダ処理(B相入力部)．A相入力部と基本的に同じ処理）

（復調した信号の電圧レベルをA-Dコンバータで検出する関数(右入力)）

（復調した信号の電圧レベルをA-Dコンバータで検出する関数(左入力)）

(a) インクルード部各関数

```
void setup() {
  pinMode(9, OUTPUT); // 0C1A
  pinMode(10, OUTPUT);// 0C1B
  pinMode(2, INPUT);
  pinMode(3, INPUT);
  pinMode(4, INPUT_PULLUP);

  attachInterrupt(0, contrl_ph_A, CHANGE);
  attachInterrupt(1, contrl_ph_B, CHANGE);

  ADCSRA = ADCSRA & 0xf8;
  ADCSRA = ADCSRA | 0x04;
  for (int i = 0; i > 16 ; i++) {
    sonic_adj = sonic_adj + analogRead(A0);
  }
  sonic_adj = sonic_adj >> 4;

  TCCR1A = 0b10110010; // 0C1A ->10 match-Low  0C1B
                       //      ->11 match-High  FastPWM-mode Top-ICR1
  TCCR1B = 0b00011001; // clock I/O/1 0.0625us
  frq = frq_init;
  setTCR_frq(frq);
  Serial.begin(9600);
  ss.begin(GPSBaud);

  dht.begin();

  u8x8.begin();
  u8x8.setPowerSave(0);
  u8x8.setFont(u8x8_font_chroma48medium8_r);
  u8x8.drawString(0, 0, " ULTRA SONIC");
  u8x8.drawString(0, 1, "  DETECTOR!");
}
```

- ポート設定
- エンコーダ割り込み設定
- A-Dコンバータの動作速度を変更
- 復調を開始する前に出力電圧を読み込んでオフセット電圧を確認・設定
- タイマ1を2チャネル出力のPWMモードに設定した後，出力周波数を52kHzに設定する
- 有機ELディスプレイに文字を表示する

(b) setup()

```
void loop() {
  int serch_dir = 1;
  unsigned long f = frq_min;
  unsigned long frq_prk, frq_mix;
  sonic_prk = 0;

  Serial.println("Tunning Start");
  while (1) {
    setTCR1_frq(f);
    sonic_pp = getSonicLevel_R();
    if ( sonic_pp > sonic_prk ) {
      frq_prk = f;
      sonic_prk = sonic_pp;
    }
    if ( f < frq_init) {
      f = f + 1000;
    }
    else {
      frq_mix = frq_prk + 1000;
      frq = frq_mix;
      setTCR1_frq(frq);
      Serial.println("Tunning End");
      while (1) {
        if (digitalRead(4) == HIGH) { // Detect Mode
          u8x8.setCursor(0, 3);
          u8x8.print("=DETECTOR MODE=");
          u8x8.setCursor(0, 4);
          u8x8.print("FRQ:");

          get_Sonic_Level(&Level_R, &Level_L);

          u8x8.setCursor(5, 4);
          u8x8.print(frq);
          u8x8.print(" Hz ");
          u8x8.setCursor(0, 5);
          u8x8.print("           ");
          u8x8.setCursor(0, 6);
          u8x8.print("L:         ");
          u8x8.setCursor(2, 6);
          for (int i = 0; i < Level_L / 8; i++) {
            u8x8.print(">");
          }
          u8x8.setCursor(0, 7);
          u8x8.print("R:         ");
          u8x8.setCursor(2, 7);
          for (int i = 0; i < Level_R / 8; i++) {
            u8x8.print(">");
          }
        }
      }
      else {      // Record Mode
        u8x8.setCursor(0, 3);
        u8x8.print("=RECORDING MODE=");
        for (unsigned long start = millis(); millis() - start < 1000;) {
          while (ss.available()) {
            char c = ss.read();
            if (gps.encode(c))
              newData = true;
          }
        }
        if (newData) {
          unsigned long age;
          gps.f_get_position(&gps_lat, &gps_lng, &age);
        }
        u8x8.setCursor(0, 4);
        u8x8.print("FRQ:");
        u8x8.setCursor(5, 4);
        u8x8.print(frq);
        u8x8.print(" Hz ");
        u8x8.setCursor(0, 5);
        u8x8.print("LAT: ");
        u8x8.print(gps_lat, 6);
        u8x8.setCursor(0, 6);
        u8x8.print("LON:");
        u8x8.print(gps_lng, 6);

        hum = dht.readHumidity();
        temp = dht.readTemperature();

        u8x8.setCursor(0, 7);
        u8x8.print("HUM:");
        u8x8.print(hum, 1);
        u8x8.print("TMP:");
        u8x8.print(temp, 1);

        get_Sonic_Level(&Level_R, &Level_L);

        Serial.println(buildJson());
        delay(1000);
      }
    }
  }
}
```

- 復調クロック周波数を1kHzずつ増やしながら，変調後の出力信号を読み取り，前回と比較して結果が大きい周波数を記録する．上限まで確認した後，1番レベルが大きかった周波数＋1kHzに復調クロックの周波数を設定する
- パネル表示．変調後の信号読み取り値から，バーグラフもどきを表示する
- Recordモード判別
- GPS受信処理
- 有機ELディスプレイに位置情報を表示する
- 温湿度取り込み
- 有機ELディスプレイに温湿度を表示する

(c) loop()

リスト1 こうもりヘッドホンのπduino用プログラム(スケッチ)のソースコード(つづき)

```
String buildJson() {
 String json = "{";
 json += "¥"Device_ID¥": ¥"Piduno01¥"";
 json += ",";
 json += "¥"GPS¥":";
 json += "{";
 json += "¥"LATITUDE¥":";
 json += String(gps_lat, 6);
 json += ",";
 json += "¥"LONGITUDE¥":";
 json += String(gps_lng, 6);
 json += "}";
 json += ",";
 json += "¥"Envroment¥":";
 json += "{";
 json += "¥"TEMP¥":";
 json += temp;
 json += ",";
 json += "¥"HUMIDITY¥":";
 json += hum;
 json += "}";
 json += ",";
 json += "¥"Ultrasonic¥":";
 json += "{";
 json += "¥"FREQ¥":";
 json += frq;
 json += ",";
 json += "¥"LEVEL_LEFT¥":";
 json += Level_L;
 json += ",";
 json += "¥"LEVEL_RIGHT¥":";
 json += Level_R;
 json += "}";
 json += "}";
 return json;
}
```

各センサ情報のJSONデータを生成する

(d) JSONデータ制御部

リスト2 こうもりヘッドホンのラズベリー・パイ用プログラム(Python)のソースコード

```python
#!/usr/bin/env python
# -*- coding: utf-8 -*-
import threading
import wiringpi as wpi
import serial
import json
import time
import requests
import subprocess
from subprocess import Popen
from time import   sleep
import datetime

LAT = 0.0
LNG = 0.0
TEMP = 0.0
HUM = 0.0
LEV_L = 0.0
LEV_R = 0.0

none = 0
standby = 1
record = 2
succes = 3
error = 9

Cntrl_state = none

ser = serial.Serial("/dev/ttyS8",9600)
sensor_data = {}

wpi.wiringPiSetup()
wpi.pinMode(8,0)       #GP2 INPUT
wpi.pullUpDnControl(0,2);   #GP2 PullUP
wpi.softPwmCreate(9,0,100)  # GP3 PWM PORT ,
PWM RANGE  0 to 100

def getPiduinodata():
  global LAT,LNG
  global sensor_data
  global Cntrl_state

  while 1:
    line = ser.readline()
    line = line.rstrip()
    try:
      sensor_data  = json.loads(line)
      print "json data load!!"
      if (Cntrl_state != record) & (Cntrl_state
                                    != succes):
        Cntrl_state = standby

        …中略(デバッグ用記述)…

      time.sleep(1)

def Contrl_state_LED():
  global Cntrl_state
  while 1:
    if Cntrl_state == standby :
      for n in range(0,99):
        wpi.softPwmWrite(9,n)
        wpi.delay(25)
      for n in range(0,99):
        wpi.softPwmWrite(9,99-n)
        wpi.delay(10)
      wpi.delay(200)

    elif Cntrl_state == record :
      wpi.softPwmWrite(9,100)
      wpi.delay(100)

    elif Cntrl_state == succes :
      wpi.softPwmWrite(9,0)
      wpi.delay(500)
      wpi.softPwmWrite(9,100)
      wpi.delay(500)

    elif Cntrl_state == error :
      wpi.softPwmWrite(9,0)
      wpi.delay(50)
      wpi.softPwmWrite(9,100)
      wpi.delay(50)

    else :
      wpi.softPwmWrite(9,0)
      wpi.delay(500)

def IFTTT_post():
  global Cntrl_state
  try:
    requests.post("http://maker.ifttt.com/trigger/
          Piduino/with/key/IFTTTで発行されたKey",
                  json={"value1":sensor_data})
    print "IFTTT post!!"
    Cntrl_stete = succes
```

ライブラリのインポート

ステータス情報の定義

πduinoとの通信ポート設定

I/Oポート設定

πduinoからデータを読み取る関数

πduinoからの受信データ読み取り

受信データをJSONとして扱う

ステータス状態に合わせてLEDの光り方を設定

IFTTT経由でGoogle SpredsheetにJSONデータをアップロードする関数

リスト2 こうもりヘッドホンのラズベリー・パイ用プログラム(Python)のソースコード(つづき)

```
      time.sleep(0.5)
      Cntrl_state = none
   except:
      print "IFTTT upload error"
      Cntrl_state = error

def rec_sound():       ← 録音処理の関数
   global Cntrl_state
   todaydetail =    datetime.datetime.today()
   timestamp = todaydetail.strftime("%Y-%m-%d-
                                    %H:%M:%S")
   foldername = "/home/pi/sound/"
   filename = foldername + timestamp + "LAT" +
            str(LAT) + "LNG" + str(LNG) + ".mp3"
   cmd = "AUDIODEV=plughw:1,0 rec " + filename + "
                                    trim 0 60"
   try:
      proc = Popen( cmd,shell=True )
      Cntrl_state = record
      pid = proc.pid
      print( "process id = %s" % pid )
      proc.wait()
      Cntrl_state = succes
      time.sleep(1)

      Cntrl_state = none
   except:
      print "Recording error"
      Cntrl_state = error

if __name__ == '__main__':
   getPiduinodata_thread = threading.Thread
   (target=getPiduinodata, name="getPiduinodata_
                                    thread")
   getPiduinodata_thread.setDaemon(True)
   getPiduinodata_thread.start()

   Contrl_state_LED_thread = threading.
   Thread(target=Contrl_state_LED, name="Contrl_
                                    state_LED_thread")
   Contrl_state_LED_thread.setDaemon(True)
   Contrl_state_LED_thread.start()

   while 1:
      if wpi.digitalRead(8) == 0:
         rec_sound()
         IFTTT_post()
      time.sleep(0.1)
```

USBオーディオ・アダプタによって数字が異なる

ファイル名生成

πduinoからのデータ受信処理をスレッドで実行させる

ステータスLEDの処理をスレッドで実行させる

8番ピン(エンコーダのプッシュ・ボタン)が"L"レベルになったら録音処理とアップロードを行う

リスト3 IFTTT経由でGoogle Drive Spreadsheetに書き込まれた各種データ

```
"November 19, 2016 at 09:07AM",Piduino,"{"""GPS"""=>{"""LATITUDE"""=>35.661362, """LONGITUDE"""=>139.75797},
"""Ultrasonic"""=>{"""FREQ"""=>18000, """LEVEL_LEFT"""=>3, """LEVEL_RIGHT"""=>5},
"""Enviroment"""=>{"""TEMP"""=>21, """HUMIDITY"""=>39},"""Device_ID"""=>"""Piduno01"""}"
```

街に飛び交っている超音波を聴いてみた

● フィールド試験①…電車内の超音波を聴いてみる

動作確認と超音波発信源探しを兼ねて,屋外で実験してみました.

まずは全車両に非可聴ビーコンが設置されたJR東日本の山手線に乗って実験してみました(**写真7**).

電車内で復調周波数を18 kHzに設定すると,強烈な通信音が聴こえてきました.絶えず発信し続けています.ステレオ型の特徴を活かし,音の強く鳴っている方角を探すと,ちょうど私の頭上に非可聴ビーコンらしき物体を確認しました.近づくと音のレベルが強くなったので,間違いなさそうです.**写真7**(**b**)の銘板を確認したところ,「音波ビーコン」と書かれていました.

非可聴音声は常時発信されており,少し離れた場所でもスマートホンで受信できていました.

18 kHz近辺の音波なので,中年の私にはまったく聞こえませんが,若い人だと常時なにかしらの音が鳴っていることがわかるかもしれません.

● フィールド試験②…動物の声を聴いてみる

そのまま上野駅で山手線を下車し,次は上野動物園へ行ってみました.動物が発している超音波,特にコウモリの鳴き声がどのように聞こえるのか確認するためです.

動物園内を1時間ほど練り歩きましたが,動物の鳴き声らしき超音波は確認できませんでした.一番の目的であったコウモリの声は,**写真8**のとおり展示スペースがガラス張りの部屋であったため,聞くことができませんでした.

動物の声よりも,照明,雨が傘に当たる音,竹ほうきで地面を掃く音,照明装置のインバータ発振音など,人工物から発する超音波ばかり聞こえました.

すながわ・ひろゆき

◆参考文献◆
(1) 谷村 康行;絵とき「超音波技術」基礎のきそ,2007年11月,日刊工業新聞社.
(2) ブログ「アトリエたま」Bat Detector［電子工作］
http://atelier-tama.blog.so-net.ne.jp/2013-09-21
(3) Qiita Raspberry PiでAudioの録音
http://qiita.com/setsulla/items/c08a6d8fcdddc83c54c5
(4) Hatena Blog それマグで!
http://takuya-1st.hatenablog.jp/entry/2014/08/23/022031

消費わずか2mA！腕時計で磨かれたマイコンが
カメラとコンピュータを叩き起こす

24時間ジロジロ
超ロー・パワーArduinoで作る
違法駐車チクリ・カメラ魔ン

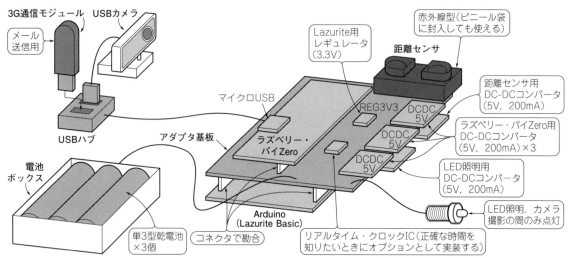

図1　乾電池で24時間連続監視！「違法駐車チクリ・カメラ魔ン」を製作
DC-DCコンバータはイネーブル端子付きで外部から電源ON/OFFを制御できる．本器ではすべてArduino（Lazurite Basic）から制御する

　本稿では，Arduinoとラズベリー・パイを組み合わせて，人間の代わりに24時間連続で駐車場の監視を続ける「違法駐車チクリ・カメラ魔ン」を製作します（**図1**）．マイコン・ボードには，低消費電力で動作する「Lazurite」を使用しました．Arduino専用プログラミング言語スケッチによる開発が可能です．統合開発環境にはArduinoライクなGUIを持つ「Lazurite IDE」を使用します．ラズベリー・パイで製作した据え置き型カメラもあります．詳しくは本書p.239を参照してください．

こんな装置

● Arduinoの1/5の消費電力！ LazuriteとPiを合体！

　本機は，駐車場に設置して使用できる違法駐車監視システムです．違法車両を発見すると，カメラで写真撮影を行い，電子メールでユーザに知らせます．
　画像をキャプチャしたりネットワークに接続したりするような高度な処理が必要です．これらの処理はラズベリー・パイにまかせます．
　ラズベリー・パイは高性能かつ小型ですが，消費電力が大きいのが欠点です．最も消費電力が小さいラズベリー・パイZeroでも500mAを超えるときがあり，乾電池で連続使用すると数時間で寿命が尽きます．
　そこで，待機時には消費電力が2mA程度と小さいArduinoライクなマイコン・ボード「Lazurite」を使います．普段はラズベリー・パイの電源を切っておき，「いざ」というとき，Arduinoが電源を入れます．単3型乾電池でも半月程度は連続で動かせます（**写真1**）．

● 違法駐車にだけ反応！ 画像認識で誤検知防止

　違法駐車の車両を検出する手段には，Arduinoと距離センサによる「物体感知」と，ラズベリー・パイとカメラの「画像認識」の2つを使います．
　距離センサは，動作させたタイミングでたまたま車や人が目の前を横切っただけのときでも，違法駐車と勘違いして反応してしまいます．

第4章　Arduino×ラズベリー・パイ合体ボード作りました！　πduino誕生！

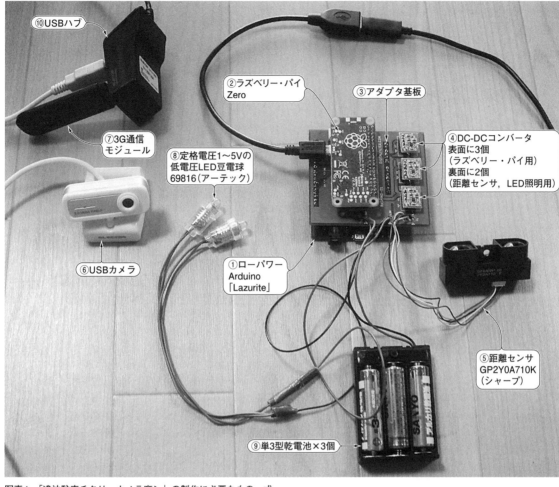

写真1　「違法駐車チクリ・カメラ魔ン」の製作に必要なもの一式

　本機は距離センサ反応後にカメラで駐車場内を撮影し，きっかけが車両なのかどうかを画像認識で判断します．その後，ユーザへメール送信を行うので，誤検知が極めて少なくなります．

● 設置場所は選ばない！3G通信モジュールを使用

　本機はインターネットへの接続にUSB接続タイプの3G通信モジュールを使用します．3G通信のサービス・エリア内であれば，屋内/屋外に関わらず，どこにでも設置できます．自宅と駐車場が離れている場合でも問題ありません．

システムの全体構成

■ ハードウェア

● キーパーツ①：ラズベリー・パイZero

　ラズベリー・パイZeroは，1GHzで動作する高性能なARMプロセッサを搭載したLinuxコンピュー

タ・ボードです．カメラで撮影した画像を解析したり，メールを送信したり，パソコンに近い感覚で使用できます．販売価格は$5と非常に安価です．

▶乾電池で動かすと5時間しかもたない

　パソコンと比較すると消費電力は低いですが，負荷の高い処理を実行させると500mA（2.5W）を超えるときがあります．

　単3型の乾電池の電流容量は2000mAh程度です．ラズベリー・パイZeroを乾電池で動かしたときの消費電流を平均で400mAと考えると，次の通り5時間しか持ちません．

$$2000 \text{ mAh} \div 400 \text{ mA} = 5 \text{ h}$$

▶普段は電源OFF！必要なときだけ大飯食いのPiの電源を入れる

　電池が5時間しか持たないようでは，監視システムとして失格です．普段は電源をOFFにしておき，処理が必要なときだけ電源をONにする制御をします．

139

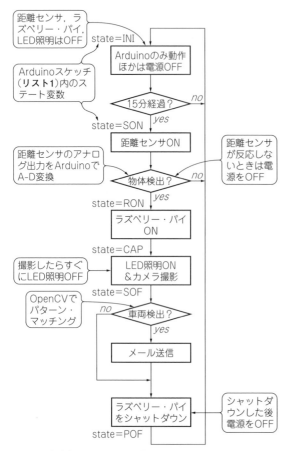

図2 違法駐車チクリ・カメラ魔ンのフローチャート
距離センサは15分に1回動作する．距離センサで物体を検出したときのみラズベリー・パイZeroが起動する

● **キーパーツ②：消費電流わずか2mA！ Arduinoライクなマイコン・ボード「Lazurite Basic」**

▶消費電流はラズベリー・パイZeroの1/200！

Lazurite Basic（ラピスセミコンダクタ）はArduino互換のコネクタ・インターフェースを有するマイコン・ボードです．消費電流はスリープ・モードなら2mA程度とかなり低いことが特徴です．

本機では常時動作させるようにして，ラズベリー・パイZeroやLED照明，測距センサの電源をON/OFF制御します．

▶Arduino同様に超特急プログラミングができる

プログラムの開発はArduinoライクな統合開発環境「Lazurite IDE」で行います．プログラム記述にはC++ベースのArduino独自言語「スケッチ」を使用します．

● **キーパーツ③：アダプタ基板＆DC-DCコンバータ**

Arduinoとラズベリー・パイを接続するアダプタ基板(*1)は，本機のために基板製造サービス(Elecrow)を利用して製作しました．

アダプタ基板の表面には，ラズベリー・パイ用のDC-DCコンバータを3個搭載しています．DC-DCコンバータ1個あたり200mA流せるので合計600mA流せます．

裏面には，距離センサ用のDC-DCコンバータと，LED照明用のDC-DCコンバータを搭載しています．

■ **ソフトウェア**

図2に駐車場監視システムのフローチャート，図3にブロック図を示します．

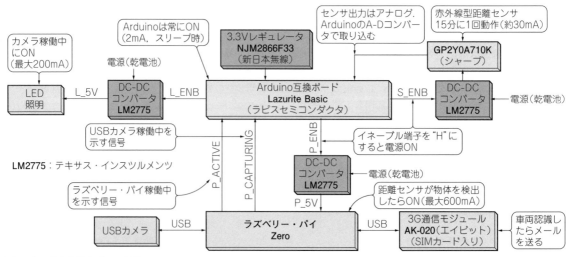

図3 システム全体のブロック図
低消費電力なArduino(Lazurite Basic)と多機能なラズベリー・パイを連携させている

*1 筆者のサイト http://digitalfilter.com から有償頒布中（基板名RASPINO-02）．回路図もダウンロード可能．

第4章　Arduino×ラズベリー・パイ合体ボード作りました！　πduino誕生！

● 待機時：Arduinoだけで物体の有無を監視

　普段はArduinoのみが動作しています．Arduinoは距離センサGP2Y0A710K（シャープ）を15分に1度ONにします．ON/OFFは，DC-DCコンバータのイネーブル端子のレベルを制御信号によって切り替えることで行います．距離センサの消費電流は約30mAです．

● 物体検出時

▶① ラズベリー・パイの電源をONする

　距離センサの出力はArduinoでA-D変換されます．その値の大小により物体を検出します．「物体あり」と判断したら，ラズベリー・パイ用のDC-DCコンバータのイネーブルを"H"とします．すると，ラズベリー・パイの電源がONになり，起動処理が開始されます．

▶② USBカメラで静止画を撮影する

　OSが立ち上がったら速やかにP_ACTIVEを"H"とします．それから30秒後，OSが安定した後にP_CAPTURINGを"H"とします．Arduinoはそれを見て，LED照明用のDC-DCコンバータをイネーブルします．ラズベリー・パイに付いているUSBカメラで静止画を撮影します．撮影が終了したら速やかにP_CAPTURINGを"L"にします．それを見てArduinoはLED照明用のDC-DCコンバータをディセーブルします．撮影の瞬間だけLED照明が点灯します．

▶③ 静止画を解析して車両検出を行う

　ラズベリー・パイはその静止画を解析して車両検出を行います．

▶④ 車両検出したらメールに添付して送る

　「車両あり」と判断した場合にメールを送ります．メール送信には，USB接続の3G通信モジュールを使用します．メールには静止画を添付します．

▶⑤ ラズベリー・パイの電源をOFFする

　ラズベリー・パイは自動的にシャットダウンします．その際，P_ACTIVEが"L"になるので，Arduinoはそれを確認してからラズベリー・パイの電源をOFFにします．

　その後は図2のフローチャートの一番上に戻り，Arduinoのみが動作している状態で15分待ちます．

作り方

■ ステップ1：Arduino用プログラムの作成

● 手順1：開発環境の構築

▶① 専用開発環境をインストールする

　Lazurite BasicはArduino Unoと互換のコネクタ・インターフェースを有し，ソフトウェアもArduinoライクな統合開発環境で開発できます．

　開発元のラピスセミコンダクタのサイトからLazurite IDEをダウンロードし，パソコンにインストールします．URLは次の通りです．

http://www.lapis-semi.com/lazurite-jp/download

▶② Lazurite Basicとパソコンをつなぐ

　ボードとパソコンをマイクロUSBケーブルでつなぎます．ボードの電源はパソコンから供給されます．

▶③ Lazurite IDEを起動して新規プロジェクトを作成する

　最初に「開く」の画面が出るので［キャンセル］をクリックします．その後，メニュー・バーから［ファイル］→［新規作成］をクリックし，プロジェクトの新規作成画面を表示します．図4のようにファイル名を「PwrCtrl」として［新規作成］をクリックします．するとPwrCtrl.cというテンプレートができます．このテンプレートをもとにプログラムを作成します．

● 手順2：Arduinoプログラム（スケッチ）の作成

　Lazurite Basic用のプログラムPwrCtrl.cを作成します．ソースコードをリスト1に示します．

▶ソースコードの内容

　setup関数の中では入力/出力の定義をしています．loop関数の中ではTransState関数を実行し，その後1秒間スリープします．TransState関数は1秒のインターバルを置いて繰り返し実行されます．

　TransState関数ではステート遷移が行われます．stateという変数は，図2に書かれているように遷移します．各ステートの処理時間はMAXCOUNTという変数で調整されます．

▶完成済みのサンプル・プログラムを用意

　作成済みのリスト1を，「トランジスタ技術」のWebサイトの2017年2月号にある本記事のアーカイブをダウンロードします．URLは次の通りです．

http://toragi.cqpub.co.jp/tabid/831/Default.aspx

　アーカイブで格納されているので，ダウンロードしたら解凍します．Lazuriteフォルダ以下に同ファイルがあるので，その中身を丸ごとコピー＆ペーストしてください．

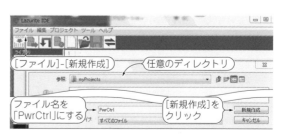

図4　Lazurite IDEでArduinoスケッチを新規作成する

リスト1　Arduinoスケッチで記述したLazurite Basic用のプログラム（PwrCtrl.c）
距離センサの制御と各機器の電源管理を行う

```c
#include "PwrCtrl_ide.h"

#define S_ENB 17
#define P_ENB 16          // I/Oピンの番号に割り当てる
#define L_ENB 18
#define P_ACTIVE 2
#define P_CAPTURING 3

int sensein;
int timecount = 0;
char state[3];
int MAXCOUNT = 60*15;     // 15分という意味

void setup() {
  pinMode(S_ENB,OUTPUT);
  digitalWrite(S_ENB, LOW);

  pinMode(P_ENB,OUTPUT);
  digitalWrite(P_ENB, LOW);
                          // 入出力ピンの設定
  pinMode(L_ENB,OUTPUT);
  digitalWrite(L_ENB, LOW);

  pinMode(P_ACTIVE,INPUT);
  pinMode(P_CAPTURING,INPUT);

  state[0] = 'I'; state[1] = 'N';
                  state[2] = 'I';
}                         // INIステートから始まる

void loop() {
  TransState();           // 1000ms
  sleep(1000);            // （1秒ごとに繰り返す）
}

void TransState(void)
{
  if(state[0] == 'I' && state[1] ==
         'N' && state[2] == 'I') {
    if(timecount == 0) {
      state[0] = 'S'; state[1] =
                'O'; state[2] = 'N';
      digitalWrite(S_ENB, HIGH);
      MAXCOUNT = 5;       // 5秒間距離センサをONにして判定
    }
  } else if(state[0] == 'S' &&
       state[1] == 'O' && state[2] == 'N') {
    if(timecount == 0) {
      sensein = analogRead(A0);   // A-Dコンバータの値が600を超えたらラズベリー・パイをON
      if( sensein > 600 ) {
        state[0] = 'R'; state[1] = 'O'; state[2] = 'N';
        digitalWrite(P_ENB, HIGH);
        MAXCOUNT = 70;
      } else {            // 600以下ならINIステートに戻る
        state[0] = 'I'; state[1] = 'N'; state[2] = 'I';
        MAXCOUNT = 60 * 15;
      }
      digitalWrite(S_ENB, LOW);
    }
  } else if(state[0] == 'R' && state[1] == 'O' && state[2] == 'N') {
    if(timecount == 0) {
      if( digitalRead(P_CAPTURING) == HIGH ) {
        state[0] = 'C'; state[1] = 'A'; state[2] = 'P';
        digitalWrite(L_ENB, HIGH);   // P.CAPTURINGが"H"ならLED照明を光らす
        MAXCOUNT = 10;
      }
    }
  } else if(state[0] == 'C' && state[1] == 'A' && state[2] == 'P') {
    if(timecount == 0) {
      if( digitalRead(P_CAPTURING) == LOW ) {
        state[0] = 'L'; state[1] = 'O'; state[2] = 'F';
        digitalWrite(L_ENB, LOW);    // P.CAPTURINGが"L"ならLED照明を消す
      }
    }
  } else if(state[0] == 'L' && state[1] == 'O' && state[2] == 'F') {
    if(timecount == 0) {
      if( digitalRead(P_ACTIVE) == LOW ) {
        state[0] = 'P'; state[1] = 'O'; state[2] = 'F';
      }
    }
  } else if(state[0] == 'P' && state[1] == 'O' && state[2] == 'F') {
    if(timecount == 0) {
      state[0] = 'I'; state[1] = 'N'; state[2] = 'I';
      digitalWrite(P_ENB, LOW);   // P.ACTIVEが"L"になった10秒後にラズベリー・パイの電源を切る
    }
  }
  if(timecount >= MAXCOUNT-1) timecount = 0;    // MAXCOUNT秒でtimecountが1周する
  else timecount++;
}
```

● **手順3：マイコン・ボードへのプログラム書き込み**

▶① マイコン・ボードの設定

プログラムの作成が済んだら，**図5**のように［ツール］-［マイコンボード］から［Lazurite Sub-GHz Rev2］を選択します．

その後**図6**のように，［ツール］-［オプション］から［Lazurite Basic］を選択します．

▶② シリアル・ポートの設定

図7のように［ツール］-［シリアル通信］-［通信ポート］から［COMxx］を選択します．xxに入る数字はWindowsのコントロール・パネルのデバイス・マネージャなどで調べましょう．

▶③ ビルド＆書き込みの実行

Lazurite IDEでの設定が済んだら，**図8**のように［ビルド］アイコンをクリックします．すると作成したプログラムのビルドが実行されます．エラーなく終了したら，**図9**に示す［マイコンボードに転送］アイコンをクリックして，マイコン・ボードへプログラムを書

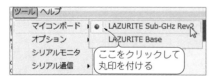

図5　マイコン・ボードの設定

図6　マイコン・ボードのオプション設定

図7　シリアル・ポートの設定

第4章 Arduino×ラズベリー・パイ合体ボード作りました！ πduino誕生！

図8 ビルドの実行

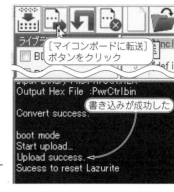

図9 マイコン・ボードへの書き込み実行

(a) 駐車場になにも停まっていない状態

(b) 車が停まっている状態

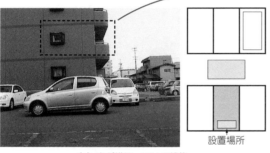

(c) 車が横切っている状態

(d) この部分が写っているかどうかで判断

写真2 このような静止画から車両の有無を検出するプログラムを作成する

き込みます．

■ ステップ2：車両検出用の
　画像認識プログラムの作成

　Arduinoは15分おきに距離センサをONにしますが，そのタイミングでたまたま車や人が目の前を横切った場合でも違法駐車として反応してしまいます．Arduino＋距離センサの誤動作ともいえますが，ラズベリー・パイ＋OpenCVの画像認識により，その誤動作を補うことができます．
　OpenCV（Open source Computer Vision Library）は，オープンソースの画像処理ライブラリです．カメラのデバイス・ドライバの操作やJPEGのエンコード，デコードなど低レイヤの処理を隠ぺいしてくれます．

　本機ではOpenCVを使って，写真2のようなカメラ画像から，車が駐車されているかどうかを判断します．

● 画像認識プログラムを動かすまで

　事前に必要なツールやライブラリをあらかじめインストールしておきます．
　ラズベリー・パイZeroをディスプレイにつないで電源を投入します．USBハブをつないでマウス，キーボード，有線LANアダプタ，またはWi-Fiドングルを介してインターネットにつなぎます．
▶手順1：OpenCVを動かすのに必要なツールとライブラリのインストール
　起動したら，ツールやライブラリをインストールします．デスクトップからLX Terminalを起動し，次

143

のコマンドを入力してください．

```
sudo apt-get install -yV libgtk2.0-dev pkg-config cmake
```

libgtk2.0-dev は OpenCV で使用する GUI (Graphical User Interface) のライブラリです．pkg-config はアプリケーションのコンパイルの際，ヘッダ・ファイルやライブラリがどこにあるのか教えてくれるツールです．cmake は OpenCV をソースからビルドするためのツールです．

▶手順2：OpenCVのインストール
① ソースコードを入手する

OpenCV のソースコードをダウンロードします．Epiphany ウェブブラウザを起動し，次の URL にアクセスし，RELEASES をクリックします．

```
http://opencv.org/
```

RELEASES のカテゴリーから，図10 のように Version 2.4.13.6 を見つけて「Sources」をクリックしてください．すると OpenCV のソース・コードをダウンロードできます．約90Mバイトのファイルで，ZIP形式で圧縮されています．

② アーカイブを解凍する

ダウンロードした ZIP 形式のファイルは ~/Downloads にあります．LX Terminal を開き，次のように解凍してフォルダを移動しましょう．すると 図10 のようにデスクトップにフォルダが現れます．

```
cd ~/Downloads
unzip opencv-2.4.13.6.zip
mv opencv-2.4.13.6 ../Desktop
```

③ ビルドする

build ディレクトリを作成して OpenCV をビルドします．最後のコマンドは長いので，「トランジスタ技術」2017年2月号の本記事のアーカイブをダウンロード，

図10 OpenCV のソースコードをダウンロードしてアーカイブを解凍する

unzip し，install.txt を開いてコピー&ペーストするとよいでしょう．ラズベリー・パイ Zero 用のコマンドを次に示します．

```
cd ~/Desktop/opencv-2.4.10
mkdir build
cd build
cmake -D CMAKE_BUILD_TYPE=RELEASE -D CMAKE_INSTALL_PREFIX=/usr/local -D WITH_TBB=OFF -D BUILD_NEW_PYTHON_SUPPORT=OFF -D WITH_V4L=ON -D INSTALL_C_EXAMPLES=OFF -D INSTALL_PYTHON_EXAMPLES=OFF -D BUILD_EXAMPLES=OFF -D WITH_QT=OFF -D WITH_OPENGL=OFF -D WITH_OPENMP=ON -D ENABLE_VFPV3=OFF -D ENABLE_NEON=OFF ..
```

ラズベリー・パイ2や3の場合は cmake コマンドのオプションを変更します．最後の2つ (ENABLE_VFPV3とENABLE_NEON) をONにしてください．

その後，次のコマンドを実行します．最初の make コマンド[*2]は7～8時間かかります（ラズベリー・パイ ZERO の場合．2や3の場合は –j4 オプションを追加すれば1～2時間）．

```
make
sudo make install
sudo ldconfig
```

④ OpenGL のライブラリをインストールする

最後に OpenGL のライブラリをインストールします．インストール後はラズベリー・パイを再起動してください．それぞれ次のコマンドで実行します．

```
sudo apt-get install -yV libgl1-mesa-dri
sudo reboot
```

以上で OpenCV を使う準備ができました．

▶手順3：USBカメラを接続する

OpenCV のインストールが完了し，ラズベリー・パイを再起動したら，USB カメラをつないでみます．次の手順で認識されたかどうかを調べます．

① /dev ディレクトリに移動

次のコマンドを実行して，/dev ディレクトリに移動します．

```
cd /dev
ls
```

② USB カメラをラズベリー・パイにつなぐ

USB カメラをつないだら，もう一度 ls コマンドを実行します．

---

*2 エラーが出て中断する場合は再度 make すると途中から再開する．数回繰り返してもだめな場合は再起動してから試してみるとよい．

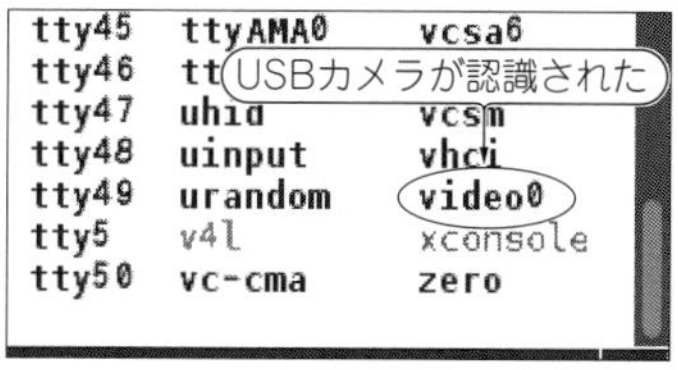

図11 /devディレクトリの中身を見てUSBカメラが認識されたか確認する
USBカメラがvideo0として認識されている

③ video0があるか確認する

図11のようにvideo0が現れたら正常に認識されています.

▶手順4：サンプル・プログラムを実行してみる

① ソースコードの入手

Epiphanyウェブブラウザを開き,「トランジスタ技術」のWebサイトの2017年2月号にある本記事のアーカイブをダウンロードします. アーカイブは~/Downloadsにあるので解凍し, デスクトップへ移動します. 次のコマンドを実行すると解凍できます.

```
cd ~/Downloads
unzip archive.zip
mv Parking ../Desktop
```

② コンパイルしてみる

サンプル・プログラムのソースコードcapturejpeg.cをコンパイルしてみます. 次のコマンドを実行します.

```
cd ~/Desktop/Parking
gcc `pkg-config --cflags opencv` capturejpeg.c -o capturejpeg `pkg-config --libs opencv`(*3)
```

③ 実行してみる

コンパイルに成功したら, 次のコマンドを実行します.

```
./capturejpeg 0
```

実行すると動画が表示され, 約1秒後には自動的に終了します.

④ JPEGファイルを確認

capturejpegを実行するとCAM0.jpgというファイルが生成されます. ファイル・マネージャでそのディレクトリに行き, ダブルクリックで内容を確認しましょう.

● 画像認識で車両を検出するアルゴリズム

▶手順1：車両有無の判断基準を決める

写真2(a)は駐車スペースに何も停まっていない状態です. 写真2(b)は車が停まっている状態, 写真2(c)は前を車が横切っている状態です.

● 駐車スペースに車を停めたときだけ検出したい

Arduino(Lazurite Basic)は距離センサの反応によりラズベリー・パイを起動します. したがって写真2(c)のような状態に反応してしまう場合も考えられます. 車が前を横切っただけなので, 所有者にメールで通知する必要はありません.

それに対し写真2(b)のような状態ではメールを送る必要があります.

● 検出したいときとそうでないときの相違点や共通点から判断基準を探す

写真2(b), 写真2(c)の相違点, また写真2(a)と写真2(c)の共通点を考えます. まず気がつくのは「背景が見えるか見えないか」です.

駐車されていない場合, 写真2(d)に見える向かい側にあるマンションの窓やベランダの部分が見えますが, 駐車されているとその部分が隠れます.

写真2(d)をリファレンス画像としてパターン・マッチングを行い, その得点が高い場合に「車両なし」, 低い場合に「車両あり」と判断するようにします.

▶手順2：入力画像とリファレンス画像を比較するプログラムを作成する

リスト2はparkcheck.cの一部です. まずimgSrcに入力画像をロードします. その後imgRefに写真2(d)のリファレンス画像をロードします.

① 正解率を上げるためにノイズを除去する

cvSmoothという関数でimgSrcにガウシアン・フィルタをかけてimgGauとします. これは1種のローパス・フィルタです. この処理を施すと元画像よりノイズが減って正解率が上がります.

② 入力画像とリファレンス画像を比較する

cvMatchTemplateという関数でimgGauとimgRefを比較します. imgDiffには「マッチング具合」を表すデータが入ります. 最後の引数は「マッチング手法」を指定するものです. CV_TM_CCOEFF_NORMEDとしたのは, いろいろ試した中で1番正解率が高かったためです.

③ マッチング結果が0.7以下だったら「車両あり」と判断してメールを送る

cvMinMaxLocという関数でimgDiffを評価し,「マッチング具合」が最大になる位置(max_loc)と得点(max_value)を得ます. 写真3にその結果を示します.

写真3(a), (c)を見ると車両なしだと得点は0.9以上, 写真3(b)のように車両ありだと0.6以下になります. しきい値を0.7などとして判定を行い, その結果によりメールを送る/送らないを判断します.

■ ステップ3：メール送信ソフトウェアを作成する

ステップ2で作成した画像認識プログラムが「車両あり」と判断したら, メールを送信します.

*3 `pkg-config … opencv`を囲むキャラクタ(`)はクォーテーション・マークではなく, バック・クオート.

リスト2 車両検出用の画像認識プログラム(parkcheck.c)
駐車有無を判断するソースコード．OpenCVに用意された関数を用いて作成した

```c
#include <cv.h>
#include <highgui.h>
#include <stdio.h>

int main (int argc, char *argv[]) {
  int x, y;
  IplImage *imgSrc = 0;
  IplImage *imgRef, *imgDiff, *imgGau;
  double min_value, max_value;
  CvPoint min_loc, max_loc;
  CvFont font;
  CvSize text_size;
  char text[256];
  int score;

  if (argc < 2) {
    printf("Usage: parkcheck jpegfile\n");
    return -1;
  }
  imgSrc = cvLoadImage(argv[1], CV_LOAD_IMAGE_COLOR);         // 入力画像のロード
  imgRef = cvLoadImage("reference.jpg", CV_LOAD_IMAGE_COLOR); // リファレンス画像のロード

  if(imgSrc == 0 || imgRef == 0){
    printf("Error: Failed to load %s\n", argv[1]);
    return -1;
  }

  imgGau = cvCreateImage(cvGetSize(imgSrc), imgSrc->depth, imgSrc->nChannels);
  cvSmooth (imgSrc, imgGau, CV_GAUSSIAN, 11, 0, 0, 0);  // ガウシアン(平滑化)フィルタをかける
  cvNamedWindow("Input Picture", CV_WINDOW_AUTOSIZE);

  imgDiff = cvCreateImage (cvSize(imgSrc->width - imgRef->width + 1,
                                  imgSrc->height - imgRef->height + 1), 32, 1);

  cvMatchTemplate(imgGau, imgRef, imgDiff, CV_TM_CCOEFF_NORMED); // テンプレート・マッチングを行う関数
  cvMinMaxLoc(imgDiff, &min_value, &max_value, &min_loc, &max_loc, NULL); // マッチング具合を評価する関数

  cvInitFont(&font, CV_FONT_HERSHEY_SIMPLEX, 2.0, 2.0, 0, 4, 4);
  cvGetTextSize(text, &font, &text_size, 0);

  sprintf(text, "%4.2f", max_value);
  cvPutText(imgGau, text, cvPoint (30, text_size.height+20), &font, CV_RGB(255,0,0));   // 得点が最大に
  sprintf(text, "%d, %d", max_loc.x, max_loc.y);                                        // なる値と位置
  cvPutText(imgGau, text, cvPoint (30, text_size.height+100), &font, CV_RGB(255,0,0)); // を表示する

  while(1) {
    cvShowImage("Input Picture", imgGau);      // 画像と結果の表示
    cvMoveWindow("Input Picture",150,100);
    if(cvWaitKey(1)>=0) {                       // 何かキーを押したら終了
      break;
    }
  }
  score = (int)(max_value * 100);
  printf("score = %d\n", score);               // 得点(整数化)を戻り値として返す
  return score;
}
```

図12にメール送信のしくみを示します．ラズベリー・パイでmailコマンドを実行すると，SMTP(Simple Mail Transfer Protocol)と呼ばれる送信サーバにメールを送ります．その後SMTPサーバは速やかにPOP(Post Office Protocol)と呼ばれる受信サーバにメールを転送します．

● **手順1：メール・アカウントを作成する**

SMTPサーバには，グーグルの提供するメール・サービスGmailを利用します．アカウントがない場合は新たに作成します．

Gmailにサインインした後，図13(a)に示すように右上にある人型のマークをクリックし，さらにMy Accountをクリックします．

次にMy Accountで図13(b)に示すように「ログイ

(a) 違法駐車されていないと得点が高い　　(b) 違法駐車されていると得点が低い　　(c) 車が横切る程度だと点数は高いまま

写真3　OpenCVを使った画像認識プログラムを実行してみた結果

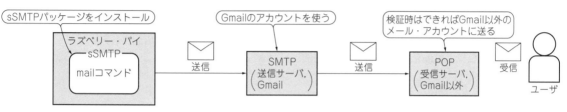

図12　「車両あり」と判断したらラズベリー・パイからユーザに警告メールを送る

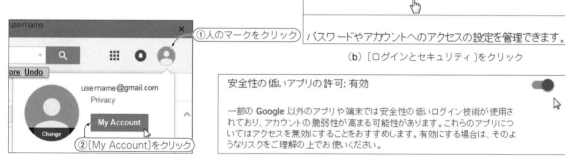

(a) [My Account]をクリックする　　(b) [ログインとセキュリティ]をクリック　　(c) 「安全性の低いアプリの許可」を有効にする

図13　Gmailアカウントを作成する方法

ンとセキュリティ」をクリックします．

図13(c)に示すように「安全性の低いアプリの許可」を有効にしてください．

● 手順2：メール・アプリのインストール

ラズベリー・パイでmailコマンドを使えるようにするために，sSMTPというパッケージをインストールします．

▶① mailコマンドを使えるするようにする

mailutilsというパッケージをインストールしてmailコマンドを使えるようにします．次のコマンドを実行してください．

```
sudo apt-get install -yV mailutils
```

▶② sSMTPをインストールする

次のコマンドを実行して，sSMTPをインストールします．

```
sudo apt-get install -yV ssmtp
```

▶③ SMTPサーバの設定を行う

インストールが完了すると，/etc/ssmtp/ssmtp.confというファイルができます．それを開いてリスト3のようにSMTPサーバの設定を行います．

● 手順3：自分のメール・アドレスに送ってみる

ラズベリー・パイで次のようにmailコマンドに宛先を打ちこんで実行してみましょう．

```
mail username@userdomain.com
```

検証時はできればGmail以外のメール・アドレスに送ってください．いずれにせよ，ご自身で受け取れるメールアドレスに送りましょう．するとCCやSubject

を求められるので適当に入力し，その後本文を入力します．キーボードの［Ctrl］＋［D］キーを入力すると本文の入力を終了します．終了と同時にメールが送信されます．

▶成功したらすぐにメールが届く

mailコマンドを終了したら，メールが来ているかどうかチェックします．うまく送信されない場合は，/etc/ssmtp/ssmtp.conf（リスト3）にタイプミスなどの誤りがないかチェックしましょう．/var/log/mail.logにエラーのログがあるので参考にしてください．また，Web Browserを開いてラズベリー・パイからGmailにログインできるか確認してみましょう．

● 手順4：JPEGファイルをメールに添付する方法

JPEGファイルを送るには，次のようにmailコマンドの－Aオプションを使います．

```
mail -A .jpg -s "from RasPi" username@userdomain.com
```

すると，図14のようにメールにJPEGファイルが添付されて届きます．

■ ステップ4：3G通信モジュールでインターネット接続

● USB接続の3G通信モジュールAK-020をラズベリー・パイで使えるようにする

AK-020はエイビット社が提供するUSB接続の3G通信モジュールです．ソラコム社が提供する通信サービスSORACOM AirのSIMカードを挿入することにより，3G回線の使える場所ならどこでもインターネットに接続できます．本機ではAK-020とSORACOM Airを使って屋外でもインターネットに接続できるようにします．

● 手順1：AK-020のセットアップ

▶① ラズベリー・パイをインターネットにつなぐ

AK-020を使って3G回線に接続するのが目的ですが，セットアップが完了するまでは別のインターネット接続環境が必要です．

AK-020をラズベリー・パイ用にセットアップするには，ラズベリー・パイZeroにUSBハブを介して，有線LANアダプタかWi-Fiドングル，さらにAK-020をつなぎます．

▶② ダイアルアップ接続プロトコルをインストールする

AK-020を使用するには，ダイアルアップ接続プロトコルが必要です．インターネット経由でダイアルアップ接続プロトコルwvdialをインストールします．LX Terminalを開き，次のコマンドを実行します．

リスト3 /etc/ssmtp/ssmtp.confにメール・アカウントの情報を入力する
上書きするにはスーパーユーザー権限が必要．sudo vi ssmtp.confなどで編集

```
#
# Config file for sSMTP sendmail
#
# The person who gets all mail for userids < 1000
# Make this empty to disable rewriting.
root=username@gmail.com         ←Gmailのメール・アドレス

# The place where the mail goes.
        The actual machine name is required no
# MX records are consulted.
    Commonly mailhosts are named mail.domain.com
mailhub=smtp.gmail.com:587      ←ポートは587

# Where will the mail seem to come from?
#rewriteDomain=

# The full hostname              ←localhostを入力
hostname=localhost
AuthUser=username                ←アカウント名を入力
AuthPass=userpassword            ←パスワードを入力
UseSTARTTLS=YES
                                 ←UseSTARTTLSをYESにする
# Are users allowed to set their own From:
                                address?
# YES - Allow the user to specify their own
                                From: address
# NO - Use the system generated From: address
#FromLineOverride=YES
```

図14 JPEGファイルが添付されたメールが届いた

第4章 Arduino×ラズベリー・パイ合体ボード作りました！ πduino誕生！

```
sudo apt-get install wvdial
```

▶③ 専用シェル・スクリプトをダウンロードする

②が完了したら，インターネット経由でシェル・スクリプトをダウンロードします．次のコマンドを実行します．

```
curl -O http://soracom-files.s3.amazonaws.com/connect_air.sh
```

ダウンロードが済んだら，次のコマンドを実行してシェル・スクリプトに実行属性（+x）を加えます．

```
chmod +x connect_air.sh
```

● 手順2：3G回線の接続確認

AK-020以外のインターネット接続環境を外し，ラズベリー・パイを再起動します．再起動後，シェル・スクリプトconnect_air.shを実行します．

```
sudo reboot
sudo ./connect_air.sh
```

LX Terminalに**図15**のような表示が現れたら，Epiphanyウェブブラウザで適当なサイトにアクセスしてみてください．インターネットにつながっていることを確認したら，ステップ3で説明したmailコマンドの-Aオプションを使って適当な画像を送ってみましょう．

■ ステップ5：仕上げ

● シェル・スクリプトで一連の動作を繰り返し実行できるようにする

シェル・スクリプトとは，Linuxのコマンドやアプリケーションをキーボードから入力する代わりにファイルに記述したものです．これを実行するとことで，記述通りの順番でラズベリー・パイが動作します．

● 手順1：シェル・スクリプトを作成する

my-script1.sh（**リスト4**），my-script2.sh（**リスト5**）という2つのシェル・スクリプトを作成します．本誌Webサイトに作成済みのシェル・スクリプトを用意しました．

Epiphanyウェブブラウザを開き，「トランジスタ技術」のWebサイトからアーカイブをダウンロードします．アーカイブは~/Downloadsにあるので解凍し，デスクトップへ移動します．

```
cd ~/Downloads
unzip archive.zip
mv Shells ../Desktop
```

そのままだとシェル・スクリプトの実行ができないので，Shellsディレクトリに移動して，次のように実行属性（+x）を加えます．

```
cd ~/Desktop/Shells
chmod +x my-script1.sh
chmod +x my-script2.sh
```

それぞれの実行内容は次の通りです．

図15 3G通信モジュールを起動してインターネット接続してみた（sudo ./connect_air.shの実行結果／ブラウザを開いてみる）

リスト4 USBカメラで静止画を撮影するスクリプト（my-script1.sh）

```
#!/bin/sh
cd
cd Desktop/Ninshiki
N=0
while [ "$N" -lt 1 ]
do
  ./capturejpeg "$N"
  sleep 3
  N=`expr "$N" + 1`
done
cd
```
（キャプチャは1枚だけ．2枚写したいときは2にする）

リスト5 画像認識で車両有無を判断して「あり」の場合はメールを送るスクリプト（my-script2.sh）

```
#!/bin/sh
cd
cd Desktop/Ninshiki
RET=0
./parkcheck CAM0.jpg        ← my-script1でキャプチャした画像
RET=$?
if [ $RET -lt 70 ]          得点が0.7未満なら「車両」あり
then
  sudo ./connect_air.sh &   USBドングルを起動する
  sleep 20                  ネットに接続するまで20秒程度待つ
  echo "send a mail"
  mail -A CAM0.jpg -s "from RasPi"
                username@userdomain.com
else
  echo "do not send a code"
fi
cd
```
（画像を添付してメールを送る）

▶my-script1.sh
次のアプリケーションを実行します．

①capturejpegで駐車場のカメラ画像をJPEGファイル（CAM0.jpg）に落とす

▶my-script2.sh
次のアプリケーションとコマンドを実行します．

②parkcheckで上記JPEGファイルとリファレンスを比較して戻り値を返す
③戻り値が70を下回ったら（得点が0.7未満），3G通信モジュールを起動し，CAM0.jpgをメールに添付して送る

● 手順2：ラズベリー・パイが無人でも勝手に動くように設定する

ラズベリー・パイ起動後，作成したシェル・スクリプトが自動的に実行されるようにrc.localというファイルの内容を変更します．次のようにテキスト・エディタで**リスト6**のように変更します．

```
sudo vi /etc/rc.local
```

変更内容は次の通りです．
▶① 起動時のGPIO設定
ラズベリー・パイは起動後，GPIO23ポートを"H"にします．このポートは**図3**におけるP_ACTIVEです．このポートが"H"である間は，Arduinoはラズベリー・パイの電源をONに保ちます．

30秒スリープした後，今度はGPIO24ポートを"H"にします．このポートは**図3**におけるP_CAPTURINGです．カメラ撮影期間をArduinoに伝えるもので，"H"である間はLED照明の電源をONにします．
▶② カメラ撮影をするシェル・スクリプトの実行
my-script1.shを実行し，カメラ撮影を行います．OS起動直後はUSBカメラが安定動作しない恐れがあるので，30秒間スリープさせています．
▶③ カメラ撮影用LEDの消灯
USBカメラによる撮影が完了したら，LED照明の点灯は不要です．無駄な電力消費を抑えるため，消灯します．ラズベリー・パイがGPIO24を"L"に戻すとArduinoはLED照明の電源をOFFにします．この処理を入れるためにシェル・スクリプトを2つに分けました．
▶④ 画像認識プログラムとメール送信を行うシェル・スクリプトの実行
my-script2.shを実行します．画像認識を行い，駐車されていると判断したらメールに画像を添付して送信します．
▶⑤ シャットダウン
2つ目のシェル・スクリプトの実行が終了したら，

リスト6 /etc/rc.localを変更して起動後にスクリプトを自動実行させる
/etc/rc.localに書いてあるコマンドはラズベリー・パイ起動時に自動実行される

```
#!/bin/sh -e
#
# rc.local
#
    :  中略  :

# Print the IP address
_IP=$(hostname -I) || true
if [ "$_IP" ]; then
printf "My IP address is %s¥n" "$_IP"
fi

sudo -u pi echo 23 > /sys/class/gpio/export
sudo -u pi echo out > /sys/class/gpio/gpio23/direction      GPIO23を
sudo -u pi echo 1 > /sys/class/gpio/gpio23/value            "H"にする

sleep 30 ← カメラが安定するまで30秒スリープ

sudo -u pi echo 24 > /sys/class/gpio/export
sudo -u pi echo out > /sys/class/gpio/gpio24/direction      GPIO24を
sudo -u pi echo 1 > /sys/class/gpio/gpio24/value            "H"にする
sudo -u pi /home/pi/Desktop/Ninshiki/my-script1.sh ← 画像キャプチャ

sudo -u pi echo 0 > /sys/class/gpio/gpio24/value ← GPIO24を"L"にする

sudo -u pi /home/pi/Desktop/Ninshiki/my-script2.sh ← 画像認識&メール送信

sleep 40 ← シャットダウン前に40秒待つこと
sudo -u pi echo 0 > /sys/class/gpio/gpio23/value ← GPIO23を"L"にする
sudo shutdown -h now
            └ ラズベリー・パイをシャットダウン
exit 0
```

表1 測定結果をもとに1日と1カ月間に消費する電流量を見積もってみた

項　目	消費電流	1回あたりの起動時間	1日の起動回数	1日あたりの起動時間	1日あたりの電流量	1カ月あたりの電流量
ラズベリー・パイZero	500 mA	150秒	3回	450秒	63 mAh	1875 mAh
LED照明	200 mA	10秒	3回	30秒	1.7 mAh	50 mAh
距離センサ	30 mA	5秒	96回	480秒	4 mAh	120 mAh
Lazurite Basic	3 mA	−	−	24時間	72 mAh	2160 mAh
合計	733 mA	−	−	−	140.7 mAh	4205 mAh

40秒待った後，ラズベリー・パイをシャットダウンします．ArduinoはGPIO23が"L"になっているのを見てラズベリー・パイの電源をOFFにします．

40秒待つ記述(sleep 40)はコメントアウトしないでください．メンテナンスなどで rc.local を無効にするにはこのファイルを編集する必要がありますが，sleep 40がないと即シャットダウンされるので，編集が難しくなります．

実際に動かしてみた

● 消費電流を測ってみる

本機が完成したら，まとめてビニール袋などに封入し，駐車スペースの前に設置します．多少の風雨にも耐えられると思います．

消費電流を測定したところ，ラズベリー・パイZeroの電流は約500 mA，LED照明は約200 mA，距離センサは約30 mA，Lazurite Basicは約3 mAでした．

● 単3乾電池3個なら連続駆動300時間以上！

表1に電流量の見積もりを示します．1カ月あたりの電流量を合計すると4205 mAhでした．2000 mAhの単3型乾電池の電流量なら，ほぼ半月まかなえます．

▶ラズベリー・パイZero：63 mAh／日

1日3回起動されると仮定しています．起動に40秒，シェル・スクリプトに90秒，シャットダウンに20秒かかるとして号合計150秒の間，電源がONになります．

▶LED照明：1.7 mAh／日

1日3回光ると仮定しています．カメラが動作する間だけ光ればよいので，電源ONの時間は10秒としています．

▶距離センサ：4 mAh／日

15分に1度ONになるので，1日96回起動します．1回の起動時間は5秒もあれば十分でしょう．

▶Lazurite Basic：72 mAh／日

Lazurite Basicは1日中ONです．ほぼスリープ状態なので電流は3 mA程度としました．

いわた・としお

◀参考文献▶

(1) ㈱ソラコムWebページ
　　http://soracom.jp／
(2) ラピスセミコンダクタ㈱Webページ
　　http://www.lapis‒semi.com／

ハイパー計算エンジン搭載のロボットの眼で診る！観る！視る！

第5章 コンピュータ撮影！Piカメラ実験室

鮫島 正裕／村松 正吾／志田 晟／富澤 祐介／エンヤ・ヒロカズ／大滝 雄一郎

Piカメラ 第1実験室

健康のバロメータ「においレベル」を
スマホで24時間モニタ

猫だけに反応！人工知能ツイッター・トイレ

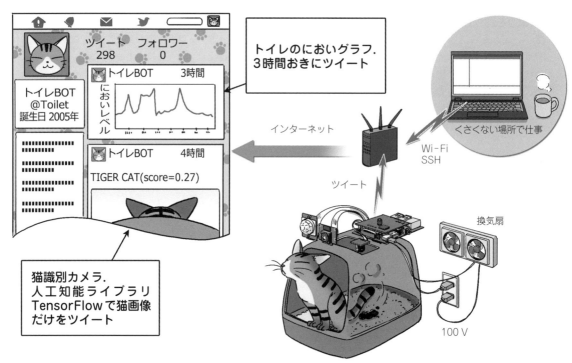

図1 製作したペット用人工知能トイレは，猫を自動識別して画像データとにおいグラフを自動ツイートしてくれる
ラズベリー・パイ3のWi-Fi機能を利用して，ワイヤレスで遠隔操作する．猫のトイレから離れた場所で仕事ができる

　自動回収機能が付いた猫のトイレが販売されていますが，これでは猫の健康状態は把握できません．いつまでも猫に元気でいてもらうためには，トイレの清掃は欠かせず，検査記録機能の追加も必要ではないかと思います．

　そこで，ラズベリー・パイ3と入手性の良い部品を組み合わせた，猫だけに反応する人工知能ツイッター・トイレを作ってみました（図1）．本稿では次のことを解説します．
（1）においセンサを利用した計測回路の作り方

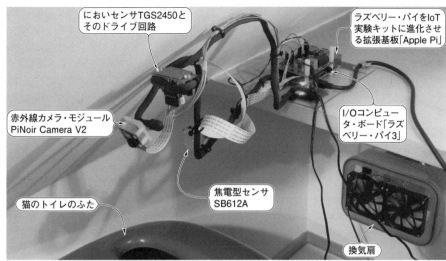

写真1 猫のトイレの後ろの棚に本器を設置
掃除の際,トイレのふたを取り外すため,ラズベリー・パイの電源線と換気扇の制御線が邪魔になるため,このように設置した.Bluetoothによる周辺機器の制御とワイヤレス給電ができれば,トイレのフタ部分に取り付けることもできる

(2) 機械学習ライブラリTensorFlowと焦電型赤外線センサを利用した猫識別カメラの作り方
(3) においの検査記録,猫の画像と種類を自動ツイートする方法

こんな装置

今回の試作実験では,写真1のように猫のトイレの後ろの棚にラズベリー・パイを置くことにしました.
本器でできそうなことは次の通りです.

(a) においセンサでトイレのにおいレベルのモニタ.グラフをツイート
(b) においレベルが上がったら換気扇で排気
(c) 焦電型赤外線センサで猫の接近を検出し,写真撮影してツイート

これらを実現する上で大変なのは,(c)の猫の接近センシングです.猫のトイレの前を通る人間も,焦電センサにひっかかります.猫と人間の判別には,Googleの機械学習ライブラリTensorFlowのサンプル・コードとして提供されるclassify_image.pyがそのまま使えます.

焦電センサが反応したら,写真撮影してclasify_imageに判別させられそうです.用途が監視カメラではなく,即時性も要求されないので,clasify_image.pyの処理にかかる時間も問題ないはずです.

準 備

● 部材

通常の製品開発では,要求仕様を実現するためのアーキテクチャと機能をハードウェアとソフトウェアに振り分けて開発を進めます.今回は,ラズベリー・パイを利用するので,秋葉原のパーツショップで,次の部材を購入しました.

- ラズベリー・パイ3
- カメラ・モジュールPiNoirCameraV2(赤外線フィルタなし)
- 30cmカメラ用フラット・ケーブル
- 焦電型赤外線センサ・モジュールSB612A(Nanyang Senba Optical & Electronic)
- においセンサ TGS2450(List of Unclassifed Manufacturers)

これに手持ちの部品を組み合わせて,猫のトイレに取り付けてできそうなことを考えます.

● プログラム

次のソフトウェアやライブラリを利用します.すべてオープンソースなので無料で利用できます.

- スクリプト言語Python
- Googleの機械学習ライブラリTensorFlow
- Pythonのツイッター用のライブラリTwython
- グラフ生成プログラムgnuplot

設 定

● OSと接続するデバイス

OSイメージ・ファイル(Raspbian)をダウンロードして,microSDカードにDDコマンドで書き込みます.microSDカードをラズベリー・パイ3の基板に挿してキーボード,マウス,モニタを接続して起動します.
タイム・ゾーンや無線LANなど必要な初期設定をして,ネットワーク経由で使えるようにします.

今回，カメラ・モジュールを使用するので，raspi-configコマンドでカメラをenableにします．

● ツールのインストール

TensorFlowは，章末の参考文献(1)の手順に従って，コンパイル済みのパッケージとソースコードのセットをインストールします．

猫のトイレの状況は，Botとしてツイッターに自動ツイートします．そのときにトイレのにおいをグラフ化して画像付きツイートするためにPythonのツイッター用のライブラリのTwythonと，グラフ生成プログラムのgnuplotをインストールします．

Twythonの入手は次のとおりです．

```
sudo apt-get update
sudo apt-get install python-setuptools
sudo easy_install pip
sudo pip install twython
```

gnuplotの入手は次のとおりです．

```
sudo apt-get install gnuplot
```

これで，猫のトイレのにおいレベルの変化をグラフ化し，ツイッターのBOTとしてツイートできます．

ハードウェア

● 全体の回路構成

回路図を図2に示します．入力は4系統，カメラと焦電型赤外線センサとにおいセンサとスイッチです．

においセンサは抵抗値出力なのでアナログ入力が必要ですが，後述する積分式で抵抗値をパルス幅に変換して時間計測で測ることにしました．

トイレ掃除のときなどに焦電センサの動作を止めるためのスイッチを，1個取り付けておきます．

出力は3系統で，動作モニタ用のLEDを2ビット，換気扇用のリレー制御用に1ビット，においセンサのヒータ駆動とセンサ駆動用に2ビット使用します．

入出力インターフェースは，付録のApple Pi基板を流用して部品を配置しました．

● においセンサ・ドライブ回路

今回は，においセンサTGS2450を使います．検知部は加熱用の約10Ωのヒータと，100～数kΩに変化するガス・センス用の抵抗で構成される3端子のデバイスです．

センサ部の抵抗値は，空気中では数k～数十kΩのようです．アルコールや硫化水素濃度が上がると，抵抗値が約100Ωまで低下します．

買ってきて袋から出した直後は200～300Ωの値に低下しています．センサ表面にガスが付着している，または吸湿しているようです．約30分ヒータ抵抗に規定値のパルスを入れると，抵抗値が上がって安定します．

においセンサに添付されていた参考資料によると，ヒータの約10Ωの抵抗には，138mAの電流を8ms流します．242msはOFFする周期250msのパルス駆動にする必要があります．

センサ抵抗の値の読み出しも，パルス駆動してそのときの電流から抵抗値を計測します．パルス幅は5msと規定されています．このような抵抗変化型の

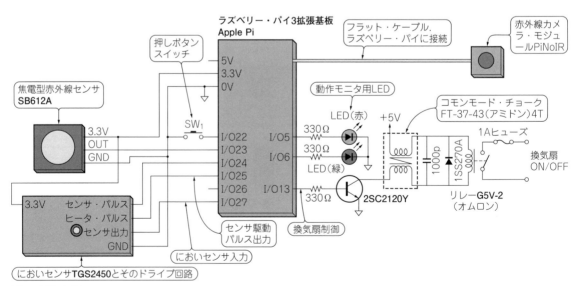

図2 本器の回路
入出力インターフェースはIoT実験用拡張基板Apple Pi基板を利用した．Apple Piの詳細は，「トランジスタ技術」2016年8月号を参照

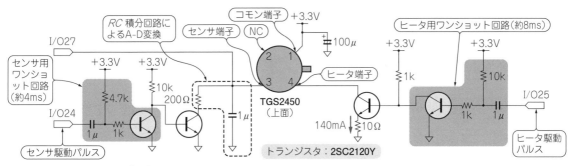

図3 においセンサのドライブ回路
においの変化のようすをグラフ化できればよいため，RC積分回路を利用したシンプルなA-D変換にした

センサは投入電力が規定値を超えると，抵抗体が熱で破壊するので，これらの値を守る必要があります．

センサ側は，電圧値や負荷抵抗値が任意です．最大電力として規定されている15 mWを超えないようにすれば壊れる恐れはなさそうです．

● パルス・ドライブ回路

教育/ホビー用の定番マイコン・ボードArduinoなどのマイクロ・コントローラでこのにおいセンサを制御するときは，ソフトウェアで制御したパルス幅でトランジスタをON/OFFしてセンサに電流を流せば，本センサと抵抗の制御仕様を満足します．

ラズベリー・パイに接続するにあたっては，動作の遅いPythonやBashのスクリプト言語からI/Oポートを制御してにおいセンサの抵抗値変化をテストできるようにするのと，テスト中にプログラムを止めるとき，タイミングによってはパルスがONのときに止まる可能性があり，ONのままだとにおいセンサが壊れます．今回，パルス幅規定の機能はハードウェア側に持たせることにしました．

図3に，においセンサのドライブ回路を示します．ヒータとセンサのパルス幅は，トランジスタのベースの積分回路で規定しています．ヒータ側は約8 ms，センサ側は約4 msにしています．ヒータのパルス電流を規定の138 mA前後にするため，トランジスタのエミッタに10 Ωを入れて，定電流駆動します．

● 積分方式のA-D変換

においの変化のようすをとりあえずグラフ化できれば最初の目的は果たせると考え，積分式のシンプルなA-D変換にしました．

図3の左側のトランジスタ2個がセンサ・パルス制御です．約4 msの間，トランジスタがONし，センサにつながっている1 µFの電荷を200 Ωの抵抗を通して放電します．トランジスタがOFFすると，センサの抵抗値と1 µFのコンデンサによる積分回路の立ち上がり電圧が，ラズベリー・パイのゲート入力のし

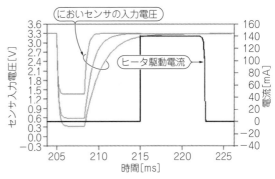

図4 においセンサの抵抗値を変化させて最適な定数を決める
（LTspiceによるシミュレーション）
時定数の変化を確認した

きい値を通過する時間を計測することで抵抗値を検出します．

においセンサが空気中の場合は，抵抗値が高いので，時定数は3～4 msです．センサが猫のトイレのにおいに応答したときは抵抗値が下がるはずなので，時定数が短くなり，1 ms程度で立ち上がるようになります．

図4は，LTspiceによるにおいセンサのドライブ回路のシミュレーション結果です．今回はコンデンサによる時定数変化を利用しました．

においセンサ用のソフトウェア制作

● 制御用ソースコード

リスト1にA-Dコンバータのソフトウェア側のコードを示します．

LTSpiceのシミュレーション結果から，センサ抵抗の変化に対するパルス幅の変動は2 ms程度なので，時間分解能は10 µ～100 µs必要です．1 ms以下の分解能を出すため，C/C++を使いました．

ラズベリー・パイのI/Oポートを制御するライブラリWiringPiを利用すると，µsオーダの分解能の遅延をしてくれるDelayMicrosecons（遅延時間）という関

リスト1　においセンサ制御用のプログラム(tgs2450.cpp)
ラズベリー・パイのI/Oポートを制御するライブラリWiringPiを利用

```
// TGS2450 sensor unit drive and measure
#include <time.h>
#include <wiringPi.h>
#include <stdio.h>
main(){
  const int LED_RED_OUT = 5;          ← I/Oポートの
  const int SENSOR_OUT = 24;            番号の定義
  const int HEATER_OUT = 25;
  const int SENSOR_IN = 27;           ← I/Oポート・オープン
  if(wiringPiSetupGpio()<0){return -1; }
  pinMode(LED_RED_OUT,OUTPUT);
  pinMode(SENSOR_OUT ,OUTPUT);        ← I/Oポート
  pinMode(HEATER_OUT ,OUTPUT);          入出力の
  pinMode(SENSOR_IN  ,INPUT);           設定
  pullUpDnControl(SENSOR_IN, PUD_OFF);
  while(1){
    int adcnt; //A/D count            ← 無限ループと100回ル
    for(int i=0;i<100;i++){             ープと時間計測結果を
      digitalWrite(HEATER_OUT ,0);      入れる変数を定義
      delay(10);  //10msec
      digitalWrite(HEATER_OUT ,1);    ← ヒータ用ワンショット
      delay(200); //200msec             回路にパルス出力
      digitalWrite(LED_RED_OUT,1);    ← 200msのディレイ
      digitalWrite(SENSOR_OUT ,0);
      delay(2);   // 2 msec
      int j;
      for(j=0 ;j<500; j++){
        delayMicroseconds(10);
        if(digitalRead(SENSOR_IN)) break;
      }                               ← センス抵抗用ワン
      adcnt = j;//adcnt is A/D out      ショットにパ
      for(;j<=500; j++){                ルス出力して，
        delayMicroseconds(10);          入力ポートの値
      }                                 が"1"に戻る
      digitalWrite(SENSOR_OUT ,1);      までの時間を計
      digitalWrite(LED_RED_OUT,0);      測．計測中に
    }                                   LED(赤)を点灯
    time_t now;
    time(&now);
    struct tm *lt = localtime(&now);  ← 100回に1
    printf("%02d/%02d/%02d:%02d:%02d    回の計測結
      %d\n", lt->tm_mon+1, lt->tm_mday, 果をタイム・
      lt->tm_hour, lt->tm_min,lt->tm_sec,adcnt); スタンプを
    fflush(stdout);                     付けて出力
  }
}
```

数が使えます．Linux OS上で動いているプログラムのため，時間分解能10μs程度が限界で，処理負荷によって時間変動も発生しますが，今回の目的には十分です．この関数で約10μsの遅延をループに入れて，500回(5 ms)を上限にして時間計測をします．

においセンサの規定では，250 ms周期でドライブすることになっていますが，このプログラムでは約220 ms周期で動作します．250 msにするには，22行目のディレイを230 msに変更してください．

リスト2　ラズベリー・パイの起動時ににおいセンサ・プログラムや焦電センサ・カメラ制御スクリプトを自動で起動するには，"etc/rc.localにコマンドを追加する

```
# Print the IP address
_IP=$(hostname -I) || true
if [ "$_IP" ]; then
  printf "My IP address is %s\n" "$_IP"
fi
                        ← においセンサ・プログラム(tgs2450)を起動
/home/pi/CQ/IO/tgs2450 >> /tmp/nioi.dat &
python /home/pi/CQ/IO/camera.py > /tmp/camera.log &
exit 0                  ← 焦電センサ・カメラ制御スクリプト
                          (camera.py)を起動
```

● プログラムのコンパイル

リスト1のプログラムをコンパイルするには，C++コンパイラのg++を使用します．次のコマンドでコンパイルできます．

```
g++ tgs2450 cpp -lwiring -o tgs2450
```

このプログラムは標準出力に約20秒ごとに次のようなスペース区切りのフォーマットで出力されます．

月/日/時:分:秒　においセンサの立ち上がり時間

● 自動起動

ラズベリー・パイの起動に応じて，このプログラムを自動で起動するには，リスト2の"/etc/rc.local"のように，においセンサ・プログラムを追加します．

"/home/pi/CQ/IO"は，このプログラムを置いたディレクトリです．このプログラムだけを動かしっぱなしにすると計測結果が"/tmp/nioi.dat"に追加書き込みされていくため，ファイル・サイズが1ヶ月で10 MBを超えます．今回は試作実験のためこのまま運用します．実運用の場合はファイル・サイズのコントロールが必要です．

● トイレのにおいレベルのグラフ化

"/tmp/nioi.dat"にセーブされたデータをグラフ化します．バッチ処理でグラフ化するためgnuplotを利用します．gnuplotでグラフを描くには，入力データや出力フォーマットを定義したファイルを用意します．リスト3に定義ファイルを示します．

1行目は出力フォーマットを指定します．フォーマ

リスト3　においレベルのグラフを描画するためのgnuplotのスクリプト(disp.dem)

```
set terminal png
set output '/home/pi/CQ/IO/xx.png'     ← 出力画像フォーマットをPNG形式にする
set xdata time
set timefmt "%m/%d/%H:%M:%S"           ← x軸を時刻に指定してフォーマットを設定
set format x "%H:%M"
set ylabel "ルベしい臭"                 ← 縦軸ラベル(PNG出力用)．逆に記述する
set grid                                ← グリッドの表示
init(x)=(d8=d7=d6=d5=d4=d3=d2=d1=x)
avg8(x)=(shift8(x),(d1+d2+d3+d4+d5+d6+d7+d8)/8)    ← 移動平均
shift8(x)=(d8=d7,d7=d6,d6=d5,d5=d4,d4=d3,d3=d2,d2=d1,d1=x)
plot dmy=init(200),"/tmp/data.dat" u 1:(200-avg8($2)) with lines  ← グラフのプロット
```

ットを何も指定しないと，ラズベリー・パイのX Windowにグラフが出力されます．今回はネットワーク経由でラズベリー・パイを利用しているのと，出力されたグラフをツイッターにツイートしているので，PNG形式で画像出力します．

8～10行目で移動平均を定義しています．これは，A-D変換に時間ジッタによるノイズがのったので，8サンプル分の移動平均の計算を追加しています．サンプルされたにおいセンサのデータは，センサの抵抗値による時定数のため，においが検出されると値が小さくなります．

グラフ表示では，においが検出されたら値を大きくするために"(200-avg8(x))"として，上下を逆転しています．計測値が200前後で普通の猫のトイレ周辺のにおいレベルだったため，200という値を設定しています．

実際にこの方式を試される場合は，利用するトイレの状況に応じて値を設定してください．**リスト3**をdisp.demというファイル名でセーブして，次のコマンドを実行するとxxx.PNGというファイル名でグラフ画像が出力されます．

`gnuplot disp.dem`

図5に，においセンサで計測した値のグラフ出力例を示します．夜9時30分頃に猫が下痢をして計測値が50上昇します．10時に私が異変（異臭）に気づいてトイレを掃除しています．トイレを掃除したのと空気が動いたため，においレベルがいったん下がり，その後午前2時ごろに定常値に戻ったようです．

午前3時ごろににおいレベルが上がっているのは，たぶん猫が小用を足したためです．朝7時30分に，においレベルがインパルス的に上昇と下降をしているのは，私が猫のトイレ掃除のためにアルコール消毒を実施したためです．今回使用したにおいセンサは猫の大小にくらべてアルコールに対する感度が高いです．

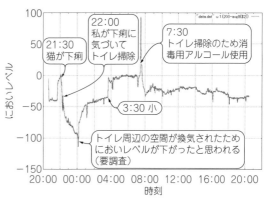

図5　においセンサで計測したレベルのグラフ出力
時間経過によってにおいレベルも変化する

● ツイッターにトイレのにおいレベルの変化をツイート

リスト4にツイッターに自動ツイートするPythonスクリプトを示します．ツイッターのアプリ登録をしてから，次のサイトにアクセスします．

https://apps.twitter.com/

アクセス・キーとアクセス・トークンを生成して，文字列をコピーして，**リスト4**のXXXで伏字になっているところにペーストしてください．このスクリプトをauto_bot.pyというファイル名でセーブして，"/etc/crontab"に次の行を追加すると，毎日午前2時35分から3時間おきにグラフがツイートされます．

```
35 2-23/3  *  *  * root python /home/pi/
CQ/IO/auto_bot.py
```

猫識別用のソフトウェア

● 焦電型赤外線センサ

センサは，猫トイレの上に取り付けて50cm程度のレンジに近づいた猫を検出できれば良いです．猫は体

リスト4　においの変化グラフをツイッターにツイートるPythonスクリプト
（auto_bot.py）

```
#!/bin/python
import os
from twython import Twython, TwythonError
os.system('tail --lines=3000 /tmp/nioi.dat > /tmp/data.dat')
os.system('gnuplot /home/pi/CQ/IO/disp.dem')

APP_KEY = "XXXXXXXXXXXXXXXXXXXXXXXXX"
APP_SECRET = "XXXXXXXXXXXXXXXXXXXXXXXXXXXXXXXXXXXXXXXXXXXXXXX"
OAUTH_TOKEN = "XXXXXXXXXXXXXXXXXXXXXXXXXXXXXXXXXXXXXXXXXXXXXXXX"
OAUTH_TOKEN_SECRET = "XXXXXXXXXXXXXXXXXXXXXXXXXXXXXXXXXXXXXXXXXX"

twitter = Twython(APP_KEY, APP_SECRET, OAUTH_TOKEN, OAUTH_TOKEN_SECRET)
photo = open('/home/pi/CQ/IO/xx.png', 'rb')
media_status = twitter.upload_media(media=photo)
ID = media_status['media_id']
try:
    twitter.update_status(media_ids=ID, status='test')

except TwythonError as e:
    print e
```

- においデータの最新の3000行をdate.datにコピー
- gnuplotでグラフ作成して画像出力xxx.png
- ここにツイッター・アカウントを登録して取得したキーを設定する
- ツイッターにツイート

温が高く，センサに引っかかりやすいため，できるだけ感度の低いものか感度が調整できるものでラズベリー・パイの電源で動かせるものを探しました．

焦電型赤外線センサ SB612A（Nanyang Senba Optical & Electronic）には半固定抵抗が付いていて，感度，明るさの動作条件，検出時の出力ON時間が調整できます．

SB612Aの感度調整は半固定抵抗を反時計方向に回して感度を最低にします．検出時の出力ON時間調整は，時計方向に回して最短にします．明るさ動作時間は明るい所でも動作させるため，時計方向に回しきります．赤外線センサの電源はラズベリー・パイの3.3 Vからもらい，出力はラズベリー・パイのポート23に接続します．

● 焦電型赤外線センサが応答したらカメラで撮影

リスト5に焦電型センサの値を読んで，1が入力されたらraspistillコマンドで写真撮影するスクリプトを示します．raspistillの写真撮影コマンドにオプションを何もつけずに実行すると，ウィンドウが起動している場合はプレビューが表示されて，約5秒後に写真が撮影されます．コマンド実行から撮影まで5秒かかると，トイレの前を通りかかった猫が撮影するときにはいなくなります．撮影開始時間を短縮するため，リスト5の18行目のraspistillコマンドに次のオプショ

ンが付いています．

- -ss 300000：シャッタ・スピード0.3秒
- -ev -10：露出補正 -10
- -ISO 100：ISOを100に固定
- -awb OFF：ホワイト・バランス調整なし
- -awbg 1.0 1.0：ホワイト・バランス・パラメータ指定
- -n：プレビューなし
- -t 100：ディレイ0.1秒

これらのパラメータはまだ最適化の余地がありますが，焦電型センサが熱源の移動を感知してから撮影するまでの時間を約0.5秒にできています．

猫のトイレが薄暗いところにあるのでシャッタ・スピードは0.3秒程度だと撮影した画像は少々暗いです．これ以上シャッタ・スピードを長くすると，猫の画像がぶれて，この後の猫判定処理に問題がでます．

撮影した画像はツイッターに自動ツイートするため，画面サイズを320×200に指定しています．出力ファイル名は，「日付時刻」として撮影時刻がわかるようにして/tmpの下にセーブします．

● TensorFlowで猫判定する

猫のトイレの前は人間も通ります．撮影した写真をそのまま全部ツイッターにツイートすると，人間の足

リスト5 焦電赤外センサが応答したら写真撮影するPythonスクリプト
（camera.py）

```python
import RPi.GPIO as GPIO
import time
import datetime
import os

GPIO.setmode( GPIO.BCM )
GPIO.setup(23, GPIO.IN, pull_up_down=GPIO.PUD_DOWN) #IR
GPIO.setup(6, GPIO.OUT) #LED GREEN

while 1 :
        time.sleep(0.1) # 0.1 sec
        ir_detect = GPIO.input( 23 ) #IR Read
        GPIO.output( 6, ir_detect ) #LED ON/OFF
        if ir_detect == 1:
                today = datetime.datetime.today()
                filename = "%04d%02d%02d%02d%02d%02d" % (today.year,today.
month, today.day,today.hour,today.minute,today.second)
                command = "raspistill -w 320 -h 200 -ss 300000 -ev -10 -ISO 100
 -awb off -awbg 1.0,1.0 -n -t 100 -o /tmp/%s.jpg" % (filename)
                os.system(command)
                time.sleep(3.0) # 3.0 sec
```

リスト6 猫判定用のBashスクリプト
（neko_check.sh）

```bash
#!/bin/bash
cd /home/pi/CQ/IO
for jpgfile in $(ls /tmp | grep .jpg$); do
 python classify_image.py --image /tmp/${jpgfile} >/tmp/reportfile.txt
 a=`grep -c " cat" /tmp/reportfile.txt`
 if [ $a -gt 0 ] ; then
   cp /tmp/${jpgfile} /tmp/xxx.JPG
   grep "cat" /tmp/reportfile.txt | head -2 >/tmp/xxx.TXT
   python tweet.py
 fi
 rm /tmp/${jpgfile}
done
```

Tensorflowのサンプルにclassify_image.pyというサンプル・コードがあるので，これをそのまま利用します．カメラで撮影するごとにclassify_image.pyで猫判定をさせていると，処理に約15秒かかるため，次のシャッタ・チャンスを逃します．そのため，撮りためた写真は後処理します．

リスト6が猫判定用のBashスクリプトです．3行目で撮りためた写真データのファイル名でループして，4行目でTensorflowのclassify_image.pyに1枚ずつ処理させて，結果を"/tmp/reportfile.txt"に書き込みます．

8行目のgrepコマンドとheadコマンドのパイプラインでレポート・ファイル中の猫の種類と猫確率に言及しているレポートの最初の2行を"/tmp/xxx.TXT"にコピーしています．最初の2行にしているのは，ツイッターの文字列制限(140字)にひっかからないようにするためです．最後に9行目でpythonで記述したtweet.pyを呼び出して，写真と猫の種類と確率をツイッターにツイートします．リスト7にツイート用のスクリプトを示します．

■ツイートの確認

● トイレのにおいセンス・プログラムの自動起動と，猫チェック・スクリプトの定時起動

ラズベリー・パイの電源を入れて起動したら，においセンサ制御プログラムが立ち上がり，レポートを一定時間ごとに送信するようにします．

起動時のプログラムの実行は"/etc/rc.local"，定時レポートの送信プログラムの実行は"/etc/crontab"を編集して設定します．

リスト8が"/etc/crontab"，リスト2が"/etc/rc.local"です．図6がツイッターの画面で，猫トイレのにおい変動のグラフを3時間おきに，猫を検出したら1時間おきに写真がツイートされます．トイレ側から前方向を撮影しているため，猫の後ろ姿が多く写ります．TensorFlowのclasify_image.pyのレポートの中から猫の種類と確率がツイートされます．

● Tensorflowは猫の種類を見極めた

私の家の猫の柄は濃いめのサバトラで英語では"Brown tabby"というような柄です．判定結果をみていると，写真が暗いとき，猫が走っていてぶれているときは「ペルシャ猫？」，「エジプト猫？」と推定されることもありますが，横向きの写真がとれているときは"Tabby cat"と判定されています．おそるべしTensorflowです．

撮影のタイミングが合うと，小用を足しているときの猫の後ろ姿がツイートされます．「大」のときはトイレの奥にする傾向があり，その場合カメラには猫トイレの淵から猫の耳がちょっと出ているところが写る程度なので，猫とは判定されませんでした．

リスト7 ツイッターにツイートするpythonスクリプト (tweet.py)

```
from twython import Twython, TwythonError
APP_KEY = "XXXXXXXXXXXXXXXXXXXXXXXXX"
APP_SECRET = "XXXXXXXXXXXXXXXXXXXXXXXXXXXXXXXXXXXXXXXXXX"
OAUTH_TOKEN = "XXXXXXXXXXXXXXXXXXXXXXXXXXXXXXXXXXXXXXXXXXXXXX"
OAUTH_TOKEN_SECRET = "XXXXXXXXXXXXXXXXXXXXXXXXXXXXXXXXXXXXXXXXXXX"

twitter = Twython(APP_KEY, APP_SECRET, OAUTH_TOKEN, OAUTH_TOKEN_SECRET)
photo = open('/tmp/xxx.JPG', 'rb')
file = open('/tmp/xxx.TXT')
tweet_text = file.read()
media_status = twitter.upload_media(media=photo)
ID = media_status['media_id']

try:
    twitter.update_status(media_ids=ID, status=tweet_text)

except TwythonError as e:
    print e
```

（ここにツイッタのアカウントを登録して取得したキーを設定する）

（ツイッタに写真と文章をツイート）

リスト8 "/etc/crontab"に下の2行を追加する

```
# m h dom mon dow user    command
17 *    * * *    root    cd / && run-parts --report /etc/cron.hourly
25 6    * * *    root    test -x /usr/sbin/anacron || ( cd / && run-parts --report /etc/cron.daily )
47 6    * * 7    root    test -x /usr/sbin/anacron || ( cd / && run-parts --report /etc/cron.weekly )
52 6    1 * *    root    test -x /usr/sbin/anacron || ( cd / && run-parts --report /etc/cron.monthly )
#
35 2-23/3        * * *    root    python /home/pi/CQ/IO/auto_bot.py
5 *              * * *    root    /bin/bash /home/pi/CQ/IO/neko_check.sh
```

（午前2時35分から3時間おきにauto_bot.pyを実行して，におい変化グラフをツイートする）

（毎時5分にneko_check.shを実行して写真に猫が写っていないかチェックして写っていたらツイートする）

● 結果と考察

ラズベリー・パイ3は処理能力が高く，記述抽象度の高い言語とOSが提供する実行スケジュール機能が利用できるので，こういった少々複雑なことを3〜4日で組み上げることができました．

特にTensorflowを利用することで，猫判定カメラが数行の記述で実現できたのは驚きです．

今回購入した部品を利用することを考えると，猫が用を足した後の「大」と「小」の判別も猫砂上の状況写真を集めれば，TensorFlowで実現できそうです．しかし，TensorFlowの学習のためにはたくさんの枚数の学習用画像が必要です．日ごろから私は，猫の「大」の写真を撮りためてはいるのですが，この記事を執筆した2016年9月時点での写真の枚数はまだ100枚程度でTensorFlowの学習用には十分ではありませんでした．

猫のトイレのにおいセンサについては，まだテスト運用を開始して1週間程度なので結果を出すにはもっと時間が必要です．通常の「小」と「大」に対してはあまり感度がとれず，清掃時の消毒用アルコールと下痢に対しては感度があることがわかりました．アルコールはすぐ蒸発して拡散速度も速いため，においグラフの波形がインパルス状になるのに対して，下痢は温度下降とともに拡散量が減って行くので，積分波形のように減少することもわかりました．

感度が低いといっても，通常の「大」と「小」には反応がありそうなので，写真情報とあわせて猫のトイレの頻度の定量化ができそうです．

● 今後

次のWebサイトはツイッター用アカウントです．

https://twitter.com/momojitoiletbot

実験用のため，不定期に停止したり実験終了したらアカウントを消すかもしれませんが，しばらく運用予定です．現状認識している問題は次の2点です．
(1) カメラの応答速度と感度不足
(2) カメラの撮影タイミングとグラフ変化の関係がわかりにくい

ラズベリー・パイはBluetoothインターフェースも使えるので，何か所かにラズベリー・パイを置いて猫の首輪にBluetoothマイクをつけてマイクで音が拾えるようになったら，猫がどのエリアにいるかの認識を実現したいと思います．猫は定期的に毛玉を吐くので，Bluetoothマイクで吐くときの音を拾ってスペクトルを解析して，どこで嘔吐したか特定するなども試してみたいと思っています．

さめしま・まさひろ

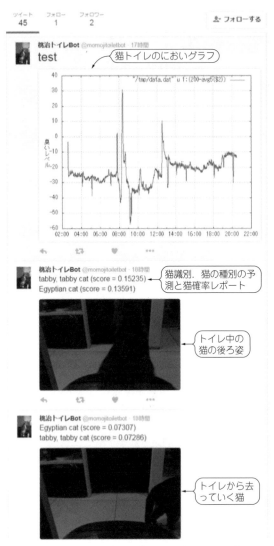

図6 猫トイレのにおい変動のグラフが3時間おき，猫検出したら1時間おきに写真がツイートされる
トイレ側から前方向を撮影しているため，猫の後ろ姿がたくさん映る（カラー・プレビューにカラー写真を掲載）

まとめ

● SDメモリ・カードの寿命

ラズベリー・パイのファイル・システムはmicroSDカードを使っています．今回作成したプログラムではSDメモリ・カード上のメモリに作業ファイルを置いています．アクセス頻度は20秒に1回程度です．作業ファイルをSDメモリ上にとっているとカードの寿命が短くなります．実際に運用する場合は，RAMの一部をファイル・システムの"/tmp"としてとしてマウントして，そこを作業エリアにすることで，カードの寿命を延ばすことができます．

◆参考文献◆
(1) 三好 健文：カメラ眼付き人工知能コンピュータの実験，トランジスタ技術 2016年8月号 第8章, pp.92〜101, CQ出版社．

第5章 コンピュータ撮影！ Piカメラ実験室

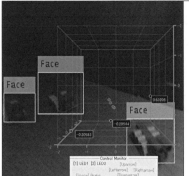

Piカメラ 第2 実験室
ターゲットを全自動検出！モータ制御，GUI，画像処理を丸ごとプログラミング
20cm以下の床下をらくらく点検！Piカメラ偵察ローバ

(a) ひまわり畑迷路を探検　　　　　　　　　(b) 危険なところに行ける

図1　Piカメラ偵察ローバの応用例
パソコンでワイヤレス操作できるため，人間が入り難い狭い空間や危険な場所へも行くことができる．建物のひび割れの状態や動植物の生態など，カメラやセンサを移動させてモニタリングできる

　私は，フリスク・サイズのI/Oコンピュータ・ボード「ラズベリー・パイZero」(以下，パイZero)を利用して千里眼の能力を与えてくれる約12,000円で作れるPiカメラ偵察ローバを製作しました(**写真1**)．

　本器は，パイZeroとラズベリー・パイ用のカメラ・モジュールPi Cameraを利用しています．モータ，バッテリを装備し，無線通信で移動できます．本器を使って離れた場所のようすを知ることができます．

　本稿では，次のことを解説します．
(1)科学計算プログラミング環境MATLABとパイZeroを利用してモータ制御やコントラスト調整などの画像処理を実施する方法
(2)パソコンで本器を操作するためのGUI (Graphical User Interface)作り
(3)本器が単体で動作するプログラムの作り方

用途と仕様

● こんなことに使える

　本器の応用例を図1にまとめました．大人も子どもも楽しめるレジャー施設として全国各地にひまわり畑の巨大迷路があります．本器があれば，ひと夏のひま

写真1　アーム・クローラ・タイプのタイヤを利用したPiカメラ・ローバ
荒れた地面でも安定して走行できる．赤外線カメラ・モジュール Pi NoIRを使った

わり畑の思い出を自宅で再現できます．

　本器は，小型でワイヤレス操作が可能なため，人間が入り難い狭い空間や危険な場所へ送り込むことがで

161

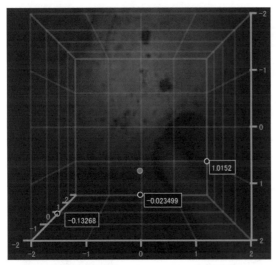

(a) 本器からの映像がパソコンに表示される

(b) 床下を走行中

写真2　本器で床下にシロアリがいないか点検しているところ

きます．建物の傾きやひび割れなど構造物の健康状態や動植物の生態など，カメラやセンサを移動させてモニタリングできます．住まいの床下にシロアリが居ないかロボットが代わりに点検してくれたら助かります（**写真2**）．本器を自律走行ロボット化することも夢ではありません．

MATLAB/Simulinkは，ROS[*1]にも対応しています．人工知能に迷路を解かせたり，複数の機体を利用した自動運転の実験も可能でしょう．

● 目標

今回は，本器をMATLABから遠隔制御するシステムを構築しました．目標は次のとおりです．

▶ハードウェア
- 電源も通信もワイヤレス
- モータで前後左右に移動できる
- カメラで画像を取得できる

表1　本器の基本仕様（ナロー・タイヤ・タイプ）
（ ）はアーム・クローラ・タイプ．今回2種類のPiカメラ偵察ローバを製作した

サイズ（$L \times W \times H$）	$105 \times 112 \times 150$ mm（$190 \times 160 \times 160$ mm）
重量	390 g（435 g）
スピード	$8 \sim 9$ cm/s
動作時間	1時間以上を確認．ニッケル水素蓄電池4本
駆動部	対向2輪1キャスタ
機能	ワイヤレス・モータ制御
	ワイヤレス画像伝送
特記事項	サーボ・モータ追加時は高さが16 mm長くなり，重量が12 g増える

▶ソフトウェア
- ホスト・パソコンで動作
- 本器を通信制御できる
- 本器からの画像を表示できる

製作した本器の仕様を**表1**にまとめました．

● 制御プログラム

今回，本器の制御プログラムには，MATLABを利用しました．

ラズベリー・パイのプログラミングといえば，Pythonが定番ですが，ここではMATLABを選択しました．理由を次にまとめます．
- 商用製品のためサポート，ドキュメントが充実
- ホスト・パソコンからのラズベリー・パイの制御・開発がシンプル
- 高機能な関数，グラフィックス表示を利用でき，種類が豊富

● MATLABはほかのプログラミング言語では難しい通信や画像処理を1日で実現できる

MATLAB/Simulink以外では，今回のプログラム実装は難しいと思います．リモート制御と画像伝送の部分で，ラズベリー・パイとホスト・パソコン両方の通信プログラミングが必要です．ほかのプログラミング言語では敷居が高いといえます．

ラズベリー・パイのIoT向けソフトウェアWebIOPiを使えば，ブラウザ・ベースで基本部分の類似システムは実現できますが，ヒストグラム均等化や顔検出，3次元グラフ表示などホスト・パソコン側での複雑な処理を組み合わせるとなると，ブラウザでは限界があります．

ほかのソフトウェアで実現が難しいプログラミングもMATLABを利用すると20～30時間で構築できます．

図2は，MATLABのお絵描き入力オプション・ツールSimulinkのモデル例です．

*1 Robot Operating Systemの略．ロボットの標準的開発プラットフォームとしてプログラム間のデータのやり取りのフレームワークを与えるミドルウェア

第5章 コンピュータ撮影！ Piカメラ実験室

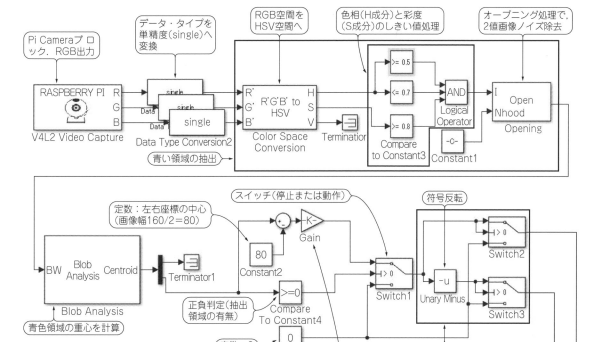

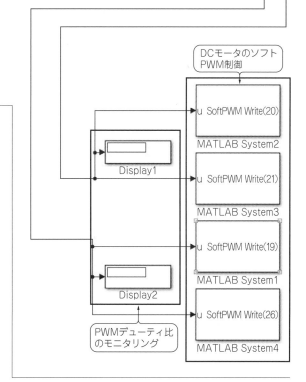

図2 PWM制御ブロックとあらかじめ用意されているビデオ入力ブロックを利用したSimulinkモデルの例
本モデルは，青い物体がカメラに映ると，そちらの方向に機体が向くようにDCモータを制御する

　今回紹介するプログラムはMATLAB R2016aで動作を確認しました．MALTAB/Simulink以外にオプションとして，Image Processing Toolbox，Computer Vision System Toolbox，Simulinkを用意することをお勧めします．

本器の構成

● 全体図

　全体構成を**図3**にまとめます．本器の完成品を**写真3**に示します．

　パイZero, Pi Camera, 無線LAN子機，拡張ボード，機体ベース，駆動部，電源ユニットから構成される手のひらサイズの小型ロボットです．

　電源ユニットは，単3型ニッケル水素蓄電池4本，5V前後の電圧を利用します．この電池は，パイZeroと駆動部の共通の電源としています．パイZeroへの電力供給の安定化を図るため，電池との間に可変型昇降圧DC-DCコンバータ・モジュールを挿入しています．ハードウェアについては後述します．

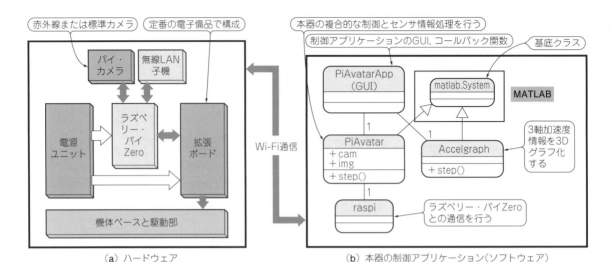

(a) ハードウェア　　(b) 本器の制御アプリケーション(ソフトウェア)

図3　本器のハードウェアと制御アプリケーション(ソフトウェア)の構成
ハードウェアとホスト・パソコンをWi-Fiで接続．パソコン上の制御アプリケーションから駆動部(DCモータなど)を制御．機体上のセンサ(Pi Cameraなど)からの情報を制御アプリで受信する

写真3　本器の完成品
ナロー・タイヤ・タイプの構成は，小回りが利くので3次元迷路の走行に適している(本稿での基本構成)．アーム・クローラ構成は，荒れた地面での走行に適している

● **部品の入手方法**

パイZeroとPi Camera，カメラ専用ケーブルは海外の通販サイトPimoroniから入手しました．パイZeroとカメラ専用ケーブルは，日本の販売店から入手できないことが難点です．名刺サイズの半分である点は大きな魅力です．本体だけで3.33ポンド(2016年9月現在)でした．

Pi Camera，専用ケーブル，送料を加えてもラズベリー・パイ3と同程度の価格で入手できます．無線LAN子機は市販のUSBドングルに，USBタイプA(オス)→microUSBタイプB(オス)変換アダプタを装着します．

拡張ボードは，品物と情報が入手しやすい部品で構成しました．すべての部品が，秋葉原の通販サイトなどで入手できます．パイZeroからの各部品の制御については，参考文献(5)を参考にしました．機体ベースは，アマゾンなどの通販サイトで入手できます．

ナロー・タイヤ・タイプの本器の製作に必要な部品

を表2にまとめました.

MATLABからパイZeroを利用するための設定

● 概要

MATLAB/Simulinkからパイ Zeroを利用できるようにシステムのセットアップをします.

MATLABバージョンR2016aはパイZeroを正式にサポートしていません. R2016aは, Raspbian Wheezyをベースとしたファームウェアを配布しています. Raspbian WheezyではパイZero上でUSB無線LAN子機のドライバ(rt2800usb)がロードされない問題があります. Raspbian Jessieを利用すれば, この問題がない上に, USBホスト・ケーブルを経由して, 各種の設定ができます.

今回はRaspbian Jessieをベースにファームウェアのセットアップを行います.

● 準備

必要なものは次の通りです.
- パイZero V1.3
- ホスト・パソコン：64ビット版Microsoft Windowsまたは64ビット版Mac OS X
- MATLAB/Simulink
- 電源用のUSBケーブル
- USB無線LAN子機(Wi-Fiが利用できる環境)
- Raspbian Jessieを導入した4Gバイト以上のmicro SDカード

Raspbian Jessieは, Wi-Fi接続設定が完了しているものとします.

● インストール手順

MATLAB/Simulinkへのラズベリー・パイの「ハードウェアサポートパッケージ」のインストール方法と同パッケージから制御するためのPi Zeroの設定方法を解説します.

ホスト・パソコンにMATLAB/Simulinkを準備してください. ラズベリー・パイの「ハードウェアサポートパッケージのインストール」を行ってください.

手順は次のとおりです.

(1) ホスト・パソコン上でMATLABを起動
(2) サポート・パッケージのインストール：コマンド・ウィンドウから次のコマンドを実行
```
>> supportPackageInstaller
```
(3) アクションの選択：インターネットからインストール
(4) サポート・パッケージ対象を選択："Raspberry Pi"

表2 本器の製作に必要な部品(ナロー・タイヤ・タイプ)

品名	個数	入手先
パイZero本体とモジュール		
パイZero v1.3	1個	Pimoroni
カメラ・ケーブルPi Zero Ed.	1個	
Pi Camera v2.1 Standard	1個	
USB to microUSB OTG Converter Shim	1個	
無線LAN子機WLI-UC-GNM(BUFFALO)	1個	入手困難 ※代替品可
Transend microSDHCカード8 GB Class4	1枚	アマゾン ※代替品可
ピン・ヘッダ2×20	1個	秋月電子通商ほか
6角面メネジFB26-7	4個	
なべ小ねじ(+)M2.6×5	8個	
機体ベース		
タミヤ・ユニバーサル・プレート・セット(70098)	1セット	秋月電子通商ほか
タミヤ・ユニバーサル金具4本セット(70164)	1セット	
タミヤ・ボール・キャスタ2セット入(70144)	1パック	
タミヤ・ダブル・ギヤ・ボックス左右独立4速タイプ(70168)	1セット	アマゾンほか
タミヤ・ナロー・タイヤ・セット58 mm径(70145)	1セット	
積層セラミック・コンデンサ0.1 μF	2個	秋月電子通商ほか
電源ユニット		
昇降圧DC-DCコンバータ(TPS63060)	1個	ストロベリー・リナックス
片面ユニバーサル基板Dタイプ(47×36 mm)	1枚	秋月電子通商ほか
USBコネクタDIP化キットAメス	1個	
基板用スライド・スイッチSS-12D00-G5	1個	
カーボン抵抗1 kΩ 1/4 W	1本	
3 mm赤色LED LT3U31P250mcd	1個	
ターミナル・ブロック2ピン(青)(縦)(小)	1個	
ピン・ヘッダ1×2(2P)	1個	
USBケーブルAオス-マイクロBオス0.15 m	1本	
コネクタ付コード2P(D)(赤黒)	1本	
電池ボックス単3×4 リード線	1個	
単3形ニッケル水素蓄電池	4本	
皿小ねじ(+)M3×6	2個	
6角オネジ・メネジMB3-5	2個	
6角両メネジFB3-3	2個	
拡張ボード(ナロー・タイヤ・タイプ)		
両面ユニバーサル基板Cタイプ(72×47)	1枚	秋月電子通商ほか
ピン・ソケット(メス)2×20(40P)	1個	
モータ・ドライバTA7291P(2個入)	1パック	
半固定ボリューム10 kΩ	1個	
炭素被膜抵抗10 kΩ 1/4 W	1本	
ターミナル・ブロック2ピン(青)(縦) 小	3個	
耐熱電子ワイヤ 2 m×7色	1パック	
スペーサ(7 mm) 外径1.22 mm	1個	
3 mmプラスチック・ネジ(7 mm)+ナットセット	1組	
その他		
なべ小ねじ(+) M3×6	3個	秋月電子通商ほか
なべ小ねじ(+) M2×6	2個	ホームセンタ

(5) 2つのサポート・パッケージをインストール
- MATLAB Support Package for Raspberry Pi Hardware Ver 16.1.2
- Simulink Support Package for Raspberry Pi Hardwawre Ver 16.1.3

(6) MathWorksアカウントへのログイン
(7) ライセンス契約事項を確認し「承諾」
(8) インストーラの指示に従い，「インストール」開始

サポート・パッケージのダウンロードとインストールには時間がかかります．ファームウェア更新の手前でインストール作業をいったんキャンセルします．

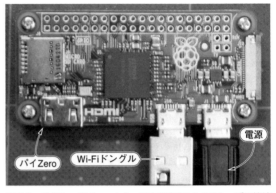

写真4 パイZeroにファームウェアを設定するときのケーブル接続

● MATLAB R2016aでパイZeroを動作させるためのポイント

MATLAB R2016aでは，パイZero用にひと手間を加える必要があります．

(1) MATLABコマンド・ウィンドウ上にてエディタを起動

```
>> edit raspi
```

(2) エディタ上にraspi.mのコードが現れるので，897行目の文頭に"%"記号を付けてコメント・アウト

```
%obj.LED.(id).Trigger=...
getLEDConfiguration(obj,name);
```

最後の手続きは，基板上のLEDのトリガ情報をうまく受信できない問題を回避しています．

原稿執筆時（2016年10月時点）のバージョンR2016bでは，この作業は不要です．

● パイZeroのファームウェア設定

パイZeroのファームウェアの設定手順を示します．パイZeroはWi-Fi設定が完了しており，ホスト・パソコンからもSSH接続が可能なものとします（コラム参照）．

写真4のようにケーブル類を接続します．ホスト・パソコンからパイZeroにPuTTYなどでSSH接続しターミナル上で，図4の一連のコマンドを実行してください．

● 設定確認

実行後，設定がうまくできているか確かめるために，ホスト・パソコン上MATLABのコマンド・ウィンドウ上で，次のコマンドを実行して下さい．

```
① Raspbianを最新の状態に更新
$ sudo apt-get update
$ sudo apt-get upgrade
$ sudo rpi-update
$ sudo reboot
② MATLABとの通信に必要なパッケージを導入
$ sudo apt-get install \
libsdl1.2-dev alsa-utils espeak i2c-tools libi2c-dev \
ssmtp ntpdate git-core v4l-utils cmake sense-hat
$ sudo apt-get autoremove
③ DNS逆引き無効化
$ cd /home/pi
$ cp /etc/ssh/sshd_config /home/pi/sshd_config.new
$ echo -e \
"\\n\\n# Turn off reverse DNS lookup\\nUseDNS no\\n" \
>> /home/pi/sshd_config.new
$ sudo mv /home/pi/sshd_config.new /etc/ssh/sshd_config
④ Pi Cameraが動作するように設定
$ echo -e "\\ni2c-bcm2708\\n" | sudo tee -a /etc/modules
$ echo -e "\\nbcm2835-v4l2\\n" | sudo tee -a /etc/modules
⑤ MATLABとパイZeroの間のGPIO制御を仲介するWiringPiライブラリを導入
$ sudo mkdir -p /opt/wiringPi
$ sudo chown pi /opt/wiringPi
$ git clone git://git.drogon.net/wiringPi /opt/wiringPi
$ cd /opt/wiringPi; git pull origin
$ cd /opt/wiringPi; ./build
$ sudo chown root /opt/wiringPi
```

図4 MATLAB R2016aでパイZeroを利用するためのファームウェア設定手順

```
>>mypi=raspi('xxx.xxx.xxx.xxx',…
'pi','raspberry')
```

"xxx.xxx.xxx.xxx"部分にはパイZeroのIPアドレスを指定します．第2引き数と第3引き数はそれぞれパイZero上のユーザ名とパスワードです．実行後，ツールのインストールが開始されます．時間がかかりますが気長に待ちます．長いメッセージの最後に，次のように表示されれば成功です．パイZeroは，Model B + と認識されます．

```
mypi =
raspiのプロパティ:
DeviceAddress: xxx.xxx.xxx.xxx
Port: 18730
BoardName: Raspberry Pi Model B+
AvailableLEDs: {'led0'}
AvailableDigitalPins:
[4,5,6,12,13,…,26,27]
AvailableSPIChannels: {'CE0','CE1'}
AvailableI2CBuses: {'i2c-1'}
AvailableWebcams: {}
I2CBusSpeed: 0
Supported peripherals
```

MATLABのパイZero制御プログラミング

MATLABからraspiオブジェクトを操作してラズベリー・パイを制御します．MATLABとパイZeroはTCPで接続されます．

● 準備

先の設定に利用したものに加えて次のものを準備してください．

- Pi Camera V2.1 Standard + 専用ケーブル
- DCモータ，モータ・ドライバ(TA7291P)2セット
- カーボン抵抗10kΩ，半固定ボリューム10kΩ
- 単3形×4電池ボックス，単3形ニッケル水素蓄電池4本
- ブレッドボード，ワイヤ

図5に実験の回路図を示します．回路が組み上がったら，ホスト・パソコン上のMATLABより，次のコマンドを実行してください．

```
>> mypi = raspi('xxx.xxx.xxx.
xxx','pi',…'raspberry') % 初期化
```

"xxx.xxx.xxx.xxx"には，パイZeroのIPアドレスを指定します．出力に，"AvailableWebcams: {'mmal service 16.1 (platform:bcm2835-v4l2):'}"という表示が含まれていれば，Pi Cameraを利用できます．変数"mypi"がraspiオブジェクトの参照となります．

● 画像処理の実行

▶カメラ・モジュールPi Cameraで画像を取得

raspiオブジェクトmypiが有効となったら次のコマンドを実行します．

```
>> cam = … % カメラの初期化
mypi.cameraboard('Resolution','640x480')
>> cam.ImageEffect = 'none'; % 画像処理効果
>> cam.HorizontalFlip = false; % 左右反転の有無
>> cam.VerticalFlip = false; % 上下反転の有無
>> img = cam.snapshot(); % 画像の取得
>> imshow(img) % 画像の表示
```

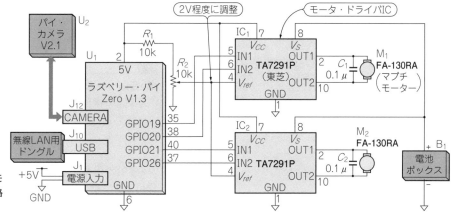

図5 カメラ入力とDCモータ・ドライブの実験回路
基本構成の回路図

```
>> fcd = vision.CascadeObjectDetector();  % 顔検出オブジェクトの初期化
>> bboxes = fcd.step(img);  % 顔検出と検出領域出力
>> img = insertObjectAnnotation(...  % 検出領域の注釈挿入
img,'rectangle', bboxes, 'Face');
>> imshow(img)  % 画像の表示
```

図6 顔検出のコマンド

```
>> mypi.configurePin(19, 'DigitalOutput');  % Motor1In1Pin
>> mypi.configurePin(20, 'DigitalOutput');  % Motor1In2Pin
>> mypi.configurePin(21, 'DigitalOutput');  % Motor2In1Pin
>> mypi.configurePin(26, 'DigitalOutput');  % Motor2In2Pin
```

図7 GPIO接続端子の初期化

表3 DCモータ用フルブリッジ・ドライバTA7291Pのファンクション表
∞はハイ・インピーダンス．入力はHighアクティブ．CWは時計回り，CCWは反時計回り

入力		出力		モード
IN1	IN2	OUT1	OUT2	
0	0	∞	∞	ストップ
1	0	High	Low	CW/CCW
0	1	Low	High	CCW/CW
1	1	Low	Low	ブレーキ

リスト1　DCモータ・ドライブの関数定義
HighとLowの組み合わせで移動方向を制御できる

関数定義は，function(出力リスト=) 関数名(入力リスト)記述
第1引き数はGPIO端子番号
第2引き数は，0でLow出力，1でHigh出力

```
function forward(rpi)
rpi.writeDigitalPin(19,1);  % High
rpi.writeDigitalPin(20,0);  % Low
rpi.writeDigitalPin(21,1);  % High
rpi.writeDigitalPin(26,0);  % Low
end
```
(a) 前進(forward.m)

```
function neutral(rpi)
rpi.writeDigitalPin(19,0);  % Low
rpi.writeDigitalPin(20,0);  % Low
rpi.writeDigitalPin(21,0);  % Low
rpi.writeDigitalPin(26,0);  % Low
end
```
(b) 停止(neutral.com)

パイZeroで取得した画像がホスト・パソコン上に表示されます．変数imgが画像データへの参照です．MATLABのオプション製品Image Processing Toolboxの画像処理を適用できます．

▶コントラスト調整
次の処理は，画像のコントラスト調整を行います

```
>> img = rgb2hsv(img);  % RGB → HSV 変換
  >> img(:,:,3) = histeq(img(:,:,3));
       % 明度成分へのヒストグラム均等化
>> img = rgb2hsv(img);  % RGB → HSV 変換
>> imshow(img)  % 画像の表示
```

▶顔検出
ホスト・パソコン上で処理するので，パイZeroに負担はかかりません．Computer Vision System Toolboxがあれば，顔検出も可能です．一連のコマンドは図6の通りです．

● DCモータ制御で試す
DCモータは，モータ・ドライバTA7291P(東芝)をGPIOで制御することにより実現できます．

mypiのconfigurePinメソッドにより，GPIO接続端子の初期化を行います(図7)．

ここでは，ディジタル出力'DigitalOutput'として初期化しています．同メソッドの第1引き数は，TA7291Pに接続するGPIO端子番号です．ディジタル出力端子への信号出力は，mypiのwriteDigitalPinメソッドにより実行できます．例えば，リスト1のように前進や停止の関数を定義して，次のコマンドを実行すると，2つのDCモータの前進と停止を制御できます．

```
>> forward(mypi); pause(0.1);
neutral(mypi) % 前進
>> clear mypi; % raspiの解放
```

表3にTA7291Pの制御信号入力と出力の関係を示します．2つのDCモータを独立に制御できるので，HighとLowの組み合わせを変えれば，後進，右旋回，左旋回，ブレーキも実現できます．

● ディジタル入力とI2C/SPIインターフェース通信
raspiオブジェクトは，GPIO端子からのディジタル入力にも対応しています．configurePinメソッドの第2引き数に'DigitalInput'を指定します．入力端子からの信号読込みには，readDigitalPinメソッドを利用します．I2C，SPI通信も可能です．

ハードウェアの製作

● 機体ベースと駆動部の組み立て
写真5に機体ベースと駆動部を示します．機体ベースと駆動部は，タミヤ楽しい工作シリーズのユニバーサル・プレートとダブル・ギヤ・ボックスで構成しました．

4種類のギヤ比のうち最もトルクの強い"344.2:1"を採用しました．小回りが利く対向2輪型で，急な方向転換にも対応できるソリッド・タイプのナロー・タイ

第5章 コンピュータ撮影! Piカメラ実験室

（a）上面

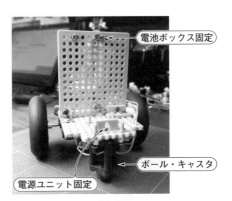
（b）背面

写真5 本器のベースと駆動部の接続
タミヤの楽しい工作シリーズで作成

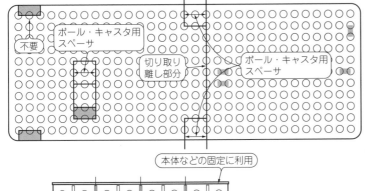

図8 ユニバーサル・プレート加工図

写真6 機体全体をニッケル水素蓄電池で賄う

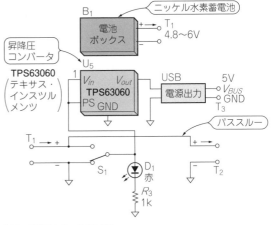

図9 電源ユニットの回路

ヤを採用しました．転倒しないよう後部にボール・キャスタを1つ取り付けています．ユニバーサル金具や付属のネジを使って機体ベースを組み上げました．図8は，ユニバーサル・プレートの加工図です．

● 電源ユニット

図9に電源ユニットの構成図，写真6に電池ボックスとカメラとの接続を示します．本器の電力を単3形ニッケル水素蓄電池4本で賄います．

電池とパイZeroとの間にTPS63060搭載の可変型昇降圧DC-DCコンバータ・モジュール（ストロベリー・リナックス）を挿入し，出力を5Vに調整して電源の安定化を図っています．

USB簡易電圧／電流チェッカDE-U114（DER EE Electrical Instrument）で調べたところ，拡張ボードを装着時，パイZeroへは300 m〜400 mAの電流が流れていました．

● 拡張ボードの基本回路とPi Camera

拡張ボードの基本回路は図5の通りです．ユニバーサル基板にはんだ付けしたものを写真7に示します．

ギヤ・ボックスに付属のモータFA-130（マブチモ

169

写真7 拡張ボードのレイアウト

写真8 カメラ・ボードの固定
金具とアングル材を利用した

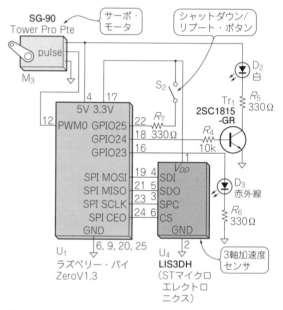

図10 アーム・クローラ・タイプを製作するときに追加する回路
基本回路に追加して接続

ーター)の電圧範囲は，DC1.5～3.0 Vです．モータ・ドライバTA7291Pは，出力電圧V_{out}［V］（≒V_{ref}＋0.7 V）となります．リファレンス電圧V_{ref}が2 V前後となるようパイZeroから供給される電源5 Vを抵抗10 kΩと半固定ボリューム10 kΩで分圧しています．

パイZeroには，Pi Camera V2.1 Standardを接続します．ほかのラズベリー・パイと違い，小さなコネクタ形状に合わせた専用ケーブルを必要とします．パイZeroとPi Cameraを購入の際は，専用ケーブルも忘れずに注文してください．機体にはユニバーサル金具とユニバーサル・プレートのアングル材を加工して固定します(**写真8**)．サーボ・モータはオプションです．

● 走行性能を向上したい人向け…駆動部をキャタピラに換装

本器の駆動部は，段差も走破できるアーム・クローラ(p.161，**写真1**)に換装することもできます．キャタピラ走行となり安定性が向上します．

写真1には，白色LED，赤外線LED，サーボ・モータ，加速度センサ，タクト・スイッチも追加しています．**図10**に追加回路を示します．白色LED(順方向電圧降下3.1 V)と赤外線LED(順方向電圧降下1.35 V)には，それぞれ5 m～6 mA流れる計算です．

サーボ・モータはカメラにチルト機能を与えます(R2016aでは未使用)．

加速度センサLIS3DH(STマイクロエレクトロニクス)は，SPI通信で機体の傾きを送信します．タクト・スイッチは，パイZeroのシャットダウン/リブートを可能とします．内部プルダウン設定を利用しました［参考文献(5)］．起動時にタクト・スイッチ押下検出を行うPythonスクリプトを実行しています．

本器の設計は，入手しやすい部品を選定しました．パイZeroは，ほかラズベリー・パイと異なり，I/O用の拡張ヘッダ・ピンのはんだ付けが必要です．PiAvatarの拡張ボードもブレッドボードではなく，

パソコンで遠隔操作するためのGUI制作

ソフトウェアでは，本器に対応するSystem object「PiAvatar」を定義し，これをMATLAB GUIDEで作成したGUIアプリPiAvatarAppから制御しています．PiAvatarオブジェクトを操作すると，実世界で本器が応答するしくみです．3軸加速度センサ出力を可視化するAccelGraphオブジェクトも利用しています．MATLABのSystem objectについては後述します．

● 制御アプリケーションの構成

本器の制御を行うアプリケーション・ソフトウェアの画面のキャプチャを図11に示します．本器のアプリケーションの構成は次の通りです．

- PiAvatarApp.fig：GUIDEで作成したレイアウト・ファイル
- PiAvatarApp.m：GUIDEが生成したコード・ファイル
- PiAvatar.m：MATLAB System objectファイル
- AccelGraph.m：MATLAB System objectファイル

MATLABのコマンド・ウィンドウ上で，PiAvatarApp.mファイルのあるフォルダへ移動し，次のコマンドを実行すると図12に示すGUIが起動します．

```
>> PiAvatarApp
```

GUIDEとは，MATLAB上で動作するGUI(Graphical User Interface)の設計と編集を行うための対話型開発環境です．R2016aからは，MATLAB用アプリケーションを作成するための環境AppDesignerも使えます．PiAvatarApp.figとPiAvatarApp.mは，MATLABのGUIDEを利用して作成しています．

● 通信用プログラム・モジュール

リスト2に示すPiAvatar.mは，raspiオブジェクトを介して本器との通信を行うプログラム・モジュールです．モータなどの制御信号やセンサ信号の送受信を行います．

PiAvatar.mは，matlab.Systemの派生クラスSystem objectとして定義されています．

System objectは基底クラスmatlab.Systemが管理するタイミングで実装メソッドを実行します．例えば，stepメソッドは派生クラスのstepImplなどの実装メ

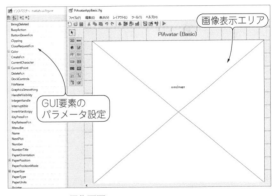

図12 GUIDE編集画面
本器を遠隔操作するためのGUIのレイアウト設計を行う

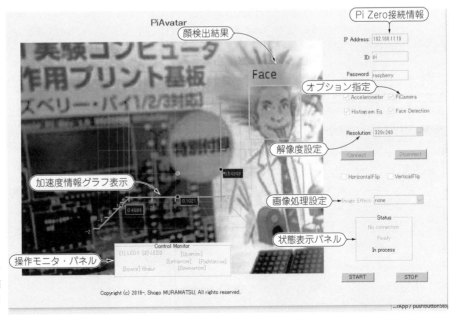

図11 本器の制御アプリケーションのキャプチャ画面
MATLABで機体を制御するためのGUIを作ることができる

リスト2　本器を制御するMATLAB Sytem Objectのソースコード PiAvatar.m（簡易版）
前進，停止，スナップ・ショットなどの制御信号を本器に伝えるメソッドを実装

```
function varargout = PiAvatarAppBasic(varargin)
%PIAVATARAPPBASIC PiAvatarAppBasic.fig用MATLABコード
%GUIDE 生成初期化コード（編集不可）
gui_Singleton = 1;
gui_State = struct('gui_Name', mfilename, …
    'gui_Singleton', gui_Singleton, …
    'gui_OpeningFcn', @PiAvatarApp_OpeningFcn, …
    'gui_OutputFcn',  @PiAvatarApp_OutputFcn, …
    'gui_LayoutFcn',  [], …
    'gui_Callback',   []);
if nargin && ischar(varargin{1})
    gui_State.gui_Callback = str2func(varargin{1});
end
if nargout
    [varargout{1:nargout}] = gui_mainfcn …
                    (gui_State, varargin{:});
else
    gui_mainfcn(gui_State, varargin{:});
end
```
→ GUIDEにより自動生成されるGUI初期化コード．編集不可

```
function PiAvatarApp_OpeningFcn(hObject, ~, …
handles, varargin)
% GUI 初期化関数
handles.piAvatar = [];           % PiAvatar 参照
handles.piState  = 'No connection'; % 状態初期化
handles.command  = 'Neutral';    % コマンド初期化
handles.output   = hObject;
guidata(hObject, handles);       % GUIオブジェクトの更新
```
→ ユーザ・データの定義．構造体handlesは，コールバック関数間で共有される

```
function varargout = PiAvatarApp_ …
                    OutputFcn(hObject, ~, handles)
% GUI 出力関数
varargout{1} = handles.output;
```
→ GUIDEにより自動生成されたGUI出力関数

```
function pushbuttonConnect_Callback(hObject, ~, …
                                             handles)
% Connect ボタンのコールバック関数
ipAddress        = handles.editIpAddress.String;
handles.piAvatar = PiAvatarBasic('IpAddress', …
                   ipAddress);
handles.piState  = 'Ready';
handles.pushbuttonConnect.Enable    = 'off';
handles.pushbuttonDisconnect.Enable = 'on';
handles.pushbuttonStart.Enable      = 'on';
% 画像の更新
for iter = 1:5 % カメラ設定を反映するためのアイドリング
    handles.piAvatar.step('Snapshot')
end
axes(handles.axesImage)          % 画像表示の初期化
imshow(handles.piAvatar.img)
guidata(hObject,handles);        % GUIオブジェクトの更新
```
→ Connectボタン押下時の動作を定義．PiAvatarBasicオブジェクトを生成

```
function figure1_KeyPressFcn(hObject, eventdata, …
                                             handles)
% キー押下時のコールバック関数
if strcmp(handles.piState,'In process')
    switch(eventdata.Key)
        case 'uparrow'
            handles.command = 'Forward';
        case 'downarrow'
            handles.command = 'Reverse';
        case 'leftarrow'
            handles.command = 'Turn left';
        case 'rightarrow'
            handles.command = 'Turn right';
        case 'space'
            handles.command = 'Brake';
    end
    guidata(hObject,handles); % GUIオブジェクトの更新
end
```
→ キーボード入力時の動作を定義．handles.command変数を更新

```
function figure1_KeyReleaseFcn(hObject, ~, …
                                             handles)
% キー解放時のコールバック関数
if strcmp(handles.piState,'In process')
    handles.command = 'Neutral';
    guidata(hObject,handles); % GUIオブジェクトの更新
end
```
→ キーボード解放時の動作を定義．handles.command変数に'Neutral'を代入して更新

```
function pushbuttonStart_Callback(hObject, ~, …
                                             handles)
% Start ボタンのコールバック関数
handles.piState = 'In process';
handles.pushbuttonStart.Enable      = 'off';
handles.pushbuttonStop.Enable       = 'on';
handles.pushbuttonDisconnect.Enable = 'off';
guidata(hObject,handles); % GUIオブジェクトの更新
% 本器の制御
precommand = 'Neutral';
handles.piAvatar.step('Neutral')
while(strcmp(handles.piState,'In process'))
    handles = guidata(hObject);
    curcommand = handles.command;
    if strcmp(curcommand,precommand)
        handles.piAvatar.step('Snapshot')
    else
        handles.piAvatar.step(curcommand)
        precommand = curcommand;
    end
    % 表示画像の更新
    img_ = handles.piAvatar.img;
    handles.axesImage.Children.CData = img_;
end
```
→ STARTボタン押下時の動作を定義．handles.command変数の内容に応じて，PiAvatarBasicオブジェクトを介して機体を制御

```
function pushbuttonStop_Callback(hObject, ~, …
                                             handles)
% Stop ボタンのコールバック関数
handles.piState = 'Ready';
handles.command = 'Neutral';
handles.pushbuttonStop.Enable       = 'off';
handles.pushbuttonStart.Enable      = 'on';
handles.pushbuttonDisconnect.Enable = 'on';
guidata(hObject,handles); % GUIオブジェクトの更新
```
→ STOPボタン押下時の動作を定義

```
function pushbuttonDisconnect_Callback(hObject, …
                                       ~, handles)
% Disconnect ボタンのコールバック関数
handles.piAvatar = [];
handles.piState  = 'No connection';
handles.pushbuttonDisconnect.Enable = 'off';
handles.pushbuttonConnect.Enable    = 'on';
handles.pushbuttonStart.Enable      = 'off';
guidata(hObject,handles); % GUIオブジェクトの更新
```
→ [Disconnect]ボタン押下時の動作を定義

```
function editIpAddress_Callback(hObject, ~, …
                                             handles)
% IpAddressテキスト入力のコールバック関数
```
→ IPアドレス・テキスト入力時の動作を定義（空）

```
function editIpAddress_CreateFcn( …
hObject, ~, handles)
% IpAddressテキスト入力の生成関数
if ispc && isequal(get(hObject, …
'BackgroundColor'),get(0,'defaultUicontrolBackgr
oundColor'))
    set(hObject,'BackgroundColor','white');
end
```
→ GUIDEにより自動生成されたIPアドレス・テキスト入力生成関数

ソッドを呼び出します．内部状態に応じてふるまいが変化します．

setupImplメソッドは，stepメソッドから最初に1度だけ呼び出されます．PiAvatar.mでは，カメラ効果などの設定を行います．stepImplメソッドは，stepメソッドから毎回呼び出されます．本器へのコマンド送出と画像などの取得，内部状態の更新を行います．

本器(簡易版ではPiAvatarBasic)オブジェクトはコマンド・ウィンドウ上で，次のようにも操作できます．

```
>> myavatar = PiAvatar
('IpAddress','xxx.xxx.xxx.xxx')
>> myavatar.step('Forward'); pause(0.1)
; myavatar.step('Neutral');
>> myavatar.step('Snapshot'); imshow
(myavatar.img)
>> clear myavatar % myavatarの解放
```

"xxx.xxx.xxx.xxx"には，パイZeroのIPアドレスを指定します．本器機体が前進し，0.1秒後に停止，写真を撮影します．

リスト3　本器の制御アプリケーションGUIの初期化やコールバック関数を定義
PiAvatarApp.mのソースコード(簡易版)

```
classdef PiAvatarBasic < matlab.System
    % PIAVATAR(簡易版)

    properties (Nontunable)              % 公開プロパティ．IPアドレス
        IpAddress    = ''                 やモータ・ドライバ用のGPIO
        Id           = 'pi'               端子番号，カメラ解像度など
        Password     = 'raspberry'        を状態として保持
        Motor1In1Pin = 19
        Motor1In2Pin = 20
        Motor2In1Pin = 21
        Motor2In2Pin = 26
        Resolution   = '640x480'
        ImageEffect  = 'none'
    end

    properties(Hidden, GetAccess = public, ...   % 隠しプロパティ．rpiは，MATLAB
                        SetAccess = private)     で提供されるraspiオブジェクトへ
        rpi                                      の参照．camは，Pi Cameraオブ
        cam                                      ジェクト．imgはPi Cameraで取
        img                                      得した画像を保持するプロパティ
    end

    methods
        % コンストラクタ                          コンストラクタ．引数として，「プロパティ名」，
        function obj = PiAvatarBasic(varargin)   「プロパティ値」の列挙が可能(matlab.
            setProperties(obj,nargin,varargin{:}); System.setPropertiesメソッドによる)．ディ
            % Raspberry Pi オブジェクト生成        ジタル出力端子とPi Cameraの初期化も実行
            obj.rpi = raspi(obj.IpAddress,obj.Id,obj.
                                        Password);
            % ディジタル出力端子(GPIO)初期化
            obj.rpi.configurePin ...
                (obj.Motor1In1Pin,'DigitalOutput');
            obj.rpi.configurePin ...
                (obj.Motor1In2Pin,'DigitalOutput');
            obj.rpi.configurePin ...
                (obj.Motor2In1Pin,'DigitalOutput');
            obj.rpi.configurePin ...
                (obj.Motor2In2Pin,'DigitalOutput');
            % PiCamera 初期化
            obj.cam = obj.rpicameraboard ...
                ('Resolution',obj.Resolution);
        end
    end                                         セットアップ・メソッドの実装．matlab.
                                                System.setupメソッドから呼び出される．
    methods(Access = protected)                 Pi Cameraの画像処理効果を初期化
        function setupImpl(obj)
            obj.cam.ImageEffect = obj.ImageEffect;
        end                ステップ・メソッドの実装．matlab.System.stepメソッドから呼び出される．
                           引数のコマンドに応じて，モータ制御信号の送出や画像取得メソッドを呼び出す
        function stepImpl(obj,command)
            switch(command)
                case 'Forward'
                    forward_(obj)
                case 'Reverse'
                    reverse_(obj)
                case 'Turn right'
                    turnRight_(obj)
                case 'Turn left'
                    turnLeft_(obj)
                case 'Brake'
                    brake_(obj)
                case 'Neutral'
                    neutral_(obj)
                case 'Snapshot'
                    obj.img = obj.cam.snapshot();
                otherwise
                    me = MException('PiAvatar:InvalidCommand',...
                        'Command "%s" is not supported.',...
                        command);
                    throw(me);
            end
        end
    end                                         プライベート・メソッド．stepImplメソ
                                                ッドから呼び出される．前進やニュート
    methods(Access = private)                   ラルなどモータ制御信号の送出を定義．
        function forward_(obj) % 前進            motor1_メソッド，motor2_メソッドは，
            obj.motor1_(1,0);                   それぞれDCモータ1，DCモータ2に対
            obj.motor2_(1,0);                   応するGPIO端子の制御を定義
        end

        function neutral_(obj) % ニュートラル
            obj.motor1_(0,0);
            obj.motor2_(0,0);
        end

        % 同様に，後退(reverse_)，右旋回(turnRight_)，
        %左旋回(turnLeft_)，ブレーキ(brake_)メソッドを定義

        unction motor1_(obj,in1,in2) % DCモータ1
            obj.rpi.writeDigitalPin ...
                (obj.Motor1In1Pin, in1);
            obj.rpi.writeDigitalPin ...
                (obj.Motor1In2Pin, in2);
        end

        function motor2_(obj,in1,in2) % DCモータ2
            obj.rpi.writeDigitalPin ...
                (obj.Motor2In1Pin, in1);
            obj.rpi.writeDigitalPin ...
                (obj.Motor2In2Pin, in2);
        end
    end
end
```

● GUI制御メイン・プログラム

PiAvatarApp.mは，GUIDEにより自動的に生成されたコードに，GUIの初期化やコールバック関数の定義を加えて編集しました．GUIDE編集画面に，対応するソース・コードをリスト3に示します．

PiAvatarApp_OpeningFcn関数では，アプリケーションの初期設定を行います．変数handlesは，関数間での情報共有に利用される構造体データです．figure1_KeyPressFcn関数では，キーの押下を検出し，キーの種類に応じでhandles.commandを更新します．

figure1_KeyReleaseFcn関数では，キーの開放を検出し，handles.commandを'Neutral'に更新します．

pushbuttonStart_Callback関数では，handles.commandの状態に応じて本器との通信やGUI表示の更新を行います．

● 3次元プロット表示するプログラム

リスト4に示すAccelGraphBasic.mは，本器の加速度センサから得られるデータを3次元プロット表示するプログラム・モジュールAccelGraph.mの簡易版です．3軸加速度情報を可視化します．PiAvatar.mとAccelGraph.mは，MATLABのSystem objectとして作成しました．

System objectとは，MATLABのバージョンR2015a以降に導入された特殊なMATLABオブジェクトで，基底クラスmatlab.Systemの派生クラスとして定義します．映像やオーディオなどストリーム・データのステップ処理に適しています．今回は，この2つのSystem objectをPiAvatarApp.mのコールバック関数から利用しています．

本器が単独で動作するプログラムの作成

● Simulinkを利用する

MATLABは，ラズベリー・パイ単体で動作するプログラムの作成には向いていません．

リスト4 3軸加速度センサからの加速度データを3次元プロットにするMATLAB System object
AccelGraphBasic.mソース・コード

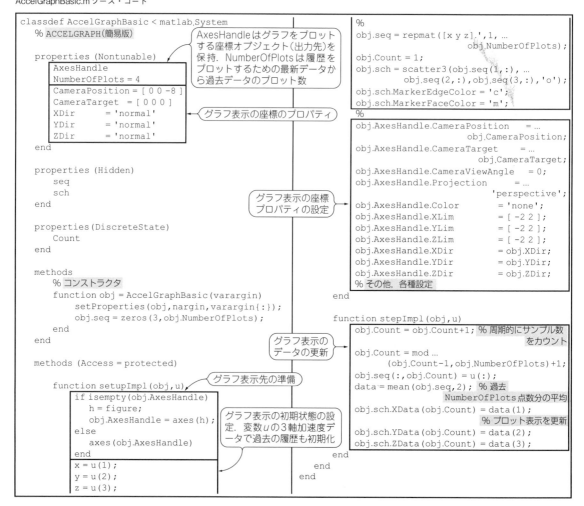

ラズベリー・パイ上で実行できるプログラムを作成したいときには，コード生成に対応したSimulinkモデルで組むとよいでしょう．

パイZeroと Raspbian Jessieは正式にサポートされていないのですが，PIL（エクスターナル・モード）シミュレーションまでは動作確認が取れています．

● 使いたいデバイスのドライバ・ブロックがないとき

MATLAB R2016aでは，ビデオ入出力，ALSAオーディオ入出力，GPIOディジタル入出力，UDP送受信，クラウドなどに対応するラズベリー・パイ用のドライバ・ブロックが正式にサポートされています．

最新のMATLAB R2016bからは，さらにサーボ・モータやDCモータ向けにソフトウェアによるPWM制御を行うブロックも提供されています．

利用したいデバイスに対応したドライバ・ブロックがなくてもあきらめる必要はありません．WiringPiなどラズベリー・パイ上で動作するC++のライブラリが，そのデバイスをサポートしていれば，新たなデバイス・ドライバ・ブロックを作成できます．

ライブラリとMATLABのインターフェースをラッパ関数として定義することで，コード生成に対応したSimulinkモデルを組み込むことができます．

ソフトウェアによる PWM制御ブロックの作成

● System objectによるデバイス・ドライバ・ブロックの定義

コード生成に対応したデバイス・ドライバ・ブロックの定義方法はいくつかあります．本稿では，System objectを利用する方法を，DCモータ用のソフトウェアによるPWM制御ブロックの作成を例に紹介します．手順は次の通りです．

(1) C++によるラッパ関数の定義
(2) System objectの定義
(3) MATLAB Systemブロックの定義
(4) Simulinkモデルの構築

● C++によるラッパ関数の定義

リスト5に，C++で記述したPWM制御のラッパ関数，リスト6にそのヘッダ・ファイルを示します．rtwtypes.hで定義されるデータ型を使って，WiringPiライブラリが提供する関数をMATLABから呼び出せるようにしています．

● System objectの定義

ソフトウェアによるPWM制御を行うデバイス・ドライバSystem objectの定義をリスト7に示します．重要なメソッドは，setupImplとstepImplになります．次に，System objectを定義します．

System objectはMATLABのコマンド・ウィンドウ上でインスタンス化できるので，プロパティ設定など基本動作の確認に利用できます．

```
>> spwm = SoftPwmOutput('Pin',19)
spwm = SoftPwmOutputのプロパティ:
Pin: 19
InitialValue: 0
PwmRange: 100
>> spwm.step(1)
>> clear spwm
```

リスト5 デバイス・ドライバ・ブロック間のラッパ関数
ラッパ関数とは異なるライブラリ間で関数インターフェースが適合するよう呼び出される側を包み込む（wrap）関数．本実装はMATLAB/Simulink生成コードから行う

```
#include <wiringPi.h>
#include <softPwm.h>
#include "softpwmoutput_raspi.h"

// ソフトPWM 出力初期化
void softPwmOutputSetup(uint8_T pin,
int32_T initialValue,int32_T pwmRange)
{
  static int initialized = false;

  // wiringPi 初期化（1度のみ）
  if (!initialized) {
    wiringPiSetupGpio();
    initialized = true;
  }

  // mode = 1: 出力
  pinMode(pin,OUTPUT);
  softPwmCreate(pin,initialValue,pwmRange);
}

// pinへの整数値の書込み
void writeSoftPwmPin(uint8_T pin, uint8_T val)
{
  softPwmWrite(pin, val);
}
// [EOF]
```

リスト6 リスト5のヘッダ・ファイル
rtwtype.hはMATLAB/Simulink生成コードのデータ・タイプが宣言されている

```
#ifndef _SOFTPWM_OUTPUT_RASPI_H_
#define _SOFTPWM_OUTPUT_RASPI_H_
#include "rtwtypes.h"

void softPwmOutputSetup(uint8_T pin,
int32_T initialValue, int32_T pwmRange);
void writeSoftPwmPin(uint8_T pin, uint8_T val);

#endif //_SOFTPWM_OUTPUT_RASPI_H_
```

リスト7 デバイス・ドライバ・ブロックのSystem objectの定義
詳細はMathWorksのコミュニティ・サイトで確認できる

```
classdef SoftPwmOutput < matlab.System … %#codegen
    & coder.ExternalDependency …
    & matlab.system.mixin.Propagates …
    & matlab.system.mixin.CustomIcon
    % ソフトPWM出力b
    %
    % 参考サイト
    % - http://wiringpi.com/reference/software-pwm-
library/

    properties (Nontunable)
        Pin          = 19
        InitialValue = 0
        PwmRange     = 100
    end

    properties (Constant, Hidden)
        AvailablePin = [4 5 6 12 13 14 15 16 17 18 19 20 …
                        21 22 23 24 25 26 27]
    end

    methods
        % コンストラクタ
        function obj = SoftPwmOutput(varargin)
            coder.allowpcode('plain');
            % コンストラクタ時の名前-値ペア引数のサポート
            setProperties(obj,nargin,varargin{:});
        end

        function set.Pin(obj,value)
            % コードの有効化
            coder.extrinsic('sprintf') % コード生成しない
            validateattributes(value,…
                {'numeric'},…
                {'real', 'positive', 'integer', …
                 'scalar'},…
                '', …
                'Pin');
            assert(any(value == obj.AvailablePin), …
                ['Invalid value for Pin. ' …
                 'Pin must be one of the following: %s'], …
                sprintf('%d ', obj.AvailablePin));
            obj.Pin = value;
        end
    end

    methods (Access=protected)
        function setupImpl(obj)
            % 一度のみ実行する必要のある実装
            if coder.target('Rtw')
                coder.cinclude('softpwmoutput_raspi.h');
                coder.ceval('softPwmOutputSetup', obj.Pin, …
                    obj.InitialValue, obj.PwmRange);
            end
        end

        function stepImpl(obj,u)
            % デバイス・ドライバ出力
            if coder.target('Rtw')
                coder.ceval('writeSoftPwmPin', obj.Pin, …
                                                        u);
            end
        end

        function releaseImpl(obj)
        end
    end

    methods(Access = protected)
        % Simulink用関数
        function num = getNumImputsImpl(~)
            num = 1;
        end

        function num = getNumOutputImpl(~)
            num = 0;
        end

        function flag = isInputSizeLockedImpl(~,~)
            flag = true;
        end

        function varargout = isInputFixedSizeImpl(~,~)
            varargout{1} = true;
        end

        function flag = isInputComplexityLockedImpl( …
                                                   ~,~)
            flag = true;
        end

        function varargout = isInputComplexImpl(~)
            varargout{1} = false;
        end

        function validateInputsImpl(~,u)
            if isempty(coder.target)
                validateattributes(u,{'numeric'},…
                    {'scalar','nonnegative','integer'}, …
                                                '','u')
            end
        end

        function icon = getIconImpl(obj)
            icon = sprintf('SoftPWM Write (%d)', …
                                        obj.Pin);
        end
    end

    methods (Static, Access=protected)
        function simMode = getSimulateUsingImpl(~)
            simMode = 'Interpreted execution';
        end

        function isVisible = showSimulateUsingImpl
            isVisible = false;
        end
    end

    methods (Static)
        function name = getDescriptiveName()
            name = 'SoftPWM Write';
        end

        function b = isSupportedContext(context)
            b = context.isCodeGenTarget('rtw');
        end

        function updateBuildInfo(buildInfo, context)
            if context.isCodeGenTarget('rtw')
                % Update buildInfo
                rootDir = fullfile(fileparts(…
                    mfilename('fullpath')),'.','src');
                buildInfo.addIncludePaths(rootDir);
                buildInfo.addIncludeFiles(…
                    'softpwmoutput_raspi.h');
                buildInfo.addSourceFiles(…
                    'softpwmoutput_raspi.c',rootDir);
                buildInfo.addLinkFlags({'-lwiringPi'});
                buildInfo.addLinkFlags({'-lpthread'});
            end
        end
    end
end
```

注釈:
- Simulink用の設定．入出力端子数や各端子の属性など
- 公開プロパティ．ピン番号，初期状態，レンジを保持
- 隠し(定数)プロパティ．有効なピン番号を保持
- Pinプロパティの設定メソッド
- セットアップ・メソッド実装．外部C/C++関数の呼び出し
- Simulink用の設定．実行オプションなど
- Simulink用の設定．コード生成オプションなど

● MATLAB Systemブロックの定義

System objectを利用したSimulinkブロックを定義します．手順は次の通りです．

（1）MATLAB SytemブロックをSimulinkモデルへ配置
（2）MATLAB Sytemブロック設定画面を開き，System objectを指定

図13にソフトウェアによるPWM制御ブロックの例を示します．

● Simulinkモデルの構築

リスト7にソフトウェアによるPWM制御ブロックとあらかじめ用意されているビデオ入力ブロックを利用したSimulinkモデルの例を示します（図2）．

本モデルは，青い物体がカメラに映ると，そちらの方向に機体が向くようにDCモータを制御します．PIL（エクスターナル・モード）とは，ターゲット・ハードウェア上に実装予定のコンパイルされたオブジェクト・コードを実際にハードウェア上で実行してテストするシミュレーション方法です．パイZeroでは，PIL（エクスターナル・モード）シミュレーションでの動作確認が取れています．

本稿執筆中，パイZero上のライブラリ設定不足が原因でスタンドアロン化ができていません．将来，パイZeroがMATLABの正式サポートに加わればパソコンによる遠隔操作をすることなく本器は単独で動作するようになるでしょう．

　　　　　＊　　　＊　　　＊

MATLABを利用したラズベリー・パイの応用例を紹介しました．駆動系の工夫やセンサの追加，通信方式の変更，豊富で高度なMATLAB/Simulink機能との連携など，まだ拡張の余地は存分に残されています．

MATLAB/Simulinkが開発オプションに加わることでラズベリー・パイ利用のアイデア実現の一助になれればうれしく思います．

Piカメラ偵察ローバの最新情報は，以下のURLからご覧いただけます．

https://jp.mathworks.com/matlabcentral/fileexchange/64910-piavatar

むらまつ・しょうご

◆参考文献◆
(1) MathWorks；Getting started with robot operating system (ROS) on Raspberry Pi
(2) Pimoroni；https://shop.pimoroni.com/
(3) 砂川 寛行；品薄続く！5ドル・コンピュータ「ラズベリー・パイZero」，トランジスタ技術2016年3月号，p.66，CQ出版社．
(4) 秋月電子通商；http://akizukidenshi.com/
(5) 金丸 隆志；カラー図解 最新 Raspberry Piで学ぶ電子工作 作って動かしてしくみがわかる（ブルーバックス），講談社，2016．
(6) 柴田 克久；MATLAB/simulinkオプション全事典，インターフェース2016年2月号，p.73～76，CQ出版社．
(7) MathWorks；GUIDEを使用した簡単なUIの作成，http://jp.mathworks.com/help/matlab/creating_guis/about-the-simple-guide-gui-example.html
(8) MathWorks；System objectの定義，http://jp.mathworks.com/help/simulink/system-objects.html
(9) MathWorks；Raspberry Pi support from MATLAB，http://jp.mathworks.com/hardware-support/raspberry-pi-matlab.html
(10) MathWorks；サポート・パッケージのインストール，http://jp.mathworks.com/help/matlab/matlab_external/support-package-installation.html
(11) Raspberry Pi Foundation；Programming your Pi Zero over USB, https://www.raspberrypi.org/blog/programming-pi-zero-usb/
(12) adafruit；Turning your Raspberry Pi Zero into a USB gadget, https://learn.adafruit.com/turning-your-raspberry-pi-zero-into-a-usb-gadget/
(13) Giampiero Campa；Device drivers, https://www.mathworks.com/matlabcentral/fileexchange/39354-device-drivers

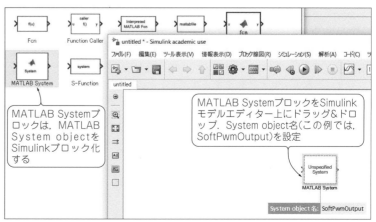

図13　MATLAB Systemブロックの定義
System objectのSimulink上での利用例．［User-Definced Functions］を選択してMATLAB Sytemブロックを呼び出す

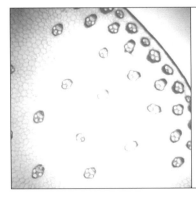

Piカメラ 第3実験室

細胞もはんだブリッジも見たくないものも
大型モニタでバッチリ！

ミクロ探検隊！スーパー・ズームPiカメラ顕微鏡

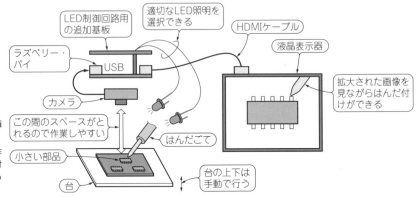

図1　製作したスーパー・ズームPiカメラ顕微鏡
レンズと対象物の間に10cm程度の作業空間が取れるので，基板のはんだ付け作業や動物などの解剖実験などにも対象を拡大しながら利用できる

　光学顕微鏡は，大きく分けて次の2種類があります．
(1) 生物細胞などの観測用顕微鏡
(2) IC部品，基板など拡大作業用顕微鏡
　(1)は，一般に細胞などを観察する生物用顕微鏡です．試料とレンズ(対物レンズ)間が狭く，拡大率は100～1000倍です．
　(2)はレンズと対象物の間に1～15cm程度の空間を隔てて2～数十倍程度の拡大倍率で見るものです．レンズと対象物の間にある程度の距離が取れることから，はんだ付けなどの工作や生物の解剖などに使われます．
　今回，ラズベリー・パイと科学計算プログラミング環境MATLABのお絵描き入力オプション・ツールSimulinkを利用して，(2)のタイプの顕微鏡を製作しました．
　図1に本器の機能を示します．写真1は本器で基板を見ているところです．
　本器はラズベリー・パイとWebカメラで画像を取り込み，大型ディスプレイではっきりと表示できます．カメラ画像のままでは，倍率が不足しているときに，ボタンを押して拡大表示できます．
　対象物を照射する光源の方向によっては，ICなどの表示が見にくいときがあります．そのときにいくつかの光源LEDを切り替えて，最もはっきり見えるLEDを選択する機能を付けています．
　ラズベリー・パイによる画像取り込みや制御，画像処理を行うプログラム作成には，基本的にプログラムのテキストを書かなくてよい，Simulinkを使いました．
　本器では次の内容を解説します．
(1) LED制御回路の作り方
(2) Computer Vison Toolboxと呼ばれるMATLABの画像処理の機能ブロックを利用してSimulinkで本器のプログラムを作る方法
(3) 液晶表示器に顕微鏡の画像を表示する方法
　最近は面実装部品が多く，基板の小型化が進んでいるので，本器の活躍の機会も増えそうです．本器と高倍率のレンズを組み合わせると160倍の生物顕微鏡にすることもできます．

本器の特徴

● 用途
　本器の主な用途は次の通りです．

- 0.5mmピッチのはんだ付け
- はんだブリッジ/部品の実装ミス/配線パターン

第5章 コンピュータ撮影！ Piカメラ実験室

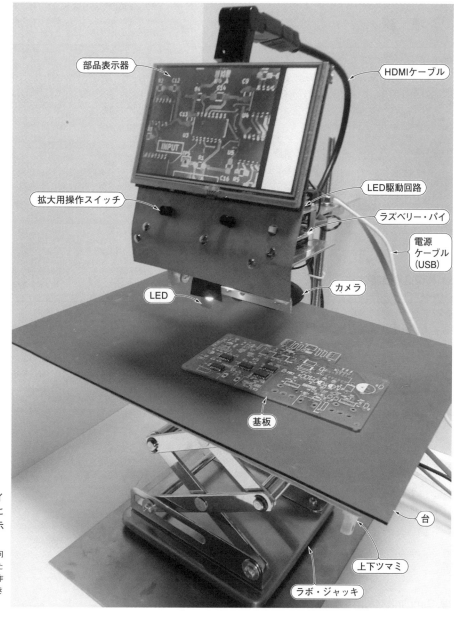

写真1 ラズベリー・パイに接続された液晶表示器に約10倍の拡大画像を表示させているところ
スイッチによって適切な方向のLEDを選択し、拡大された対象物を画面上で見ながら作業ができる。視力が劣ってきた人でも楽に作業ができる

断線などの検査
● 光学系のレンズに切り替えることによって細胞の観察ができる生物顕微鏡として利用可能

● 仕様

表1に本器の仕様を示します。本器は、レンズから対象物間の距離を数cm取れるため作業しやすい、ルーペや実体顕微鏡のように上から覗き込む必要がなく、作業姿勢が楽などの特徴があります。

表1 本器の仕様

項　目		内　容
拡大倍率	作業台モード	光学 約4倍 ディジタル 約16倍
	生物顕微鏡モード	光学 約40倍 ディジタル 約160倍
解像度	光学	640×480ピクセル
	ディジタル・ズーム	160×120ピクセル
レンズ-対象物間の距離		5～10cm
光源		見やすい位置のLEDを選択可能

179

準 備

● 必要なソフトウェアとハードウェア

表2は本器の部品リストです．必要なソフトウェアは次の通りです．

- 個人向けMATLAB Home/Simulink
- Computer Vision System Toolbox：画像処理の機能ブロックが入ったMATLAB Homeのオプション製品

MATLAB/SimulinkはLinuxでも動作しますが，ARMプロセッサには対応していないため，ラズベリー・パイ上で動作しません．プログラムの作成はパソコンで行います．

● 画像処理機能をラズベリー・パイで実現する

ラズベリー・パイは約5,000円ですが，Linux OSが動作します．特にラズベリー・パイ3では，CPUが4つ入り（クアッド・コア）でクロック速度も1.2 GHzと高速です．大きな液晶画面にもHDMI接続で画像（動画）が表示できArduinoなどのマイコン・ボードでは難しい画像処理が可能です．

● 画像処理ライブラリOpenCV

フリーで使える画像処理ライブラリOpenCVなどがよく知られています．OpenCVのCVはComputer Visionの略です．

ラズベリー・パイでOpenCVを使うには，プログラミング言語Pythonと組み合わせると比較的シンプルなプログラミングで実行できます．Pythonはラズベリー・パイでよく利用されます．しかし，Pythonプログラムを学んで作成し，ラズベリー・パイの中にOpenCVを自分で組み込む必要があります．

● Simulinkを利用する

PythonまたはCなどのようなプログラミングを記述することなく，画像処理や機器制御が実現できるアプリケーションがあります．それがSimulinkです．

MATLAB/SimulinkにもOpenCVと同様な処理ができるComputer Vision System Toolboxというものが用意されています．ToolboxはMATLABのオプション製品で画像などの専門分野に特化した機能ライブラリなどが入っています．

本ToolboxとSimulinkを使うと機能ブロックを接続し，パラメータを設定するだけでプログラミング記述することなくラズベリー・パイに必要な画像処理や制御プログラムを完成させることができます．

図2は，Simulinkで作成した本器のモデルです．

表2 本器の部品リスト
トータル価格は約2万円．配線材料や機構部品については示していないものもある

項 目	型名または部品番号	入手先
コンピュータ	ラズベリー・パイ3	アマゾンほか
ラズパイ・ユニバーサル基板	UPI-5665	aitendoほか
LED固定用基板	SW1-PS8.5X8.5C-2P	
基板	SW4-PS8.5X8.5C-2P	
	小型ブレッドボード	
ダイオード	OSPW5111A-Z3	秋月電子通商ほか
	E-103	
ラズベリー・パイ用スタッキング・コネクタ	2×20(40P)ピン・ヘッダ	
コネクタ	26ピン・ヘッダ	
	40ピン・ヘッダ面実装タイプ	
トランジスタ	8050SL-D-T92-K	
変換部品	USB電源基板	
拡散キャップ	LED光拡散キャップ（5mm）白	
フラット・ケーブル	26ピン	
ブレッドボード・ジャンパ・コード	オス-メス15cm（赤）	
	オス-メス15cm（黒）	
microUSBケーブル	microUSB-A(3m)	コンピュエースほか
HDMIコネクタ	HDMI 30 cm	
	HDMI	aitendoほか
LCD	SC5A	アマゾンほか
支柱	M2.6長さ5mm	西川電子部品ほか
	M2.6長さ15mm	
	M3長さ80mm	
	M3長さ30mm	
ベニヤ板	6mm厚×225×300mm	東急ハンズほか
アルミ板	1mm厚×100×100mm	
鉄板	2mm厚×200×300mm	
8mm長ネジ棒	8×280mm	
M8ナット	M8mm	
ラボ・ジャッキ	―	モノタロウほか
マグネット・チャック	MB-PB	

ラズベリー・パイ実験用ライブラリのインストール

● 入手方法

Simulink（およびMATLAB）でラズベリー・パイを制御するには，ラズベリー・パイ用の「ハードウェアサポートパッケージ」をMathWorks社から入手する必要があります．

図3に示すMATLABのホーム・ウインドウで，［アドオン］アイコンをクリックします．

選択タブが出るので，この中から「ハードウェアサポートパッケージの入手」をクリックします．

パソコンがインターネットに接続されている必要が

第5章 コンピュータ撮影！ Piカメラ実験室

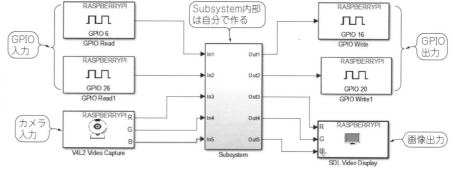

図2 Simulinkで作成した本器のモデル
本モデルのシミュレーションを実行することによってラズベリー・パイへ実装する前にパソコンでプログラムの動作実験ができる．ラズベリー・パイ単体で動作させるための実行プログラムを流し込むこともできる．

図3 MATLABのホーム・ウインドウの上部

あります．表示されるリストの中からラズベリー・パイを選んでダウンロードします．

ラズベリー・パイ3に対応させるには，MATLAB本体（およびSimulink）のバージョンがR2016a以降を利用する必要があります．「サポートパッケージ・インストーラ」に表示されるハードウェアの中から［Raspberry Pi(Simulink)］を選びます．Simulink用に編集されたラズベリー・パイのLinux OSを含むパッケージもダウンロードされます．

ダウンロードが完了するとサポート・パッケージを選択する画面がでますので，必要に応じてチェックを入れて進みます．

● SDメモリ・カードへの書き込み

パソコンのSDメモリ・カード・スロットに差し込んだmicro SDメモリ・カードに，OSを含むSimulink接続で必要な情報を書き込みます．画面の指示に従って進めます．

SDメモリ・カードにそれまで書かれていた内容は，消されるため，新規に用意します．書き込まれたSDメモリ・カードは，パソコンから抜いて，ラズベリー・パイに差し込みます．

サポート・パッケージがダウンロード済でSimulink用ラズベリー・パイOS（およびシェル設定）のmicro SDを別途作成する場合は，MATLABのホームから［アドオン］-［ハードウェアサポートパッケージのインストール］-［フォルダーからインストール］を選び，パッケージがダウンロードされているフォルダを選択します．デフォルト・フォルダは次の通りです．

`C:¥MATLAB¥SupportPackages¥R2016a¥downloads¥raspberrypi_download`

Simulinkを試運転…ラズベリー・パイをパソコンとつないで動かす

● サンプル・プログラムで動作確認

Simulinkに用意されている例題（サンプル・プログラム）の中から，ラズベリー・パイ基板上の緑のLEDを点滅させるというプログラムを動かします．

初めてSimulinkでラズベリー・パイを動かす場合は，最初にこの例題を実行して動作確認しておくことをおすすめします．

● 例題を開く

例題の読み込みは，図3のMATLABのホーム・ウインドウ内の右上にある検索ウインドウ（「ドキュメンテーションの検索」と出ている）に「raspberry simulink getting started」と入力し，リターン・キーを押します．

検索結果が表示された中から，［Getting Started with Simulink Support Package for Raspberry Pi Hardware］をクリックします．

図4のように，表示された例題の説明ページが表示されます．本ページの右上の［Open This Example］ボタンをクリックすると，Simulinkの例題が立ち上がります．

● ラズベリー・パイとの接続確認

Simulinkのウインドウが表示されたら，電源OFFのラズベリー・パイに前節で作成したSDメモリ・カードを挿入します．

次にイーサネット・ケーブルで直接パソコンとラズベリー・パイをつなぎます．

Simulinkの画面から図5のアイコンを押してプルダウン・メニューから［モデルコンフィグレーションパラメーター(F)］を選択すると，図6の設定画面が表示されます．［ハードウェアボード］が"Raspberry

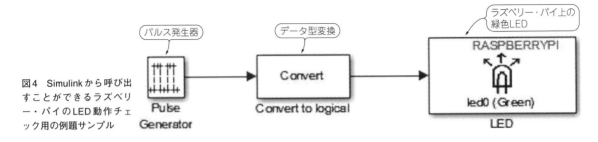

図4 Simulinkから呼び出すことができるラズベリー・パイのLED動作チェック用の例題サンプル

Pi"になっているはずです．

ラズベリー・パイにログインするユーザ名とパスワードも表示されています．変更しない場合はそのまま［OK］をクリックします．

● シミュレーションの実行

図7で「シミュレーションモードの選択」が「ノーマル」になっていることを確認後，［ハードウェアに展開］アイコンをクリックします．

しばらく時間がかかりますが，ウインドウ上で［wait］アイコンの表示が消え，ラズベリー・パイの緑色のLEDが点滅すれば，Simulinkプログラムのラズベリー・パイ上での動作の成功です．

図7の［シミュレーション実行］ボタンは，［シミュレーションモードの選択］ボタンと合わせて，Simulinkプログラムのパラメータ調整などに使います．

シミュレーション・モードを「エクスターナル」にして［シミュレーション実行］ボタンをクリックするとSimulinkモデルのパラメータ変更による影響確認ができます．

● ラズベリー・パイ実験用の機能ブロック

図8は「Simulink Support Package for Raspberry Pi Hardware」の内容をバージョンR2016aで表示したものです．

最新バージョンR2016b（2016年10月時点）では，これに図9のようなPWM制御ブロックが追加されています．パルス・モータは，GPIOピンの出力に電流増幅バッファを付けてモータのコイルに合わせて順次パルスを出すことで回すことができます．

カメラの方位を制御するような用途に使われるサーボ・モータでは，モータの角度に応じた正確なパルス幅を出力します．

▶GPIOの使い方

ラズベリー・パイのGPIOピンをディジタル入出力として使います．GPIO writeブロックの場合，Simulinkのブロック配置スペースにコピーして配置後そのブロックをダブルクリックします．

図10のパラメータ・ウィンドウが表示されます．

この中の「Board」の右横の入力窓で［Pi3 Model B］（ラズベリー・パイ3の場合）を選択してから［GPIO

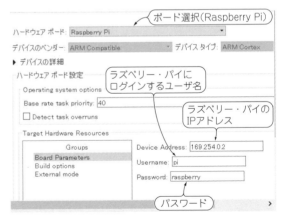

図6 ラズベリー・パイへ接続するためのネットワーク設定画面

図5 Simulinkからラズベリー・パイに接続するための操作画面

図7 Simulinkの主な操作アイコン部

number］を選択します．ピン番号を確認したい場合は［View pin map］をクリックするとラズベリー・パイのGPIOのピン・アサイン図が表示されます

● ビジュアル波形を見る

プログラム時やデバッグ時に途中の動作（波形）がどうなっているかを知りたいときがあります．

そのような場合，図11のようにSimulinkの標準機能のScopeというブロックをつなぐと途中の波形を見ることができます．

図12はこのScopeで波形を見たところです．このScopeはSimulinkを実行している（プログラムを作っている）ホスト・パソコン側に表示されるようになっています．ラズベリー・パイにつないだ液晶画面には表示されません．

ハードウェア製作

● LED制御回路

照明用のLEDでは，100 mA以上になるので，ラズベリー・パイのGPIOピンに直接つなげません．電流を増幅するデバイスをつないで，そのデバイスで照明

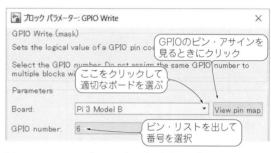

図10　GPIO Writeブロック内のピン出力の設定画面

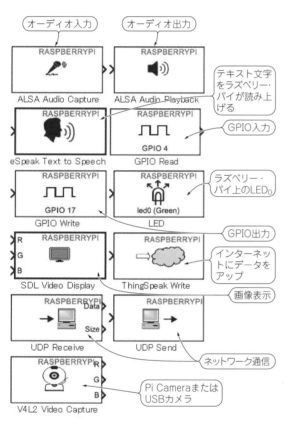

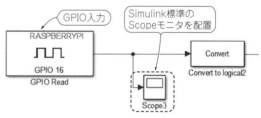

図11　Simulinkで作成したブロック線図に波形モニタのScopeを配置
ラズベリー・パイ内部の信号を確認できる

図8　ラズベリー・パイ実験用の機能ブロック
MATLABバージョンR2016a．これらのブロックとSimulinkや画像処理などの専用の機能ブロックを組み合わせてビジュアル的にプログラムを作り上げられる

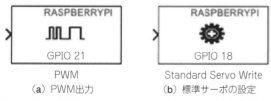

図9　MATLAB最新バージョンR2016bによって追加されたPWM制御ブロック
(a)はデジタル信号のパルス幅を変えてGPIOピンから等価アナログ量を出力する．(b)は標準サーボ・モータの軸角度を設定するための信号を出力する

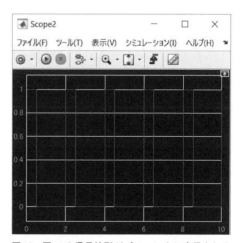

図12　図11の信号波形がパソコン上に表示される
（MALTLABシミュレーション）

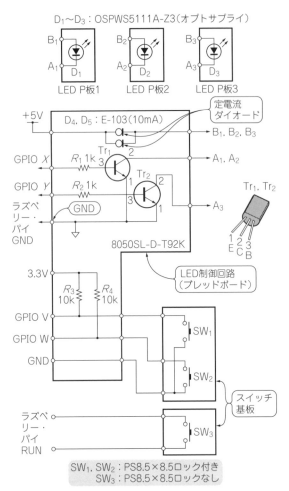

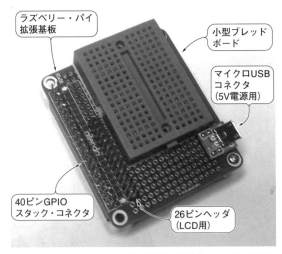

写真2 ラズベリー・パイの拡張基板の小型ブレッドボードを張り付けた状態

図13 本器のLED制御部の回路
ラズベリー・パイのGPIOピンそのままではLEDを駆動できないのでトランジスタで電流増幅する．定電流ダイオードでLED電流を20 mAにした

用LEDを点灯させます．

図13に，LED制御回路を示します．照明用LEDをスイッチで切り替えることができます．この回路で使っているトランジスタは，約100 mA以上流せます．カメラの性能が良く，あまり明るくなくても十分画像が取れるので，20 mA流すことにしました．

直径5 mmの高輝度白色LEDを使っています．カメラの近くに置くLEDは，そのままでは高度の高い点光源となって，見にくい場合があるので光を拡散させるためのキャップをかぶせています．

カメラの近くのLEDは，キャップを被せても光量が十分なので定電流ダイオードで20 mAに設定した回路を並列に2個つなぎました．省エネにもなります．

定電流回路をトランジスタで切り替えて，LEDが切り替わるようにしています．2個のダイオードのアンバランスが気になる場合は，それぞれに10 mAダイオードを分けて入れるなど，回路を変更してください．

● ラズベリー・パイの拡張基板

写真2は，ラズベリー・パイ用の拡張基板に，40ピン・スタッキング・コネクタ，microUSBコネクタ使った電源ボード(コネクタは電源ピンだけ)をはんだ付けしています．

拡張基板に小型のブレッドボードを張り付けています．ユニバーサル基板で部品をはんだ付けすると信頼性は上がりますが，回路を実験しやすくするためブレッドボードとしました．

ブレッドボードと40ピンのヘッダの間に，26ピンのヘッダを付けています．これは今回使用する5インチ液晶画面のためです．

USB電源基板を並べて，ピン・ヘッダをはんだ付けし，そこからブレッドボードに電源(5 V)を接続しています．写真3はラズベリー・パイと拡張基板を組み立てたところです．

画像処理機能

● 画像処理実験専用の機能ブロックを使う

図14は，MATLABのオプション製品Computer Vision System Toolboxの機能一覧(Simulink用)です．11種の機能区分があり，それぞれに複数の機能ブロックが含まれます．図14の右欄は［Analysis & Enhancement］で選択した機能ブロックです．

プログラムを実装する前に画像処理部分などを，パソコンとラズベリー・パイを接続して確認できるのはSimulinkの利点の1つといえます．

第5章　コンピュータ撮影！　Piカメラ実験室

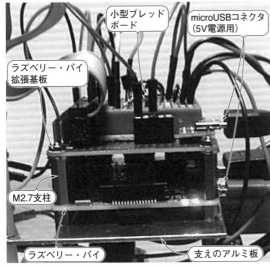

写真3　ラズベリー・パイと拡張基板を積み重ねたところ

　パソコン上のSimulinkで作成した画像処理機能ブロックなどの組み合わせは，基本的にハードウェアに依存しないため，他のボードでも流用できます．

● カメラから画像を取り込む

　p.183の図8で示した「Simulink Support Package for Raspberry Pi Hardware」に含まれるV4L2 Video Captureが，ラズベリー・パイに接続するカメラの機能ブロックです．ラズベリー・パイのカメラ用コネクタに接続されるPi Camera，USBコネクタに接続されたUSBカメラの両方に対応しています．

　図15はカメラの条件設定ウインドウで，画素数などを設定できます．

● 本器のモデル

　p.181の図2は，今回Simulinkで作成した本器のモデルです．ラズベリー・パイのGPIOの6ピンと26ピンをスイッチ入力とし，16ピンと20ピンにディジタル信号を出力しています．中央のSubsystemブロックの中に画像処理の内容を記述しています．入力ピンはスイッチ，出力ピンはLED制御回路につながります．

　Subsystemにはカメラからの信号も入力され，画像表示ブロックであるSDL Video Displayブロックに画像が出力されます．

● 画像位置と基本サイズの設定

　画像処理機能や人工知能機能などを使って目標部品の特徴をあらかじめコンピュータで学習しておき，画像の中から目標部品を自動検知して，その部品がちょうど画面中央に適切な大きさで拡大されるという手順が理想的です．

　今回は，この処理は手動で行い人間が部品の中心部

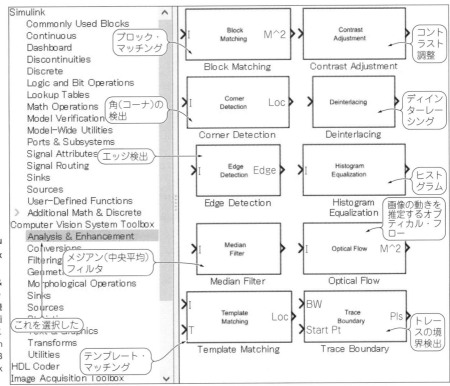

図14　画像実験用Computer Vision System Toolboxの機能の一部（Simulink）
画面左で選択した［Analysis & Enhancement］の機能ブロックが示されている．必要な機能ブロックを組み合わせて画像処理のプログラムを作ることができる．Computer Vision System ToolboxはMATLABのオプション製品でSimulinkから呼び出すことができる

や倍率を判断することにします．部品の中心部を画像の中心に持ってくるとともに，距離を変えて対象部品の画像が，画面の半分ほどになるようにします．**写真4**は，表面実装ICの中央に画面を合わせた状態を示します．

● 画像処理サンプル

Computer Vision System Toolbox関連のSimulinkのプログラミング例(Examples)は，正式なMATLABライセンスがなくても次のサイトで見ることができます．

http://jp.mathworks.com/help/vision/examples.html

実際に動くSimulinkモデルはMATLABが動いているウインドウから読み出すことができます．

● 検出部分の切り出し…拡大操作

写真4は，**図13**のD_2で照らしたときの画像です．この画像中央部分をSimulink標準機能のSelectorというブロックを使って，切り出します(**図16**)．画像データを単なる2次元(x, y)のデータとして切り取る点の元画像左上済からの位置と，その点から何点分を取り出すかを指定します．

切り出した画像をComputer Vision ToolboxのResizeブロックを使って画像拡大します(**図17**)．切り出し前の画像と，切り出し拡大後の画像をスイッチ入力で切り替えます．ラズベリー・パイ用の画像表示

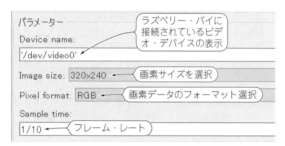

図15 ラズベリー・パイに接続するカメラの条件設定

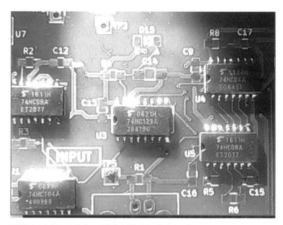

写真4 LEDで見たい場所を照らしたところ

図17 倍率変更(Resizeブロック)の設定画面
元画像の一部を切り出した後の倍率を変更する

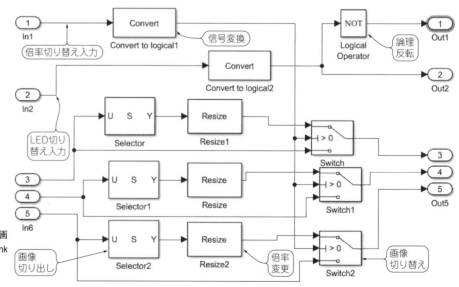

図16 倍率変換などの画像処理を実行するSimulinkモデル
Subsystemの内部ブロック

ブロックは切り変え前後で画素数を合わせておかないとエラーになります．

仕上げ

● 液晶表示器（LCD）をラズベリー・パイにつないで表示させる

画像はMATLAB/Simulinkが動いているパソコン上に表示させることが基本です．パソコンとラズベリー・パイ間は，通常ケーブルまたは，無線のイーサネットに接続して動作させます．

今回のようにラズベリー・パイに液晶表示器を接続して，そこに画像を表示させるのは特殊な使い方です．

ラズベリー・パイにHDMI接続の表示器があるときは，Simulinkで［ハードウェアに展開］ボタンをクリックする際にシミュレーション・モードが「ノーマル」になっていると表示できます．「エクスターナル」の状態で実行すると，ラズベリー・パイ接続の液晶表示器に画像が表示されません．今回使用している5インチ液晶表示器のデフォルト設定は800×480ピクセルです．画面いっぱいに画像を表示させるには，表示の画像を640×480ピクセルにします．

▶ ラズベリー・パイのシェル設定

MATLABが動いているホスト・パソコンがつながっている状態で，Simulinkの設定で書き込みがうまくできていれば，新たにTeraTermやPuTTYなどの通信ソフトウェアを起動させなくとも，MATLAB画面からラズベリー・パイのシェル操作がある程度可能です．次のコマンドを入力します．

```
>>r=raspberrypi
>>system(r,' ls -al /home/pi')
```

MATLAB画面にディレクトリが表示されます．ラズベリー・パイに書き込まれたプログラムの停止と起動は次のとおりです．

```
>>stopModel(r, ' xxxx')
>>runModel(r, 'xxxx')
```

xxxxはSimulinkのモデル名です．ラズベリー・パイのシェルで特権操作などが必要な場合は次のコマンドを入力すると別ウインドウでシェル画面が出ます．

```
>>openShell(r);
```

● パソコンと切り離してラズベリー・パイを動作させる

ここまではラズベリー・パイ単体でなくパソコンにネットワーク・ケーブルで接続した状態で動作させていました．パソコンと切り離し，ラズベリー・パイ単

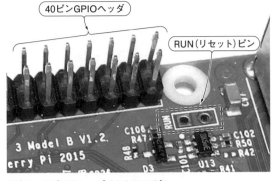

写真5 ラズベリー・パイ3のRUNピン
外部スイッチをつないでラズベリー・パイを安全にスタート・ストップさせる

体で（スタンドアロンという）動作させることもできます．

本器では，マニュアルで画像の取り込み設定を行っています．すべてが自動化されて，制御のパソコンもなしで動作させることができるようになるとラズベリー・パイ単独で条件設定から画像の取り込み送信までができるようになります．いったん電源をOFFした後，電源ONしてラズベリー・パイで画像処理機能を動作させるには自動ログイン後，/home/pi/xxxx.elfを自動起動設定します．

● ラズベリー・パイを安全に停止，再起動させる

電源ケーブルをいきなり抜くと動作が停止しmicro SDの内容が破壊される恐れがあります．これを防ぐためにラズベリー・パイにはソフトON/OFF機能が用意されています．

ラズベリー・パイ3では，RUNと記されたピン用穴があり，これを使います（**写真5**）．この部分はラズベリー・パイ本体にはんだ付けが必要です．2ピンだけなのであまりはんだ付けが慣れていない人でもできる作業です．

ここに2.54 mmピッチの2ピン・ヘッダをはんだ付けします．これにつなぐスイッチには押している時だけ接続されるモーメンタリ・タイプを使います．スイッチとRUN部分の回路は**図13**に示しています．

● 本器の全体構成

写真1（p.179）は，本器の全体写真です．観測対象ICが乗っている基板をラボ・ジャッキで上下できるステージの上に載せています．上の方にある液晶表示器（LCD）はラズベリー・パイとHDMI接続できるタイプです．水平板の下側にカメラを付けています．

対象物を照射するLEDは，この板と支柱をつなぐ水平のアングルに付けています．カメラはCG-WC200（コレガ）というUSBカメラを使いました．

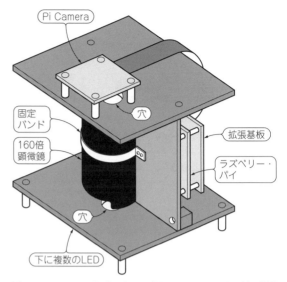

図18 STV-40M, ラズベリー・パイ, Pi Cameraの取り付け部分

写真6 透過光源でプレパラート上の細胞も見れるSTV-40M
ガラスのプレパラートをセットしたところ

固定部がほかのUSB Webカメラのようなゴム状のものでなく板状で固定しやすいです．オート・フォーカス機能もついているので，カメラから5cmまで対象物に近づいても焦点があいます．

はんだ付け作業などでカメラと対象物との間の距離をとるときでも，焦点が自動的に合うので本機器の活用範囲が広がります．価格もPi Cameraで5cmまで焦点が合うタイプの約半値で手に入ります．

● 細胞が視える倍率160倍の生物実験用LCD顕微鏡

顕微鏡の光学系として，ケンコー・トキナー製のDo.Nature MICROSCOPE STV-40Mコンパクトを使いました．**写真6**は工作前のSTV-40Mです．

類似の製品では光源が基本レンズ側からあてるタイプがほとんどです．STV-40Mは試料を透過する光源にも対応しています．標準的なガラスのプレパラートも差し込めるという優れものです．倍率は40倍までですがPi Cameraを工作で取り付けて画像処理で拡大倍率を上げることで160倍が実現できます．

図18にSTV-40Mとラズベリー・パイ，Pi Cameraの取り付け部分を示します．**写真7**は，倍率160倍の生物顕微鏡に設定後，松の茎を見ているところです．

*　　*　　*

基本的にコードを書かなくてすむ，Simulinkで画像処理のプログラムを作成してみました．画像処理はシンプルに実現できましたが，少し大きくすると，動作が遅くなりました．ラズベリー・パイとパソコンでは速度差があります．

しだ・あきら

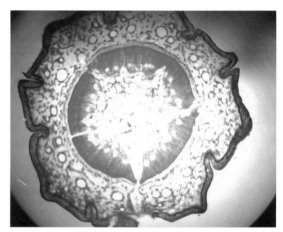

写真7 本器を生物顕微鏡に変更後に松の茎を見ているところ

◆参考資料◆
(1) キーエンス；デジタル顕微鏡ガイドブック　知って得する顕微鏡の活用法．
(2) 藤井 義巳；ホビー用MATLAB×ラズパイ①…オーディオ信号処理，インターフェース2016年2月号，pp.36〜39，CQ出版社．
(3) 大堀 文子；仕上げ：MATLABプログラムのラズパイ・スタンドアロン実行，インターフェース2016年2月号，pp.68〜70，CQ出版社．

第5章　コンピュータ撮影！　Piカメラ実験室

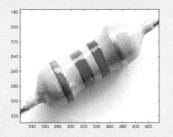

Piカメラ 第4実験室

撮影→認識→数値化→色判定→値計算→音声合成

「茶黒茶…100Ωです！」抵抗値即答マシン

● 抵抗器のカラー・コードを自動的に読み取る

　コンビニのレジで，商品に印刷されているバーコードを読み取り機にかざすと，ピッと音がして自動的に値段が計算されて合計金額が計算表示されます．このシステムのおかげで，店員さんの作業は楽になりました．このような読み取り装置を，抵抗値の読み取りに応用します．

　今回，抵抗のカラー・コードを写真から直接読み取る抵抗値リーダを科学計算プログラミング環境MATLABで作ります．抵抗の写真撮影はラズベリー・パイにつないだWebカメラで行います．カメラの操作は，ラズベリー・パイと無線LANで接続したパソコンから，MATLABで操作します．図1に製作した抵抗値即答マシンの概要を示します．今回扱う抵抗は，色帯の数が4つの一般的な炭素皮膜抵抗を対象とします．

　本稿では，次のことを解説します．
(1) ラズベリー・パイとMATLABとの接続方法と基本操作
(2) ラズベリー・パイに接続したカメラで撮影した写真から画素データを抽出/分析/数値化する方法
(3) MATLABのお絵描き入力オプション・ツールSimulinkで評価した抵抗値の読み上げ機能を追加する方法

　写真の撮影，撮影した写真の分析などの操作は，ラズベリー・パイと無線LAN接続したパソコンから，MATLABを利用します．

　MATLABは，数値計算だけでなく，画像処理やグラフ表示などを1つの環境で利用できるように工夫されています．撮影した写真画像からマウスを使って色を選択的に抽出するという複雑な作業も，MATLABを利用すると，シンプルに実現できます．

図1　抵抗値即答マシンを作る
人がパソコン上でMATLABを操作し，離れた場所でラズベリー・パイにつないだスピーカが「100Ωです！」と喋る

ラズベリー・パイとMATLABとの接続設定

● 開発環境

　今回の製作に必要な開発環境を表1に示します．MATLABはパソコンにインストールされていることを前提とし，ここでは，MATLABからラズベリー・パイをコントロールするための設定を中心に説明します．

● ラズベリー・パイを動かすために必要なライブラリを入手する

　MATLABからラズベリー・パイを操作するために

表1　用意するハードウェアとソフトウェア
個人向けMATLAB Home Editionは15,000円，お絵描き入力オプション・ツールSimulinkは4,500円．学生向けMATLAB and Simulink Student SuiteはSimulinkと10種のオプション製品込みで10,000円

項　目	内　容
パソコン	MATLABをインストールする
MATLAB Home Edition	Verion：9.0.0.341360（R2016a）お描き入力オプション・ツールSimulinkも必要
ハードウェア	ラズベリー・パイ3
カメラ	Webカメラ（200万画素程度でよい）
Wi-Fi	無線LAN環境
SDカード	4Gバイトのmicro SD

189

表2 本器の製作に必要なサポート・パッケージ
MATLABとSimulinkを購入するとラズベリー・パイ向けのI/Oライブラリのブロックなどのサポート・パッケージが無料で入手できる

サポート・パッケージ名	内容
MATLAB Support Package for Raspberry Pi Hardware	パソコンとラズベリー・パイを接続し，インタラクティブ(双方向)な通信を行うためのサポート・パッケージ．ラズベリー・パイのI/Oにアクセスし，データの読み取り/出力が行える
Simulink Support Package for Raspberry Pi Hardware	ラズベリー・パイ単体で動くプログラムを作るときに利用する．プログラムの作成は，ソースコードを記述するスタイルとは異なり，機能ごとにモデル化されたブロック線図を画面上でつないで目的の機能を構築できる

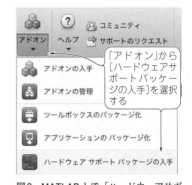

図2 MATLAB上で「ハードウェアサポートパッケージ」を入手するための画面
MATLABのツール・バーから選択できる

は，MATLABに「ハードウェアサポートパッケージ」(以下，サポート・パッケージ)と呼ばれるI/Oライブラリなどをインストールします．

MATLABのバージョンが古いと，うまくサポート・パッケージをインストールできないことがあるので，最新にしておくことをお勧めします．

サポート・パッケージは目的別に2種類準備されています(表2)．パソコンからの直接操作でラズベリー・パイを動かす「MATLAB Support Package for Raspberry Pi Hardware」と，ラズベリー・パイ上で実行するプログラムを作成する「Simulink Support Package for Raspberry Pi Hardware」です．

● SDメモリ・カードの取り扱いは慎重に

サポート・パッケージのインストールに続いて，セットアップ作業が必要です．この作業はラズベリー・パイにOSをインストールする作業と，MATLABとラズベリー・パイ間の接続を行います．

この作業を行うと，ラズベリー・パイに挿してあるSDメモリ・カードの中身は，新しいOSで上書きされ，元データが消えてしまいます．

作業の途中で，ラズベリー・パイとパソコン間の通信方法，ラズベリー・パイの型式(バージョン)を聞かれますのであらかじめ確認しておきます．今回は，接続は無線LANを，ラズベリー・パイの型式はラズベリー・パイ3を使いました．

● ラズベリー・パイ実験用のサポート・パッケージのインストール手順

▶ [STEP1] インストールを開始する
MATLAB画面上で行います．

[アドオン]-[ハードウェアサポートパッケージの入手]をクリックします(図2)．

▶ [STEP2] インストール方法を選択する
「アクションの選択」は，[インターネットからインストール]を選択します．

▶ [STEP3] サポートされているハードウェアからラズベリー・パイを選択する

図3の画面左のサポート対象から，[Raspberry Pi]を選択し，右画面のインストールするサポート・パッケージのアクションにチェックを入れます．

▶ [STEP4] MathWorksアカウントへログインする
インストール作業は，MathWorksアカウントにログインして行います．

アカウント情報として，電子メール・アドレスとパスワードを入力し，[ログイン]をクリックします(図4)．

▶ [STEP5] ソフトウェアの使用条件を確認する
ソフトウェアの使用条件を確認後，「承諾する」をチェックして，[次へ]をクリックします．

▶ [STEP6] サードパーティ・ソフトウェア・ライセンスをインストールする

サードパーティ・ソフトウェア(MATLAB以外に必要なもの)として，Rasbian Wheezy(ラズベリー・

図4 インストールを開始するときのログイン画面

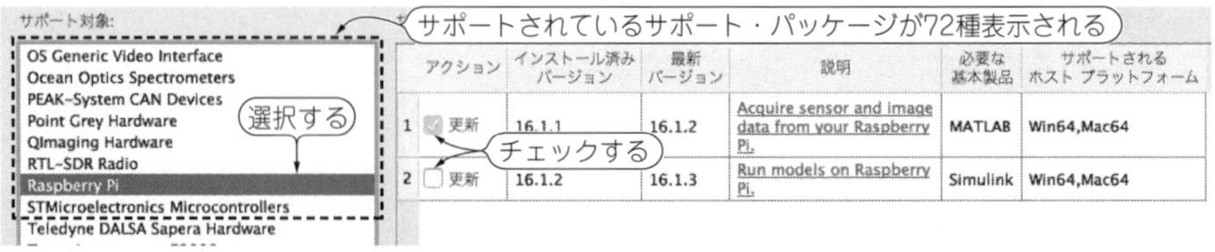

図3 「ハードウェアサポートパッケージ」の選択画面

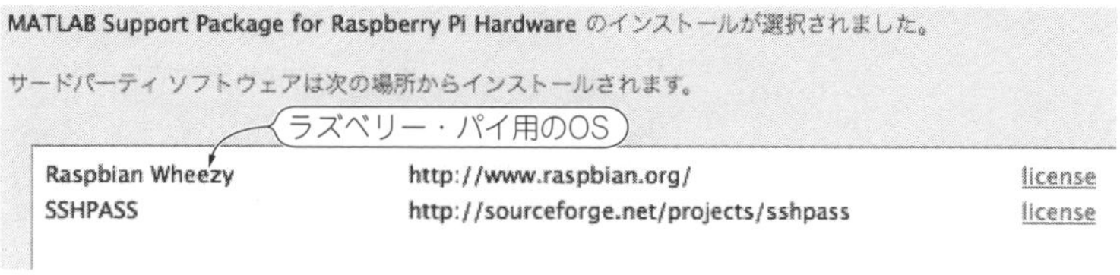

第5章　コンピュータ撮影！　Piカメラ実験室

図5　サードパーティ・ソフトウェアのインストール開始画面
ラズベリー・パイのLinux OS Raspin，SSHPASSをインストールする

パイ用のOS）とSSHPASSがインストールされるという案内が表示されます（図5）．SSHPASSは，SSHすなわちSecure Shellプロトコルでネットワーク接続を行う際のパスワード認証用フリー・ソフトウェアのことです．

［次へ］をクリックし，インストール実施前の確認画面が表示されたら［インストール］をクリックします．
▶［STEP7］更新を完了する
　インストール完了後，［続行］をクリックして，セットアップ・タスク（ラズベリー・パイとの接続設定）を実行します．ここで［閉じる］を押すと，サポート・パッケージのインストールおよびアップデートだけが実施されます．
▶［STEP8］サポート・パッケージを選択する
　図6は，「サポートパッケージのセットアップ」画面です．［Raspberry Pi(MATLAB)］を選択して，［次へ］を押します．
▶［STEP9］ラズベリー・パイのモデルを選択する
　「Board」フィールドから，ラズベリー・パイの種類を選びます（図7）．選択すると表示されているラズベリー・パイの絵も連動して変わるので，自分の持っているラズベリー・パイと同じ絵になるように選べば間違いありません．
　選択したら，［次へ］をクリックします
▶［STEP9］ネットワーク接続方法を選択する
　今回は，宅内の無線LANを使いたいので，［Local area or home network］を選択します（図8）．選択し

図6　サポート・パッケージの選択画面

たら［次へ］をクリックします．
▶［STEP10］接続設定
　図9の画面で，接続するラズベリー・パイのHost nameとIPアドレスを設定します．
　Host nameはデフォルトのままで問題ありません．IPアドレスは自分で決めることができます．
　自分で決められるのは，最後の3けただけで，3番目の「.」（ピリオド）までは決められた値を入力します．今回の例では「192.168.3.」までは変更できない，決められた値です．この数値は，使用中のパソコンのIPアドレスと同じ値を入力します．
　使用中のパソコンのIPアドレスは，Windowsの場合，コマンド・ウインドウでipconfig，MacやLinuxの場合，ターミナルでifconfigコマンドを使って確認してください．
　3番目のピリオドより右の数値は2〜255の間で，自分の好きな値を設定できます．
　「Network mask」は「255.255.255.0」，「Default gateway」は，通常3番目のピリオドより右の数値を1にします．

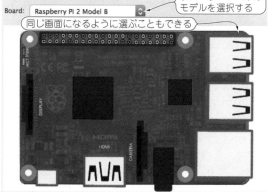

図7　接続するラズベリー・パイのモデルを選択する

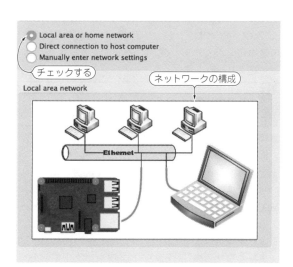

図8　ネットワークの接続方法を指定する

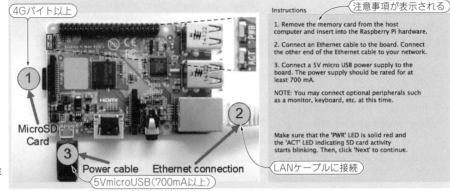

図10 ラズベリー・パイ，microSD，LANケーブル，5V電源との接続方法と注意事項が表示される

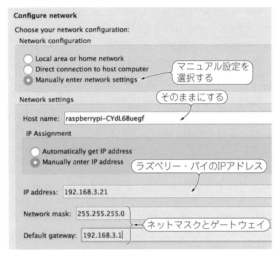

図9 ネットワーク接続の設定画面

▶［STEP11］ラズバリー・パイとの接続
注意事項が図10に示されています．

- microSDカード（4Gバイト以上）
- LANケーブルに接続
- 電源は5V microUSB．700mA以上流せること

［次へ］をクリックしてください．接続方法の選択の途中確認が入りますが，［次へ］をクリック後，［完了］をクリックします．

動作確認

● **MATLABによるラズベリー・パイ操作の考え方**

操作を始める前に，MATLABからラズベリー・パイを操作するときの基本的な考え方を説明します．

MATLABでラズベリー・パイを操作するには，MATLABのメモリ上に仮想的なラズベリー・パイを生成します．これを，ラズベリー・パイ・オブジェクトと呼ぶことにします．

生成したラズベリー・パイ・オブジェクトに対し，MATLAB関数による指令を行うことで，ラズベリー・パイ・オブジェクトが命令を理解し，ラズベリー・パイ本体を動作させます．

このように，仮想的なラズベリー・パイ・オブジェクトをコンピュータ上に生成することを，インスタンス化と呼び，メモリ上に作成したラズベリー・パイ変数のことを，オブジェクトと呼びます．

サポート・パッケージのインストールを行ったのは，ラズベリー・パイ・オブジェクトへの命令をMATLABに追加するためです．

● **ラズベリー・パイのオブジェクト生成**

実際にラズベリー・パイ・オブジェクトを生成してみましょう．オブジェクトの生成は，コマンド・ウィンドウで，次のように入力します．

```
>>mypi=raspi
```
（MATLABのコマンド．設定時に登録したラズベリー・パイのモデルを生成）
（生成したラズベリー・パイ・オブジェクトを指し示す変数）

raspiが，ラズベリー・パイ・オブジェクトを生成する関数で，生成したラズベリー・パイ・オブジェクトは変数mypiの名前でメモリ上に格納されます．

● **生成したラズベリー・パイのプロパティを確認する**

生成されたラズベリー・パイ・オブジェクトの詳細を確認するには，変数名mypiをコマンド・ウィンドウに入力します（図11）．

コマンドの最後に；をつけて，

```
>> mypi=raspi;
```

とした場合は，コマンドの返り値は表示されないというのがMATLABの決まりです．

▶LEDの点灯/消灯

図11のプロパティの4行目に，「AvailableLEDs: {'led0'}」とあります．これは操作可能なLEDが1つあり，その名称がled0であるという意味です．

ラズベリー・パイとの接続を確認するため，「writeLED(mypi,'led0',1)」というコマンドを入力すると，LEDが点灯します（写真1）．コマンドの

第5章 コンピュータ撮影！ Piカメラ実験室

```
DeviceAddress: 192.168.3.23
         Port: 18730
    BoardName: Raspberry Pi 3 Model B
AvailableLEDs: {'led0'}
AvailableDigitalPins:
[4,5,6,7,8,9,10,11,12,13,14,15,16,17,18,19,20,
21,22,23,24,25,26,27]
AvailableSPIChannels: {}
AvailableI2CBuses: {'i2c-1'}
AvailableWebcams: {'mmal service 16.1
(platform:bcm2835-v4l2):'}
 I2CBusSpeed: 0
```

- DeviceAddress: 192.168.3.23 → ラズベリー・パイのIPアドレス 利用環境で異なる
- AvailableLEDs: {'led0'} → ラズベリー・パイに搭載されているLED
- AvailableWebcams → Webカメラが接続され利用可能であることを確認

図11 生成されたラズベリー・パイのプロパティでWebカメラが接続され利用可能であることを確認する

"1"を"0"に変更したときは，LEDが消灯します．

写真撮影

● ハードウェアの接続

ラズベリー・パイに接続したカメラで写真を撮ります．ハードウェアとの接続を**写真2**に示します．ラズベリー・パイとWebカメラはUSBケーブルで接続し，パソコンとラズベリー・パイは無線LANで通信を行います．

● カメラの認識

写真撮影にはWebカメラを使います．USB接続のWebカメラは，起動中のラズベリー・パイに接続するとすぐに使えて便利ですが，ラズベリー・パイ・オブジェクトに認識されていることが必要です．

ラズベリー・パイ・オブジェクトがカメラを認識しているかどうかを確認する方法として，コマンド・ウィンドウでmypiと入力してラズベリー・パイ・オブジェクトのプロパティを確認します．

使えるカメラを表す変数は，「AvailableWebcams: {}」とブランクになっています．いったんメモリ上からラズベリー・パイ・オブジェクトを削除して，USBカメラを接続した後にもう一度ラズベリー・パイ・オブジェクトを生成し直します．

コマンドは次の通りです．

```
>>clear mypi
```
メモリ上のラズベリー・パイ・オブジェクトmypiの削除

```
>>mypi=raspi
```
メモリ上に変数名mypiでラズベリー・パイ・オブジェクトを作成

先ほどとは異なり，「AvailableWebcams: {'mmal service 16.1 (platform:bcm2835-v4l2):'}」と，カメラが認識され，使える状態であることが確認できます．カメラを接続した状態のラズベリー・パイ・オブジェクトが生成できました．

写真1 ラズベリー・パイに搭載されているLEDの点灯／消灯を確認できる

これが'led0'

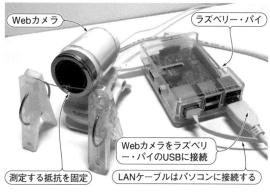

- Webカメラ
- ラズベリー・パイ
- Webカメラをラズベリー・パイのUSBに接続
- 測定する抵抗を固定
- LANケーブルはパソコンに接続する

写真2 実際にラズベリー・パイとWebカメラを接続し，抵抗を測定しているところ

● 画像の取得

これまでの操作で，ラズベリー・パイ・オブジェクトを変数名mypiとしてメモリ上に生成しました．この状態で，MATLABはラズベリー・パイに対する操作を行うことはできます．

ラズベリー・パイに接続してあるカメラを直接操作することはできません．カメラを操作するには，ラズベリー・パイ・オブジェクトの一部であるカメラを，カメラ・オブジェクトとしてMATLABのメモリ上に生成して，直接操作可能な状態にします．カメラ・オブジェクトの作成には，webcamコマンドを使います．

```
wcam=webcam(mypi,'Venus USB 2.0 Camera
(usb-3f980000.usb-1.5):','640x480');
```

- 第1引き数：webカメラを認識している状態のラズベリー・パイ・オブジェクト
- 第2引き数：カメラの名前（ラズベリー・パイ・オブジェクトのプロパティで確認できる）
- 第3引き数：画素数

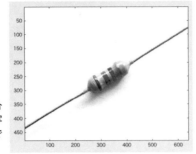

図12 ピント合わせと撮影した写真の画像を取得できる

webcamのコマンドは，カメラ・オブジェクトを変数名wcamとして生成します．生成したカメラ・オブジェクトに指令を送ることで，間接的にカメラにアクセスできます．

写真の撮影は，snapshotコマンドを使います．引き数は，先ほど作成したカメラ・オブジェクト変数名wcamです．

撮影した結果は，メモリ上にファイル名imgとして出力されます．

写真の表示にはimageコマンド使います．

ピントをうまく合わせて撮影すると，図12のような画像が得られます．表3に写真撮影で使ったコマンドをまとめました．

画像データの基礎知識

● 写真の画素

写真は一見なめらかにみえます．実際は図13のように，拡大すると細かい点の集まりで構成されています．写真はドットと呼ばれる小さな点の集まりで構成されており，小さな点，つまりドットには色が付いています．

写真をプリントするときに，仕上がりの品質を左右するパラメータに，dpiという設定値があります．こ

表3 写真撮影に利用したコマンド

コマンド	内容
raspi	ラズベリー・パイと接続する
webcam	ラズベリー・パイのWebカメラと接続する
snapshot	カメラでRGB形式の画像をキャプチャする

れは，Dot Per Inchの略で，1インチ（約2.54 cm）四方当たりの点の数を表すものです．

例えば75 dpiとした場合，1インチ当たり75の点，1×1インチの正方形の内部に5625点（＝75×75）の画素点を含んでいるという意味です．この数値が大きいときは，画像が緻密であり，拡大したときにもなめらかな画質を維持できます．

● RGBカラー・モデル

写真は点の集まりと説明しました．それぞれの点には色が付いています．

MATLABでは各点の色を，RGBカラー・モデルで表現しています．MATLABを使うと，写真を構成しているドット色を，その色を構成する3原色（赤，緑，青）の比率に分解できます．

● MATLABの写真データ構造

MATLABでは各点の色を，RGBの比率で表現されています．例えば，赤は，[R G B] ＝ [1 0 0]，と赤が100％，黄色は [R G B] ＝ [1 1 0]，となっており，赤と緑が半々です．

写真のデータは，図14のように写真のx方向とy方向をドット数に分割します．各点それぞれに，z方向にRGB成分を持つ，3次元行列で表現されます．例えば図14の場合，x成分は8，y成分は7，各点のz成分は3，の「7×8×3」の行列で表されます．

図13 写真は色の付いたドットの集まり

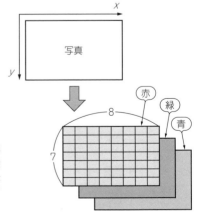

図14 MATLABで写真データは縦×横×3の3次元行列データとして保存される

画像データの色検出と分析

● 抽出手順

▶［STEP1］写真を拡大する

はじめに，imageコマンドで，写真データを表示します．写真データはすでにimread関数でワークスペース上に準備してあるデータ，imgを使います．

```
>>image(img)
```

これを実行してFigureウィンドウに写真データを表示したら，虫めがねボタンを使って，抵抗の写真を拡大しカラー・コードが選択できる状態にします．

▶［STEP2］範囲を指定する

写真から抽出する色の範囲指定には，MATLABのコマンド・ウィンドウに，コマンドginputを使います．

ginputは，コマンド入力直後から，マウスによるグラフィカルな入力が可能になる機能です．マウス入力状態でFigureウィンドウ内の写真やグラフをクリックすると，座標点を入手できます（図15）．この機能を使って，写真中の抽出したい領域を選択します．選択した領域内の平均値から色を判定します．

今回は，色の抽出対象領域を4点選択します．選択した4点を直線で結んだ領域を塗りつぶして選択した領域を表示するとともに，その領域のRGBデータを取得する一連の作業を，ファンクションmファイルを使って自動化しました（リスト1）．

ファンクションmファイルは，入力引数をもたせて，プログラムの実行結果を返す，いわゆる関数として実行することを前提としたファイルです．

▶［STEP3］色の領域を指定する

前述した関数getRGBをコマンド・ウィンドウに入力して実行します．実行後すぐにマウスの入力待ち状態になるので，はじめに，一番左の緑色のサンプルを採取します．緑色の帯を図16のようにマウスで4点ピックしてください．採取した色を，変数$C1$に格納するために，コマンド・ウィンドウには「C1=getRGB(img)」と入力します．

マウスで写真上を4点クリックすると，クリックした順番で囲まれた領域が赤く表示されます．同時に，この領域内の画素情報を取得し，RGBデータをそれぞれ平均した値を$C1$として出力します．$C1$は1×3のベクトルになります．

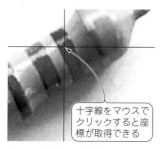

図15 画面上に十字線によるガイド線が表示されるので，その点をクリックすると座標を取得できる

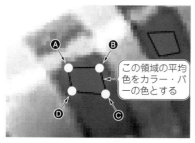

図16 4点クリックすると，クリックした順番で囲まれた領域が赤く表示される
この領域を元に色を評価する

リスト1 指定した領域からRGBデータを取得する作業を自動化するコマンド
色の抽出対象領域を4点選択する．それらの点に囲まれた領域の画素をすべて取り出す．色分離し，平均値を求める

```
C=getRGB

function C=getRGB()

N=4
[x,y]=ginput(N)
hold on,fill(x,y,'r'),hold off

X = [round(min(x)):1:round(max(x))]'
Y = [round(min(y)):1:round(max(y))]'
Nx = length(X)
Ny = length(Y)

R=zeros(Nx,Ny)
G=zeros(Nx,Ny)
B=zeros(Nx,Ny)

for i=1:Ny
    for j=1:Nx
        if(inpolygon(X(j),Y(i),x,y))
            R(i,j) = IM( Y(i), X(j),  1)
            G(i,j) = IM( Y(i), X(j),  2)
            B(i,j) = IM( Y(i), X(j),  3)
        end
    end
end

C=uint8([...
    sum(sum(R))/length(find(R>0)),...
    sum(sum(G))/length(find(G>0)),...
    sum(sum(B))/length(find(B>0))...
    ])
```

- MATLABのファンクションmファイル．functionは関数の宣言
- マウスで4点クリックして領域を定義する．ginputは，マウスによる座標点の取得関数fill(x, y, 'r')で，クリックした座標を赤点表示
- 囲んだ領域の色を平均するために囲まれた領域の画素を全て取り出す．同時にRGBの成分に分離する
- ここで色の平均値を求める

リスト2　RGB空間に色データをプロットするプログラム例

```
function y=showDistance(C)

%1:brown      130,94,22
%2:red        255,0,0
%3:orange     255,183,76
%4:yellow     255,255,0
%5:green      0,255,0
%6:blue       0,0,255
%7:purple     196,0,204
%8:gray       140,140,140
%9:white      255,255,255
```
（黒，茶などのRGBデータを準備）

```
RGBTable=[
     0    0    0;
   153   76    0;
   255    0    0;
   243  152    0;
   255  255    0;
     0  255    0;
     0    0  255;
   167   87  168 ;
   128  128  128 ;
   255  255  255
   ]
col={' 0:黒',' 1:茶色',' 2:赤',' 3:オレンジ',' 4:黄色',...
     5:みどり',' 6:青',' 7:紫',' 8:灰色',' 9:白',}
ALLTable = [RGBTable;C]
AllCol={' 0:黒',' 1:茶色',' 2:赤',' 3:オレンジ',' 4:黄色',...
     5:みどり',' 6:青',' 7:紫',' 8:灰色',' 9:白',' 評価色'}
```
（写真から取得した色を追加）

```
N=length(AllCol)
% figure
for i=1:N
    plot3( ALLTable(i,1),ALLTable(i,2),ALLTab
le(i,3),...'.','markersize',15,'color',ALLTable
(i,:)./255),...
    grid on,hold on,...
    text(ALLTable(i,1),ALLTable(i,2),ALLTable
(i,3),...AllCol{i})
end
hold off
xlabel('R'),ylabel('G'),zlabel('B')
legend(col)
xlim([0 300])
ylim([0 300])
zlim([0 300])
```

```
hold on
y=getNearestColor(double(C))
I=y.num
P=RGBTable(I,:)
X=[C(1,1);P(1,1)]
Y=[C(1,2);P(1,2)]
Z=[C(1,3);P(1,3)]
% line(X,Y,Z)
quiver3(C(1,1),C(1,2),C(1,3),...
     (P(1,1)-C(1,1)),...
     (P(1,2)-C(1,2)),...
     (P(1,3)-C(1,3)))
hold off
d= sqrt((X(1,1)-X(2,1)).^2+...
     (Y(1,1)-Y(2,1)).^2+...
     (Z(1,1)-Z(2,1)).^2)

y=d
```
（色の配列データをplot3関数で3次元空間にプロット）

（写真から抽出した色が何か判定するために最も近いカラー・コード色を選択し矢印線で接続する）

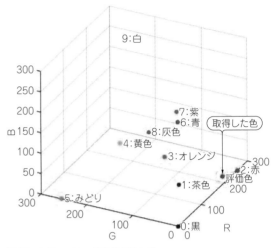

図17　カラー・コードの色ベクトル
赤色に近いRGB空間に色データをプロットする

● 色の判定

　採取した色の判定方法としては，RGB空間に採取した色ベクトルをプロットしたときに，最も近い位置にある色が，採取した色と同じであると判定することにしました．

　図17には，カラー・コード表で使われている数値0〜9に対応した色ベクトルを，RGB空間にプロットした結果です．この空間に，採取した色ベクトルをプロットしたときに，直線距離で最も近い値の色が，一致する色であると考えます．**リスト2**にMATLABの表示プログラム例を示します．

● RGB空間における各色の座標

　カラー・コードの色ベクトルをRGB空間にプロットし，評価色との距離が最も近い色を同一色とみなします．色の座標は次のとおりです．

> 0：黒＝［0 0 0］，1：茶色＝［153 76 0］，2：赤色＝［255 0 0］，3：だいだい色＝［243 152 0］，4：黄色＝［255 255 0］，5：緑色＝［0 255 0］，6：青色＝［0 0 255］，7：紫色＝［167 87 168］，8：灰色＝［128 128 128］，9：黄色＝［255 255 255］

● 評価

　MATLABの持つ多彩なグラフィカル機能を使って，ビジュアルで色を確認します．今回は，色を3原色RGBの比率で表しています．x，y，z軸を使った3次元グラフの各軸をR，G，Bの成分として，色データをRGB 3次元空間に表示します．

　図18のグラフは，カラー・コードに使われている色を，MATLABのplot関数を用いてRGB空間にプロットしたものです．そこに，先ほど算出した1番目の

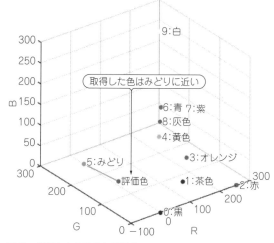

図18 評価した色は緑と判断する

色帯のカラーマップ$C1 = [7\ 147\ 6]$を追加して，最も空間距離の近い点と線でつなぐプログラムにしてあります．つまり評価点とつながっている色が，最も近い色です．結果を見ると，今回の評価点は緑色に最も近いことがわかります．

同じように，残りの2番目，3番目の色帯も見てみます．$C2 = [4\ 60\ 156]$，$C3 = [190\ 2\ 3]$はそれぞれ，青，赤であることがグラフから読み取れます．

● 抵抗値の計算

前述した結果から緑，青，赤の抵抗の色を検出したので，抵抗値が，$5.6\ k\Omega\ (= 56 \times 10^2)$とわかります．色から，数値への変換は，MATLABのmファイル・プログラムで作成しました．

音声の読み上げ機能を追加する

● お絵描きソフトウェアでコードを書かずに，ラズベリー・パイが単独で動くプログラムを作る

ここからは，MATLABに加えてSimulinkも使います．SimulinkはMATLABにブロック線図環境（お絵描きソフトウェア）を提供します．Simulinkを使うと，時間軸のシミュレーション・プログラムを，ソースコードをほとんど書かずに作成できます．作成したプログラムは，ラズベリー・パイで実行できます．ラズベリー・パイ単体で動くスタンドアロン・プログラムも生成してくれます．

● 抵抗値を音声で知らせる機能ブロック

抵抗値を音声で読み上げる方法として，Simulinkのラズベリー・パイの機能ブロックeSpeakを使います．eSpeakは，テキストを音声に変換してラズベリー・パイから出力する機能を備えています．今回はこの機能を使って，抵抗値を読み上げるシステムを構築します．

● システムの概要

音声で抵抗値を読み上げるシステムの概要です．

(1) 前述の抵抗の帯色から，抵抗値を判定するMATLABプログラム（mファイル・プログラム）から，ラズベリー・パイに抵抗値を通知する
(2) パソコンからの通知が来たら，ラズベリー・パイ上であらかじめ動かしておいたプログラムが作動し，音声で抵抗値を読み上げる

(1)の通知を送る部分は，これまで通り，MATLABのmファイル・プログラムを使って実装します．(2)の通知を受けて作動する部分は，ラズベリー・パイ単体で動くスタンドアロン・プログラムなので，Simulinkを使って作成します．

● 抵抗値をラズベリー・パイに伝える方法

ラズベリー・パイが読み上げる内容は，抵抗値が変われば，毎回異なります．

本来であれば，読み取った抵抗値の数値をパソコンからラズベリー・パイに通知し，その値を読み上げるのが自然です．今回使用する音声読み上げブロックeSpeakは，入力が固定文字列に限られています．そこで今回は，Simulinkプログラムの中に，必要なセリフをたくさん準備しておき，パソコンからの通知内容に応じてセリフを切り替える方法を紹介します．

E24系列の抵抗値は，数値としては24種類あります．24種類のセリフに，実用的な抵抗の桁数$10^0 \sim 10^6$の6種類を組み合わせれば，あらゆる抵抗値を読み上げることができます．

今回はシステムの紹介という意味と，内容のわかりやすさを重視して，$1\ k \sim 10\ k\Omega$の抵抗に限定してプログラムを作成しました．

表4に抵抗値とラズベリー・パイに伝える数値（E12系列）の例に示します．

● ブロック線図の作成

図19にSimulinkプログラムを示します．Simulinkプログラムの特徴は，通常のプログラムのようにコードをテキストで記述する方法ではなく，マウスを使ってブロック線図を作成しました．Simulinkライブラリ・ブラウザから，目的の機能ブロックをマウスでドラッグして画面に並べ，信号の流れに沿って，ブロック間を線で接続するだけでプログラムの完成です

図19のプログラムは，左側のGPIO READブロックが，ラズベリー・パイのGPIO 20ピンを監視します．

表4 抵抗値とラズベリー・パイに伝える数値(E12系列)の例

読み取った抵抗値	GPIO端子への出力(2進数)	読み上げるテキスト
1.0	0000b	One point zero
1.2	0001b	One point two
1.5	0010b	One point five
1.8	0011b	One point eight
2.2	0100b	Two point two
2.7	0101b	Two point seven
3.3	0110b	Three point three
3.9	0111b	Three point nine
4.7	1000b	Four point seven
5.6	1001b	Five point six
6.8	1010b	Six point eight
8.2	1011b	Eight point two

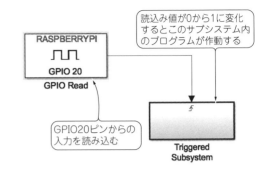

図19 抵抗値読み上げプログラムはブロック図をつないで作りあげる
MATLABのお描きソフトウェアSimulinkによって作成する

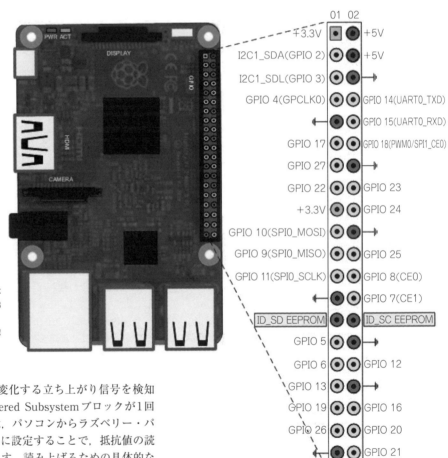

図20 Simulink上で表示されるラズベリー・パイ3のピン配置表示
ピン配置とGPIO番号の確認に利用すると便利

端子電圧が0から1に変化する立ち上がり信号を検知すると，右側のTriggered Subsystemブロックが1回実行されます．今回は，パソコンからラズベリー・パイのGPIO 20ピンを1に設定することで，抵抗値の読み上げ開始を依頼します．読み上げるための具体的なプログラムは，Triggered Subsystemブロックの中に構築します．

このように，プログラムをイベントごとにサブシステムにまとめることで，全体のプログラム構成を理解しやすく表現できるのも，Simulinkプログラムのメリットです．

SimulinkのGPIO Read/Writeブロックをダブルクリックしてブロック・パラメータ・ウィンドウを開き，右端の［View pin map］ボタンをクリックすると，図20のようなピン配置とGPIO番号の対応が絵で確認できてとても便利です．

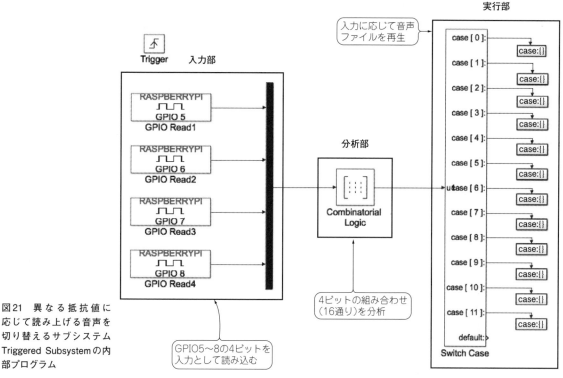

図21 異なる抵抗値に応じて読み上げる音声を切り替えるサブシステム Triggered Subsystemの内部プログラム

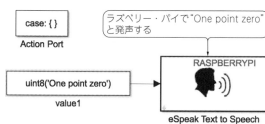

図22 Switch case Subsystemの内部プログラム
Case条件が成立したときラズベリー・パイからの音声発生を1回実行する

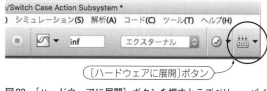

図23 ［ハードウェアに展開］ボタンを押すとラズベリー・パイ本体でプログラムが実行できるようになる
ラズベリー・パイのホーム・ディレクトリに実行形式のプログラムがコピーされる

● 内部プログラムの作成

図19のプログラムは，パソコンからの通知を受け取ると，Triggered Subsystemブロック内に書かれたプログラムを実行します．

図21にTriggered Subsystemブロックの内部プログラムを示します．このサブシステムの機能は，異なる抵抗値に応じて読み上げる音声を切り替えるためのシステムです．サブシステムの中身は，信号入力部，信号分析部，信号別の実行部の3つに分かれています．

抵抗値の値に応じて，パソコンから表のルールに従った2進数に相当する信号がラズベリー・パイのGPIO端子に出力されるようにMATLABのmファイル・プログラムを作成しておきます．その値を分析部であるCombinational Logicブロックで10進数に戻して，値に応じた処理をCaseブロックで振り分けて実行させています．

Combinational Logicブロックの設定は，真理値表の1ヵ所だけです．そこに［0;1;2;3］と入力してください．

Switch Caseの設定も1箇所だけで，Case条件欄に｛[0]，[1]…，[11]｝と順に入力します．

以上の設定で，4ビットのバイナリ入力を10進に変換した値が後のブロックに出力されます．最後に並んでいるCaseブロックは，Case条件が成立した場合に1回実行されるSwitch Case Subsystemブロックです．この中には図22のように，音声にするテキストとeSpeakをセットしておき，サブシステムが選択された時に実行され，ラズベリー・パイから音声が発せられます

● ラズベリー・パイ単体で動かす

作成したSimulinkプログラムは，ラズベリー・パイ本体でハードウェア実行できます．図23のツール・

バーの右端にある［ハードウェアに展開］ボタンを押すと，実行形式のプログラムがラズベリー・パイのホームディレクトリである，"/home/pi/"にコピーされ，実行できるようになります．Simulinkプログラムの拡張子は.slxで，実行ファイルの拡張子は.elfです．

ハードウェア実行はパソコン側からコントロールできます．MATLABのコマンド・ウィンドウで，「r=raspberry」と入力し，実行ファイルへの参照を生成します．

ハードウェアでプログラムの実行状況を確認するには，次のように入力します．

```
isModelRunning(r,'eTalk2')
```

第2引き数の'eTalk2'は，実行するプログラム名です．既に実行している場合は，1，実行状態にない場合は，0が返ってきます．

実行は，「runModel(r,'eTalk2')」，停止は，「stopModel(r,'eTalk2')」，で行います．

*

カラー・コードを写真から読み取り，抵抗値を自動計算するシステムを作成しました．

紹介した5.6kΩの抵抗値を読み取る事例はうまくいっていますが，写真の明るさや色合いなどによっては色の差を明確な数値として読み取れず，うまく判定できないこともあります．特に赤とだいだい色のように，もともとRGB空間で近い位置に存在する色同士は，数値の差がノイズに埋もれてしまい，誤判定する可能性が高いです．

カラー・コードの色を，画面上で目視確認してマウスで選択しましたが，抵抗全体の形状や色の差を用いて，色帯の位置を自動で判定するように改良すれば，さらなる自動化が可能です．このように，改善するべき点はたくさんありますが，ラズベリー・パイとMATLABでこんなことができる，ということを知るきっかけとなれば幸いです．

とみざわ・ゆうすけ

---

column　抵抗器に印刷されたカラー・コードの意味

炭素皮膜抵抗は，数値の代わりにカラー・コードと呼ばれる4本（または5本）の色付きの帯の組み合わせで，抵抗値を表示します（写真A）．

● カラー・コード表

カラー・コードは0～9までの数値に対し，黒，茶，赤，橙，黄，緑，青，紫，灰，白の合計10色を対応させたものです．参考までに私が大学時代に教わった語呂合わせも表Aに載せます．

● カラー・コードの読み方

色と数値の関係が分かったので，次に数値の並びと実際の抵抗値の関係を説明します．抵抗値を正しく読むには，まずはじめに抵抗の向きを確認します．抵抗に描いてある色の帯が縦縞になるよう，写真Aのように（抵抗の足が横向きになるように）置きます．このとき，どちらの端が左なのか，が問題になります．

4本帯の場合，金色または銀色の帯が右になるように配置します．この帯は抵抗の値そのものを表す数値ではなく，抵抗値の精度を表すための特別な数値です．金色は，表示している抵抗値の5%以内，銀色は10%以内であることが保証されています．銀よりも金の方が高精度です．

抵抗の向きが決まったら，次は左側から順番に色を確認します．写真Aの場合は，緑，青，赤なので，数値は，5，6，2です．抵抗値は指数表示使って表され，1番目の数値が1の位の，2番目が，小数点第1位，3番目が10の乗数を表します．具体的に今回の例では，抵抗は$5.6\,\mathrm{k\Omega}\,(=56\times10^2)$，と読み取ることができます．

とみざわ・ゆうすけ

表A　抵抗のカラー・コード

数値	色名	覚え方
1	茶	小林一茶
2	赤	赤いにんじん
3	だいだい	第3の男
4	黄	岸（きし）首相
5	緑	嬰児（みどりご）
6	青	青二才ろくでなし
7	紫	紫式（しち？）部
8	灰	ハイヤー
9	白	ホワイトクリスマス
0	黒	黒い霊柩車

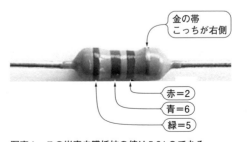

写真A　この炭素皮膜抵抗の値は5.6kΩである

Piカメラ 第5実験室
おしゃべり人感監視カメラを製作せよ
スピード対決！お絵描き系MATLAB/Simulink vs スクリプト系Python

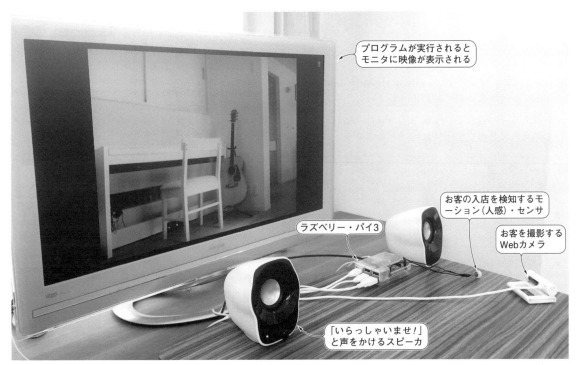

写真1 MATLAB/SimulinkとPythonで店内にお客が来たら，「いらっしゃいませ！」と声をかけて，Webカメラで写った映像をディスプレイに表示してくれる装置の製作時間を比較してみる
本稿では，MATLABのお絵描き入力オプション・ツールSimulinkとオープンソースの汎用スクリプト言語Pythonで本器の製作時間を比較する

　お客の入店を検知し，「いらっしゃいませ！」と声をかける装置をラズベリー・パイで作ります（**写真1**）．同時にWebカメラで写した映像をモニタで確認できるようにします．

　本稿では，MATLABプラットホーム上で動作する，ブロック線図を用いたお絵描き入力オプション・ツールSimulink（シミュリンク）と，オープンソースの汎用プログラミング言語Python（パイソン）で，**写真1**のような監視モニタを作るとき，どちらのプログラミング言語がより早くプログラムを作成できるかを比較してみました．

2つのプログラミング言語を比較した理由

　Simulinkは，面倒なコードをほとんど書かずに，時間軸のシミュレーション・モデルを作成できるのが特徴です．ラズベリー・パイもサポートしているため，Simulinkから直接GPIOを操作できます（**図1**）．ハードウェア単体で実行可能なプログラムも生成できます．

　Pythonは，オープンソースの汎用プログラミング言語です．ソースコードが読みやすく，コードを書いたら即実行できるインタプリタです（**リスト1**）．動作確認の多い電子工作に向いています．Linuxコマンドを実行でき，ラズベリー・パイとの相性も良いです．

　ラズベリー・パイのI/Oを活用してセンシングしたり，制御したりするときは，どちらも使いやすいプログラミング言語です．私はラズベリー・パイで同じものを作るとき，どちらが早く作れるかに興味がありました．

● お題

　インストール，デバイス動作，実行環境の整備など

リスト1 Pythonでは利用するモーション・センサ用のコードを記述する必要がある

```
irSensor.py
import RPi.GPIO as GPIO
import time
import os          ← 音声再生に"aplay"を
                     使うためインポート

GPIO.setmode(GPIO.BCM)
GPIO.setup(21, GPIO.IN)   ← GPIO21を入力に
while True:
    if GPIO.input(21)==0:    #Sensor is LOW
        print"Nothing detected"
        time.sleep(0.5)      ← 音声ファイルの再生
    elif GPIO.input(21)==1:   #Sensor is HIGH
        print "Intruder detected"
        os.system('aplay welcome.wav')
```

はそれぞれ実施済みとし，プログラムを作成，テストする時間をSimulinkとPythonで比較します．

本器のプログラムの作成フローは，Simulink，Pythonともに共通です（図2）．

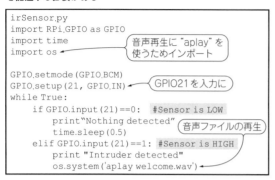
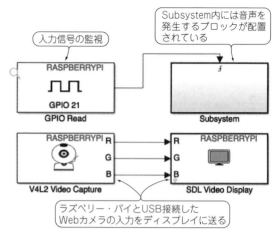

図1 MATLABで動作するお絵描き入力オプション・ツールSimulinkのメイン画面
面倒なコードをほとんど書かずに機能ブロックをつなぎ，パラメータを設定することで本器のプログラムを作ることができる

● ハードウェア

使用したハードウェアは次の通りです．

- ラズベリー・パイ3
- モーション・センサ SB412（Nanyang Senba Optical&Electronic）
- USBカメラ UCAM‐DLE300TWH（エレコム）

Simulinkでプログラム作成

● 手順

▶[STEP1] ブロック線図を書く

コマンドウインドウで「>>simulink」と入力し，空のモデルを作成し，図2のように機能ブロックを配置します．図3は，Subsystem内のブロック線図です．ここまでの所要時間は約5分です．

▶[STEP2] ハードウェアでプログラムを実行する

図4のコンフィグレーション・パラメータ設定画面で，ボードを［Raspberry Pi］にした後，シミュレーション時間をinfに設定にします．メイン画面の右端にある［ハードウェア実行］ボタンで，ビルドと実行開始します．

センサの前に手をかざすと，「Welcome！」としゃべります．ここまでの時間は10分以内です．

● 実行

カメラの映像を写真1に示します．SimulinkSDLブロックのVideo Displayをハードウェア実行すると，映像をラズベリー・パイのHDMIに出力します．テレビにつなぐだけで，モニタ・システムが完成します．プログラム・コードの記述は不要です．

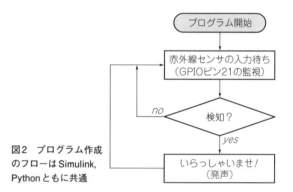

図2 プログラム作成のフローはSimulink，Pythonともに共通

Pythonでプログラム作成

● 手順

▶[STEP1] モーション・センサのコードを書く

PythonにはRPi.GPIOというGPIO制御用のパッケージが用意されているので，それを使用します．while文で待ち続けて，センサ出力を監視，検知したら音声ファイルを再生します．

▶[STEP2] 音声ファイルの準備

Pythonでは，音声ファイルを準備しておく必要がありました．詳しい説明は省きますが，Open JTalkを使って，テキスト・ファイルを音声（wav形式）ファイルに変換したものを準備し，Pythonプログラムの中から，aplayコマンドで再生しました．

▶[STEP3] Webカメラの設定

カメラの映像をモニタするのに，mjpg‐streamerを使いました．mjpg‐streamerをラズベリー・パイにインストールして実行すると，Webカメラの映像をパソコンのブラウザで簡単に表示できます．インス

図3 図1のSubsystem内のブロック線図
入力信号を検知すると準備しておいた文字列が「Welcome!」としゃべりだす

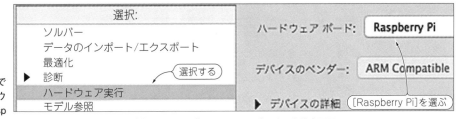

図4 ラズベリー・パイで動作させるためにハードウェア・ボードとして「Raspberry Pi」を選択する

トール後，映像の取り込みを開始するには下記コマンドをコンソールで入力します．

```
./mjpg_streamer -i "./input_uvc.so -d /dev/video0 -y" -o "./output_http.so -w ./www -p 8080"
```
（入力オプション．USB接続のWebカメラを指定）
（出力先のWebブラウザに指定）

その後，Webブラウザで，次のサイトにアクセスすれば，Webカメラの映像が表示されます．

```
http://「ラズベリー・パイのIPアドレス」:8080/stream.html
```

これらの操作はPythonから実行することもできます．たった1行なので，今回はコマンドをコンソールから直接入力しました．

● 実行

コマンド・ラインから，Pythonプログラムを実行します．

```
>>python isSensor.py
```

センサに手をかざすと検知して，「いらっしゃいませ」と発声しました．こちらはOpen JTalkのおかげで日本語で発声できました．カメラの映像も正しく表示されました．

表1 SimulinkとPythonの比較結果

項目		Simulink	Python
コード行数		0行	12行
所要時間		30分以下	約2時間
感想	良い点	Simulinkだけで一気に完了	ほかのソフトとの親和性が高い
	悪い点	発声に日本語が使えないのがイマイチ	ほかのソフトを使う必要があった

対戦結果

表1に今回の実行結果をまとめました．開発スピードというテーマでは，コーディング不要で音を発声する機能ブロックeTalkを標準で使えるMATLAB/Simulinkの圧勝です．

MATLAB/Simulinkは，音の発声に日本語を使えないのが欠点です．日本語で音を発声したいときは，ほかのLinuxコマンドを手軽に実行できるPythonに分があります．

今回のテーマではSimulinkの勝ちですが，目的に応じて使い分けるのがベターと言えます．

とみざわ・ゆうすけ

◆参考文献◆
(1) https://ja.wikipedia.org/wiki/Python

Piカメラ 第6実験室

プリント基板の温度分布，インフルエンザ，畑荒らし，すみずみまで丸見え

－273～＋300℃！ Piカメラ・サーモグラフィ

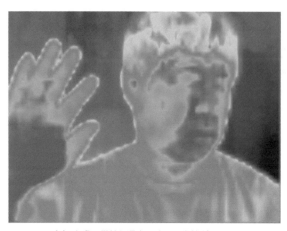

（a）皮膚の微妙な温度の違いで表情がわかる

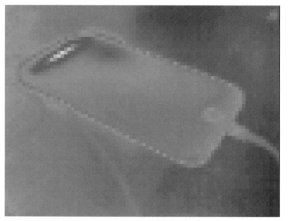

（b）スマホ内のプロセッサ搭載の基板の発熱もバッチリ！

写真1 製作したPiカメラ・サーモグラフィの画像表示例
温度の高い箇所が赤，低い箇所が青で表示される

　サーモグラフィという名前を皆さんは聞いたことがあるかと思います．その名の通り温度を映像で見ることができるカメラです．
　実際の画像の例を**写真1**に示します．空港の検疫所に設置されていたり，映画などで登場するので，見たことのある方も多いでしょう．
　本稿では，5ドルのミニI/Oコンピュータ・ラズベリー・パイZeroと長波長赤外線（LWIR：Long-Wavelength InfraRed）カメラ・モジュールを組み合わせてPiカメラ・サーモグラフィを製作しました（**写真2**）．
　本稿では，次のことを解説します．
（1）サーモグラフィのメカニズム
（2）LWIRモジュールの構造
（3）ミニI/Oコンピュータのラズベリー・パイZeroと本モジュールを組み合わせて温度分布をモニタに表示する方法

● 仕様と用途
　本器の仕様を**表1**に示します．製作に必要な部材を**表2**に示します．トータル価格は約25,000円です．同程度の性能をもつコンパクト・サーモグラフィの市販品は，80,000～100,000円なので，1/3以下の価格で作れます．
　本器は，皮膚の温度の違い，基板の発熱，指先などの細かい部分の温度を表示できます．150℃以上の画像表示ができるので，はんだごてや，電熱線の温度も確認できます．ラズベリー・パイと接続しているので，画像データを解析したり，ネットワーク経由で転送したりできます．

表1　本器の仕様

測定温度範囲	－273～＋300℃
分解能	0.05℃
外形	105×75×50 mm
解像度	4800画素（80×60）
フレーム・レート	9 fps
感度波長範囲	8～14 μm
画角	水平：51°　対角：63.5°
合焦範囲	10 cm～∞

第5章 コンピュータ撮影！ Piカメラ実験室

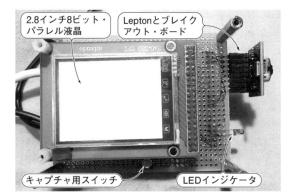

(a) 表面

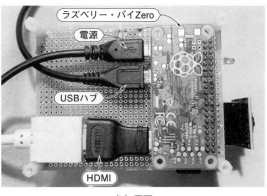

(b) 裏面

写真2 本器を組み立てたところ
ラズベリー・パイZeroだけでなく，ラズベリー・パイ3などでも使用できる

表2 本器の製作に必要な部材

項　目	価格	入手先
サーモグラフィ・カメラ・モジュール Lepton	19,100円	Digi-Key
Leptonブレークアウト・ボード	4,365円	Digi-Key
2.8インチLCDモジュールM028C9325TP	1,350円	aitendo
ラズベリー・パイZero	$5	adafruit

キー・パーツ「LWIRカメラ・モジュール」の特徴

■ サーモグラフィ…3つのポイント

● 温度に反応する素子

サーモグラフィの原理はどのようになっているのでしょうか．

物体からは遠赤外線が放射されています．温度によりその強度が変化します．

遠赤外線に反応する素子を使い，2次元状に並べれば熱画像が取得できるはずです．実際には遠赤外線ではなく波長が8μ～15μm程度のLWIRに反応するマイクロボロメータと呼ばれる素子を使うのが一般的です．

● CCD/CMOSセンサは使えない

通常の画像センサとしてよく使われているCCDやCMOSセンサは，サーモグラフィとして使えません．

ラズベリー・パイでもPiNoirという赤外線カメラが存在します．実は，PiNoirは赤外線カメラといっても波長が0.75μ～1.4μmの近赤外線（NIR：Near-InfraRed）に反応しますが，LWIRには反応しません．

人間の目には赤外線は見えません．赤外線LEDなどを使って暗視カメラはできますが，サーモグラフィには使用できないのです．

● 高価である

サーモグラフィは，後述するLeptonなどの登場で一般でも入手可能になりましたが，数万円ぐらいします．その理由として，一般的なCMOSセンサなどに比べて特殊な構造であることが挙げられます．

マイクロボロメータは，酸化バナジウムやアモルファス・シリコンをベースにMEMS技術を用いて作製されるために，通常の半導体プロセスとは異なり，製造コストがかかります．

センサ以外にもLWIRの波長に対応したレンズが必要です．通常のカメラ・レンズはガラスやプラスチック製ですが，LWIRの透過率が低いので，シリコンを材料にしたレンズが使われています．

■ 高性能なサーモグラフィ「FLIR Lepton」

● 仕様

FLIR Leptonとは，FLIR社の開発したサーモグラフィ・カメラ・モジュールです．約2万円でありながら，高性能です（**写真3**）．**表3**に本モジュールの仕様を示します．

● 内部構造

FLIR Leptonの内部ブロックを**図1**に示します．

レンズで集光されたLWIRは，Focal Plane Array（FPA）と呼ばれるマイクロボロメータ・センサで電気信号に変換されます．後段のSoC内のImage Pipeline回路で処理された後に出力されます．

出力は，MIPI CSI-2とVoSPIの2種類があります．現在はVoSPIだけサポートされています．外部からI²C経由でカメラのコントロールなどを設定できます．

● VoSPI

出力は，現状VoSPIだけ使えます．物理層は，一般的にマイコンなどで用いられているSPIインターフ

写真3 サーモグラフィ・カメラ・モジュールFLIR Lepton
サイズは小さく8.5 mm角のパッケージに全てが搭載されている

表3 FLIR Leptonの仕様

項 目	値	備 考
画素数	800 ピクセル（= 80 × 60）	通常のカメラに比べると，解像度が低い．熱画像としての最低限の解像度を得られる
温度範囲	最大400℃	カメラ温度により変化
温度分解能	50 mk（0.05℃）	微小な温度変化も捕らえることが可能
フレーム・レート	9 fps	通常のビデオ・カメラ(30 fps)の1/3．これは米国の輸出制限によるもの．10 fps以上のサーモグラフィは申請が必要
サイズ	8.5 × 11.7 × 5.6 mm	突起物を含まなければ8.5 mm角で，PiNoirとほぼ同じサイズ

ェースが使えます．クロックも2.2 M～20 MHzまでホスト側の能力に合わせて自由に設定できます．

VoSPIのタイミングを図2に示します．SPIはモード3でMSBファーストです．

図3にデータ・フォーマットを示します．カメラ自体は，9 fpsなのですが，データは3倍の27 fpsで出力されており，同じデータが3回転送されます．

カメラからは，VSYNCなどのフレーム同期信号は，出力されていません．そのため，VoSPIはカメラのフレームとは非同期で読み出すことになります．

これは後段のデバイスにとっては，タイミング制約が減るので都合がよいです．読み出し速度が遅すぎたり，早すぎたりすると，読み出しエラーになり，データは無効になります．そのため，各ビデオ・パケットのID部分を見て判断します．ビデオ・パケットはヘッダ4バイトとデータ160バイトの合計164バイトです．ヘッダ部分は，ID 2バイト，CRC 2バイトに分けられます．データ部分は水平1ライン分のデータ80画素×2バイトになります．1画素当たりのデータは，2バイトですが，実際に有効なのは14ビットです．

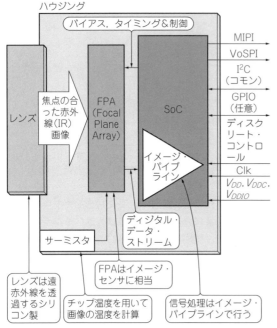

図1 FLIR Leptonの内部ブロック

● 測定温度の計算方法

Leptonの出力するのは，14ビットのバイナリ値です．測定温度の計算にはもう1つ，チップの温度が必要

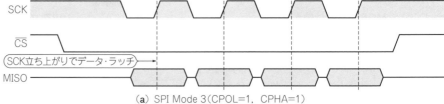

(a) SPI Mode 3 (CPOL=1, CPHA=1)

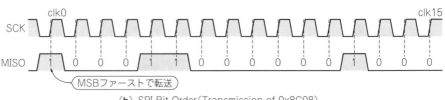

(b) SPI Bit Order (Transmission of 0x8C08)

図2 VoSPIのタイミング
(a)はクロックの立ち上がり，または立ち下がりのどちらかでラッチするか，(b)はMSB，またはLSBのどちらがファーストで転送するかを示す

第5章 コンピュータ撮影！ Piカメラ実験室

ID	CRC	ペイロード
xNNN （16ビット）	CRC （16ビット）	1ライン分のデータ （80画素×2バイト＝160バイト）

↑ IDでライン番号やエラーがわかる

図3　VoSPIデータ・フォーマット
Leptonのデータは1パケット164バイト．IDは通常時にはライン番号を表示するが，SPI転送が失敗するとエラーになる．CRCは後段でのデータ確認用

です．これはI²C経由で読み出すことができます．測定温度の計算式は次の通りです．

$T = 0.03385 RAW + T_C - 276.96$
ただし，T：測定温度[℃]，RAW：14ビット・データ，T_C：I²C経由で読み出したチップ温度

RAWの値が8152でチップ温度が33.21℃のとき，測定温度は32.19℃です．

パイZeroにカメラ・モジュールを接続

● ラズベリー・パイを使う理由

Leptonを使うにはSPIインターフェースが必要です．データを取り込むだけなら，mbedやArduinoといったマイコンでも使用できます．

データをバッファリングしたり画像として表示したりするには力不足です．そこで今回はラズベリー・パイに接続します．インターフェースはSPIとI²Cなので，どのラズベリー・パイでも可能です．

後述するように，LCDを接続するので，初代のA/Bの26ピンのGPIOヘッダの機種は使用できません．40ピン・ヘッダのA＋以降の2，3，Zeroなどが使用できます．今回はラズベリー・パイZero（Rev.1）を使ってみました．

ラズベリー・パイで組む大きな理由は，高速化のための難しいプログラミングが必要ないことです．私は以前，mbedでLeptonのVoSPIデータ受信部分を作製しました．高速化のために，1ライン分のデータ転送をループを使わないでSPI転送命令を164個羅列したことがあります．ラズベリー・パイのような比較的高速なマイコンを用いれば，速さを維持するためのケアが不要で，純粋にアルゴリズムのことだけを考えればよいことになります．

● 設定

VoSPIのクロックは，今回10 MHzで使用します．周波数を落とすこともできますが，1フレーム内のほとんどの時間を転送に費やします．

ほかの処理をさせるためにも，なるべく速いクロックを用いて短時間で転送を行います．

上限の20 MHzで起動すると，高速化による配線のケアや不要輻射が発生するので，やみくもに上げればいいわけではありません．

Lepton本体は，32ピンLCC（Leadless Chip Carrier）パッケージです．そのままでは使いにくいので，ブレイクアウト・ボードがあります（写真4）．国内通販などの場合は，本体＋ブレイクアウト・ボードのセットで販売されています．Digi-Keyでは別売でした．

● リファレンス・コードを利用する

ソフトウェア，Leptonのブレイクアウト・ボードを開発しているPure Engineering社がリファレンス・コードを公開していますので，それを利用します．

https://github.com/groupgets/LeptonModule

ラズベリー・パイ用のサンプルは，何種類かありますが，まずは動作確認としてX Window上で表示を行うraspberry-pi_videoをそのままビルドして，Leptonの画像確認を行います．

LCDを駆動するために一番シンプルなraspberrypi_captureのコードを流用します．そのままなら，単純に静止画を保存するだけですが，プレビュー画像表示

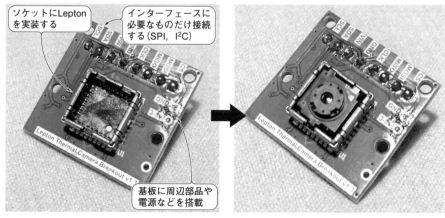

写真4　FLIR Lepton用のブレイクアウト・ボードへサーモグラフィ・カメラ・モジュールを実装する
（a）実装前　　（b）実装後

とキャプチャ制御部分を追加実装します．

製作

■ ハードウェア

● 接続図

図4に本器の接続図と周辺回路を示します．Leptonとラズベリー・パイは，I/O電圧が同じなので，そのまま直結できます．I²Cはプルアップ抵抗が必要です．

ラズベリー・パイにLCDを接続する場合は，よくSPIを使いますが，SPIはすでにLepton用に使われています．チップ・セレクト(CS)で共用する方法もありますが，同時にデータ転送ができず，帯域に不安があったので，別バスにて接続することにしました．幸いにもGPIOは余っているので，LCDは，8ビット・パラレル接続のM028C9325TP(aitendo)を使いました．

コントローラには，ILI9325(ILI TECHNOLOGY)を使っています．ほかのILI92xxシリーズでも初期化ルーチンを書き換えれば使えると思います．

余ったGPIOで表示用のLEDと静止画撮影用のシャッタSWを付けています．

Lepton用のSPIはCS0を使っています．CS1を使用した場合はソース・コード内の一部変更が必要です．

■ ソフトウェア

● ライブラリのインストール

ラズベリー・パイのソフトウェアを最新版にアップデートします．

```
$sudo apt-get update
$sudo apt-get upgrade
```

次に足りないライブラリを追加します．
X Window System上で画像を扱うためのqt4-dev-toolsパッケージをインストールします．

```
%sudo apt-get install qt4-dev-tools
```

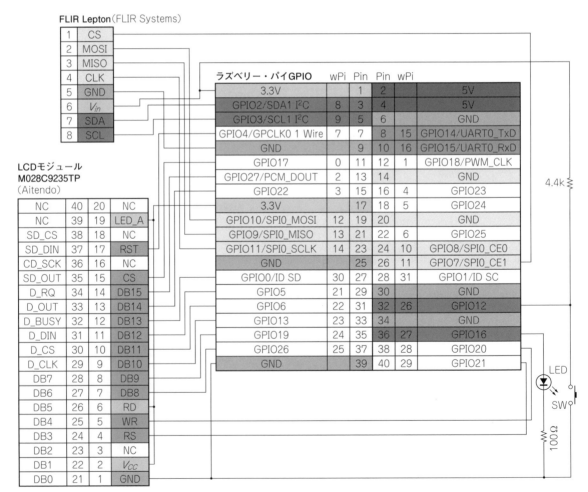

図4　ラズベリー・パイZero，FLIR Lepton，LCDモジュールの接続図と周辺回路

VoSPIのデータ転送用にSPI，Leptonの制御用にI²Cが必要なので，raspi-configで設定します．

```
$sudo raspi-config
```

次の手順で設定を進捗し，完了したら再起動します．

(1) ［9 Advanced Option］を選択（図5）
(2) A6 SPIをイネーブル
(3) A7 I²Cをイネーブル

● GPIOマップの表示

GPIOを使用するために，WiringPiライブラリを使用します．従来は別途追加インストールが必要でした．

現在のRaspbianでは，標準でインストールされています．インストールされているかの確認はgpioコマンドを実行します．

```
$gpio readall
```

このコマンドを実行すると，図6のようなGPIOマップが表示されます．ここでWiringPiで使用する端子番号も表示されるで，確認します．40ピン・コネクタの番号や端子名のGPIOxxの番号とも異なりますので気をつけてください．

● ソースコードのダウンロード

リファレンス・コードをダウンロードを行います．次のWebサイトにアクセスします．

```
https://github.com/groupgets/LeptonModule
```

左上の［Clone or donload］を選択し，［Download zip］をクリックすると，すべてのファイルはzipにまとめられて，ダウンロードされます．

ダウンロードしたzipファイルをUSBメモリなどでラズベリー・パイにコピーします．

● USBメモリの自動マウント

USBメモリはデフォルトでは，挿抜時に，マウント，アンマウントをする必要があります．次のパッケージを使用することで自動マウント，アンマウントできるので便利です．

```
$sudo apt-get install usbmount
```

● ファイルの解凍

USBは"/media/usb0"にマウントされているので，自分のホーム・ディレクトリの適当な階層にコピーします．今回は"/home/pi/lepton"を作成して，その下にコピーしました．

```
%sudo cp /media/usb0/LeptonModule-master.zip /home/pi/lepton
```

コピーしたzipファイルを解凍します．

```
$cd lepton
$unzip LeptonModule-master.zip
```

ファイルが解凍されて，ディレクトリがいくつかできます．softwareフォルダにソースコードはあります．

ラズベリー・パイ関係なら，raspberrypi_capture，raspberrypi_libs，raspberrypi_qt，raspberrypi_videoの4つのディレクトリがあります．

まずは`raspberrypi_libs`の中の`leptonSDKEmb32PUB`ディレクトリに入り`make`を実行します．

```
$cd LeptonModule-master/software/
```

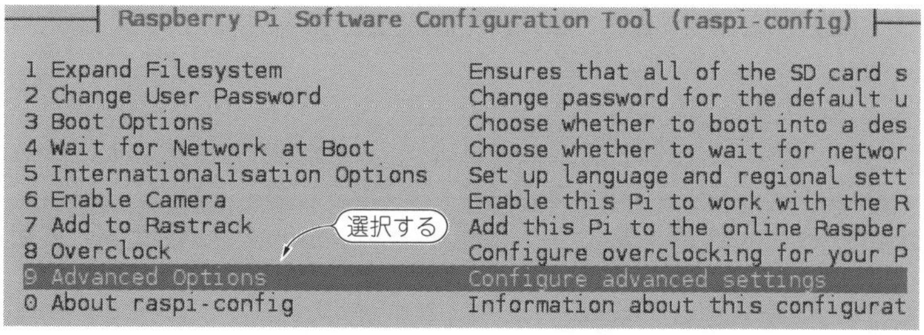

図5 VoSPIのデータ転送用にSPI，Leptonの制御用にI²Cが必要なのでraspi-configの設定を行う
raspi-configを起動し，［9 Advanced Option］を選択する

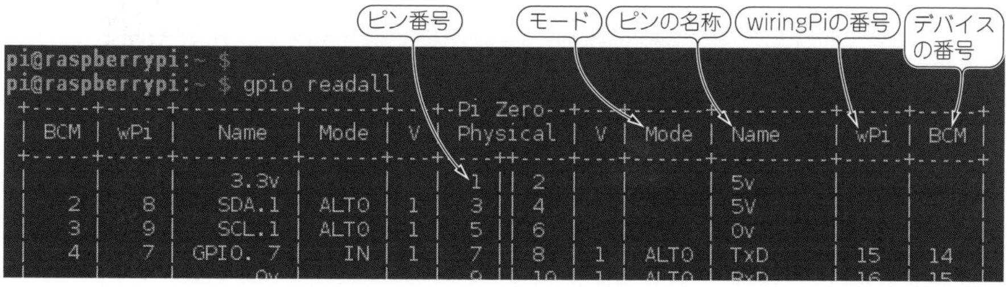

図6 GPIOコマンドを用いてGPIOピンの状態を知ることができる

写真5 金属板のシャッタ付きLepton キャリブレーションに便利

```
raspberrypi_libs/leptonSDKEmb32PUB
$make
```

leptonSDKEmb32PUBはLeptonのI²Cアクセス・ライブラリです.

raspberrypi_videoにディレクトリを移動します.特にソースの変更は必要ありませんが,デフォルトのカラー・パレットは見にくいので変更します.LeptonThread.cppの90行目の次のように変更します.

```
const int *colormap = colormap_rainbow;
```

ビルドは次の通り行います.

```
$qmake && make
```

問題がなければ,実行ファイルが生成されます.

動作確認

● 実行方法

SPIにアクセスするためには,root権限が必要なのでsudoコマンドで実行します.

```
%sudo ./raspberrypi_video
```

画面に新しくウインドウが現れ,サーモグラフィ画像が表示されれば成功です.画像下の"Perform FFC"は,画面のキャリブレーションです.画面に,筋状のノイズが発生した場合,カメラの個々のサーモパイルのキャリブレーションが外れた可能性があります.

温度が均一な板を撮像しながら実行するとキャリブレーションを行い,筋状のノイズを消すことができます.写真5のようにカメラ全面に金属板のシャッタを取り付けているモデルもあります.このシャッタ付きLeptonを使用すれば,いちいち均一な温度の板を撮影する必要もありません.

● 温度表示

サーモグラフィ画像例は,p.204の写真1の通りです.画像は,取得したデータの最大値と最小値で正規化しています.表示画像は256諧調ですが,実際のデータは16384諧調です.そのままスケーリングして表示すると,温度変化がわかりにくいので,最大温度と最小温度も間を256段階で均等に分けています.

－273～300℃! Piカメラ・サーモグラフィのLCDモニタ表示

● 小型モニタに温度分布を表示する

小型LCD表示にチャレンジします.ベースとなるソースはraspberrypi captureです.ディレクトリごと適当な場所に展開すると,

```
$make
```

で実行ファイルが生成されます.そのままなら単に画像がPGM形式でセーブされるだけなので,このソースを改造してLCD対応にします.LCDライブラリはさまざまなものが存在しますが,ソース・ファイルを単純にしたかったので,今回はhttp://blog.tkjelectronics.dk/2010/03/arduino-mega-and-ili9320-display/のILI9320用ライブラリの一部と,ILI9325用初期化ルーチンはArduino用のUTFTライブラリのものを使用しました.

● wiringPiを使えるようにする

wiringPiは標準でインストールされていますが,使うためにinclude文で宣言します.またI²CもwiringPiなので,以下のように記述します.

```
#include <wiringPi.h>
#include <wiringPiI2C.h>
```

次にMakefileのLIBSを変更します.

```
LIBS = -lm -lwiringPi
```

これでwiringPiが使えるになりました.

● ラズパイ用IO

元となるライブラリはArduino用なので,IOが異なります.ラズパイのGPIO用にバス出力用の関数を作成しました.低速で高効率のものがあるかもしれませんが,GPIOの好きなピンにデータ・バスを割り付けることができます.ソースの一部を下記に示します.1バイトのデータを1ビットずつに分けて,wireingPiのdigitalWrite関数で1ビットずつ出力します.

```
static void LCD_busout(unsigned char data)
{
```

```
    unsigned char d0,d1,d2,d3,d4,d5,d6,d7 ;
    d0 = data & 0x01;
    d1 = (data >> 1) & 0x01;
    d2 = (data >> 2) & 0x01;d3 = (data >> 3) &
  0x01;
    d4 = (data >> 4) & 0x01;
    d5 = (data >> 5) & 0x01;
    d6 = (data >> 6) & 0x01;
    d7 = (data >> 7) & 0x01;
    digitalWrite(PIN_D0, d0 );
    digitalWrite(PIN_D1, d1 );
    digitalWrite(PIN_D2, d2 );
    digitalWrite(PIN_D3, d3 );
    digitalWrite(PIN_D4, d4 );
    digitalWrite(PIN_D5, d5 );
    digitalWrite(PIN_D6, d6 );
    digitalWrite(PIN_D7, d7 );
}
```

写真6 LCDモジュールの画面内に最低/最高温度を表示できる

● 表示

Leptonより読み出したデータは，14ビットの情報です．これを見やすくするために，画面内の最低温度と最高温度を計算し，その間を1280段階で正規化して，カラー画像で表示します．元となるソースはリファレンス・コードの中にあるwindows用表示アプリのThermalViewです．

この中のgenerate_palletteでカラーパレットを生成して，scale imageで，最低/最高温度を計算してスケーリングします．画像は80×60なので，LCDの水平解像度240に合わせるために1ピクセル当たり3×3画素の四角形を描画しています．

● I^{2}C 経由による温度取得

raspberrypi captureよりleptonSDKEmb32PUBを利用するのは，そのままでは煩雑なので，リファレンス・コードにあるarduino i2cのソースを流用して必要最小限部分の実装を行いました．

原稿執筆の2017年10月時点では，正確な値が読み出せておらず原因究明中です．Arduinoを使用した動作は確認できているので，移植の際の問題かと思われます．wiringPiのI2C関数はI2Cのスタート・コンディションやストップ￥コンディションは関数内で隠蔽されており，単純なread/write関数なら，1バイト送受信するたびにストップ・コンディションが発生してしまうみたいです．引き続き解析を行い，後日ソース・コードを更新する予定です．現状では，温度は30℃固定として表示用温度の計算を行っています．

● LCDモジュールへの温度表示も追加

写真6のように，LCDモジュールにも最低/最高温度を表示するようにしています．画面内の青色が最低温度，赤が最高温度です．この写真では人間の顔を表示していますが，最高温度表示が32.27℃で若干低く出ています．

これは前述の通りチップ温度を30℃と仮定しているためで，今後I^{2}C経由で実際の温度が読み出されれば，誤差はなくなると思われます．また応用例としては，画面内の任意の場所(例えば中心部分)の温度を表示するようにすると，さらに利便性が高まると思います．

えんや・ひろかず

◆参考文献◆

(1) Lepton Data Brief；https://cdn.sparkfun.com/datasheets/Sensors/Infrared/FLIR_Lepton_Data_Brief.pdf
(2) Lepton Interface Design；https://github.com/groupgets/LeptonModule/blob/master/docs/lepton_interface_design_document.pdf
(3) Pure Engineering；http://www.pureengineering.com/projects/lepton

Piカメラ 第7実験室

コンピュータ画像処理で血管も丸見え！

Piカメラで体内透視！近赤外光レントゲン・プロジェクタ

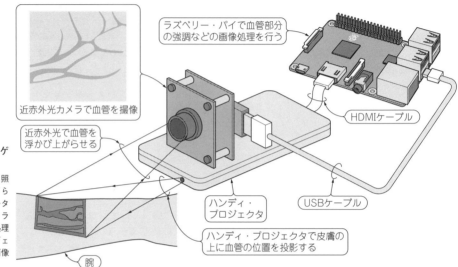

図1 Piカメラ・レントゲンの構成
近赤外光のLED照明で腕を照らして血管を浮かび上がらせ，可視光カット・フィルタの入った近赤外光USBカメラで画像を取り込む．画像処理後に血管を検出し，プロジェクタで皮膚の上に血管の画像を投射する

● 腕に血管を投影！

　間違ったところに何回も注射されるのが嫌いです．海外では，近赤外光を使って血管を検出，プロジェクタで可視化することによって，正確に静脈に注射針を挿すことができる医療機器が開発されています．

　今回，ラズベリー・パイ3，近赤外光USBカメラ，ハンディ・プロジェクタを組み合わせて，Piカメラ・レントゲンを製作しました．

　図1に本器の構成を示します．近赤外光(850 nm)のLED照明で腕を照らして血管を浮かび上がらせます．可視光カット・フィルタの入った近赤外光USBカメラで画像を取り込みます．画像処理後に血管を検出します．ハンディ・プロジェクタで皮膚の上に血管の画像を投射します．

　写真1は，本器で実際に血管を投影したところです．画像処理には，オープンソースの画像処理ライブラリOpenCVを使いました．UVC対応のUSBカメラがあれば，ラズベリー・パイで画像を取り込むことができるので，フリーの環境でも本器の製作に必要な画像処理を実現できます．

● 近赤外光カメラ

　図2に一般的なUSBカメラに使われているCMOS

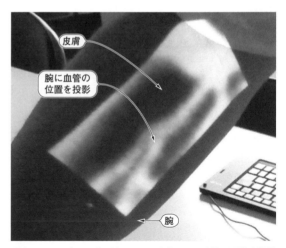

写真1 ハンディ・プロジェクタで皮膚の上に血管の画像を投射したところ
USBカメラからの画像に対して，血管部分の強調処理，位置合わせ処理を行いプロジェクタへ出力した

イメージ・センサの感度表を示します．人間の視覚は，紫外線や赤外線を感じることはできません．可視光の波長範囲は380 n～780 nmです．近赤外光である850 nmの光は，人間の目では感じることができません．850 nmの感度は，図2(a)のカラーCMOSイメー

第5章 コンピュータ撮影！ Piカメラ実験室

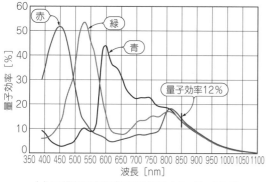
（a）可視光に感度があるCMOSイメージ・センサ

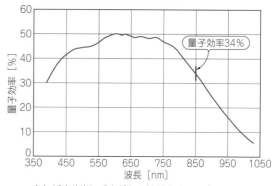
（b）近赤外光に感度があるCMOSイメージ・センサ

図2 一般的なUSBカメラに使われているCMOSイメージ・センサの感度グラフ
今回は(b)を採用した．波長850 nm以上になると，(b)は(a)に比べて3倍近くの感度がある

ジ・センサでは，12％程度しかありませんが，図2(b)のモノクロCMOSイメージ・センサでは34％もあります．

量子効率は入射した光子がどれだけ電子に変換されるかの割合で感度を表します．可視光カット・フィルタを図2(b)のCMOSイメージ・センサの前に置くことによって近赤外光だけの画像を見ることができます．

近赤外光に感度があるカメラを使えば，目視では確認できないものを視られます．近赤外光で見ると，可視光で真っ黒だったものが透明になったり，見えなかったものが浮かび上がってきたりするのです．

CMOSイメージ・センサでも近赤外光の波長領域に感度があるものでは近赤外光を検出できます．人間の腕などを近赤外光で見ると血液の中の還元ヘモグロビンがその光を強く吸収するので，静脈血管が黒く見えます．これを画像処理すると，静脈血管が浮かび上がります．

● **仕様**

近赤外光USBカメラの正面には近赤外光のLED照明が付いています（写真2）．

近赤外光カメラMCM-303NIR（マイクロビジョン）に可視光フィルタを付けていて，UVCカメラとして動作するので，OpenCVですぐに取り込むことができます．MCM-303NIRの主な仕様は次の通りです．

- 最大解像度：36万画素
- 最大フレームレート：60 fps
- サイズ：32 mm × 32 mm

プロジェクタは「400-PRJ020（サンワダイレクト）」の明るさは，25ルーメンです．

本器の画像サイズは，640 × 480ピクセル（VGA）です．画像処理ライブラリは，OpenCV3.1を使用しました．

● **画像ライブラリの設定**

ラズベリー・パイのRaspbianにOpenCV3.1をインストールします．

▶ [STEP1] OSのダウンロード

2016-02-09-raspbian-jessieをベースにしています．次のWebサイトからRaspbianをダウンロードします．

https://www.raspberrypi.org/downloads/raspbian/

▶ [STEP2] イメージ・ファイルの書き込み

イメージ・ファイルをmicroSDカードに書き込んでください．ラズベリー・パイにハンディ・プロジェクタ，USBカメラ，キーボード，マウスを接続して電源を投入します．

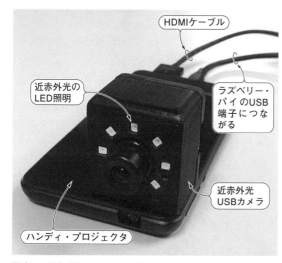

写真2 近赤外光USBカメラとハンディ・プロジェクタを組み合わせる
近赤外光USBカメラMCM-303NIRは28,000円．ハンディ・プロジェクタ400-PRJ020は27,800円

▶ [STEP3] OSの更新
ラズベリー・パイが起動したらコンソールを開き，次のコマンドを実行します．

```
$sudo apt-get update
$sudo apt-get upgrade
```

▶ [STEP4] 必要なパッケージのインストール
OpenCV3.1をコンパイルするためのパッケージcmake，cmake-qt-gui，cmake-curses-guiなどもインストールします．パッケージがインストールし終わるまで結構な時間がかかります．

▶ [STEP5] OpenCVのダウンロード
次のサイトからOpenCV3.1をダウンロードしてください．

```
http://opencv.org/downloads.html
```

適当なフォルダで解凍をして，その中にビルド用のフォルダを作成します．

▶ [STEP6] OpenCVをコンパイルするための設定
cmakeでオプションの設定をしてmakeファイルを作成し，インストールしてください．
[Configure] - [Generate] ボタンを押してMakeファイルを作成します．
makeが完了するまで時間がかかります．

▶ [STEP7] 共有ライブラリの依存関係情報の更新
次のコマンドで共有ライブラリの依存関係情報を更新してください．

```
$sudo ldconfig
```

▶ [STEP8] コンパイル
インストールが完了すると，OpenCVのライブラリを使ったプログラムをコンパイルできます．
たとえば，samplesの中のlaplace.cppのコンパイルを実行するときは，次のように実行します．

```
g++ -o opencvtest laplace.cpp `pkg-config --cflag opencv` `pkg-config --libs opencv`
```

● 画像処理
カメラから取り込んだ画像（写真3(a)）をOpenCVで血管検出をするときの画像処理の流れは次の通りです．

① **キャプチャ後の画像をグレーに変換し，ヒストグラム均等化**
UVCはグレー画像の入力に対応していないので，グレーに変換します（写真3(b)）．ヒストグラムは画像の明るさの分布を表わすものですが，これを均等化し補正すると，より鮮明な画像に変換できます．

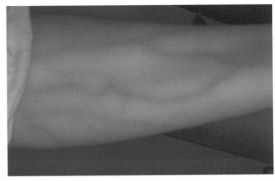
(a) カメラから取り込んだ画像

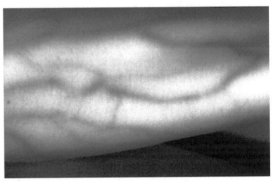
(b) グレー変換し，画像の明るさの分布を均等化

(c) 欠陥の検査や細い線状のパターン線などを抽出するブラック・ハット変換

写真3　近赤外USBカメラの画像を取り込み，血管を検出するための画像解析例（OpenCV利用）

```
cv::cvtColor(inputImage,grayImage,CV_BGR2GRAY);
cv::equalizeHist(grayImage,grayImage);
```

② **メディアン・フィルタをかける**
メディアン・フィルタは，局所領域でのメディアン（中央値）を出力するフィルタです．
濃淡画像において，エッジなど画像の重要な情報を損なうことなく，スパイク状の雑音を取り除くことができます．滑らかな画像に対しては形状をそのままに

する特徴があります．一般的に雑音除去（ぼかし）に使われます．

```
cv::medianBlur(grayImage,medianImage,
medianFilterSize);
```

③ ガウシアン・フィルタをかける

ガウシアン・フィルタは，移動平均フィルタで注目画素周辺の輝度値をガウス分布の関数を用いて平均化します．画像の輝度値を平滑にするための手法です．画像中のノイズを除去するために使われます．

```
cv::GaussianBlur(medianImage,gaussian
Image,cv::Size(gaussianFilterSize,gau
ssianFilterSize),0.0);
```

④ ブラック・ハット変換をかける

ブラック・ハット変換は膨張・収縮処理を何回か繰り返して，クロージングした画像から元画像を差し引く変換です．欠け，断線，ほこりやゴミといった欠陥の検査や，細い線状のパターンの文字や線などを抽出するために使われます（**写真3(c)**）．

▶構造要素の作成

```
cv::getStructuringElement(cv::MORPH_ELL
IPSE,cv::Size(blackhatStructuringElemen
tSize,blackhatStructuringElementSize))
```

▶ハット変換の実行

```
cv::morphologyEx(gaussianImage,blackha
tImage,cv::MORPH_BLACKHAT,structuring
Element);
```

⑤ ノイズの抑制

ノイズを抑制するための処理を行います．

```
suppressNoise() 独自関数
```

⑥ 結果をカラー画像のG成分にだけ書き込む

検出した血管が見やすいように緑の色をつけます．

```
cv::mixChannels(noiseSuppressionImage
,resultImage,{ 0, 1 });
```

⑦ キャリブレーションと透視投影変換

USBカメラとハンディ・プロジェクタの画角，倍率，位置などが違うので，キャリブレーションを行います．

▶変換行列計算

```
cv::getPerspectiveTransform(cameraCalib
rationPoints,displayCalibrationPoints);
```

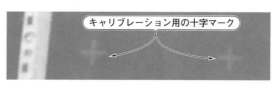

写真4 キャリブレーション用の十字マーク
ハンディ・プロジェクタで写した印とカメラで撮った印とを比較してキャリブレーションを行う

▶画像の変換

```
cv::warpPerspective(resultImage,displayI
mage,transformMatrix,displayImageSize);.
```

照射する際に変換をすることによって，ちょうど血管上に検出した血管の像が来るようにします．

写真4はキャリブレーションのようすです．ハンディ・プロジェクタで写した印とカメラで撮った印とを比較してキャリブレーションを行います．

● 投射実験

実際に腕に血管を投影してみました．p.212の**写真1**のように，血管の上に緑の光を当てています．

腕の血管の見えやすさが人によって違うので，メディアン・フィルタやガウシアン・フィルタのサイズを変えたり，ブラック・ハット変換の膨張収縮の回数や変換要素のサイズを変えるなどして調整します．

　　　　　＊　　　＊　　　＊

ラズベリー・パイ，画像処理ライブラリ，近赤外光カメラ，ハンディ・プロジェクタで血管検出マシンができました．

実際には，プロジェクタの最小焦点が遠すぎる，カメラとプロジェクタのレンズの画角，焦点などが違うなど，改善する必要があります．作業そのものは1～2週間で終わりました．

ラズベリー・パイとカメラを組み合わせると，医療機器の試作機を作れる可能性があります．

おおたき・ゆういちろう

◆参考文献◆

(1) OpenCV3.1のインストールのWebページ，http://docs.opencv.org/3.1.0/d7/d9f/tutorial_linux_install.html
(2) ラズベリー・パイのWebサイト，https://www.raspberrypi.org/
(3) OpenCV3.1のリファレンスのWebページ，http://docs.opencv.org/3.1.0/pages.html
(4) マイクロビジョン画像処理ライブラリのWebページ，http://www.mvision.co.jp/shohin_gazoum.htm
(5) トランジスタ技術編集部編；CCD/CMOSイメージ・センサ活用ハンドブック，2010/10，CQ出版社．

第6章 ド真ん中撮影！ロボット・アーム・カメラ「Pi蛇の眼」

サーモグラフィ・センサが熱源を自動追尾！
御主人様に即画像転送！

松井 秀次／横山 昭義

図1 熱源を自動追従してターゲットをド真ん中撮影する監視カメラ「Pi蛇の眼」
(a) 普通の監視カメラ
(b) 今回製作する「Pi蛇」

写真1 製作した「Pi蛇の眼」で撮影した侵入者の映像
暗闇の中の人もバッチリ撮影できる

深夜に怪しい物音が聞こえても，自分の目で確認しに行くのは恐ろしいものです．

そんなとき頼りになるのが監視カメラです．普通は向きが固定されているため，図1(a)のように画角から外れた侵入者は見落としてしまいます．侵入者の発する熱を非接触で検知できれば，それを自動で追尾することで，図1(b)のように見落とさずに撮影できます．暗闇でも熱を感知することで獲物を逃さない「ヘビの目」のようなセンサが必要です．

熱源を非接触で検出するには，赤外線センサが必要です．従来は高価で個人での入手は困難でしたが，近年のMEMS(Micro Electro Mechanical Systems)技術の発達により，低価格化が進みました．

本稿では，1万円以下で入手できるサーモグラフィ・センサ(赤外線アレイ・センサ)を用いて，暗闇にいる人の熱を感知，追尾する監視カメラ「Pi蛇の眼」の製作に挑戦します．

こんなカメラ

● 特徴

製作したサーモグラフィ監視カメラ「Pi蛇の眼」で撮影した映像を写真1に，外観を写真2に示します．特徴は次の通りです．

▶その1：非接触で温度を測定して熱源を自動追尾

赤外線アレイ・センサで熱源の温度分布を検出します．検出結果をもとに1番温度の高いポイントを赤外線カメラで自動追尾します．

▶その2：真っ暗闇でも撮影できる

赤外線LEDで照射しながら赤外線暗視カメラを使って撮影します．暗闇での撮影も可能です．

▶その3：スマホでリアルタイム・モニタリング

赤外線暗視カメラの撮影動画はWi-Fi経由でストリーミング配信します．離れた場所に居ても，スマートフォンなどのWebブラウザからリアルタイムにモニタできます．

第6章　初出：2017年4月号，5月号
この記事を再現する際は，当時のOSをインストールしてください．詳細はp.8を参照．

第6章 ド真ん中撮影！ロボット・アーム・カメラ「Pi蛇の眼」

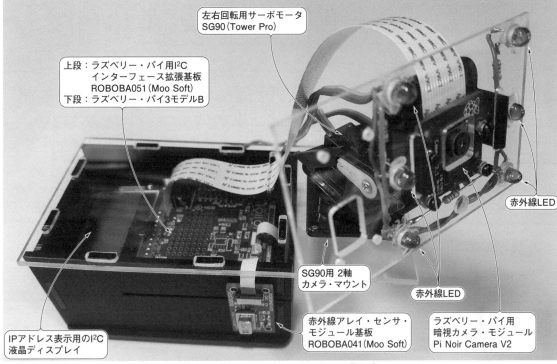

写真2 赤外線アレイ・センサを使用して製作した自動追尾機能付き監視カメラ「Pi蛇の眼」
暗闇にいる人間の熱を感知，追尾して，侵入者を逃さず撮影する

● 使用方法

▶ Wi-Fiアクセス・ポイントの設定

本器はメインの制御基板にラズベリー・パイ3モデルBを使用しています．使用する前にあらかじめWi-Fiアクセス・ポイントの設定を行い，インターネットに接続できるようにしておきます．

▶ スマートフォンとの接続方法

ラズベリー・パイ用I²Cインターフェース基板ROBOBA051(Moo Soft)にDC5 V/4 AのACアダプタ(ϕ 2.1 mm)を接続すると，サーモグラフィ・カメラに電源が投入されます．投入後，少し時間が経つとLCDにIPアドレスが表示されます．このアドレスをスマートフォンのWebブラウザに入力すると，「MJPEG-Streamer」というWebページが表示されます．

ページの左側に表示されている［Stream］をタップすると，赤外線カメラの動画がリアルタイムで表示されます．

ハードウェア構成

● 準備するもの

本器の製作に必要なものは次の通りです．

- ラズベリー・パイ3 モデル B
- 赤外線暗視カメラ・モジュール PiNoirCameraV2
- 赤外線アレイ・センサ基板ROBOBA041(Moo Soft，http://moosoftjp.com/)
- ラズベリー・パイ用I²Cインターフェース拡張基板ROBOBA051(Moo Soft)
- サーボモータSG90(TowerPro)×2個
- SG90サーボモータ用2軸カメラ・マウント
- 赤外線LED×6個
- ラズベリー・パイ用ケース，2軸カメラ・マウント取り付け板，カメラ取り付け板（自作）
- DC5 V/4 A　ACアダプタ(ϕ 2.1 mm)
- スマートフォン
- Wi-Fiアクセス・ポイント

● 全体の構成

図2に本器のブロック図を示します．ラズベリー・パイ3と赤外線暗視カメラ・モジュールは専用コネクタで接続します．そのほかの周辺ハードウェアはI²Cインターフェースで接続しています．

ラズベリー・パイ用I²Cインターフェース拡張基板を使用し，赤外線アレイ・センサ，サーボモータ2個，I²C液晶ディスプレイを接続しています．

赤外線アレイ・センサのデータ読み出し，最高温度検索，サーボモータの制御，LCDの表示制御，赤外線カメラ・モジュール制御，ストリーミング配信など

217

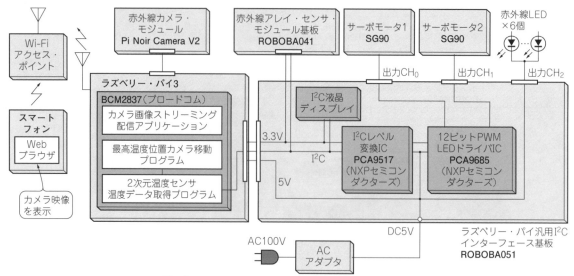

図2　サーモグラフィ監視カメラ「Pi蛇の眼」のブロック図

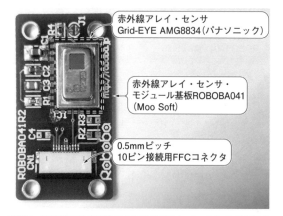

写真3　非接触で温度測定できる赤外線アレイ・センサが実装されたモジュール基板
従来は高価で入手が難しかったが，MEMS技術の発達により低価格化が進み，電子工作にも使えるようになってきた．実装しているセンサは，検知距離7m，温度範囲−20〜+100℃のGrid-EYE AMG8834（パナソニック）

をラズベリー・パイ3で行います．

● **主な構成部品**
▶赤外線アレイ・センサ基板
　侵入者の検知に使用します．ROBOBA041（Moo Soft）は，最大距離は7m，縦横60幅で温度分布を測定する8×8ドットの赤外線センサを搭載しています．
　リアルタイムで温度分布データが得られるため，周囲よりも温度が高い人間などの位置を検出する用途に向きます．精度は標準で±3℃と高くないので，温度計として使う用途には向きません．
▶暗視カメラ・モジュール
　暗闇での撮影に使用します．ラズベリー・パイ用赤外線暗視カメラ・モジュールPi Noir Camera V2を使用しました．本カメラには赤外線フィルタがないので，可視領域から赤外領域まで撮影できます．カメラの周りに赤外線LEDを配置してあります．これを発光させることで，暗闇での赤外線画像の撮影も可能です．
▶サーボモータ
　暗視カメラ・モジュールの向きをコントロールします．専用のカメラ・マウントに，サーボモータ2個をセットし，赤外線アレイ・センサで感知した1番温度の高いポイントを自動追尾します．SG90サーボ用2軸カメラ・マウントにサーボモータを2個セットし，左右方向と上下方向に向けられるようにしています．
　ベース部，左右回転部，上下回転部に分かれていて，サーボモータ本体とサーボホーンをねじ留めして組み立てます．
▶I²C液晶ディスプレイ
　16桁×2行表示のLCDです．ラズベリー・パイ3のIPアドレスの表示などを行います．

キーパーツ

■ 赤外線アレイ・センサ

● **こんなセンサ**
　赤外線アレイ・センサは，非接触で対象物の温度が検知できるセンサです．今回使用した**写真3**に示す赤外線アレイ・センサGrid-EYE（パナソニック）は，縦8×横8ドットの合計64ドットをそれぞれ角度60の範囲で温度の測定ができます．赤外線を利用して熱を検知するため，暗闇でも測定できます．

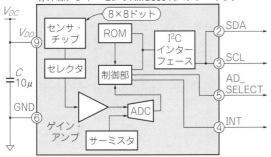

図3 赤外線アレイ・センサGrid-EYE AMG8834の内部ブロック

表1 赤外線アレイ・センサGrid-EYEのラインナップ

品名	画素数	増幅率	測定対象温度範囲	動作電圧	型番
赤外線アレイセンサーGrid-EYE	64（縦8×横8）	高	0～80℃	DC3.3 V	AMG8831
				DC5 V	AMG8851
		低	－20～＋100℃	DC3.3 V	AMG8832
				DC5 V	AMG8852
赤外線アレイセンサーGrid-EYE 高性能タイプ		高	0～80℃	DC3.3 V	AMG8833
				DC5 V	AMG8853
		低	－20～＋100℃	DC3.3 V	AMG8834
				DC5 V	AMG8854

● 用途

アイデア次第でさまざまな使い方が考えられます．私は赤外線アレイ・センサを使って，監視カメラのほかに，電子回路基板の診断用の簡易のサーモグラフィも製作しました．

- 電子レンジでの加熱ムラ検出
- 部屋の温度バラツキに応じた冷暖房制御
- 自動ドアやエレベータ付近の人の動きの検出
- 機械のベアリング摩耗や潤滑不良による発熱を利用した故障の予防診断
- 制御盤の異常発熱箇所の診断
- 電子回路基板の過電流による故障個所の診断
- 蓄電池の異常発熱セルの診断

● 特徴

▶相対的に温度が高いポイントの検出に向く

温度データの分解能は0.25℃です．8×8ドットの中から任意の場所のデータを読み出せます．温度精度は標準で±3℃とばらつきが大きいため，温度計として使うよりも，周囲よりも相対的に温度が高いポイントを検出する用途に向きます．

▶測定データはディジタル出力

図3に示すのは，赤外線アレイ・センサの内部構造です．縦8×横8ドットのセンサをセレクタで切り替え，アンプで増幅した後A-Dコンバータに取り込み，ディジタル・データに変換しています．

● 仕様

▶電気的特性

赤外線アレイ・センサGrid-EYEは，表1に示す通り2016年12月現在，8品種がラインナップされています．

タイプによって人検知距離が異なり，高性能タイプは7 m，通常のタイプは5 mです．測定対象の温度範囲は増幅率によって異なります．ハイ・ゲイン・タイプは0～＋80℃，ロー・ゲイン・タイプは－20～＋100℃です．動作電圧は3.3 Vと5 Vの2種類が用意されています．

今回製作する監視カメラは，暗闇で人の動きを検知することが目的なので，人検知距離の長い高性能タイプを使います．その中でも3.3 Vで，温度範囲の広いロー・ゲイン・タイプのAMG8834という型式を選択しました．

▶インターフェース

データの読み出しはI²Cインターフェース経由によるコマンド送受信で行います．スレーブ・アドレスは0x68と0x69の2通りしか使えません．0x68はリアルタイム・クロックICによく使われるアドレスなので，同時に使う場合は0x69に設定します．

本器で使用した赤外線アレイ・センサ基板ROBOBA041（Moo Soft）のスレーブ・アドレスは，デフォルトで0x69に設定してあります．

赤外線アレイ・センサからのデータ読み出しには，専用のライブラリを使用しました．詳細は次回の後編で解説します．

▶周辺回路

赤外線アレイ・センサは3.3 V品を使用します．周辺部品は6点しかありませんが，赤外線アレイ・センサのすぐ近くに配置する必要があります．写真3の赤外線アレイ・センサ基板ROBOBA041（Moo Soft）は，これらの部品が適切に配置された状態でモジュール化されています．図4に回路図を示します．

■ サーボモータ駆動部

● LEDドライバICを流用

5 V動作のサーボモータSG90は，回転角の制御にパルス幅1～2 ms，繰り返し周期が約20 msのパルス信号を使用します．図5のように，パルス幅に応じた回転角だけ動きます．

本器では，回転角の制御パルスを発生させるために12ビットのLEDドライバIC PCA9685（NXPセミコンダクターズ）を使用します．もともとはパルス幅を可変することでLED照明の明るさを調整するICです．サーボモータに必要な条件のパルスも出力できるため，今回流用しました．

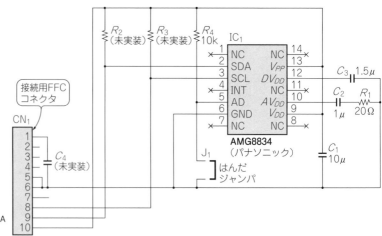

図4 赤外線アレイ・センサの周辺回路
赤外線アレイ・センサ・モジュール基板ROBOBA 041（Moo Soft）の例

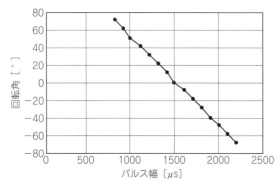

図5 サーボモータSG90はパルス幅に応じた回転角だけ動く
パルス幅1〜2ms，繰り返し周期が約20msの信号を制御に使う

● 制御パルスの設定①…レジスタ設定値の算出

　ICの内部は25MHzの内部クロック，繰り返し周期を決めるプリスケーラ，12ビットのバイナリ・カウンタ，立ち上がり/立ち下がりのカウント数設定レジスタなどから構成されています．

　本ICで繰り返し周期20ms，1〜2msのパルスを出力するため，プリスケーラの値，立ち上がり/立ち下がりのカウント数を設定します．

（1）繰り返し周期の設定値算出

　繰り返し周期は，内部レジスタのアドレス0xFEに値を設定します．設定値は次の計算式で算出します．

> 繰り返し周期設定値
> ＝（内部発振周波数/(4096×繰り返し周波数)）−1

　繰り返し周期を20msにするための設定値は次の通り算出できます．

> 繰り返し周期設定値
> ＝（25000000/(4096×50)）−1 ≒ 121

　0xFEのレジスタには，設定値の121を16進数に変換した0x79を設定します．

（2）パルス幅の設定値算出

　12ビット・バイナリ・カウンタは，25MHzを121で割った時間，1カウント4.84μsでカウント・アップします．20msの間に12ビット・バイナリ・カウンタが0〜4095までカウントを繰り返します．

　パルス幅の設定は，どのカウント値でパルスを立ち上げるかと，どのカウント値でパルスを立ち下げるかでパルス幅の設定を行います．パルス立ち上がりカウント値を0に設定すると，立ち下がりの値をパルス幅÷4.84μsで計算した値になります．

　例として1.5msを出力する場合，次の通りになります．

> 1.5ms ÷ 4.84μs ≒ 310

　310を16進数に変換した0x136をレジスタに設定します．

　設定値は計算で算出できますが，内部クロックの精度の規定がありません．出力パルスの計算値との誤差を計測すると10％程度ありました．正確なタイミングが必要なときは，より正確な外部クロックを使用する必要があります．

● 制御パルスの設定②…設定値の書き込み

　設定値はラズベリー・パイ3からI²Cインターフェースを経由してLEDドライバICに書き込みます．書き込みの手順を図6に示します．

　スレーブ・アドレスは約60個選べますが，今回は0x4Fを固定で使用します．プリスケーラと立ち上げ，立ち下げカウント値の設定は，電源投入直後に行います．

　プリスケーラ設定時は内部クロックを停止する必要があります．レジスタ0x00に0x10を設定した後，レジスタ0xFEに0x79を設定します．設定後に内部クロックの起動とレジスタの自動インクリメント設定を行うためレジスタ0x00に0xA0を書き込みます．

　繰り返し周期は変更する必要がありませんので以降

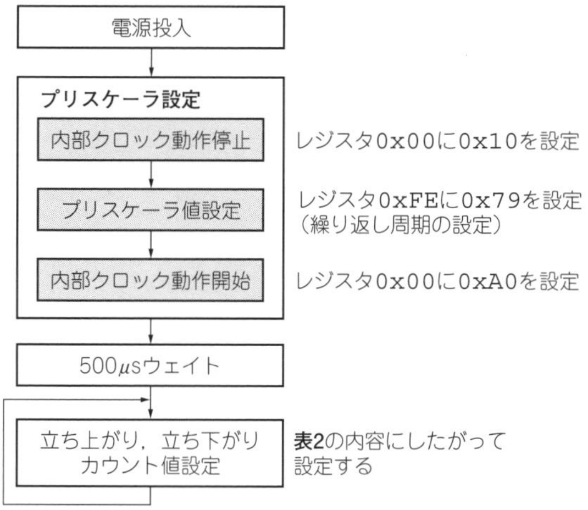

図6 LEDドライバIC PCA9685のレジスタ設定手順
サーボモータSG90の制御パルスを出力するように設定する

表2 制御パルスの立ち上がり，立ち下がりタイミングを設定するレジスタ・アドレス
LEDドライバIC PCA9685

設定機能	レジスタ・アドレス	
	設定値 上位	設定値 下位
出力CH_0立ち上がりタイミング	0x07	0x06
出力CH_0立ち下がりタイミング	0x09	0x08
出力CH_1立ち上がりタイミング	0x0B	0x0A
出力CH_1立ち下がりタイミング	0x0D	0x0C

は設定する必要がありません．

内部クロックが安定するまで500μs以上経過したら立ち上がり，立ち下がりカウント値の設定を行うと，目的のパルス幅が得られます．設定するレジスタ・アドレスは**表2**を参考にしてください．

製作

● 回路

赤外線センサ・アレイとLCDは，共に3.3Vで動作します．消費電力は赤外線センサ・アレイが4.5mA，LCDが1mAと低いため，ラズベリー・パイの3.3V電源を使用します．

12ビットLEDドライバICは，接続するサーボモータの電源電圧に合わせて5V品を使用しています．周辺部品はほとんどありません．出力の短絡保護用に各出力端子に抵抗を入れています．

いずれもラズベリー・パイ3とのデータのやり取りにI^2Cインターフェースを使用し，数珠つなぎになっています．3.3Vと5Vの信号レベルを変換するためI^2Cレベル変換IC PCA9517（NXPセミコンダクターズ）を使用します．

▶1枚にまとめた基板を使ってスッキリ実装する

本器で使用する回路を1枚にまとめた基板がラズベリー・パイ汎用I^2Cインターフェース基板ROBOBA051（Moo soft）です．**図7**に回路図を，**写真4**に外観を示します．

ラズベリー・パイとの接続には基板左端の20×2ピン・コネクタを使用します．コネクタ隣の20×2のランドからは，ラズベリー・パイの拡張信号を外に取り出せます．

基板下側のFFC（Flexible Flat Cable）コネクタからは，I^2C信号を外部に引き出せます．I^2C信号コネク

写真4 ラズベリー・パイ汎用I^2Cインターフェース基板ROBOBA051（Moo soft）の外観
下側のFFCコネクタに，赤外線アレイ・センサ・モジュール基板を，右側の横出しコネクタ・ピンにサーボモータを接続する

タには3.3V系の電源，5V系電源をピンに割り当てており，いずれでも使用できます．基板右側の横出しコネクタ・ピンは，サーボモータ制御信号の出力コネクタです．

▶ACアダプタは5V/4Aタイプを使用

右上のコネクタがDC5V電源のコネクタです．プラス極のφが2.1mmの5V出力のACアダプタを使用します．ラズベリー・パイ3の消費電流は2.5Aで，さらにサーボモータの消費電流が追加されます．これを考慮し，5V/4AのACアダプタを使用しています．

● 組み立て

SG90サーボ用2軸カメラ・マウントは，土台に取

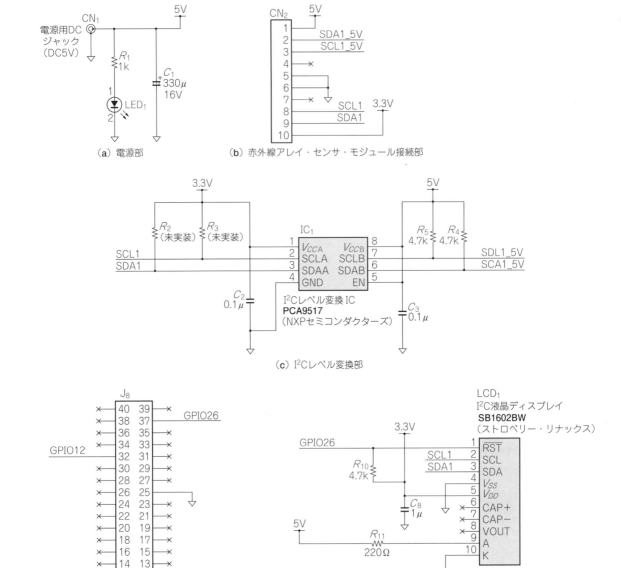

図7 ラズベリー・パイ用I²Cインターフェース基板ROBOBA051（Moo soft）の回路
I²CレベルIC変換とLEDドライバICを搭載している．赤外線アレイ・センサ・モジュール基板やサーボモータを接続できるようになっている

り付けるベース部，左右回転サーボモータを取り付ける左右回転部，上下回転サーボモータを取り付ける上下回転部があります．左右回転部は2つの部品でサーボモータを挟み込む構造です．

上下回転部には2つのツメが出ていて，ここにカメラを取り付けます．本カメラマウントは汎用品であるため，今回使用する赤外線カメラ・モジュールを取り付けるには，取り付け板の製作が必要です．

取扱説明書はありません．完成状態の写真を参考に組み立てます．部品が少ないため作業自体は難しくありませんが，サーボホーンの取り付け用くぼみと，サーボホーンの形状が合いません．サーボホーンを削っ

第6章　ド真ん中撮影！ロボット・アーム・カメラ「Pi蛇の眼」

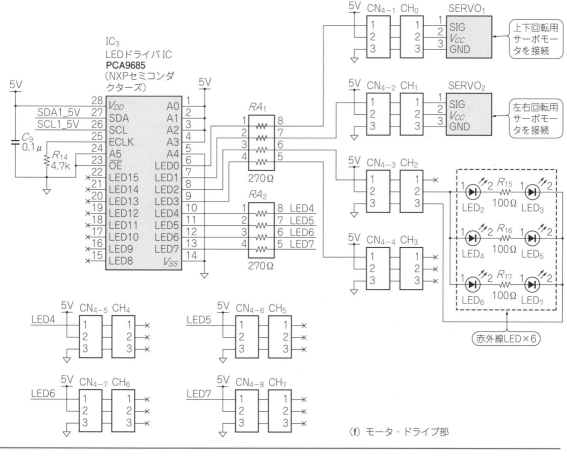

(f) モータ・ドライブ部

てくぼみの形に合わせる加工が必要です(**写真5**).

プログラムの制作

　赤外線アレイ・センサの温度データ取得や，赤外線暗視カメラのロボット・アーム制御を行うプログラムを制作します．このようなハードウェアの制御には，アセンブラやC，C++などのプログラミング言語を用いるのが一般的です．

　本稿では，それらの言語よりも文法がシンプルで記述量が少なくて済むPythonを使用してプログラムを制作しました．メイン・プログラムは50行未満，その他の3つのプログラムも100～200行と，少ない記述で済んでいます．

　図8に制作するプログラムの全体像を示します．

● ソフトウェアのダウンロードと設定

　動作確認に使用したラズベリー・パイの環境は次の通りです．

写真5　SG90サーボ用 2軸カメラ・マウントの組み立て方

- OS名：Raspbian Jessie with PIXEL
- バージョン：September 2016
- リリース日：2016-09-23

　OSのインストールが完了したら，次のコマンドを実行して，最新の状態にしておいてください．

```
$ sudo apt-get update
$ sudo apt-get upgrade
$ sudo rpi-update
```

コマンドの実行は，ターミナルと呼ばれるアプリケーションを使用します．ラズベリー・パイを起動したら，デスクトップ画面左上にあるランチャ・アイコンから［ターミナル］をクリックして起動します．
▶I²Cの設定

OSインストール後のデフォルト状態のままだと，I²Cインターフェースが使用不可です．デスクトップ画面左上にあるランチャ・アイコンから［設定］-［Raspberry Piの設定］をクリックし，［Interface］のタブを選択すると，図9の画面が表示されます．I²Cの［Enabled］にチェックを入れ，［OK］をクリックすると，I²Cが起動時有効になります．
▶GPUのメモリ割り当て設定

スマートフォンなどのWebブラウザにカメラ画像をストリーミング配信するアプリケーションMJPG Streamerを起動するには，GPUメモリの割り当てが64Mバイト以上に設定されている必要があります．デスクトップ画面左上にあるランチャ・アイコンから［設定］-［Raspberry Piの設定］をクリックし，［Performance］のタブを選択すると，図10の画面が表示されます．［GPU Memory］が「64」以上になっていることを確認してください．MJPG Streamerについては後述します．

■ 全体構成

次の3つの機能をソフトウェアで実現します．

① カメラ画像をWebブラウザへ配信
② 赤外線アレイ・センサより温度データを取得
③ 最高温度位置へカメラを移動

ここでは，動画配信ソフトウェアのインストールと，次の4つのPythonプログラム制作を行います．

```
grideye_cam.py：メイン・プログラム
moo_grideye_i2c.py：温度データ取得クラス
moo_moveservo.py：サーボモータ駆動クラス
moo_servo.py：サーボモータ制御ライブラリの
　ラッパー・クラス
```

各プログラムは，下記のURLより入手できます．

http://toragi.cqpub.co.jp/tabid/831/Default.aspx

■ 機能①：カメラ画像をWebブラウザへ配信

● ステップ1：動画配信ソフトウェアMJPG Streamerのインストール

赤外線暗視カメラの画像をネットワーク越しに見られるようにするため，オープンソースの動画配信ソフトウェアMJPG Streamerをインストールします．
▶手順1：インストール

MJPG Streamerは，Linux用のソフトウェアの1つで，カメラの映像を取得し，モーションJPEGストリ

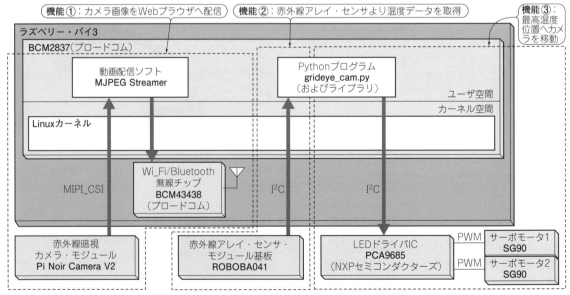

図8　サーモグラフィ・カメラ「Pi蛇の眼」のソフトウェア・ブロック図
3つの機能をラズベリー・パイのソフトウェアで実現する

ームとして出力する機能を持っています．次のコマンドを実行してインストールします．

```
$ sudo apt-get install cmake libjpeg8-dev
$ cd ~
$ git clone https://github.com/jacksonliam/mjpg-streamer.git
$ cd /home/pi/mjpg-streamer/mjpg-streamer-experimental
$ make
```

次のWebサイトの手順を参考にしました．

https://github.com/jacksonliam/mjpg-streamer

▶手順2：インストール結果の確認

lsコマンドを使って，正常にインストールされているか確認します．次に示すファイルが作成されていれば，正常にインストールされています．

```
$ ls -l
...
input_file.so
input_http.so
input_raspicam.so
input_uvc.so
mjpg_streamer
output_file.so
output_http.so
output_rtsp.so
```

```
output_udp.so
...
```

● ステップ2：MJPG Streamerの起動スクリプト作成

▶手順1：格納ディレクトリの作成

起動スクリプトを格納するディレクトリを作成します．このディレクトリには，後述するPythonスクリプトも格納します．

次のコマンドを実行し，ディレクトリの作成，およびカレント・ディレクトリを移動します．

```
$ mkdir /home/pi/prg
$ cd /home/pi/prg
```

▶手順2：スクリプト内容の入力

テキスト・エディタでMJPG Streamer起動スクリプトstart.shの内容を入力します．次のコマンドを実行してnanoエディタでstart.shを作成します．

```
$ nano start.sh
```

nanoエディタが起動したら，**リスト1**の内容を入力します．入力が終わったら，[Ctrl]＋[O]で上書き保存し，[Ctrl]＋[X]でnanoエディタを終了します．

▶手順3：スクリプトに実行権限を付与

そのままだとstart.shを実行できません．次のコマンドを実行し，start.shに実行権限を与えます．

```
$ chmod 0755 start.sh
```

● ステップ3：動作確認

▶手順1：MJPG Streamerの起動

赤外線暗視カメラ・モジュールPiNoirCameraV2をラズベリー・パイに接続し，MJPG Streamerの動作を確認します．次のコマンドで，起動スクリプトstart.shが実行されます．

```
$ ./start.sh
```

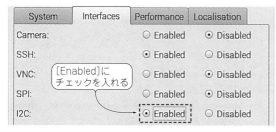

図9　ラズベリー・パイの事前設定①…I²Cインターフェースの有効化

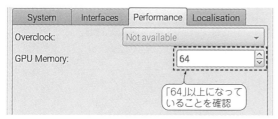

図10　ラズベリー・パイの事前設定②…GPUのメモリ割り当て

リスト1　動画配信ソフトウェアMJPG Streamerの起動確認スクリプト（start.sh）
実行後にスマートフォンやパソコンなどのWebブラウザから映像を閲覧できれば正常に動作している

```
#!/bin/bash
sudo pkill mjpg_streamer &
sleep 3
cd /home/pi/mjpg-streamer/mjpg-streamer-experimental
./mjpg_streamer -i "./input_raspicam.so -vf" -o "./output_http.so -w ./www" &
```

図11 MJPG Streamerの起動確認結果
Webブラウザ経由で画像が配信されていることを確認できた

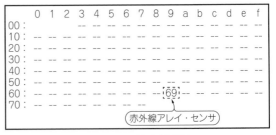

図12 赤外線アレイ・センサの接続確認結果
ラズベリー・パイにスレーブ・アドレス0x69として認識されていることを確認できた

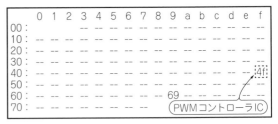

図13 ラズベリー・パイ用I²Cインターフェース基板の接続確認結果
ラズベリー・パイにスレーブ・アドレス0x4fとしてPWMコントローラICが認識されていることを確認できた

▶ 手順2：画像配信の確認

コマンドを実行した後，ラズベリー・パイと同じローカル・エリア・ネットワークに属している端末(スマートフォンやパソコン)のWebブラウザから，次のURLにアクセスします．

http://〈ラズベリー・パイのIPアドレス〉:8080

図11のように，Webブラウザ上にカメラ画像が表示されていれば正常にストリーミングできています．

■ 機能②：赤外線アレイ・センサより温度データを取得

● ステップ1：接続確認

赤外線アレイ・センサROBOBA041との接続を確認します．接続して，次のコマンドを実行します．

```
$ sudo i2cdetect -y 1
```

コマンドを実行すると，図12のように接続されているI²Cデバイスが表示されます．この場合，0x69が赤外線アレイ・センサのスレーブ・アドレスです．

● ステップ2：通信プログラムの作成

赤外線アレイ・センサROBOBA041から，8×8ドットの温度データを取得するI²C通信プログラムをPythonで作成します．

赤外線アレイ・センサから受信した各ドットの温度データ(12ビット)は，プログラムの中で摂氏に変換されます．その後，8列×8行のテキスト・データに整形され，画面に表示します．全64ドット分の温度データから，最高温度のドットを検出し，ドットの位置情報をテキスト・ファイルで出力します．

本プログラムは，表3に示す関数を用いて作成しました．各関数は，赤外線アレイ・センサ用ライブラリmoo_grideye_i2c.pyより参照されます．

通信プログラムの本体，および一部の関数の使用方法は，メイン・プログラムのgrideye_cam.py (リスト2)を参照してください．

■ 機能③：最高温度位置へカメラを移動

● ステップ1：接続確認

ラズベリー・パイ用I²Cインターフェース基板ROBOBA051 (Moo Soft)との接続を確認します．接続後，次のコマンドを実行します．

```
$ sudo i2cdetect -y 1
```

コマンドを実行すると，図13のように接続されているI²Cデバイスが表示されます．この場合0x4fがPWMコントローラIC PCA9685(NXPセミコンダクターズ)のスレーブ・アドレスです．

● ステップ2：サーボモータ制御ライブラリのインストール

PWMコントローラICの制御には，Adafruit_PWM_Servo_Driverライブラリを使用します．次のコマンドを実行してインストールします．

```
cd ~
git clone https://github.com/adafruit/Adafruit_Python_PCA9685.git
cd Adafruit_Python_PCA9685
sudo python3 setup.py install --record install_files3.txt
```

第6章 ド真ん中撮影！ロボット・アーム・カメラ「Pi蛇の眼」

表3 赤外線アレイ・センサ通信用ライブラリ関数
moo_grideye_i2c.pyより参照される

関数名	機能，引き数	戻り値
eye_init(ch)	Grid Eye初期化 ch：SMBusチャネル	なし
i2c_write(waddr, value)	1バイト書き込み waddr：アドレス value：書き込みデータ	なし
read_block(raddr, rbyte=32)	ブロック読込み(最大32バイト) raddr：読込み開始アドレス rbyte：読込バイト数	読み込んだデータのリスト(long[])
calc_temp(templist)	温度レジスタ摂氏計算 templist：温度データ・リスト	温度データ文字列
get_temp()	温度レジスタからデータ取得	最高温度，最高温度行位置，最高温度列位置，''で区切られた温度データ
write_text(fname, wData, mode='w')	ファイル書き込み fname：ファイル名 wData：書き込みデータ mode：ファイル・モード	なし

リスト2 「Pi蛇の眼」メイン・プログラム (grideye_cam.py)
赤外線アレイ・センサとの通信とサーボモータの制御を行う

```python
#!/usr/bin/env python
# -*- coding: UTF-8 -*-
(中略)
import time
from moo_moveservo import MoveServo    # サーボモータ駆動クラス
from moo_grideye_i2c import GridEyeI2C # 赤外線アレイ・センサ操作クラス (I2C)

# =============================================== #
# メインループ
# =============================================== #
def loop():
    temptxt = '/home/pi/ram_disk/a.txt' # 最高温度情報出力先
    try:
        gr = GridEyeI2C(addr=0x69, debug=True) # 赤外線アレイ・センサ操作クラス (I2C)
        ms = MoveServo(fwait=2.0, fname=temptxt, addr=0x4f, frq=50) # サーボモータ駆動クラス
        ms.start() # 起動
        while True:
            tmax, trow, tcol, result = gr.get_temp() # 最高温度，最高温度行位置，最高温度列位置，温度文字列
            smax = '{0:+3.2f}'.format(tmax)
            gr.write_text(temptxt, '{0},{1},{2}'.format(trow, tcol, smax)) # 最高温度情報出力
            print('-' * 64)
            print('Max:{0} Row:{1} Col:{2}\n{3}'.format(smax, trow, tcol, result)) # 画面表示
            print('-' * 64)
            time.sleep(2.0)
    except KeyboardInterrupt as e:
        ms.servo.servo_between(ms.s0_ch, ms.s0_now, ms.s0_Center, ms.s0_Min, ms.s0_Max, ms.m_wait)
        ms.servo.servo_between(ms.s1_ch, ms.s1_now, ms.s1_Center, ms.s1_Min, ms.s1_Max, ms.m_wait)
        raise
    except Exception as e:
        print('loop:{0}'.format(e))

# =============================================== #
if __name__=='__main__':
    loop()
```

● ステップ3：制御プログラムの作成

2つのサーボモータを制御して，カメラを最高温度位置へ移動します．最高温度の位置は，機能②のget_temp()関数により取得します．

▶メイン・プログラム

サーボモータの可動域は，赤外線アレイ・センサから取得したデータ数に合わせて64分割し，取得した位置情報に合わせてサーボモータを動かします．制御プログラムの本体をリスト2に示します．

▶サーボモータ駆動用ライブラリ

moo_moveservo.pyより参照されます．クラス・インスタンスを作成し，スタートすると，テキスト・ファイルから最高温度位置を取得して，最高温度位置までサーボモータを動かします．

リスト3　「Pi蛇の眼」の監視実行スクリプト（start.sh）

```
#!/bin/bash
sudo pkill mjpg_streamer &
sudo kill -9 $(pgrep -f grideye_cam.py) > /dev/null 2>&1 &
sleep 3
cd /home/pi/mjpg-streamer/mjpg-streamer-experimental
./mjpg_streamer -i "./input_raspicam.so -vf" -o "./output_http.so -w ./www" &
sleep 3
cd /home/pi/prg
python3 grideye_cam.py &
```

リスト4　RAMディスク作成のためのfstabファイルへの追記内容
最高温度情報のメモリ領域をRAM上に確保する

```
tmpfs /home/pi/ram_disk tmpfs defaults,rw,size=5m,noatime,mode=0777 0 0
```

▶サーボモータ制御用ライブラリ

moo_servo.pyより参照されます．サーボモータ駆動クラス（moo_moveservo.py）から使用します．本ライブラリは，Adafruit_PWM_Servo_Driverライブラリのラッパー・クラスです．

実　験

● ステップ1：実行スクリプトの作成

▶手順1：スクリプト内容の入力

テキスト・エディタで監視の実行スクリプトstart.shの内容を入力します．次のコマンドを実行してnanoエディタでstart.shを作成します．

```
$ nano /home/pi/prg/start.sh
```

テキスト・エディタが起動したら，リスト3の内容を入力します．入力後［Ctrl］＋［O］で上書き保存し，［Ctrl］＋［X］でnanoエディタを終了します．

▶手順2：スクリプトに実行権限を付与

そのままだとstart.shを実行できません．次のコマンドを実行し，start.shに実行権限を与えます．

```
$ chmod 0755 /home/pi/prg/start.sh
```

● ステップ2：最高温度情報のメモリ領域確保

最高温度情報は何度も書き換えられるため，RAMディスクに書き込みます．RAMディスクとは，Linuxにおけるメモリ領域確保方法の1つで，メイン・メモリの一部をあたかもディスク装置であるかのように利用できます．RAMディスクを使用するには，ファイル・システムのマウント設定ファイルのfstabを編集し，領域を確保します．

▶手順1：fstabファイルの編集

次のコマンドを実行し，nanoエディタでfstabファ

```
Filesystem      Size  Used Avail Use% Mounted on
/dev/root       7.2G  3.9G  3.0G  57% /
devtmpfs        459M     0  459M   0% /dev
tmpfs           463M     0  463M   0% /dev/shm
tmpfs           463M  6.4M  457M   2% /run
tmpfs           5.0M  4.0K  5.0M   1% /run/lock
tmpfs           463M     0  463M   0% /sys/fs/cgroup
tmpfs           5.0M     0  5.0M   0% /home/pi/ram_disk
/dev/mmcblk0p1   63M   21M   43M  33% /boot
tmpfs            93M     0   93M   0% /run/user/1000
```
（RAMディスクが作成された）

図14　ラズベリー・パイ上のメモリ領域の確認結果
「/home/pi/ram_disk」というディレクトリがRAMディスク用の領域になっていることを確認できた

イルを開きます．

```
$ sudo nano /etc/fstab
```

テキスト・エディタが起動したら，リスト4の内容を最終行に追記します．入力が終わったら［Ctrl］＋［O］で上書き保存し，［Ctrl］＋［X］でnanoエディタを終了します．

nanoエディタの終了後，ラズベリー・パイを再起動してfstabファイルの変更内容を有効にします．

▶手順2：メモリ領域の確認

次のコマンドを実行し，RAMディスクが作成されていることを確認します．

```
$ df -h
```

コマンドを実行すると，図14のようにメモリ領域が表示されます．「/home/pi/ram_disk」というディレクトリが表示されていることを確認してください．

● ステップ3：監視の実行

▶パターン1：手動実行の方法

ラズベリー・パイにログインした後，次のコマンドを実行します．

```
$ cd /home/pi/prg
$ ./start.sh
```

▶パターン2：自動実行の方法

ラズベリー・パイにログインした後，コマンドの定時実行管理を行うcrontabを実行し，start.shの自動実行を設定します．

```
$ sudo crontab -e
```

開いたら，次の記述を行ごと追加します．

```
@reboot cd /home/pi/prg;./start.sh
```

入力が終わったら［Ctrl］＋［O］で上書き保存し，［Ctrl］＋［X］で終了します．

ラズベリー・パイを再起動すると，設定が有効にな

り，自動でPi蛇の眼による監視がスタートします．

● ステップ4：不審者の確認

ラズベリー・パイと同じローカル・エリア・ネットワークに属している端末（スマートフォンやパソコン）のWebブラウザから，次のURLにアクセスします．

http://〈ラズベリー・パイのIPアドレス〉:8080

Webページが開いたら，画面左の［Javascript］をクリックした後，Pi蛇の眼の前に立ち，上下左右に体を移動させます．体の移動に合わせてカメラが追従することを確認します．

検出対象と背景との温度差は，4℃以上必要です．視野角は60°（横方向，縦方向）です．検出距離は，5 m以内です．検出対象サイズは，700 × 250 mmです．

実際に動かしてみた

写真6が，赤外線アレイ・センサ64画素の最高温度ポイントにカメラを向けるという制御を行ったものです．

人がいないとき，64画素すべてがほとんど同じ温度を示すので，データ取得ごとに多少ばらつきます．そのため，たまたま少し温度が高い値を示した所にカメラが向いてしまい，常に動いている状態になります．赤外線アレイ・センサの前に人間が立つと安定します．

少しずつ立ち位置を移動していくとカメラも同じ方向に動きますが，カメラの動きの方が少し大きく，調整が必要です．スマートフォンでリアルタイム動画を確認しましたが，暗闇でも人が映っています．ある程

写真6　Pi蛇の眼を実際に動作させたところ
温度が最高のポイントにカメラ向けて撮影した

度のブロックで温度の高い所を検出すると，検出精度が向上すると思われます．

人がいないときの動作，熱源を赤外線アレイ・センサで検出した中心位置とカメラの中心方向調整，赤外線アレイ・センサの検出位置とカメラの回転角などプログラム上の改良が必要です．

今まで難しかった安価での人感＋位置検出が現実の物になりつつあり，赤外線アレイ・センサの応用が広がります．

まつい・しゅうじ／よこやま・あきよし

◆引用文献◆
(1) 赤外線アレイ・センサGrid - EYE（AMG88）カタログ，2016年5月，パナソニック．
https://industrial.panasonic.com/jp/products/sensors/built-in-sensors/grid-eye

---

column　I²C用ツール MiniProg3

I²Cシリアル・インターフェースのICを使用したプログラムを作成する場合，いきなりマイコンとつないでデータ・シートに書かれているコマンドをテストしても，思い通りの動作をしないことがあります．

原因はマイコンのプログラムにあるのか，回路上のスレーブ・アドレス設定が間違っているのか，無効なI²Cコマンドを発行しているのか…など，原因の切り分けが難しい場合があります．

● I²Cシリアル・インターフェースのツール

このとき，I²Cシリアル・インターフェースのツールを使用すると，マイコンを使用せずにI²Cシリアル・インターフェースICの動作テストが行えます．

ツールはいくつかありますが，筆者はMiniProg3（サイプレス）を愛用しています（写真A）．価格の割に使いやすく，サイプレス社のPSoCマイコンのプログラマとしても使えます（こちらが主な用途かも）．

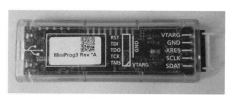

写真A　MiniProg3
サイプレス社のPSoCプログラマ＆デバッグ・キット

（次ページへ続く）

column　I²C用ツール MiniProg3（つづき）

● 使い方

　MiniProg3をターゲットICが載っている基板の電源とSDA，SCLに接続します．基板上にI²Cマスター・デバイスがある場合，これを無効にしておく必要があります．

　MiniProg3用のソフトウェアBridge Control Panelを起動すると，**図A**のような画面が表示されます．MiniProg3が正常に認識されると，下部の［Connected I²C/SPI/RX8 Port：］にMiniProg3/シリアルNo.が表示されます．

　MiniProg3から電源を供給する場合は，［Power］で電圧を5 V/3.3 V/2.5 V/1.8 Vから選択します．［Protocol］はI²Cを選択します．

　ウインドウは上下2つに分かれています．上のウインドウ(Editor)に送信するコマンドを記述し，下のウインドウにコマンド送信したときの通信結果が表示されます．

　送信コマンドはいろいろあり，よく使うコマンドはw，r，x，pです．詳細はHelpで見られます．

　ターゲットICにデータを書込むときは，wコマンドを使用します．ターゲットICからのデータを要求する場合は，rとxを使用します．最後のストップ・コンディションがpになります．

　例えば，スレーブ・アドレス0 x 69にデータ0 x 80を書き込む場合，w 69 80 pと記述して送信します．

　スレーブ・アドレス0 x 69から2バイトのデータを読み込む場合，r 69 x x pと記述して送信します．xバイト数，連続データの要求となります．

　上のウインドウ(Editor)には複数行送信コマンドを記述できますが，改行はできないので(改行するとその行の送信になる)注意が必要です．エディタで先に送信コマンドを作成して貼り付けるとよいかと思います．

　送信コマンドが用意できたら，ターゲット基板に電源を投入します．MiniProg3から供給する場合は「◎」をクリックします．送信コマンドが複数行ある場合，カーソルのある行だけが送信されるので，必要な行にカーソルを合わせてSendをクリックします．

　送信結果は下のウインドウに表示されます．書き込みコマンド(W)の場合，上のウインドウの内容がそのまま下のウインドウに表示され，スレーブ・アドレスやデータの後ろにACKが返ってきたかNAKが返ってきたかが付け加えられます．ACKの場合＋，NAKの場合－が付加されるのでターゲットICが送信コマンドを受け付けたかどうかがわかります．

　読込みコマンド(r)の場合，送信コマンドで送ったxのところが読み込んだデータに置き換わります．こちらもACK，NAKを表す＋，－が各データの後に付加されます．

　送信コマンドを複数行にまたがって記述する場合や送信コマンドの途中に時間を空けるなどいろいろなコマンドがあるので，使用する場合はHelpを参照してください．

まつい・しゅうじ

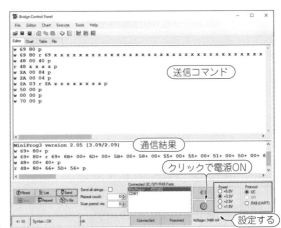

図A　Bridge Control Panel
画面で送信コマンドと通信結果を確認できる

第7章 のっけから異次元電子工作！24時間インテリジェント・ムービ

無料のプロ用画像処理アプリを走らせてエッジや動きをリアルタイム検出＆分析！

岩田 利王

図1 静止画のエッジを検出

図2 動画の画像処理にトライ！動いた物体だけをくり抜いて表示できる（ラズベリー・パイにつないだHDMIディスプレイの画像）

ラズベリー・パイ2は，最大動作周波数900MHzのCortex-A7コアを4個搭載するプロセッサBCM2836（ブロードコム）や，1Gバイトのメモリのおかげで，画像処理もお手のものです．カメラを接続して，リアルタイム動画を表示・加工するのに十分な性能です．

一昔前は，コンピュータ・ボードを使ってカメラで動画を表示するには，専用のハードウェア制御プログラム（デバイス・ドライバ）を手に入れて，画像の読み込みやJPEG変換を行うプログラムを自前で用意しました．今では，オープンソースの画像処理ライブラリ（ソフトウェア）を使えば，動画処理プログラムも昔ほど手間なく作成できます．そこで，画像処理ライブラリの定番OpenCVをラズベリー・パイ2で動かし，「動き認識」を試します．〈編集部〉

画像処理ライブラリOpenCV

OpenCV（Open source Computer Vision Library）はオープンソースの画像処理ライブラリです．カメラのデバイス・ドライバの操作やJPEGの圧縮／復元（エ

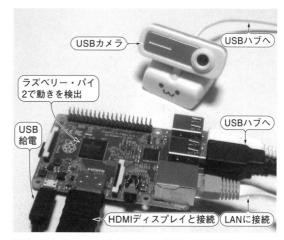

写真1 ラズベリー・パイ×カメラで動画の動き認識にトライ

ンコード／デコード）など低レイヤの処理を簡単な関数で処理してくれます．

OpenCVを使えば図1のように静止画でエッジ検出，図2のように動画で動き検出といったことが簡単にできます．写真1，図3の構成で試します．

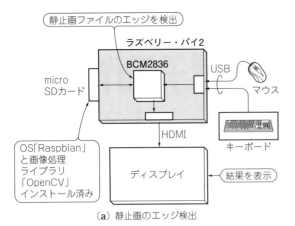

図3　動き検出カメラの構成

(a) 静止画のエッジ検出
(b) 動画のリアルタイム処理

● ラズベリー・パイとの組み合わせで夢が広がる

OpenCVはラズベリー・パイにインストールできるので，画像処理を使った高度な制御システムが安価かつ低消費電力で作れます．85.6×56.5 mmと小型であるため，ロボットなどに組み込んで自走システムに仕立てることも夢ではありません．

● ひと昔前…画像処理はとても大変！

カメラを使う画像処理を一から自力で記述するには，少なくとも次の処理のプログラミングが必要です．

(1) デバイス・ドライバの操作でカメラ撮影
(2) カメラからのフレームをJPEGファイルに変換

カメラのデバイス・ドライバの仕様は煩雑であり，その理解だけでも時間を要します．また，操作に要する記述量も多くなります．JPEGのエンコードにしても，その仕様を理解し，DCT（Discrete Cosine Transform）など複雑な演算を実装する必要があります．

画像処理の世界に入るまでのハードルが高く，ひと昔前はそこで門前払いを食らって断念した読者も少なからずいたと思います．

● OpenCV登場！画像処理に必要な最低限を用意済み

そんな中，2006年にオープンソースの画像処理ライブラリOpenCVのバージョン1.0がインテルからリリースされました．実績も十分，サンプル・コードもネットにあふれているので，それを使って画像処理のハードルをスキップできます（図4）．

● 画像入出力＆処理用の関数が数百個！

OpenCVには，便利な関数がたくさんあります．その数なんと数百個です．よく使うもの，便利なものを表1に30個ほどピックアップしました．

▶プログラムの記述量を劇的に減らせる

USBカメラからの画像をJPEGファイルに変換するには，次の関数を使えば，リスト1のように20行程度で済んでしまいます．

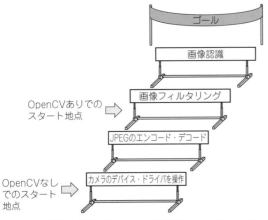

図4　画像処理ライブラリOpenCVを使えばハードルをスキップできる

リスト1　画像処理ライブラリOpenCVを使えばUSBカメラの画像を取り込む記述が20行程度で済む（抜粋）

```
#include <highgui.h>

int main(void) {
  CvCapture *capture = NULL;
  IplImage* img;

  capture=cvCreateCameraCapture(0);

  while(1) {
    img=cvQueryFrame(capture);
    cvShowImage("test", img);
    if(cvWaitKey(1) >= 0) {
      cvSaveImage("test.jpg", img, 0);
      break;
    }
  }
  return 0;
}
```

表1 よく使われる画像処理ライブラリOpenCVの関数

項目	処理	関数名	備考
画像の表示・保存	画像の表示	cvShowImage	while文でループ処理すれば動画表示
	静止画の保存	cvSaveImage	jpegファイルなどに対応
	動画の保存	cvWriteFrame	aviファイルなどに対応
画像の加工	サイズ変更	cvResize	縦・横方向に拡大・縮小
	フリップ	cvFlip	縦・横方向に反転
	回転	cvGetQuadrangleSubPix	回転行列で角度指定
	色空間変換	cvCvtColor	グレースケールやYCrCb化など
	閾値処理	cvThreshold	主に二値化に使用
	色の分離	cvSplit	R/G/BやY/Cr/Cbを分離する
	画像の連結	cvSetImageROI	－
フィルタリング	平滑化	cvSmooth	ガウシアン，メディアン，バイラテラルなど
	エッジ検出	cvSobel	Sobelフィルタ
	エッジ検出	cvLaplace	Laplacianフィルタ
	エッジ検出	cvCanny	Cannyフィルタ
画像解析・検出	DFT	cvDFT	離散フーリエ変換(2次元)
	ヒストグラム計算	cvCalcHist	－
	テンプレート・マッチング	cvMatchTemplate	－
	物体(顔)検出	cvHaarDetectObjects	－
カメラの操作	初期化	cvCreateCameraCapture	キャプチャ構造体を初期化する
	フレーム取り出し	cvQueryFrame	ファイルからも取り出せる
	解像度の変更	cvSetCaptureProperty	－
	解像度の表示	cvGetCaptureProperty	－
GUI(Graphical User Interface)	トラック・バーの位置設定	cvSetTrackbarPos	－
	トラック・バーの位置取得	cvGetTrackbarPos	－
	マウス操作	cvSetMouseCallback	マウス・イベントによる処理を指定する
テキスト・描画	テキストを書く	cvPutText	－
	直線を描く	cvLine	－
	長方形を描く	cvRectangle	－
	円を描く	cvCircle	－
	楕円を描く	cvEllipse	－

● キャプチャ構造体の初期化：
　　　　　　　cvCreateCameraCapture
● フレーム取り出し：cvQueryFrame
● 静止画の保存：cvSaveImage

▶画像認識アルゴリズムも使い放題

cvMatchTemplateなどでテンプレート・マッチングを行えば，温度計の写真から数値を読み取るような高度な処理もできます．

準備

● OpenCV自体をコンパイルする

OpenCVを使うにはインストールが必要ですが，ワン・クリックでは準備できません．ラズベリー・パイ2でOpenCVのソースコードを入手し，コンパイル(ビルド)して実行ファイルを作ります．以降では，ラズベリー・パイのOS「Raspbian」はインストール済みで，日本語化されているものとします．

● コンパイル手順

▶ステップ1…コンパイルに必要なツールやライブラリをインストール

Raspbianのコマンド入力画面(LX Terminal)を起動します．以下のようにタイプし，ツールやライブラリをインターネット経由でインストールします．

```
$ sudo apt-get install -yV libgtk2.0-dev pkg-config cmake
```

libgtk2.0-devはOpenCVで使用するGUIのライブラリです．pkg-configはアプリケーションをコンパイルする際，ヘッダ・ファイルやライブラリがどこにあるのか教えてくれるツールです．cmakeはOpenCVをソースコードからコンパイルするために使います．

▶ステップ2…OpenCVのソースコードを入手する

次にOpenCVのソースコードをダウンロードします．RaspbianのデスクトップAlらウェブ・ブラウザEpiphany Web Browserを開き(図5)，次のサイトに行き，RELEASESをクリックします．

図5 Raspbianのウェブ・ブラウザから画像処理ライブラリOpenCVのページにアクセスする

図6 画像処理ライブラリOpenCVのソースコードが格納されたディレクトリのアイコンがデスクトップに表示される

http://opencv.org

Version 3.4.1が最新ですが，今回は動作が安定しているバージョンを使います．Version 2.4.13.6を見つけて［Sources］をクリックすると，OpenCVのソース・コードをダウンロードできます．約90Mバイトの ZIPファイルがダウンロードされます．

▶ステップ3…アーカイブを解凍する

ダウンロードしたZIPファイルは~/Downloadsディレクトリにあります．LX Terminalを開き，次のようにコマンドを入力します．

```
$ cd ~/Downloads       ~/Downloadsディレクトリに移動
$ unzip opencv-2.4.13.6.zip     ファイルを解凍
$ mv opencv-2.4.13.6 ../Desktop
                       ディレクトリを移動
```

すると，図6のようにデスクトップにアイコンが表れます．

▶ステップ4…コンパイル用ファイルを生成する

cmakeコマンドでコンパイル用のファイルを作成します．図7(a)のコマンドでbuildディレクトリを作成してOpenCVをコンパイル（ビルド）します．最後のコマンドは長いので，「トランジスタ技術」2016年3月号の本記事のアーカイブをダウンロード，unzipし，install.txtを開いて，コピー＆ペーストで実行すると良いでしょう．

▶ステップ5…コンパイルする

その後，図7(b)のようにコマンドを実行します．最初のmakeコマンドは1時間ほどかかります．

コンパイルのコマンドmakeにオプション"-j4"を付けると4個のARMコアが効率的に使用されます．エラーが出て中断する場合は再度makeすると途中から再開できます．数回繰り返してもだめな場合はリブートしてから試してみるとよいでしょう．

また，micro SDカードの相性問題でビルドできない可能性もあります（コラム参照）．その場合は，micro SDカードを別のものに交換してみてください．

▶おまけのステップ6…必要なライブラリを追加する

最後に，次のコマンドでOpenGLのライブラリをインストールして再起動します．

●インストール

```
$ sudo apt-get install -yV libgl1-mesa-dri
```

●再起動

```
$ sudo reboot
```

これでOpenCVを使う準備ができました．

● 特製サンプル・プログラムの入手方法

本稿の実験用プログラムを作成し，用意しておきました．Epiphany Web Browserでトランジスタ技術Webサイト内のダウンロードページより，「トランジスタ技術」2016年3月号の本記事のアーカイブをダウンロードします．

---

column　ラズベリー・パイとmicro SDカードには相性がある？

Raspbianのインストールや初期設定を数回やり直しても失敗する場合は，ラズベリー・パイとmicro SDカードの「相性」が原因かもしれません．カードのメーカや型番によってはうまくインストールできない，同じ型番でもインストールできる個体とできない個体がある，といった報告がネット上で散見されます．

Raspberry Pi Shop by KSY（https://raspberry-pi.ksyic.com/）で販売しているmicro SDカードはラズベリー・パイ2 Model Bで動作確認済みなので，そこから購入すれば動作する成功率が高いと思われます．

いわた・としお

第7章　のっけから異次元電子工作！24時間インテリジェント・ムービ

```
$ mv OpenWorks ../Desktop
```

画像処理の実験①「エッジ検出」

● 静止画の輪郭を検出

OpenCVを使って静止画（JPEGファイル）のエッジを検出してみましょう．USBカメラで撮影した画像をJPEGファイルにするには，USBカメラのデバイス・ドライバの操作や画像のJPEGファイルへのエンコードが必要です．画像処理の関数ライブラリ"OpenCV"はそのあたりを隠ぺいしてくれます．

● 画像ファイルを読み込んでエッジを検出できる

私が用意したサンプル・プログラム（リスト2）を動かすと，図1のようにウインドウが2枚現れ，エッジが検出されます．

▶試す準備…サンプル・プログラムをコンパイル

次のようにソース・コード（edgedetect.c）があるディレクトリに移動してコンパイルします．

```
$ cd ~/Desktop/OpenWorks
$ gcc `pkg-config --cflags opencv` edgedetect.c -o edgedetect `pkg-config --libs opencv`
```

「`」はクォーテーション・マーク（'）ではなく，バック・クォートです．入力はshift + @で行えます．

▶実行

コンパイルがエラーなしで通ったら，"edgedetect"という実行ファイルができているので，次のように実行します．

作成したbuildディレクトリに移動
OpenCVのソースコードを格納しているディレクトリに移動

```
$ cd ~/Desktop/opencv-2.4.13.6
$ mkdir build
$ cd build
```
コンパイル用ディレクトリ「build」を作成する

```
$ cmake -D CMAKE_BUILD_TYPE=RELEASE -D CMAKE_INSTALL_PREFIX=/usr/local -D WITH_TBB=OFF -D BUILD_NEW_PYTHON_SUPPORT=OFF -D WITH_V4L=ON -D INSTALL_C_EXAMPLES=OFF -D INSTALL_PYTHON_EXAMPLES=OFF -D BUILD_EXAMPLES=OFF -D WITH_QT=OFF -D WITH_OPENGL=OFF -D WITH_OPENMP=ON -D ENABLE_VFPV3=ON -D ENABLE_NEON=ON ..
```
コンパイル用設定ファイルを生成する

（a）コンパイル用設定ファイルを生成する

```
$ make -j4
```
makeコマンドでコンパイルするとOpenCVのバイナリ（アプリケーション）を生成できる．-j4はオプション．4コアをフル活用してコンパイルするという意味

```
$ sudo make install
```
OpenCVのアプリケーションをインストールする

```
$ sudo ldconfig
```
共有ライブラリの依存関係を更新する

（b）コンパイルを実行する

図7　画像処理ライブラリOpenCVを使うにはソースコードからコンパイルが必要

http://toragi.cqpub.co.jp/tabid/795/Default.aspx

ダウンロードしたアーカイブは~/Downloadディレクトリにあります．次のように解凍してフォルダを移動しましょう．デスクトップにOpenWorksフォルダが現れます．

```
$ cd ~/Downloads
$ unzip archive.zip
```

リスト2　JPEG画像ファイルを読み込んでエッジ検出するプログラム

```c
#include <stdio.h>
#include <cv.h>
#include <highgui.h>

int main (int argc, char *argv[]) {
 IplImage *src, *result;
 char winNameOriginal[] = "Original";
 char winNameEdge[] = "Edge";

 if (argc < 2) {
  printf("Usage: ./edgedetect imagefile\n");
  return -1;
 }
 if((src = cvLoadImage(argv[1],
         CV_LOAD_IMAGE_GRAYSCALE)) == 0) {
  printf("Error: Failed to load %s\n",
                               argv[1]);
  return -1;
 }
 // 画像のサイズ，ビット数，チャネル数の設定
 result = cvCreateImage(cvGetSize(src),IPL_
                              DEPTH_8U, 1);
 cvCanny(src, result, 50.0, 200.0, 3);
 cvNamedWindow(winNameOriginal, CV_WINDOW_
                               AUTOSIZE);
 cvNamedWindow(winNameEdge, CV_WINDOW_
                               AUTOSIZE);
 cvShowImage(winNameOriginal, src);
 cvShowImage(winNameEdge, result);
 cvWaitKey(0);

 cvDestroyWindow(winNameOriginal);
 cvDestroyWindow(winNameEdge);
 cvReleaseImage(&src);
 cvReleaseImage(&result);
 return 0;
}
```

コメント：
- Cannyアルゴリズムでエッジ検出
- ウィンドウを2枚開いて表示
- 画像ファイルを開く
- ウィンドウの破棄

```
$ ./edgedetect ../opencv-2.4.13.6/
samples/cpp/building.jpg
```

図2のようにウィンドウが2枚現れ，エッジが検出されています．アプリケーションを終了するには，画像上で何かキーを押すか，LX Terminal上で［Ctrl］＋［C］を入力します．

● JPEG読み込みや画像表示の関数を使う

リスト2ではOpenCVの関数をいくつか使っています．cvLoadImageでファイルを開き，cvCreateImageでパラメータを指定し，cvShowImageで表示，とわずか数行で済んでいます．これらなしで一からC言語で記述するとなると，JPEGファイルを読んでウィンドウに表示するだけでも一苦労です．

● エッジ抽出も関数一発でできる

画像のエッジ検出にはcvCannyという関数を使っています．Cannyアルゴリズムのような複雑な処理も，関数にパラメータを入れるだけで簡単に使えて，エッジを検出できます．

cvCanny関数の中身はopencv-2.4.13.6/modules/imgproc/src/canny.cppで見られます．

画像処理の実験② 「動き検出」

カメラをラズベリー・パイ2に接続して，動画で被写体の動きを検出してみましょう．実験1と同じようにサンプル・プログラムを用意しました．これを動かすと，図2のようにUSBカメラからの動画キャプチャ，1フレーム前の動画キャプチャ，そしてこれらの画像の差分を表示します．

● ラズベリー・パイにカメラを接続する

p.231の写真1のようにラズベリー・パイにUSBカメラ（エレコム製UCAM-C0220FB）を接続します．ラズベリー・パイがカメラを認識したかどうかは，次のコマンドで確認できます．

```
$ cd /dev
$ ls
```

図8のようにvideo0というファイルが表示されれば認識が成功しています．最近のUSBカメラでUVC（USB Video Class）対応機種なら，ほぼ認識されます．

● 動き検出のプログラムをコンパイルして実行

実験①で試したサンプル・プログラムと同じディレクトリにmotiondetect.c（リスト3）というソースコードがあるので次のようにコンパイルします．

```
$ gcc `pkg-config --cflags opencv` motiondetect.c -o motiondetect `pkg-config --libs opencv`
```

コンパイルすると，motiondetectという実行ファイルができているので，次のように実行します．

```
$ ./motiondetect
```

すると，図2のように画面が3枚表示され，1枚はUSBカメラからの動画，2枚目は1フレーム前の動画，3枚目はそれらの差分が映し出されます．

● デバイス・ドライバの操作はOpenCVまかせ

USBカメラを操作するには，デバイス・ドライバの操作が必要になり，一からC言語で記述するのは大変です．

OpenCVの関数を使えば，cvCreateCameraCaptureでキャプチャ構造体を初期化し，cvQueryFrameで1フレームをキャプチャ，cvShowImageで1フレームを表示，とわずか数行でUSBカメラからの動画を表

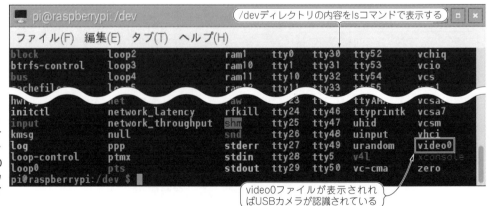

図8　デバイス・ファイルを格納する/devディレクトリ内にvideo0があればUSBカメラは認識されている

video0ファイルが表示されればUSBカメラが認識されている

リスト3　USBカメラで撮影した動画内での動きを検出するプログラム

```c
#include <stdio.h>
#include <highgui.h>
#include <cv.h>

int main(int argc, char** argv) {
 CvCapture *capture = NULL;
 capture = cvCreateCameraCapture(0);       ←キャプチャ構造体の初期化
 if(capture == NULL){
  printf("can not find a camera!!");
  return -1;
 }

 IplImage *img = NULL;
 img = cvQueryFrame(capture);
 const int w = img->width;
 const int h = img->height;

 IplImage *imgBef = cvCreateImage(cvSize(w, h),
                   IPL_DEPTH_8U, 1);
 IplImage *imgGray = cvCreateImage(cvSize(w, h),
                   IPL_DEPTH_8U, 1);
 IplImage *imgDiff = cvCreateImage(cvSize(w, h),
                   IPL_DEPTH_8U, 1);

 char winNameCapture[] = "Capture";
 char winNameDiff[] = "Difference";
 char winNameBef[] = "Old Frame";

 cvNamedWindow(winNameCapture, CV_WINDOW_AUTOSIZE);
 cvNamedWindow(winNameBef, CV_WINDOW_AUTOSIZE);
 cvNamedWindow(winNameDiff, CV_WINDOW_AUTOSIZE);

 while (1) {
  img = cvQueryFrame(capture);
  cvCvtColor(img, imgGray,CV_BGR2GRAY);     ←グレーにしてから差分をとる
  cvAbsDiff(imgGray, imgBef, imgDiff);

  cvShowImage(winNameCapture, img);
  cvShowImage(winNameBef, imgBef);          ←現在のフレームと1フレーム前の差分を表示
  cvShowImage(winNameDiff, imgDiff);

  cvCopy(imgGray, imgBef, 0);               ←画像のコピー
  if(cvWaitKey(1) >= 0) break;              ←何かキーを押したら終了
 }
 cvDestroyWindow(winNameCapture);
 cvDestroyWindow(winNameDiff);              ←ウィンドウの破棄
 cvDestroyWindow(winNameBef);
 cvReleaseCapture(&capture);

 return 0;
}
```

示できます(リスト3).

● **プログラムのつくり…色を変換する関数，2つのフレームの差分をとる関数を使う**

motiondetectのプログラムでは，cvQueryFrameで収得された現フレームはcvCvtColorで一度グレー・スケールに変換します．その後，cvAbsDiffで1フレーム前のフレームと，今のフレームと差分をとります．そして現フレーム，1フレーム前のフレーム，差分の

フレームをそれぞれウィンドウに表示します．

● **処理が重いのでフレーム・レートは落ちる**

リスト3では，while文の中でcvQueryFrame，cvAbsDiff, cvShowImageなどの関数を繰り返します．したがって，関数の処理にかかる時間でフレーム・レート(FPS：Frame Per Second)が決まります．これらの処理は重いため5 FPS程度になりますが，単純に動画を映すだけの処理なら20 FPSあたりまで上げら

れるでしょう．

本章で示したプログラムは，参考文献(1)で示したものと同じです．OpenCVを使えば，画像処理プログラムを使い回しできるのです．

OpenCVの応用

● メールでカメラを操作できる

図9は，ラズベリー・パイとOpenCVを応用したシステムの構成です．ラズベリー・パイをインターネットにつないで，Eメールなどを使ってユーザと双方向通信できます．

▶ユーザはラズベリー・パイにメールで指示を送る

ユーザからラズベリー・パイへの指示は，メールの本文に書かれたコマンドで行います．

▶ラズベリー・パイはメールに静止画を添付して送信

ラズベリー・パイからユーザへのメールには，USBカメラで撮影したJPEGファイルを添付します．また温度が適正範囲内か，本文にコメントを添えます．

● 画像から数値を読み取れる

図9にあるような温度計の画像から数値を読み取る処理(パターン認識)も，OpenCVの関数を使えば簡単に行えます．ユーザは，低レイヤの処理を意識することなく，画像処理を使ったシステムの開発に専念できます．

OpenCVはとても便利な上に，オープンソースなので無料で使用できます．使わない手はありません．

＊　　＊　　＊

● ラズベリー・パイは立派なパソコン！初心者でも画像認識も可能なインテリジェント・ノンストップ・ムービを作れてしまう

図9のようなシステムを実現する場合，数年前まではパソコンを四六時中走らせる必要がありました．それにかかる電気代はばかになりません．

ラズベリー・パイ2 Model Bは安価(5,000円弱)であるにもかかわらず，900 MHzで動作するARM Cortex-A7を4コア内蔵しており，そのパフォーマンスはパソコン並みです．また消費電力はパソコンより一桁以上低いので，24時間運転させてもそれほど電気代はかかりません．

第8章ではこのシステムに挑戦します．

いわた・としお

◀参考文献▶

(1) 岩田 利王；OpenCVで画像処理！静止画も動画も超簡単＆自由自在，トランジスタ技術2015年8月号，CQ出版社．
(2) ser1zw's blog，http://ser1zw.hatenablog.com/
(3) 橋本詳解，http://d.hatena.ne.jp/shokai/
(4) OpenCV.jp，http://opencv.jp/
(5) 納富 昭；マルチコア時代！並列プログラミング入門，インターフェース2015年10月号，CQ出版社．
(6) ラズベリー・パイでやってみた，http://raspi.seesaa.net/

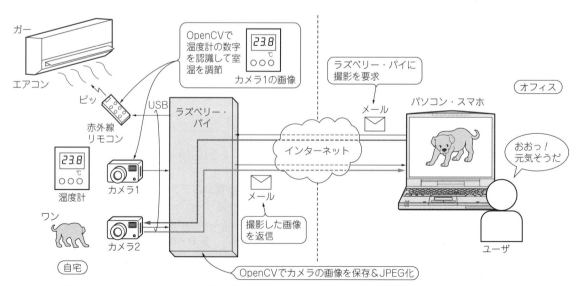

図9　ラズベリー・パイとOpenCVを組み合わせるとカメラ機能付きインテリジェント留守番システムも夢ではない

文字認識，リモコン操作，写真添付メールまで！こりゃタダの撮影マシンじゃない

第8章 「安心してお出かけください」親切すぎるウェブ・カメラマンの製作

岩田 利王

ラズベリー・パイはパソコンと同様のCPU性能とインターフェース(LAN, USB, HDMI)を持ちながら，ずっと小型で低消費電力です．その特性を生かして，24時間365日，部屋の状態を監視でき，必要ならエアコンなど家電のON/OFFができる留守番システム(図1)を構築します．構成図を図2に示します．

温度を監視して異常時には警告，エアコンの遠隔操作ができる

● 「ウェブ・カメラマン」から室温の警告メールが届く！

ラズベリー・パイは自宅にあり，ネコを飼っている

Aさんは勤務先にいます．ある夏の日，Aさんが会社で仕事をしていると，家で動作させているラズパイさんから「室温が適正範囲を超えた」というメールが昼前に届きます．

そこでAさんは，パソコンからラズベリー・パイに図3①のようなコマンドを書いてメールを送信します．

ラズベリー・パイはメールを読んで，エアコンの画像CAM0.jpgをメールに添付して送信します．

● 室内写真付きのメールが届く…エアコンはOFFになっていた！

Aさんはメールに添付されたエアコンの画像を見ます．エアコンの通気口が閉じており，OFFであるこ

図1 メールでカメラやエアコンを遠隔操作できる親切なウェブ・カメラマン「ラズパイさん」

第8章　初出：「トランジスタ技術」2017年2月号
この記事を再現する際は，当時のOSをラズベリー・パイにインストールしてください．詳細はp.8を参照．

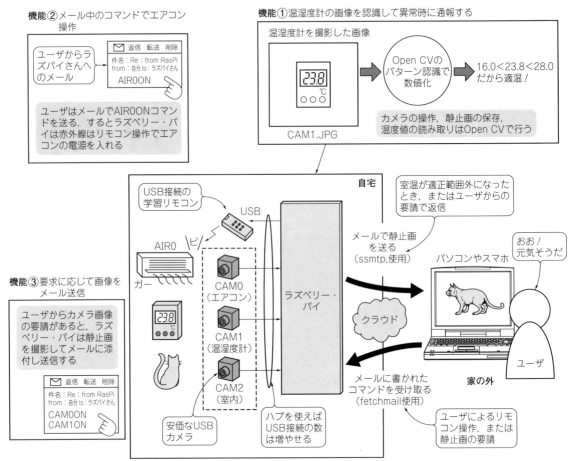

図2 温度監視とエアコンの遠隔操作ができるシステム
温度が設定範囲を越えたら警報のメールを出してくれる

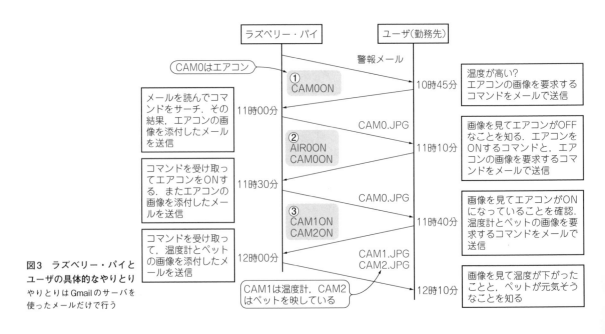

図3 ラズベリー・パイとユーザの具体的なやりとり
やりとりはGmailのサーバを使ったメールだけで行う

とがわかります．そこで，ラズベリー・パイに図3②のコマンドを書いたメールを送ります．

このコマンドを受けてラズベリー・パイはエアコンをONにします．動作を確認できるように，エアコンの画像CAM0.jpgをメールに添付して送信します．

● エアコンを遠隔操作！ちゃんと動いているか念のため写真でも確認

画像を見るとエアコンの通気口が開いており，ONになったことがわかります．さらにAさんは図3の③のようなコマンドを送ります．ラズベリー・パイは温度計とネコの画像をメールに添付して送信します．

ユーザは温度計の画像CAM1.jpgとネコの画像CAM2.jpgを見て，温度が下がったことと，ペットが元気そうなことを知って安心します．

● 実験のようすをYouTubeで公開中

認識しているようすがYouTubeで見られます．タイトルは「Pattern Recognition by ラズベリー・パイ + OpenCV」です．

https://www.youtube.com/watch?v=kkuEgj9rvNw

エアコンを遠隔操作するようすもYouTubeにアップしています．タイトルは「ラズベリー・パイ turns on an A/C」です．

https://www.youtube.com/watch?v=JJbTwkTfp8s

● 6ステップの製作工程で完成！

図1の機能を次のような工程で作ります．

① USBカメラから画像を取得，JPEGファイルで保存
② JPEGファイルを添付したメールをユーザに送信
③ ユーザからメールを受信
④ 赤外線リモコンでエアコンを操作
⑤ 各コマンドをシェルスクリプトで自動実行
⑥ 温度計の画像を解析して温度と湿度を読み取る

工程① OpenCVを使ってUSBカメラからの画像をJPEGファイルに変換する

● 画像処理のライブラリ「OpenCV」のインストール

OpenCVは低レイヤ（カメラのデバイス・ドライバの操作やJPEGのエンコード，デコードなど）の処理を隠ぺいしてくれるので，画像処理におけるハードルをぐっと下げてくれます．

製作工程⑥の温度計の画像から数値を読み取る高度な画像認識も，OpenCVの関数を使っています．

OpenCVのインストール方法は第7章内のp.233～235付近を参照してください．

● OpenCVでプログラムを準備する

リスト1にUSBカメラを使うアプリケーションcapturejpegのソースコードcapturejpeg.cを示します．OpenCVの関数を使っています．

▶while文で静止画を繰り返すと動画に見える

リスト1ではcvQueryFrame関数で画像をキャプチャし，cvShowImage関数で表示します．これらをwhile文で繰り返すと動画が表示されます．

▶画像取得は自動的に終了，その際の静止画を保存

while文を繰り返すたびに，fcoをカウントアップします．30になったとき（1～3秒）のフレームを

リスト1　カメラ画像を保存するアプリケーションcapturejpegのC言語ソースコード
OpenCVをあらかじめインストールしておく

```c
#include <stdio.h>
#include <highgui.h>

int main(int argc, char *argv[])
{
    int fco = 0;
    CvCapture *capture = NULL;
    IplImage*  img;
    char winNameCapture[] = "camcapture";
    char *fname = "mailcontent.txt";
    char savefile[20];
    int CAMN, i;

    if(argc != 2) {
      fprintf(stderr, "Usage: %s 
                      CamNumber\r\n", argv[0]);
      return -1;     ←最初のアーギュメントがカメラ
    }                 番号（0か1か2）になる
    CAMN = atoi(argv[1]);
    sprintf( savefile, "CAM%s.jpg", argv[1]);
    printf( "%s\n", savefile );
                     ←カメラの初期化
    capture=cvCreateCameraCapture(CAMN);
    if(capture==NULL)    ←0ならCAM0.jpg，
    {                     1ならCAM1.jpg，
        fprintf(stderr,   2ならCAM2.jpg
            "can not find a camera!! \n");
        return -1;
    }
    cvNamedWindow(winNameCapture,
                  CV_WINDOW_AUTOSIZE);
                         ←表示用ウインドウの作成
    while(1)
    {                ←画像のキャプチャ
        img=cvQueryFrame(capture);
        cvShowImage(winNameCapture, img);
                         ←画像をウインドウ
        if(cvWaitKey(1)>=0) {  に表示
          break;
        } else if(fco == 30) {
          cvSaveImage(savefile, img, 0);
          break;     ←約1秒後セーブして終了
        } else {
          fco++;
        }
    }
    cvDestroyWindow(winNameCapture);
    cvReleaseCapture(&capture);
    return 0;
}
```

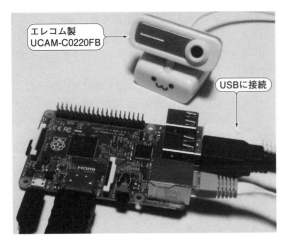

写真1 ラズベリー・パイ2に市販のUSBカメラとネットワークをつないでシステムのハードウェアは完成

cvSaveImage関数でJPEGファイルに落とします．その後while文から抜けて終了します．

● **USBカメラから画像を取得する方法**

▶ソースコードの入手とコンパイル

今回は，私が作ったソースコードをそのまま使う例を示します．ラズベリー・パイを立ち上げ，イーサネット・ケーブルをつないでウェブ・ブラウザのEpiphanyを起動します．

「トランジスタ技術」のダウンロード・サイト（http://toragi.cqpub.co.jp/tabid/831/Default.aspx）から，2017年2月号の本稿のアーカイブ・ファイルをダウンロードします．Epiphanyでダウンロードしたアーカイブ・ファイルは~/Downloadsにあります．解凍してデスクトップへ移動します．

```
$ cd ~/Downloads
$ unzip archive.zip
$ mv Remote ../Desktop
```

準備ができたら，capturejpeg.cのあるディレクトリに行き，コンパイルします．

```
$ cd ~/Desktop/Remote
```

```
$ gcc `pkg-config --cflags opencv` capturejpeg.c -o capturejpeg `pkg-config --libs opencv`
```

`pkg-config ... opencv`を囲む文字(`)はクォーテーション・マークではなくバック・クォートです．

▶プログラムの実行

コンパイルに成功したら**写真1**のようにUSBカメラをつなぎ，次のように入力して実行します．

```
$ ./capturejpeg 0
```

実行すると動画が表示され，1～3秒後自動的に終了します．カメラ番号が0なら"CAM0.jpg"というファイルができています．ファイル・マネージャでそのディレクトリに行き，ダブルクリックで確認できます．

工程② JPEGファイルをメールに添付してユーザに送信する

● **メール送信ツールsSMTPのインストール**

図4のように，mailコマンドを使ってSMTP（Simple Mail Transfer Protocol）と呼ばれる送信サーバにメールを送ります．SMTPサーバは速やかにPOP（Post Office Protocol）と呼ばれる受信サーバにメールを転送し，メールの送信が完了します．

ツールのインストールや設定，画像を添付したメールの送信方法は，第4章p.146を参照してください．

工程③ ユーザからのメールを受け取る

● **受信サーバもGmailを使う**

ラズベリー・パイから送信するメールは差出人がusername@gmail.comでした．返信すればそのアドレスにメールが届きます．ラズベリー・パイは，Gmailの受信サーバにアクセスしてメールを調べることで，ユーザからの指示を知ることができます（**図5**）．

● **メール受信ツールのfetchmailをインストール**

メール受信サーバからメールを受け取るために使うツールfetchmailをインストールします．

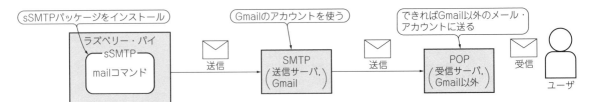

図4 ラズベリー・パイからユーザにメールを送る
メール送信に使うsSMTPとmailutilsをインストールする

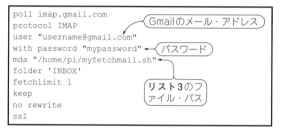

図5 ラズベリー・パイでユーザから送られてきたメールを受信する
受信サーバからメールを取ってくるfetchmailをインストールする

リスト2 fetchmailの設定ファイル.fetchmailrcを作成して使用するアカウントとスクリプトを指定する

```
poll imap.gmail.com
protocol IMAP
user "username@gmail.com"
with password "mypassword"
mda "/home/pi/myfetchmail.sh"
folder 'INBOX'
fetchlimit 1
keep
no rewrite
ssl
```

- Gmailのメール・アドレス
- パスワード
- リスト3のファイル・パス

リスト3 受信メールの内容をテキスト・ファイルにするスクリプトを作成（myfetchmail.sh）

```
#!/bin/sh
FilenameUniqueId="mailcontent.txt"
OutputFile="/home/pi/Desktop/Remote/"$FilenameUniqueId
echo "" > $OutputFile
while read x
do
  echo $x >> $OutputFile
done
```

- メール内容を書き出すファイルの名前
- ファイルを保存するディレクトリ

```
$ sudo apt-get install fetchmail
```

▶fetchmailを使うためにファイルを2つ作成

インストールが終わったらルート・ディレクトリに移動し(cd ~またはcd /home/piまたは単にcd)，適当なエディタで.fetchmailrc(名前の先頭にドット"."がある)とmyfetchmail.shというファイルを作成します．エディタ内でリスト2，リスト3のようにタイプしてセーブします．その後，次のように属性を変えます．

```
$ sudo chown pi .fetchmailrc
$ sudo chown pi myfetchmail.sh
$ sudo chmod 710 .fetchmail.rc
$ sudo chmod 710 myfetchmail.sh
```

● メール受信の方法

fetchmailコマンドは次のように実行します．

```
$ fetchmail > /dev/null
```

これを実行すると，~/Desktop/Remoteディレクトリにmailcontent.txtというファイルができます．中にはメールのヘッダ情報から本文までが入っています．

Gmailの受信サーバにある未読のメールのうち古いものから順に読み出されます．メール受信前に，ブラウザでGmailにログインして確認しておきます．「迷惑メール」のフォルダ(Promotionタブ)にも未読のものがないか確認してください．

▶メールにはユーザからの指示が書かれている

図6はメール・ヘッダの冒頭です．Gmailに送られたものである旨が見て取れます．ヘッダのあとに本文が続きます．

▶うまく動かない場合はエンコード方式を疑ってみる

メールのエンコード方式によってはうまく動作しない場合があります．例えば，BASE64というエンコード方式のメールはfetchmailではデコードされません．mailcontent.txtを開いてみたら，ヘッダがあるのにメールの本文が消えている，という場合は，違うメーラーから送信してみてください．

工程④ USBリモコンをラズベリー・パイで使う

● USB接続できる赤外線リモコンがある

今回使ったUSB接続の赤外線リモコンは写真2に示す「USB赤外線リモコンアドバンス」(ビット・トレード・ワン，¥3,680＋税)です．旧製品のUSB赤外線リモコンキットだとエアコンは制御できない恐れもあります．コードが複雑なエアコンを操作する場合は，

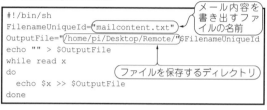

図6 受信メールはヘッダ情報から本文までがmailcontent.txtに書きだされる
本文はヘッダ情報の後にある

- ラズベリー・パイ(送信先)のメール・アドレス

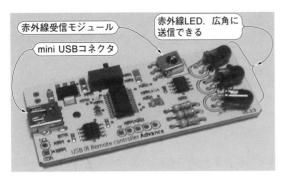

写真2　USB接続の学習リモコン「USB赤外線リモコンアドバンス」を使う
エアコンの赤外線リモコンのコードは複雑なのでこの製品がおすすめ

この製品のほうが良さそうです．

● **Windowsパソコンを使って，送信する赤外線のコードをテキスト・ファイルに準備する**

　最終的にはラズベリー・パイにつなぎますが，準備のためまずはWindows搭載のパソコンにつなぎます．リモコンの送信コードを手軽に記録できる専用ソフトウェアを使いたいからです．

▶パソコンにつなぐと自動認識される

　デバイス・マネージャで見ると，USB Composite Deviceとして認識されます．

▶送信設定アプリケーションをダウンロード

　ビット・トレード・ワン社のWebサイト（http://bit-trade-one.co.jp）に行き，上部メニューの［サポート］-［ダウンロード］をクリックします．

　「USB接続 赤外線リモコンアドバンス」の下にある「送信設定アプリケーション」のzipファイルをダウンロードします．

　「受信設定アプリケーション」もありますが，こちらは電気製品のリモコンを使ってパソコンを操作するものなので，今回は使いません．

　zipファイルを解凍すると送信設定アプリケーションADIR01_Trns_CT_v12.exeが得られます．これを起動

し，図7（a）のように画面左下の「接続されました」を確認しましょう．

▶パソコンからエアコンの操作を確認

　［No.01］にエアコンONのコードを割り当てます［図7（b）］．USBリモコンは普段は赤色LEDが点滅していますが，コード読み取りの瞬間だけ緑色LEDが点滅します．読み込めたら，送信ボタンをクリックして，エアコンがONできるかどうかを確認します．

　同様に，［No.02］にエアコンOFFを割り当てます．

▶エアコンON/OFFのコードをファイルに保存

　アプリケーションのテキスト・ボックス内にはエアコンON/OFFのコードがリダイレクトされています．［クリップボードにコピー］ボタンを押してコピーし，テキスト・ファイルにペーストして保存します．

　air0on.txtというファイルにエアコンONのコードを記録しています．air0offというファイルにはエアコンOFFのコードを記録します．

▶エアコンON/OFFのコードをラズベリー・パイに保存

　Windowsパソコンで得たエアコンON/OFFのコードをラズベリー・パイに送ります．パソコンからラズベリー・パイのSDカードに直接アクセスするのは難しいと思うので，メールなどのネット経由でコードを送ると楽です．ラズベリー・パイ上でそのコードを再びair0on.txt, air0off.txtというファイルに保存します．

● **ラズベリー・パイでエアコンをON/OFFする方法**

▶USB赤外線リモコンを使うツールのインストール

　LinuxでUSB赤外線リモコンを扱えるようにしたツール bto_advanced_USBIR_cmd が AssemblyDesk のサイト（http://a-desk.jp）からダウンロードできます．

　「ファイルアップローダ」→「ホビー」→「USB赤外線リモコンアドバンス・UNIX系環境用コマンドライン操作ツール＆GUI操作ツール Ver1.0.0」をクリックします．この場を借りて作者の方には御礼を申し上げます．同サイトに倣って bto_advance_USBIR_cmd という実行ファイルを生成します．

（a）アプリケーションの起動画面

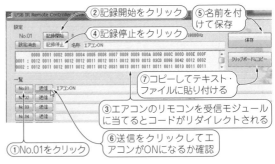

（b）リモコンのコードを読み取らせる

図7　Windows用の送信設定アプリケーションを使ってコードをテキスト化しておく
エアコンONのコードをair0on.txt，エアコンOFFのコードをair0off.txtとする

第8章 「安心してお出かけください」親切すぎるウェブ・カメラマンの製作

▶エアコンONを確認

LXTerminalで以下をコマンドすると，air0on.txtの内容がUSB赤外線リモコンで送信されます．

```
$ cd Desktop/Remote
$ sudo ./bto_advanced_USBIR_cmd -d `cat air0on.txt`
```

cat air0on.txtを囲っている文字(`)はクォーテーション・マークではなく，バッククオートです．

エアコンの方を向いていればONになることでしょう．同様にair0off.txtでOFFになることも確認します．

リスト4 ユーザからのメールを受信してコマンドに対応するシェルスクリプト(executecmd.sh)
メールが届いているかどうかをサーバに確認しにいく

```
#!/bin/sh
 CAMN=0
 RET=0
 USECAM=0
 REPEAT=$1
 fetchmail > /dev/null          ← ユーザからのメールを読む
 ### for other command (Remocon, Interval, etc.) ###
    ./seeremcmd                 ← メールに書かれたリモコ
    RET=$?                         ン操作用コマンドをサー
    if [ $RET -eq 10 ]             チする
    then
      echo "will do AIR0OFF 3 seconds later..."
      sleep 3
      sudo ./bto_advanced_USBIR_cmd -d `cat
air0off.txt`
    elif [ $RET -eq 11 ]        ← コマンドがAIR0OFF
    then                           ならエアコンOFF
      echo "will do AIR0ON 3 seconds later..."
      sleep 3
      sudo ./bto_advanced_USBIR_cmd -d `cat
air0on.txt`                    ← コマンドがAIR0ONならエアコンON
    else
      echo "do not send a code"
    fi

### for command of Camera capture ###
 sleep 15
    ./seecamcmd                 ← メールに書かれたカメラ操作
    RET=$?                         用コマンドをサーチする．戻
                                   り値にカメラON/OFFの情報
 while [ "$CAMN" -lt 3 ]     ← カメラが3つある
 do                             ので3回繰り返す
    ./capturejpeg "$CAMN"
    USECAM=$(($RET >> $CAMN))    ┐ RET(seecamcmd
    USECAM=$(($USECAM & 1))      │ の戻り値)にカメ
    echo "USECAM is "$USECAM     │ ラのON/OFFの
    if [ $USECAM -eq 1 ]         ┘ 情報がある．
    then                            RET のbit0(最下
      sleep 2                       位ビット)が1だっ
      echo "send a mail"            たらCAM0がON.
      echo "CAM"$CAMN".jpg"         bit1が1だったらCAM1がON.
      mail-A "CAM" $CAMN".jpg"-s "from RasPi  bit2が1だったらCAM2がON.
(N="$REPEAT")" username@userdomain.com
    else
      echo "do not send a mail"
    fi
    CAMN=`expr "$CAMN" + 1`    ← CAM0ON, CAM1ON,
 done                             CAM2ONがあればそ
                                  れらの画像を送る
```

工程⑤ シェルスクリプトによる自動実行

● 複数のコマンドをシェルスクリプトでぐるぐる回す

シェルスクリプトとは，Linuxのコマンドやプログラムを自動実行するための言語です．while文などが使えるため，複数のコマンドやアプリケーションを自動的に繰り返せます．C言語などとは違い，コンパイルは必要ありません．

● メールを読んで対応コマンドを動かすスクリプト

メール中のコマンドに対応して動作するためのシェルスクリプトがリスト4(executecmd.sh)です．

まずfetchmailでメールを読みに行きます．

メールには「エアコンをON/OFFせよ」といったコマンドが書かれており，seeremcmdでそれらをサーチします．その結果によってbto_advanced_USBIR_cmdの引数(air0on.txt/air0off.txt)を変えます．

メールの中には「カメラの画像を送れ」というコマンドが書かれていることもあります．seecamcmdでそれらをサーチし，mailコマンドの-Aオプションで必要なJPEGファイルをユーザに送ります．

● シェルスクリプトに実行属性を加えてから実行

リスト4のように記述したらセーブし，次のように実行属性(+x)を加えましょう．

```
$ chmod +x executecmd.sh
```

その後，次のように実行します．

```
$ ./executecmd.sh
```

すると上述の所作が順に行われます．メールに書かれたコマンドによってエアコンやカメラが操作され，JPEGファイルがユーザに送られます．

リスト5 executecmdを30分に1回実行するシェルスクリプト(repeatgetsend.sh)

```
#!/bin/sh
N=0
while [ "$N" -le 48 ]
do
  echo ""
  echo "***********************"
  echo "** Repeating "$N" times"
  date
  ./exectecmd.sh $N        ← リスト4のシ
  echo "interval is 30 minites"   ェルスクリプ
  sleep 1800                  トを繰り返す
  mv mailcontent.txt mailcontent.bak
  N=`expr "$N" + 1`
done
```

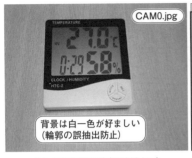 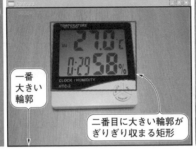 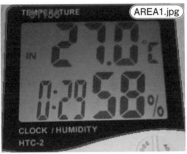

（a）元の撮影画像（CAM0.jpg）　　（b）edgecaptureの動作画面　　（c）2番目に大きい輪郭の画像（AREA1.jpg）

写真3　アプリケーションedgecaptureで温度計を撮った写真から液晶表示部分だけ取り出す

▶シェルスクリプトを繰り返すシェルスクリプト

　リスト5は repeatgetsend.sh というシェルスクリプトです．executecmd.sh を1800秒おきに繰り返します．30分×48回，丸1日繰り返して終了です．

工程⑥画像認識によって温度計の値を読み取る

● 温度計を映したカメラ画像から値を読み取る

　リスト1の capturejpg で温度計の写真を撮ります．一例を写真3（a）に示します．これを画像認識して温度や湿度の値を読み取り，値が適正範囲外ならメールを送るようにします．

（a）温度10の位　　（b）温度1の位　　（c）温度の小数
　　（T1.jpg）　　　　（T2.jpg）　　　　（T3.jpg）

（d）湿度10の位　　（e）湿度1の位
　　（H1.jpg）　　　　（H2.jpg）

写真4　アプリケーションresizecutでサイズを合わせた数字を個別に切り出す

● 認識手順1…輪郭を抽出し液晶表示部を切り出す

　写真3（a）から液晶表示部を切り出します．それには「輪郭抽出」という手法を使います．edgecaptureというプログラムを作りました．ソースコードはダウンロード・ファイルを参照してください．

▶輪郭を抽出する

　まず cvCvtColor という関数でカラー画像をグレースケールにし，その後 cvThreshold 関数で2値化します．

　輪郭を抽出する cvFindContours 関数を実行すると，引き数の Countour という構造体の中に抽出された輪郭（複数ある）の座標などが格納されます．

▶輪郭を描画する関数

　次に，cvDrawContours という関数で輪郭を描画し，cvSetImageROI 関数でその輪郭がぎりぎり入る矩形を ROI（Region Of Interest，着目範囲）としてセットして JPEG ファイルに描画，保存します．

　抽出される輪郭は複数あります．エリアが大きい主だった輪郭にたいして描画をします．

▶輪郭はいくつか抽出される

　写真3（b），写真3（c）は，大きい順に二つ，輪郭で描画されたようすです．外側から2番目の輪郭を切り出した写真3（c）が都合が良さそうです．これはAREA1.jpg という名前でセーブされています．

● 認識手順2…サイズをリファレンスと合わせて数字1個1個を切り出す

　次に使うプログラムを resizecut としました．

　カメラと温度計の距離が近いと写真3（c）の温度計は大きくなり，遠いと小さくなります．双方の距離はいつも同じなのが好ましいのですが，なかなかそうはいかないので，サイズの調整（リサイズ）が必要です．

▶縦×横が 600×480 ピクセルになるようにリサイズ

　ここでは数字を切り出したとき，比較用のリファレンスと同じスケールになるように拡大／縮小します．

　まず cvLoadImage という関数で写真3（c）を読み込み，cvResize という関数でそのサイズが 600×480 になるようにリサイズします．

▶温度，湿度の数字をばらばらに切り取る

　リサイズすると，各数字の位置，例えば「温度の10の位」がどの座標にあるかがほぼ確定します．

　cvSetImageROI 関数を使うと，各数字の存在する

リスト6　1桁ずつ切り出した数字の画像を写真5のテンプレートと比較して値を読み取るnumcheckのソースコード（一部抜粋）

```c
int main (int argc, char *argv[]) {
                  :     中略     :
    if((imgSrc = cvLoadImage(argv[1], CV_LOAD_IMAGE_COLOR)) == 0) {    ← imgSrcにはresizecutで切り出した数字が入る
            printf("Error: Failed to load %s\n", argv[1]);
            return -1;
    }

    if(strcmp(argv[1], "T1.jpg") == 0) t_one = 1;    ← 温度の10の位のときは1，その他は0になる変数

    imgRef[0] = cvLoadImage("0.jpg", CV_LOAD_IMAGE_COLOR);
    imgRef[1] = cvLoadImage("1.jpg", CV_LOAD_IMAGE_COLOR);    ← リファレンス画像をロード
              :     中略     :
    imgRef[9] = cvLoadImage("9.jpg", CV_LOAD_IMAGE_COLOR);
              :     中略     :
    cvSmooth (imgSrc, imgGau, CV_GAUSSIAN, 11, 0, 0, 0);    ← ガウシアン・フィルタをかける(imgGau)
    cvNamedWindow("Gaussian", CV_WINDOW_AUTOSIZE);

    for(i = 0; i < 10; i++) {    ← imgGauとリファレンス画像を比較
            cvMatchTemplate(imgGau, imgRef[i], imgDiff[i], CV_TM_CCOEFF_NORMED);
            cvMinMaxLoc(imgDiff[i], min_value+i, max_value+i, min_loc+i, max_loc+i, NULL);
            printf("max_value = %f, max_loc = %d %d\n", max_value[i], max_loc[i].x, max_loc[i].y);
    }

    Max = 0; ans = 0;
    for(i = 0; i < 5; i++) {
            if(max_value[i] > Max) { Max = max_value[i]; ans = i; }
    }
    for(i = 5; i < 10; i++) {
            if(max_value[i] > Max && t_one == 0) { Max = max_value[i]; ans = i; }
    }
                                                                    ┐ imgRef［0～9］の中で一番大き
    printf("ans = %d, Max = %f\n", ans, Max);    ← マッチング結果を    │ い値を探す．T1.jpg(温度の10の位)
              :     中略     :                     リダイレクト         │ だけはimgRef［0～4］の中から探す
    sprintf(text, "%d", ans);                                         ┘ (温度50度以上はありえないので)
    cvGetTextSize(text, &font, &text_size, 0);
    cvPutText(imgGau, text, cvPoint (10, text_size.height), &font, CV_RGB(255,0,0));

    while(1) {                                              ← 画像にマッチング結果を上書きして表示
            cvShowImage("Gaussian", imgGau);
              :     中略     :
    }
    return ans;    ← マッチング結果を返す
}
```

であろう座標をセットすれば，cvSaveImage関数で各数字をばらばらにしたJPEGファイルを作れます．

温度の10の位，1の位，小数点以下第1位，湿度の10の位，1の位，それぞれ切り出したものを**写真4**に示します．これらをリファレンスの画像と比較して数値の読み取りを行います．

● **認識手順3…切り出した数字1個を0～9のリファレンスと比較して最も近い画像を選び値を読み取る**

数値の読み取りを行うプログラムがnumcheckです．ソースコードnumcheck.cの抜粋を**リスト6**に示します．

写真5に，数字のリファレンス画像を示します．特徴点を強調するため，画像には多少修正を加えています．

▶切り出した写真とリファレンスの写真10個を準備

先ほど切り出した画像（例えば温度の10の位）をimgSrcにロードし，さらにリファレンス画像(0から

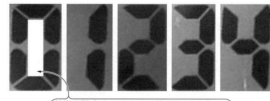

特徴を際立たせるために若干加工してある

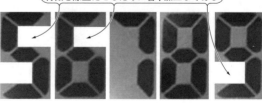

写真5　アプリケーションnumcheckでリファレンス画像のテンプレートと比較して最も近い画像を選び値を読み取る

リスト7 画像認識のアプリケーションを順々に実行するシェルスクリプト（patternrec.sh）

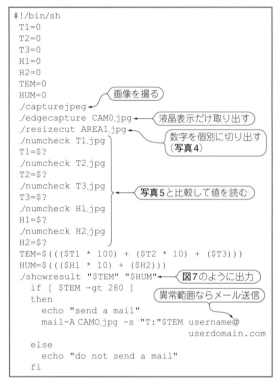

図8 写真3(a)を画像認識で読み取った結果
アプリケーションshowresultの出力

```
Temparature: 27.0 [centi.]
Humidity: 58 [perc.]
```

リスト8 リスト7を30分ごとに繰り返すシェルスクリプト（repeattemhum.sh）

```
#!/bin/sh
 N=0
 while [ "$N" -le 48 ]
 do
   echo ""
   echo "*************************"
   echo "** Repeating "$N" times"
   date
   ./patternrec.sh
   echo "interval is 30 minites"
   sleep 1800
   N=`expr "$N" + 1`
 done
```

9までの10個）をimgRef[0~9]にロードします．
▶平滑化してから比較する
　cvSmoothという関数でimgSrcに「ガウシアンフィルタ」を掛けてimgGauとします．これは一種のロー・パス・フィルタです．これを施すと元画像よりノイズが減って正解率が上がります．
▶テンプレートマッチングする関数で比較
　cvMatchTemplate関数でimgGauとimgRef[0~9]を比較します．3番目の引数のimgDiff[0~9]にマッチング具合を表すデータが入ります．最後の引き数はマッチング手法を指定します．一番正解率が高そうだと判断したCV_TM_CCOEFF_NORMEDを指定しています．
▶10個のマッチング具合を比較する
　cvMinMaxLocという関数でimgDiff[0~9]を評価し，マッチング具合が最大になる位置(max_loc[0~9])と値(max_value[0~9])を探します．max_value[0~9]の中で一番大きいものをMaxとし，その際のリファレンス画像の数字（0~9のいずれか）をマッチング結果ansとします．
　ansはnumcheckの戻り値になります．
▶showresultで温度と湿度を表示する
　温度の10の位(T1.JPG)，1の位(T2.JPG)，小数点以下第1位(T3.JPG)，湿度の10の位(H1.JPG)，1の位(H2.JPG)に対しそれぞれnumcheckを施します．
　それらを結合してshowresultというアプリケーションで表示します．図8のように温度が27.0，湿度が58になっており，写真3(c)が正しく数値化されたことが分かります．

● 画像認識に必要な一連の手順をまとめて実行
　リスト7はpatternrec.shというシェルスクリプトで，本節で説明したアプリケーションを順々に実行します．次のように実行属性(+x)を加える必要があります．

```
$ chmod +x patternrec.sh
```

▶定期的に繰り返すスクリプトで仕上げ
　リスト8はpatternrec.shを繰り返すシェルスクリプト（repeattemhum.sh）です．これを終日走らせておけば，夏の日にエアコンを入れ忘れて出社した場合，おそらく昼前には「警告メール」が温度計の画像とともに送られてくることでしょう．
▶ソース類はダウンロードで準備できる
　本節で使用したC言語ソースやシェルスクリプトは，「トランジスタ技術」のWebサイト内のダウンロード・サイト「2017年2月号」から入手できます．

いわた・としお

◆参考文献◆
(1) 岩田利王；緊急実験！5ドルI/Oコンピュータ上陸，第6章～第7章，トランジスタ技術，2016年3月号，CQ出版社．
(2) ㈱ビット・トレード・ワン　http://bit-trade-one.co.jp/
(3) AssemblyDesk　http://a-desk.jp/
(4) 画像処理ソリューション　http://imagingsolution.blog107.fc2.com/

第9章 実家の両親でも一発完動！QRコード解読Webカメラ

Wi-Fi/撮影サイズ/圧縮率/音声合成…
現地で設定してあげなくていい

田中 二郎

　静止画像解像度3280×2464ピクセル，800万画素のラズベリー・パイ専用の赤外線カメラ・モジュールPiNoir V2が約4,000円で購入できます．

　本稿では，1.2 GHz 4コアCPUを搭載したラズベリー・パイ3と夜間の動画や写真を撮影できるPiNoir Camera V2を組み合わせて24時間監視できるQRコード解読Webカメラを製作します．

　図1に本器の全体像を示します．遠隔地にいる人が，本器のカメラにQRコードを見せることにより，Wi-Fi/撮影サイズ/圧縮率/音声合成などの各種設定を実行できます(図2)．

　Webカメラとして使う場合，通常ディスプレイやキーボードを接続して各種設定をコマンド入力で行う必要があり，UNIXの知識がないと設定できません．

　ネットワーク経由でログインして設定することもできますが，実際の使用現場にパソコンを持ち込むのは面倒です．

　今回はこのような設定作業をシンプル化するため，QRコードを利用します．運用後に撮影サイズや圧縮率などを変更したいときも，印刷したQRコードを送ればよいので，遠隔地に出向いて設定する必要はありません．製作費は約15,000円です．メールでもQRコードを送ることができるので，現場に出向く交通費も節約できます．

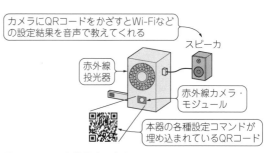

図2　Wi-Fiの初期設定は本器のカメラにQRコードを見せるだけで実行できる

図1　故郷にいる両親を見守ることができるQRコード解読Webカメラの全体像
本器の赤外線カメラで主に見たい場所を監視する．USBカメラを接続すると他の部屋も撮影することもできる．温度/湿度/気圧センサを取り付けているので1日の環境の変化もモニタリングできる

第9章　初出：「トランジスタ技術」2017年3月号
この記事を再現する際は，当時のOSをラズベリー・パイにインストールしてください．詳細はp.8を参照．

本器の特徴

● 仕様

本器の主な仕様は次の通りです.

- 大きさ：60×95×50 mm（突起部含まず）
- 電源：5V/3A
- 機能：QRコードでWi-Fiなどの初期設定ができる．赤外線カメラ・モジュールや気温/湿度/気圧センサの取得データをネットワーク経由で表示できる
- オプション：USBカメラ接続すると目的の部屋以外の場所も監視できる

● QRコードを使ってWi-Fiの設定ができる

スマートフォンのアプリなどで生成したQRコードをWebカメラに見せると，Wi-Fi設定などの実行結果を音声で教えてくれます．本器にキーボードやモニタをつなぐ必要はありません．

セキュリティのため，QRコードにはホスト名とユーザID，パスワードを必須としています．ネットワークのSSIDやKEYの設定も，QRコードを見せるだけでよいです．

設定結果は，イヤホン端子から音声で聞くことができます．例えば，設定されたIPアドレスを知るには，QRコードで書いたコマンドを見せると，イヤホン端子から「IPアドレスはxxx.xxx.xxx.xxxです」としゃべります．

● 運用

ネットワーク経由でWebカメラの撮った映像を見ることができます．ブラウザから，次のサイトにアクセスすると，画像の一覧と情報が表示されます．

http://(WebカメラのIPアドレス)/cgi-bin/log

個別の画像にもアクセスできます．10秒ごとに撮影した画像は1日で8640枚になります．1日が終わると，それを約5分弱のタイム・ラプス・ビデオに変換し，連続撮影した静止画から動画を作ります．

ディスクの使用量が80％以上になると，古いビデオから順に自動消去されます．

5分ごとに測定した気温や湿度，気圧などはグラフ化して，1日の変化をわかりやすく表示しています．1日をすぎると12倍に圧縮し，合計過去13日分のデータをグラフで表示できます（図3）．

準　備

● 部材

表1に本器の主な部材リストを示します．このほかプッシュ・スイッチ，LED，抵抗，マイクロSDカード，配線材などを組み合わせて本器を製作しました．

トータルの部品代は15,000円なので，ネットワーク対応のスタンドアロンWebカメラに比べると安いです．

表1 本器の部材
主に電子部品通販サイトなどを利用して入手することができる

品　名	入手先
ラズベリー・パイ3	電子部品通販サイトほか
赤外線カメラ・モジュール PiNoir Camera V2	
赤外線LEDユニット940 nm FRS5JS	秋月電子通商
出力3.5～24 Vの昇圧型スイッチング電源モジュール	
温湿度・気圧センサ・モジュール・キット（BME280使用）	
ユニバーサル基板取付用2.1 mm標準DCジャック	電子部品通販サイトほか
両面スルーホール・ガラス・コンポジット・ユニバーサル基板	
DC5 V/4 A ACアダプタ	
2×7ピン・ソケット（メス）	

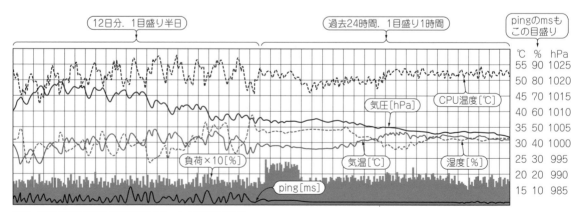

図3　気圧/気温/湿度/CPU温度/ネット/負荷のグラフ
過去24時間は5分毎，それ以上は1時間ごとの値をグラフ化している

第9章 実家の両親でも一発完動！QRコード解読Webカメラ

ラズベリー・パイにマイクロSDメモリ・カードを接続して電源をONしても動作しません．あらかじめ，マイクロSDメモリ・カードにソフトウェアを書き込みます．そのためにパソコンとマイクロSDメモリ・カードに対応したカード・リーダも必要です．電源はマイクロUSBコネクタから供給するので，そのための接続ケーブルも必要です．

● ソフトウェア

- OS：Raspbian Jessie Lite
- データなどをマイクロSDメモリ・カードに書き込める環境：DD for Windows
- ネットワーク経由でラズベリー・パイに接続するための通信ソフト：TeraTerm
- スクリプト言語：Python，Perl，シェル言語：sh

本器のソフトウェア一式は筆者のWebサイトからダウンロードできます．

http://gakkan.net/jiro/whoami/pi/

ハードウェア製作

● 回路構成

図4に全体回路を示します．

▶LEDの点滅

LEDの点滅で本器が動作しているか確認できます．GPIOコネクタの11ピン（GPIO17）から，電流制限用の抵抗を通してLEDを接続します．LEDや抵抗は好きなものを使ってください．GPIO端子は出力3.3V，最大16mAまで流せますが，動作確認だけなので，1mAの電流を流せば十分です．

▶シャットダウン・スイッチ

ラズベリー・パイは，コンピュータなので電源を遮断して終了というわけにはいきません．そのため電源を切る前にはシャットダウン指令します．ネットワーク経由でキーボードからコマンドを入力する，または画面からマウスでシャットダウンを選びます．

Webカメラとしてスタンドアロンで使うため，シャットダウン・スイッチを設けます．スイッチONでシャットダウン動作をするようにプログラムしました．シャットダウン動作用のプッシュ・スイッチを，コネクタの12ピン（GPIO18）とグラウンドの間に接続します．GPIO18は，ソフトウェアによる設定でプルアップしますので，プルアップ抵抗は不要です．このような設定がソフトウェアでできるので，外付け部品点数を減らせるのも，ラズベリー・パイの特徴の1つです．

▶センサによる計測

気温，湿度，気圧は，センサ・モジュール・キットBME280（ボッシュ社）で計測しました．本モジュールは通販サイトや秋葉原の店舗で購入できます．

ラズベリー・パイとセンサ・モジュールの間はI^2Cで接続するので，電源以外に線2本，計4本の配線をするだけです．本モジュールの場合，ボード上のJ_1～J_3はすべてショートしておきます．センサ・ボードの1ピン（V_{DD}）をラズベリー・パイのコネクタの1ピン（3.3V出力）へ，2ピンをGNDに接続します．センサ・ボードの3ピンは未接続（ボード上のJ_3でV_{DD}に接続される）です．I^2Cインターフェースである，センサ・ボードの4ピン（SDA）はラズベリー・パイのコネクタの3ピンに接続，センサ・ボードの6ピン（SCL）はラズベリー・パイのコネクタの5ピンに接続します．

センサ・ボードの5ピンは，I^2Cのアドレス設定で，GNDに接続するとデフォルトの0x76になり，V_{DD}に接続すると0x77になります．今回はGNDに接続しておきます．こういったものを小さな基板上に配線します．

5Vのアダプタから USBケーブルを使わずに直接接続できるよう，電源コネクタも基板裏面（コネクタ側）に取り付けます．5Vはラズベリー・パイのコネクタの2ピンと4ピンに接続します．ラズベリー・パイのGNDは6，9，14ピンなどです．今回は20×2ピンのコネクタを使わず，7×2ピンのコネクタを使ったので，14ピンまでが接続できる範囲でした．7，8，10，13ピンは使っていません．

● 製作

写真1に昇圧型電源基板 AE-LMR62421（秋月電子通商）とセンサとの接続状態を示します．

センサは，ラズベリー・パイから離しておかないと，

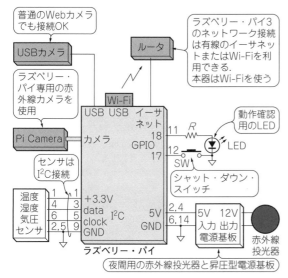

図4 本器の全体回路
赤外線カメラ・モジュールは専用コネクタに接続する．インターフェースや電源は40ピン・コネクタに接続する

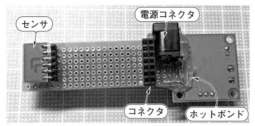
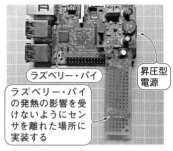

写真1 赤外線投光器用の昇圧型電源基板をホットボンドで止めて接続する

(a) 昇圧型電源基板の裏面

(b) ラズベリー・パイに基板を実装

ラズベリー・パイの発熱の影響で正確な室温を測ることができません．ケーブルを延ばすこともできますが，今回は本体から5 cmほど離れるようにし，基板裏側に設置しました．

赤外線投光器用に使う5 Vから12 Vへの昇圧型電源基板はホット・ボンドで止めています．赤外投光器はFRS5JS（オプトサプライ）を使用します．

● ケースも自作する

ラズベリー・パイ専用のカメラ・モジュールを取り付けられるケースはまれです．赤外線投光器やセンサを取り付けられる市販のケースも見つかりませんでした．

今回は厚紙を利用してケースを自作しました．**図5**に製作したケースの型紙の寸法などを示します．型紙はPostScriptというスクリプト言語で生成しています．

1 mm程度の厚紙に直接印刷するか，印刷したものを貼り付けてカットしてください．丸穴は，ポンチで開けると，きれいにあきます．電源やセンサ用の穴は，各自で製作する基板に合わせてください．

ラズベリー・パイとカメラとの接続設定

● [STEP1] OSをインストールする
▶ダウンロード

ラズベリー・パイのOSは，公式サイトからダウンロードできます．

http://gakkan.net/jiro/whoami/pi/

[DOWNLOADS]から[RASPBIAN]と進みます．私は，**図6**に示す[RASPBIAN JESSIE LITE]を選択しました．

ダウンロードされるのは，ZIPファイルです．ミラー・サイトなどからダウンロードした場合は，念のため，SHA-1が公式サイトの表記と一致するか確認したほうがよいでしょう．ZIPファイルの中身は，ディスク・イメージのファイルだけです．

圧縮／解凍ソフトウェア7-ZIPなどで展開します．
▶イメージ・ファイルの書き込み

展開したディスク・イメージ・ファイルをマイクロSDカードに書き込むには，DD for Windowsなどのソフトウェアを使います（**図7**）．

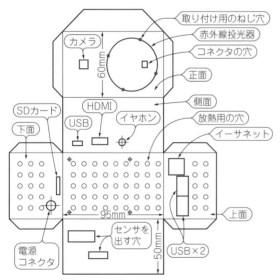

図5 ラズベリー・パイやカメラを収納するためのケースは厚紙で作成した

図6 ラズベリー・パイにOS「Raspbian」をインストールするため[SPBIAN JESSIE LITE]を選択する
マイクロSDカードにはOSをダウンロードして書き込む

図7 イメージ・ファイルをマイクロSDカードに書き込むにはDD for Windowsなどのソフトウェアを使う

書き込むイメージは4Gバイト弱ですが，マイクロSDカードは8Gバイト以上，できれば16Gバイトのものを使うのがよいでしょう．

● [STEP2] 初期設定

マイクロSDカードの準備ができたら，ラズベリー・パイ本体に差し込み，有線ネットワークと電源をつなぎ起動します．

5V電源はラズベリー・パイ2だけでも2A程度必要です．ラズベリー・パイ3にしたり，カメラや赤外線投光器のことを考えると，4A(20W)以上が欲しいところです．

電源を入れると，本体の赤色LEDが点灯します．正常なら点灯していますが，電力不足などで電源電圧が低下すると消灯します．マイクロSDカードへのアクセスがあると，緑色LEDが点灯します．起動後は点滅しますが，OSの起動が完了すると，マイクロSDカードへのアクセスもなくなるので，消灯します．

ネットワーク経由で接続して，初期設定することにしました．ディスプレイやキーボードを接続しても使えますが，ソフトウェアのバージョンアップやインストールのためには，ネットワーク環境が必要です．

● [STEP3] ネットワークに接続する

有線ネットワークはDHCPでIPアドレスを取得しています．お使いのインターネット環境でラズベリー・パイに割り当てられているIPアドレスを調べてください．

IPアドレスは，ルータなどの設定画面で確認できます．ssh接続できるTeraTermなどのソフトウェアでラズベリー・パイに接続します．ユーザ名は「pi」，パスワードは「raspberry」です．

● [STEP4] システムの設定

接続できたら，次の通り「sudo raspi-config」でシステムを設定します．

```
sudo raspi-config
```

設定メニューが表示されますので，↑↓キーで1番（ファイルシステムの拡張）を選んでEnterを押します．これで，マイクロSDカード全体を使用する設定になりました(再起動時に反映されます)．

次に5番を選び，その中のI2番(タイムゾーンの設定)を選びます．そこで「Asia」の中の「Tokyo」を選んでから，Tabキーで[OK]を選びます．

メニューの[6番(カメラ)]を選び，[Enable]を選んでカメラを有効にします．最後に9番の中の[A6番(I^2Cの設定)]を選び，[Yes]で有効にします．

Tabキーでメニューの[Finish]を選ぶと，再起動するかを聞かれますので，[Yes]を選びます．

● [STEP5] Webカメラのソフトウェアのインストール

再起動のために接続が切れるので，再度接続して，今回のソフトウェアをインストールしていきます．

前述したWebサイトからソフトウェア一式をダウンロードして展開し，設定ソフトを実行し，設定が終わったら再起動させます．コマンドは次のとおりです．

```
wget http://gakkan.net/jiro/whoami/pi/soft2.tgz
tar xzf soft2.tgz
sudo ./setup.sh
sudo reboot
```

再起動すると，基板上のLEDが点滅します．シャットダウンするには，プッシュ・スイッチを押します．するとLEDは点灯状態になり，シャットダウンが始まります．点灯していたLEDが消え，本体の緑色LEDの点滅が終了したらシャットダウン完了です．

ソフトウェア制作

● LEDの点滅とプッシュ・スイッチ

今回は難しいソフトウェアを作るのではなく，テキスト・エディタで編集可能なスクリプト言語でプログラムを作成しました．リスト1に示すLEDの点滅とプッシュ・スイッチによる制御プログラムはスクリプト言語Pythonを使います．

OSの起動が終了するとこのプログラムが実行され，LEDが点滅を開始します．プッシュ・スイッチを押すとLEDを点灯状態になり，シャットダウン動作を開始します．OSのシャットダウンが終了する中でGPIOが初期化され，LEDが消灯します．OSが完全にシャットダウンされると，マイクロSDカードへのアクセスも止まり，本体の緑色LEDも点滅しなくなります．

● カメラの読み込み

リスト2に示すPiNoir Camera V2の読み込みプログラムにはshという言語を使います．1行目でリスト1の場合と同様，「sh」で書かれていることを宣言します．以後，「#」以降がコメントであることもリスト1と同様です．

専用カメラだけでなく，USB接続のカメラに対応したプログラムも用意してあります(webcam2.sh)．

● 温度，湿度，気圧のグラフ化

リスト3に示す温度，湿度，気圧のグラフ化のためのプログラムにはperlというスクリプト言語を使って

リスト1 Lチカとシャットダウン・スイッチ用のプログラム

```python
 1: #!/usr/bin/python          ← Pythonで書かれていることを宣言
 2:
 3: import RPi.GPIO as GPIO    ┐
 4: import time                ├ ラズベリー・パイのGPIOを制御する
 5: import os                  ┘ ためのライブラリやタイマ/システム
 6:                              関連のライブラリを読み込み
 7: # set I/O pins   ← I/Oの設定
 8: GPIO.setmode(GPIO.BCM)     ← GPIOの初期設定
 9: GPIO.setup(18, GPIO.IN, pull_up_down=GPIO.PUD_UP)  ← GPIO18を入力としセットアップ
10: GPIO.setup(17, GPIO.OUT)   ← GPIO17を出力に設定
11:
12: # LED state  ← 初期設定
13: state = True               ← 初期状態を点灯(True)にする
14: GPIO.output(17, state)     ← LEDが点灯する
15:                              起動時にプッシュ・スイッチが押さ
16: if GPIO.input(18) == False:  れていたら(Falseのとき)初期化する
17:     os.system("echo raspberry > /etc/hostname")
18:     os.system("echo pi:raspberry | /usr/sbin/chpasswd")
19:     os.system("/etc/init.d/sound restart")
20:     os.system("shutdown -r now")
21:     sys.exit()
22:
23: # check SW
24: while GPIO.input(18) == True:   ┐ プッシュ・スイッチが押
25:     time.sleep(0.2)             ┘ されるまで0.2秒待つ
26:     # blink LED  ← 点滅
27:     state = not(state)    ← LEDの状態を反転する
28:     GPIO.output(17, state)  ← 0.4秒周期でLEDが点滅する
29:
30: # if SW pushed            ┐ 実行中にプッシュ・スイッチが押されたら
31: GPIO.output(17, True)     ┘ ループを抜け出し，LEDを点灯状態にする
32: os.system("shutdown -h now")  ← シャットダウン
```

リスト2 赤外線カメラ・モジュールで撮影するためのプログラム

```sh
 1: #!/bin/sh
 2:
 3: # capture size   ← 初期設定
 4: size='--rotation 180 --width 1920 --height 1080 --nopreview --timeout 1000'
 5: quality=90
 6: point=64
 7: offset=64,1024
 8:
 9: # working dir  ← 作業フォルダ．なければ作成する
10: dir=/var/www/html/img
11: mkdir -p $dir
12: cd $dir   ← 作成したフォルダに移動する
13:
14: # etc.
15: temp=IR.jpg   ← ファイル名の指定
16:
17: # loop forever
18: while :       ← この行以降を無限に繰り返す
19: do
20:     # read config                    ← 設定ファイルの読み込み
21:     ./home/pi/webcam.conf
22:     # wait for every 10 sec.   ← 10秒ごとに待機
23:     sec=`/bin/date +%S | sed s/.//`    ┐ 時計の秒のけたが0になるまで待つ
24:     sleep `/usr/bin/expr 10 - $sec`    ┘
25:     # make filename
26:     file=`/bin/date +%Y%m%d%H%M%S`   ← 保存ファイル名は年月日時分秒の形式
27:     # capture
28:     /usr/bin/raspistill $size --output ../$temp   ← カメラでの撮影
29:     # telop                         ┐ 撮影した画像に年月日時
30:     s=`/bin/date '+%Y/%m/%d %H:%M:%S'`  分秒のテロップを入れる
31:     /usr/bin/convert ../$temp -quality $quality -pointsize $point -fill
                white -stroke black -draw "text $offset '$s'" $file.$temp   ← 変換
32:     # check QR-code                ┐ QRコードが画像内に
33:     /home/pi/config.prl &          ┘ ないかチェックする
34: done
```

第9章 実家の両親でも一発完動！QRコード解読Webカメラ

リスト3　温度/湿度/気圧センサをグラフ化するためのプログラム

```perl
1: #!/usr/bin/perl
2:
3: chdir '/var/www/html';          ← 作業フォルダとファイル名
4: $f = 'stat.png';
5: $f2 = 'stat2.png';
6: open(OUT, '>stat.txt');         ← システム情報を記録するファイルをオープンする
7:
8: # get ping host
9: if(open(ENV, '/home/pi/webcam.conf')) {
10:    @_ = grep(/^ping=/, <ENV>);
11:    close(ENV);                 ← 設定ファイルがあった場合それを読み込む
12:    unless($#_ < 0) {
13:       $_[0] =~ /^ping=/;
14:       chop($h = $');
15:    }
16: }
17:
18: # init png    ← 画像ファイルがなければ初期化
19: @c = qw/blue red magenta green cyan yellow white navy/;
20: $cmd = '-size 288x200 xc:gray';
21: for(0 .. $#c) {
22:    $cmd .= " -fill $c[$_] -draw \"point 287,$_\"";
23: }
24: # is there file?
25: if(! -f $f) {
26:    `convert $cmd $f`;
27: }
28: # is there file?
29: if(! -f $f2) {
30:    `convert $cmd $f2`;          ← グラフの画像ファイルが存在していなければ、初期画面を生成する
31: }
32:
33: # color of time   ← 現在時刻
34: @_ = localtime;
35: print OUT sprintf('%04d/%02d/%02d', $_[5]+1900, $_[4]+1, $_[3]);
36: $x = 'navy';
37: if($_[1] == 0) {                ← 背景：12時間ごとに線を入れる
38:    $x = 'blue';
39:    if($_[2] % 12 == 0) {
40:       $x = 'cyan';              ← 毎時0分には12日分のグラフ・ファイルへデータを追加する
41:    }
42:    `convert +append $f2 $f png:- | convert -chop 1x0 png:- png:- | convert -crop 288x200+0+0 png:- $f2`;
43: }
44:                                 ← 1日を超えるぶんは圧縮する
45: # draw    ← 描画コマンド
46: $cmd = "/usr/bin/convert $f -chop 1x0 -background $x -extent 288x200";
47: $cmd .= '-fill blue -draw "point 287,199 point 287,179 point 287,159 point 287,139 point 287,119 point 287,99 point 287,79 point 287,59 point 287,39 point 287,19" ';
48:
49: # load 0 - 10    ← 負荷
50: $_ = `/usr/bin/uptime`;
51: print OUT;                      ← 実際の描画のコマンドの基本となる部分を46～47行目で設定し、おのおのの描画コマンドを追加する。CPUの負荷を緑色の縦棒で描画する
52: /: (.....),/;
53: $l = 199 - $1 * 20;
54: $cmd .= "-fill green  -draw \"line 287,$l 287,199\" ";
55:
56: # ping 0 - 100 mS   ← インターネットのping
57: if($h) {
58:    $_ = `/bin/ping -q -c 1 $h | /usr/bin/tail -1`;
59:    m!= ([^/]*)/!;
60:    print OUT "ping to $h: $1 mS\n";
61:    $q = 199 - $1 * 2;
62:    $cmd .= "-fill white  -draw \"point 287,$q\" ";
63: }
64:                                 ← ネットワークの状態を示すpingの値を白色で示す
65: # CPU temp 10 - 60   ← CPU温度
66: $_ = `/bin/cat /sys/class/thermal/thermal_zone0/temp`;
67: print OUT sprintf("CPU: %.3fC\n", $_ / 1000);
68: $c = 239 - $_ / 250;
69: $cmd .= "-fill magenta -draw \"point 287,$c\" ";
70:                                 ← CPUの温度はマゼンタで表す
71: # BME280     ← センサの温度、気圧、湿度
72: @_ = `/usr/bin/python /home/pi/bme280_sample.py`;
73: print OUT @_;
74: $_[0] =~ /temp : (.....)/;      # 10 - 60
75: $t = 239 - $1 * 4;
76: $_[1] =~ /pressure : (........)/;   # 980 - 1030
77: $p = 199 - ($1 - 980) * 4;
78: $_[2] =~ /hum : (.....)/;       # 0 - 100
79: $h = 199 - $1 * 2;
80: $cmd .= "-fill red    -draw \"point 287,$t\" ";
81: $cmd .= "-fill yellow -draw \"point 287,$p\" ";
82: $cmd .= "-fill cyan   -draw \"point 287,$h\" ";
83:                                 ← 描画コマンドの生成がおわったら、実際に描画する
84: `$cmd $f`;
85:
86: print OUT `/bin/df -h`;         ← ディスクの空きの情報をファイルに出力して終了する
87: close(OUT);
```

います．1行目の「perlで書かれています」宣言と「#」以降がコメントであることも同様です．

　グラフの時間軸がわかるように，背景をふだんは暗い青とし，毎時0分は明るい青，0時と12時にはシアンに設定しています（34～41行）．

　実際の描画のコマンドの基本となる部分を46～47行目で設定し，おのおのの描画コマンドを追加するようにしています．気温は赤色，気圧は黄色，湿度はシアンで表示します（72～82行）．

● QRコードの設定

　カメラにQRコードが写っているかを確認してWi-Fi設定を変更したり，各種コマンドを実行したりするプログラムがconfig.prlです（**リスト4**）．QRコードを検出するライブラリがPythonで書かれているので，qrcode.py（**リスト5**）というラッパを用意しています．これでQRコードをテキストにしています．

　リスト4に示したとおり，読み込んだコードの1行目は，セキュリティのため，「ホスト名：pi：パスワード」である必要があります．2行目以降にはコマンドを書いておきます．コマンドは大きく分けて，現在の設定値を音声で出力するためのもの，設定値を変更するものがあります．

　表2にQRコードで使用できる内容を示します．私は，ＱＲコード作成サービスというWebサイトを使ってQRコードを生成しています．

https://www.cman.jp/QRcode/

　作成したQRコードを印刷したり，メールで送ったりすれば遠隔地でもすぐに設定変更できます．

リスト4　QRコードでWi-Fiなどの各種設定を行うためのコマンド

```perl
!/usr/bin/perl

@in = `/home/pi/qrcode.py`;         # QRコードを読んで文字にする
exit if($#in < 0);

# 1st. line = hostname:user:passwd
($_ = shift(@in)) =~ s/[\r\n]//g;
@_ = split(/:/);                    # 1行目が「ホスト名:
chop($hostname = `hostname`);       # pi:パスワード」で
exit unless($_[0] eq $hostname);    # あるかチェックする
exit unless($_[1] eq 'pi');
@passwd = getpwnam('pi');
exit unless (crypt($_[2], $passwd[1]) eq
                                    $passwd[1]);

@cmd = qw/ip df cpu temp hum pressure date time/;
@var = qw/ping size quality point offset encode
USBsize USBquality USBpoint USBoffset USBencode/;
@net = qw/ssid psk/;

# command
for(@in) {
    s/^[ \t]+//;
    s/[ \t]+$//;                    # 余分な空白などは無視
    s/[\r\n]//g;
    next if(/^#/);                  # #で始まる行は無視
    if(/^([^=]+)=/) {
        ($n, $v) = ($1, $');
    } else {
        ($n, $v) = ($_, '');
    }
    if($n eq 'hostname') {          # ホスト名の設定・読み上げ
        if($v) {
            `hostname $v` if($v);
            `echo $v >/etc/hostname`;
        }
        `/etc/init.d/sound hostname`;
    } elsif($n eq 'password') {     # パスワードの設定
        `echo pi:$v | /usr/bin/chpasswd` if($v);
    } elsif($n eq 'reboot') {       # 再起動
        `shutdown -r now`;
    } elsif($n eq 'shutdown') {     # シャットダウン
        `shutdown -h now`;
    } elsif($n eq 'update') {       # システムの更新
        `apt-get update`;
        `apt-get upgrade -y`;
    } elsif($n eq 'clear') {        # データの初期化
        `/bin/rm -Rf /var/www/html/stat.* /var/www/
                     html/img/* /var/www/html/video`;
        `/bin/cp /home/pi/config.txt /home/pi/
                                      webcam.conf`;
    } elsif(grep($n, @cmd)) {       # しゃべるコマンドの実行
        `/etc/init.d/sound $n`;
    } elsif(grep($n, @net)) {       # Wi-Fiの設定
        &sed($n, $v, '/etc/wpa_supplicant/wpa_
                                    supplicant.conf');
    } elsif(grep($n, @var)) {       # その他の設定
        &sed($n, $v, '/home/pi/webcam.conf');
    }
}

sub sed {                           # 設定変更のためのサブルーチン
    open(IN, $_[2]) or return;
    open(OUT, ">/home/pi/$$") or return;
    while(<IN>) {
        s/(\s*$_[0]\s*=).*/$1$_[1]/;
        print OUT;
    }
    close(IN);
    close(OUT);
    rename "/home/pi/$$", $_[2];
}
```

リスト5　QRコードが写っているか確認するためのプログラム

```python
#!/usr/bin/python

import os

from qrtools import QR
myCode = QR(filename=u"//var/www/html/IR.jpg")
if myCode.decode():
    print myCode.data
os.system("find /tmp -type d -name 'qr*' -empty
-delete")
```

表2　QRコードで使用できる内容

コマンド	実行内容
hostname	ホスト名をしゃべる
hostname ホスト名	ホスト名を設定し，その名前をしゃべる
password パスワード	パスワードの設定
reboot	再起動する
shutdown	シャットダウンする
update	OSのアップデート
clear	データや設定を初期化（ホスト名，パスワードを除く）
ip	「IPアドレスは，〜 です」としゃべる
df	「使用量は，〜%です」としゃべる
cpu	「CPU，〜度」としゃべる．
temp	「気温，〜度」としゃべる
hum	「湿度，〜%」としゃべる
pressure	「気圧，〜ヘクト・パスカル」としゃべる
date	「〜年〜月〜日」としゃべる
time	「〜時〜分〜秒」としゃべる
ssid="〜"	Wi-FiのSSIDを設定する
psk="〜"	Wi-Fiのパスワードを設定する
ping="〜"	ping 先ホストを指定する
size="〜"	内蔵カメラのサイズを指定する
quality="〜"	内蔵カメラの画像圧縮率を指定する
point="〜"	内蔵カメラのテロップのサイズを指定する
offset="〜"	内蔵カメラのテロップの位置を指定する
encode="〜"	内蔵カメラのタイムラプスの形式を指定する
USBsize="〜"	外付カメラのサイズを指定する
USBquality="〜"	外付カメラの画像圧縮率を指定する
USBpoint="〜"	外付カメラのテロップのサイズを指定する
USBoffset="〜"	外付カメラのテロップの位置を指定する
USBencode="〜"	外付カメラのタイムラプスの形式を指定する

*　　　*　　　*

　前述した私のWebサイトで，そのほかのプログラムもダウンロードできます．

　本器でUSBカメラも使うときは，10秒に2枚撮影をします．容量は1日で数Gバイトです．

　システム内部では多くの一時ファイルが作成されています．その結果，マイクロSDカードの読み書きが頻発します．マイクロSDカードの寿命にどのぐらい影響するかわかりませんが，長期運用をするときはときどき交換したほうがよいでしょう．

たなか・じろう

第10章 ギャラは電池3本/月！必撮猪鹿カメラマン

100μA低電力潜入＆0.数秒で高速覚醒！
逃げ足速いアイツの姿を送ってくれる

岩田 利王

● 畑を荒らしに来た動物の画像を即メール

近年，野生のシカやイノシシの数は増え続けており，山登りをすると普通に出くわすことがあります．それらは農耕地まで降りてきて，畑の農作物を食い荒らすことも多くなっています．農林水産省のサイトによると被害額は，年間200億円を超えているようです．

そこで，畑の真ん中に設置できる乾電池動作のセンサ・カメラを作りました（図1）．携帯電話の回線を使った通信モジュールを使って，パソコンやスマホなどに写真を添付した電子メールを送ります．赤外線センサと動き検出を組み合わせ，動物が来たと判断したときだけ動作します．

屋外IoTの実例！赤外線センサ・カメラ

● 屋外で使えるように携帯電話回線利用＆電池動作

写真1に今回製作したセンサ・カメラを示します．基板が3段重ねになっています．真ん中がワンチップ・マイコン・ボードPSCAM02（デジタルフィルター社），下側がFPGAボードBemicro MAX10（アロー・エレクトロニクス社），上側がラズベリー・パイZEROです．

● プラスチック・ケースに封入して屋外に設置

屋外に設置するので，透明なプラスチック・ケースを用意し，基板やカメラ，LED照明，乾電池などを封入します．ケースが赤外線を通さないので，センサだけは穴を開けて外に出します．後述するように，この乾電池で1カ月動作する試算です．

● 生き物から放射される赤外線を検出するとカメラ，FPGA，LED照明がON

手をかざすと，焦電型赤外線センサが反応し，カメラ・モジュールが載ったFPGAボードとLED照明の電源が入ります．

● カメラで動きを検出したときにラズベリー・パイを起動，動物が撮影されているはずの写真データをFPGAから受け取る

手を動かさずにじっとしていると約3秒でFPGAボードとLED照明の電源はOFFになります．再度手をかざすとそれらはまたONになります．

カメラの前で手を動かすと，LED照明は消灯，撮影は停止され，ラズベリー・パイの電源がONになります．ラズベリー・パイにはHDMIコネクタが付いているので，パソコン用ディスプレイに繋いでおけば，OSがブートするようすが確認できます．

OSが立ち上がると，自動的にFPGA上のSDRAMにある写真が1枚，ラズベリー・パイにSPIで転送されます．8秒ほどで転送は終了し，FPGAボードの電源がOFFになります．

● 携帯電話回線を通じてJPEGファイルをメール送信

ラズベリー・パイの方は処理を続行します．自動的に「テキスト・ファイルのJPEG化」と「JPEGファイルのメール送信」が行われます．

メール送信が終わったら，ラズベリー・パイはシャットダウンされます．その数秒後，マイコンはラズベリー・パイの電源を切ります．

マイコン・ボードのみが動く「省電力モード」に戻り，

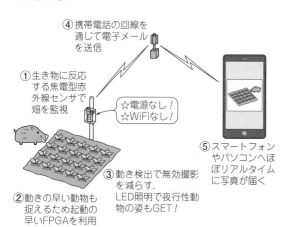

図1 家から離れた畑の中へ設置できる獣害対策センサ・カメラ
電池動作のためにさまざまな工夫が必要になった

第10章 初出：「トランジスタ技術」2017年4月号
※この記事を再現する際は，当時のOSをラズベリー・パイにインストールしてください．詳細はp.8を参照．

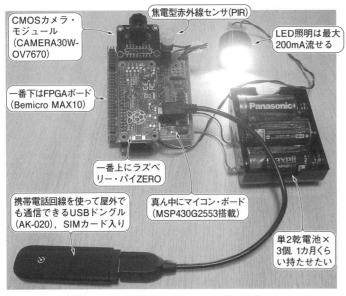

写真1 製作した獣害対策センサ・カメラ

赤外線センサに反応があるまでその状態が続きます．

撮影した写真はメールで即時に送られてくるので，それを見た農家の人は畑に直行して追い払えます．

ラズベリー・パイの「寝起きの悪さ」をFPGAで補い，電源ON/OFFを常時動作のマイコンで制御

● 機能の実現は簡単だが…電池動作が難しい！

カメラ撮影＋メール送信と聞くと，読者の皆さんは真っ先にラズベリー・パイを思い浮かべるでしょう．ラズベリー・パイにOpenCV（Open source Computer Vision）をインストールすると，USBカメラが扱えるようになります．sSMTPというツールをインストールすると，撮影した画像をメールに添付して送信することもできます．

● 省電力のワンチップ・マイコンで電源ON/OFF制御

しかし，これを屋外で利用したいと思うと難しくなります．

屋外にAC 100 Vはないので，センサ・カメラの電源は必然的に乾電池になります．ラズベリー・パイは消費電力が大きいので，省電力のワンチップ・マイコンで電源を制御することになります．

● 必要なときだけ電源をONしたいが起動が遅い

実際に使ってみると重大な欠点に気づきます．その原因は，ラズベリー・パイの「寝起きの悪さ」にあります．電源が入ってから，OSが安定してアプリケーション・ソフトウェアが正常動作するまでに，1分程度かかります．図2に示すように，カメラが動作するころには，動物がカメラの前から去ってしまう可能性があります．

ラズベリー・パイのようなシングル・ボード・コンピュータの性能は今後も向上しますが，それにつれてOSも複雑化してくるでしょう．したがって，この問題はOSをのせて使うコンピュータ・ボードの宿命ともいえそうです．

● 電源ONですぐ動き出すFPGAでサポート

そこで，FPGA（Field Programmable Gate Array）の出番です．Bemicro MAX10のようなFPGAボードを使うと，電源ONとほぼ同時にカメラを動作できます．

3つのボードを組み合わせて確実な撮影と乾電池動作を実現

ワンチップ・マイコン，FPGAボード，ラズベリー・パイを組み合わせてセンサ・カメラを製作します．表1にそれらの長所，短所，本機での役割を示します．

● 待機中はマイコン・ボードだけ

動作イメージを図3に示します．

普段はマイコン・ボードのみが動作しており，FPGAボードやラズベリー・パイの電源は切られています（図3の①）．

マイコン・ボード上に焦電型赤外線センサがあり，近くに動物が現れると反応します．マイコンはセンサ

第10章　ギャラは電池3本/月！必撮猪鹿カメラマン

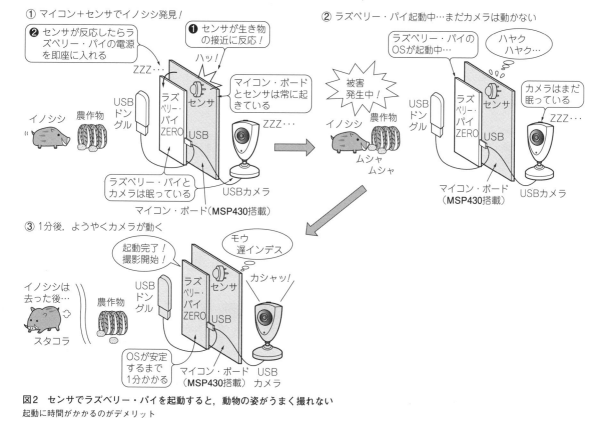

図2　センサでラズベリー・パイを起動すると，動物の姿がうまく撮れない
起動に時間がかかるのがデメリット

表1　デバイスの特徴に応じて役割分担を行う
低消費電力なマイコンを常時動かし，起動の早いFPGAといろいろなことができるラズベリー・パイをうまく操作する

デバイス	ワンチップ・マイコン	FPGA	ラズベリー・パイ
長所	省電力	立ち上がりが良い．高速動作．常に安定	画像処理ライブラリ豊富．ネット接続が手軽
短所	動画処理は間に合わない	画像データのJPEG化やネット接続は煩雑になりがち	立ち上がりが遅い．OSの状態によっては不安定．消費電力が大きい
本機での役割	赤外線センサの監視．FPGAとラズベリー・パイの電源制御	遅延なしでカメラ画像を取り込み．動き検出	画像データのJPEG化．JPEGファイルを電子メールで送る

に反応があれば速やかにFPGAボードの電源を入れます．

● FPGAで高速撮影＆動き検出

FPGAボードはセンサ反応直後にカメラを動作させられるので，無遅延で撮影できます．画像はFPGAボード搭載のSDRAMに保存されます（図3の②）．

複数枚撮影して，FPGAで「動き検出」を行います．「動きあり」と判断したら，その旨をマイコンに伝え，マイコンはラズベリー・パイの電源を即座に入れます．

● ラズベリー・パイが立ち上がったころには動物は立ち去っているかも…，でも写真は撮影済み！

OSが立ち上がった後，ラズベリー・パイはFPGAボードから画像データを受け取ります．

OSが安定するまで1分程度かかりますが，カメラ画像はすでにFPGAボード上のSDRAMに保存されているので，少々起動に時間がかかっても構いません（図3の③）．

● 画像処理やメール送信はラズベリー・パイの仕事

ラズベリー・パイは画像データをJPEGファイル化します．ラズベリー・パイには携帯電話回線を使うUSBドングルの通信モジュールを接続しているので，JPEGファイルを電子メールに添付してパソコンやスマホに送信できます（図3の④）．

この期間，FPGAボードの電源はOFFにされます．画像はすでにラズベリー・パイに送ったからです．

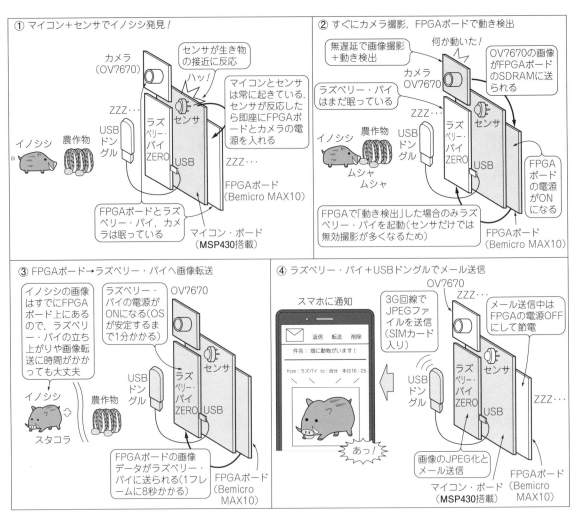

図3 マイコンとFPGA，ラズベリー・パイの良いところを組み合わせる
起動の早いFPGA，多機能なラズベリー・パイを，マイコンがタイミングよくON/OFFする

表2 製作した獣害対策センサ・カメラの主要部品
このほか，制御入力付きの電源モジュールや配線，ケースなどを用意した

部品	型番	製造元または販売元	価格(執筆時)
マイコン・ボード	PSCAM02(*)	デジタルフィルター	未定
FPGAボード	BeMicro MAX 10	アロー・エレクトロニクス	$30
ラズベリー・パイ	Zero	ラズベリーパイ財団	$5
USBドングル	AK-020	エイビット(販売はソラコム)	5,980円
CMOSカメラ・モジュール	CAMERA30W-OV7670	aitendo	2,980円
焦電型赤外線センサ	SB412A	秋月電子通商	500円
電池ボックス(単2×3)	B-209	マルツ電波	325円
LED照明	USB-LIGHT3031-A	マルツ電波	653円

(*)「罠トリガ」機能を付加した害獣遠隔捕獲システムとして同社から発売されている．詳細はp.270のAppendix 4を参照．

全体のブロック図とフローチャート

● マイコンはイネーブル端子付きDC-DCコンバータを制御して，ボードやLEDの電源をON/OFFする

表2に主要部品を示します．

図4は，センサ・カメラのブロック図です．

ワンチップ・マイコンMSP430の電源は入れっぱなしです．ロー・パワー・モードで使用するので，消費電流は100μA以下と小さな値です．

カメラを接続したFPGAボードBeMicro MAX10，LED照明，ラズベリー・パイZEROの電源は，イネ

第10章 ギャラは電池3本/月！必撮猪鹿カメラマン

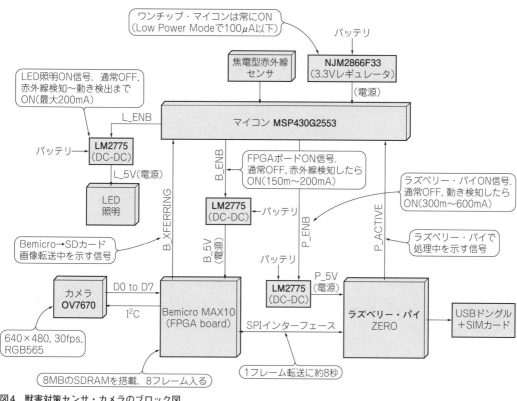

図4 獣害対策センサ・カメラのブロック図
常時動作しているマイコンがセンサや他のブロックの信号を元に，FPGAやラズベリー・パイの電源をコントロール

ーブル端子付きDC-DCコンバータLM2775（テキサス・インスツルメンツ）から供給して，マイコンからON/OFFできるようにします．

● **マイコン・ボードだけは常に電源ON，赤外線センサの検出でFPGAを叩き起こす**

図5にセンサ・カメラのフローチャートを示します．通常はワンチップ・マイコンだけが省電力モードで動作しています．赤外線センサが反応したら，FPGAボード（カメラも含む），LED照明の電源をONします．

● **FPGAは電源投入後すぐにカメラを操作する**

FPGAが起動すると，まずI^2C（Inter-Integrated Circuit）という2線式のシリアル通信を使ってCMOSカメラ・モジュールCAMERA30W-OV7670（aitendo社）のレジスタを設定し，カメラ画像を受け取ります．

画像データはRGB565というフォーマットで8ビット・バスに多重化されます．画像データはFPGAでデコードし，FPGAボード上のSDRAMに溜め込みます．

● **3秒間動きがなければ節電のためFPGAの電源を切って待機状態に戻る**

FPGAは電源ON直後の3秒間，フレーム差分をとり続けて「動き検出」を行います．

動きを検出したら，図4におけるB_XFERRINGという信号を"H"にしてマイコンに通知します．検出しない場合，B_XFERRING信号は"L"を保ちます．3秒間"L"が続けば「動きなし」と判定し，マイコンはFPGAボードとLED照明の電源をOFFにします．

● **動きがあったらそこで初めてラズベリー・パイの電源をONする**

B_XFERRINGが"H"になったら，マイコンはまずLED照明の電源をOFFにします．画像はすでにFPGAボード上のSDRAMに保存されているので，撮影用の照明は要らないからです．

その後，マイコンはラズベリー・パイの電源をONにします．

● **FPGA→ラズベリー・パイへ画像データを転送し，1フレーム送ったらFPGAを切って節電**

ラズベリー・パイが起動したら図4におけるP_ACTIVE信号を"H"にします．OSが安定したらFPGAとSPIで通信し，SDRAMに保存していた画像データを受け取ります．1フレーム（写真1枚）の転送が終わると（約8秒），FPGAはB_XFERRINGを"L"にします．マイコンはそれを見てFPGAボードの電源をOFFにします．

● 無償の画像処理ライブラリOpenCVが使えて電子メールも送れるラズベリー・パイ

ラズベリー・パイは，OpenCVの関数を使って受け取った画像データをJPEGファイル化します．さらに，携帯電話の回線を使えるUSBドングル（AK020，エイビット社）を起動し，JPEGファイルをメールに添付して送信します．

● OSがシャットダウンされてからマイコンに電源を切ってもらう

P_ACTIVEが"H"の間，マイコンはラズベリー・パイの電源をONにし続けます．ラズベリー・パイのOSがシャットダウンされる直前に，この信号は"L"になります．マイコンは信号の変化を確認したら，15秒後にラズベリー・パイの電源をOFFにします．その後は図5に示すように，省電力モードに戻って赤外線センサの反応を待ち続けます．

ワンチップ・マイコンのファームウェア

図5のフローチャートの一番上の「省電力モード」の脇にstate = "SL"とあります．このステートを始まりとして，赤外線を検出するまでは同ステートにとどまります．

■ タイマ割り込みでステート遷移する

リスト1はワンチップ・マイコン（MSP430G2553，テキサス・インスツルメンツ社）のファームウェア（PwrCtrl¥main.c）の一部です．タイマ割り込みの部分であり，10 msごとにこのルーチンが実行されます．

● 赤外線センサが反応したら省電力モードを抜ける

state="SL"のとき，センサ信号を見に行き，それがHならばLED照明の電源制御信号L_ENBとFPGAボードの電源制御信号B_ENBを"H"にします（state="BE"）．これらの信号は図4に示すようにDC-DCコンバータのイネーブル端子につながっているので，FPGAボードとLED照明がONになります．もし赤外線センサ信号が"L"ならば，何もせずに同ステートにとどまります．

● 3秒以内にカメラ画像の動きがあるかどうかで判断

FPGAボードとLED照明の電源がONになったら，次は動き検出です．図5のフローチャートでは，3秒以内に動き検出されれば「ラズベリー・パイ電源ON」ステートに遷移します（state="PE"）．3秒間動きがなければ省電力モードに戻り，FPGAボードとLED照明の電源はOFFされます（state="SL"）．

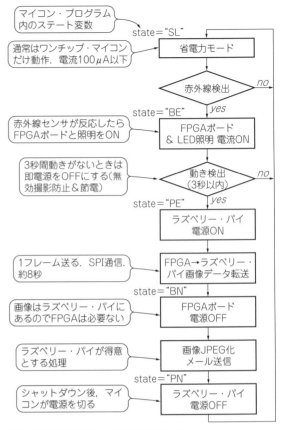

図5 獣害対策センサ・カメラのフローチャート
マイコンは常時動作してこの流れをコントロールする

● 3秒後のB_XFERRINGの値で判断すればよい

リスト1の後半，ステートが"BE"から"PE"と"SL"に遷移する部分に，"stay_this_state=0"という条件が加わります．

ステートが"BE"に遷移した際，stay_this_state=-300としているので，10 ms×300＝3秒後にこの部分に入ってステートが遷移します．

それまでの3秒間で一瞬でも動きがあれば，FPGAはB_XFERRINGを"H"に保ち，ずっと動きがなかった場合は"L"に保ちます．このようにして図5の時限付き条件分岐が実現できます．

● シャットダウンにかかる時間を見越して電源を切る

stay_this_state変数で適宜「時間調整」を行いながら図5のようなフローチャートを達成します．例えば，ラズベリー・パイは，メール送信を終え，OSのシャットダウンを始める直前にP_ACTIVEを"L"とします．

マイコンはそれを見て「ラズベリー・パイ電源OFF」ステート（state="PN"）に遷移します．リスト1ではその際，stay_this_stateが-1500にセットされるので，10 ms×1500＝15秒後にラズベリ

第10章 ギャラは電池3本/月！必撮猪鹿カメラマン

リスト1 マイコンのファームウェア(抜粋)
センサ，FPGA(カメラ)，ラズベリー・パイからの信号で図5の状態遷移を行う

```
#pragma vector=TIMER0_A1_VECTOR
__interrupt void Timer_A(void)
{
 switch( TA0IV ) {
  static int stay_this_state;
  case 2: break; // CCR1 not used
  case 4: // once 10 ms              ← 10msごとにタイマ割り込み
        if(state[0] == 'S' && state[1] == 'L') {  ← state = "SL"(省電力モード)
            if( (P1IN & PIR) == PIR ) {
                P1OUT |= L_ENB;                    PIRが反応している場合はLED照明と
                P1OUT |= B_ENB;                    FPGAボードをONしてステート遷移
                state[0] = 'B'; state[1] = 'E';
                stay_this_state = -300; // 3 s    ← 3秒間"BE"ステートを続ける
            }
        }
        else if(state[0] == 'P' && state[1] == 'E') {  ← state = "PE"(ラズパイON)
            if( (P1IN & B_XFERRING) == 0 ) {
                P1OUT &= ~B_ENB;                   B_XFERRING信号がLならFPGA
                state[0] = 'B'; state[1] = 'N';    ボードの電源を切ってステート遷移
            }
        }
        else if(state[0] == 'B' && state[1] == 'N') {  ← state = "BN"(FPGAボードOFF)
            if( (P1IN & P_ACTIVE) == 0 ) {
                state[0] = 'P'; state[1] = 'N';    ← P_ACTIVE信号がLならステート遷移
                stay_this_state = -1500; // 15 s  ← 15秒間"PN"ステートを続ける
            }
        }

        stay_this_state++;                        ← この変数でステートにとどまる時間を調整する
        if ( stay_this_state == 0 ) {
            if(state[0] == 'B' && state[1] == 'E') {  ← state = "BE"(FPGAボードON)
                if( (P1IN & B_XFERRING) == 0 ) {
                    P1OUT &= ~B_ENB;               B_XFERRING信号がLならLED
                    P1OUT &= ~L_ENB;               照明とFPGAボードの電源を切っ
                    state[0] = 'S'; state[1] = 'L';  てステート遷移
                }
                else {
                    P1OUT &= ~L_ENB;               B_XFERRING信号がHならLED
                    P1OUT |= P_ENB;                照明の電源を切ってステート遷移
                    state[0] = 'P'; state[1] = 'E';  (FPGAはONのまま)
                }
            }
            else if(state[0] == 'P' && state[1] == 'N') ← state = "PN"(ラズパイOFF)
                P1OUT &= ~P_ENB;
                state[0] = 'S'; state[1] = 'L';   ← ラズパイの電源をOFFしてステート遷移
            }
        }
  break;       // CCR2
  case 10: break; // overflow
 }
}
```

ー・パイの電源が切られます(P_ENBが"L"になる)．そうすることで，OSが確実にシャットダウンされた後にラズベリー・パイの電源を切ることができます．

ラズベリー・パイのアプリケーション

■ 機能1…FPGAから画像を読み込む

● FPGA側のSPIコントローラを操作して画像データを読み取る

ラズベリー・パイは，図5のフローチャートに示すように，電源がONになったらFPGAから画像データを速やかに受け取ります．SPI(Serial Peripheral Inter face)という4線式のシリアル通信です．

● 手順
▶FGPA側の二つのレジスタへ読み書きを行う

SPIコントローラはラズベリー・パイ側(マスタ)とFPGA側(スレーブ)の双方にあります．図6はFPGA側のタイミングを示しています．

FPGA側のSPIコントローラのレジスタは二つあります．「レジスタ0」はリード・オンリで，ラズベリー・パイはこのレジスタからデータを読み出します．レジスタ0には「通常モード」と「画像転送モード」と二つのモードがあります．

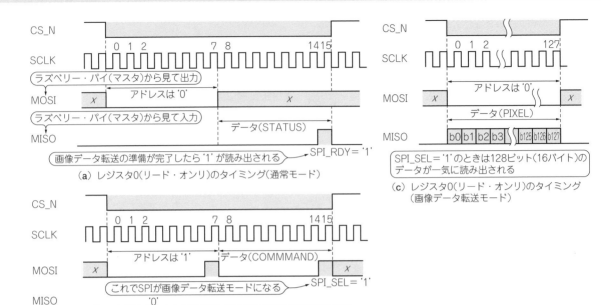

図6 写真データを転送するSPIインターフェースのタイミング・チャート
FPGA側の準備ができてから転送モードを切り替える

▶まずはレジスタ0を読んでFPGAの準備待ち

通常モードでのレジスタ0のタイム・チャートは**図6(a)**です．ラズベリー・パイは，CS_NをLにした後，MOSIのシリアルに8ビットのアドレス（0x00）を設定します．そのあと，MISOから8ビットのデータ（この例では0x01）を読み出します．

▶準備ができたらレジスタ1で画像転送モードへの変更を指示

図6(a)でSPI_RDY='1'になっているのは，FPGA側で画像転送の準備ができたことを意味します．ラズベリー・パイはそれを見て「レジスタ1」の設定を行います．

レジスタ1はライト・オンリです．**図6(b)**はそのタイム・チャートです．ラズベリー・パイはCS_Nを"L"にした後，MOSIに8ビットのアドレス（0x01）を設定し，さらに8ビットのデータ（この例ではコマンドの0x01）を書き込みます．

▶画像転送モードに切り替わったらレジスタ0から画像データをひたすら読み出す

図6(b)のようにSPI_SEL='1'とすれば，レジスタ0は「画像データ転送モード」に切り替わります．ラズベリー・パイはその後，**図6(c)**のようにレジスタ0を読み出します．このモードではレジスタのビット長は128ビットになるので，ラズベリー・パイはCS_Nを128サイクル"L"とし，さらにSCLKを128個出してデータを読み出します．128ビットなので16バイト，1画素が2バイト（R, G, Bそれぞれ5, 6, 5ビット）なので，8画素分のデータを一度に読み出すことになります．

● **具体的なソース・コード**

この処理を行うラズベリー・パイ側のアプリケーションを**リスト2**に示します．

▶デバイス・ドライバを開き初期設定

まずラズベリー・パイ側のSPIコントローラのデバイス・ドライバを開き，初期設定を行います．

▶FPGA側の準備ができたらモードを切り替える

FPGA側が「通常モード」の場合，リード・ライトともにtransfer_2関数でレジスタにアクセスします．

まずFPGA側のSPIコントローラのレジスタ0を読み，SPI_RDYが'1'になるまでwhile文で読み続け，'1'になったら今度はレジスタ1のSPI_SELに'1'を書きます．これによりFPGA側は「画像データ転送モード」になります．

▶モードが切り替わったら1ラインぶんのデータを読み出す

その後はtransfer_16関数を使用して128ビット＝16バイト＝8画素ぶんのデータを受け取ります．1ライン720画素あるので，この関数を720/8 = 90回繰り返します．なお，1ラインの有効画素数は640ですが，余裕を持って720画素読み出しています．

▶画像データをテキスト・ファイルにセーブする

1フレームは480ラインで構成されます．1ライン読み込み動作を480回繰り返してSPI転送は終了です．速度は8 Mbpsで，1フレーム転送に約8秒かかります．画像データはpixdata0.txtというファイルにセーブされます．この時点ではまだJPEGファイルではなく，データを羅列したテキスト・ファイルです．

第10章　ギャラは電池3本/月！必撮猪鹿カメラマン

リスト2　ラズベリー・パイの画像データ受信アプリケーションのソースコード（spixfer.cの抜粋）

```
static const char *device = "/dev/spidev0.1";
static uint8_t mode;
static uint8_t bits = 8;
static uint32_t speed = 8000000;    ← BPSは8Mビット/s
static uint16_t delay;

int main(int argc, char *argv[]) {
                     :  中略  :
    fd = open(device, O_RDWR);   ← SPIコントローラ（ラズベリー・パイ側）
    if (fd < 0) pabort("can't open device");   のデバイス・ドライバを開く

    ret = ioctl(fd, SPI_IOC_WR_MODE, &mode);
    if (ret == -1)
    pabort("can't set spi mode");

    ret = ioctl(fd, SPI_IOC_RD_MODE, &mode);
    if (ret == -1) pabort("can't get spi mode");

    ret = ioctl(fd, SPI_IOC_WR_BITS_PER_WORD, &bits);   ← SPIコントローラ（ラズベリ
    if (ret == -1) pabort("can't set bits per word");      ー・パイ側）の設定
    ret = ioctl(fd, SPI_IOC_RD_BITS_PER_WORD, &bits);
    if (ret == -1) pabort("can't get bits per word");

    ret = ioctl(fd, SPI_IOC_WR_MAX_SPEED_HZ, &speed);
    if (ret == -1) pabort("can't set max speed hz");
    ret = ioctl(fd, SPI_IOC_RD_MAX_SPEED_HZ, &speed);
    if (ret == -1) pabort("can't get max speed hz");

    sprintf( savefile, "pixdata%s.txt", argv[1]);
    printf( "%s¥n", savefile );   ← pixdata0.txtというテキスト・ファ
                                    イルに画像データを書き込む
    fp = fopen( savefile, "w" );
    if(fp == NULL) {
      printf("file cannot opend¥n");
    } else {
      i = 0;
      while(i < 480) {   ← 1フレームは480ライン
        printf("line %d¥n", i);
        while(transfer_2(fd, 0, 0) == 0) {}   ← SPIコントローラ（FPGA側）のレジスタ0の
        transfer_2(fd, 1, 1);                    ビット1（SPI_RDY）が1になるまで待つ
        for(k = 0; k < 720/8; k++) {   ← SPIコントローラ（FPGA側）のレジスタ
          if(k == 720/8-1) last = 1;     1のビット1（SPI_SEL）に1を書き込む
          else last = 0;
          transfer_16(fd, fp, last);   ← SPIコントローラ（FPGA側）が「画像データ転送モード」
        }                                 になるので1ライン（720画素）ぶんデータを読む
        transfer_2(fd, 1, 0);   ← SPIコントローラ（FPGA側）のレジスタ1のビット1
        i++;                        （SPI_SEL）に0を書き込む（通常モードに戻す）
      }
    }
    fclose(fp);
    close(fd);
    return ret;
}
```

■ 機能2：画像データをJPEGファイルに変換して保存

● パソコンやスマホで見られるようにJPEGファイルに変換

テキスト・データのままだと，パソコンやスマホで画像表示できません．JPEGファイルなどに変換する必要があります．OpenCVの関数を使えば簡単に行えます．ラズベリー・パイにOpenCVをインストールしておく必要があります．第7章のp.233 〜 235を参考にしてください．

● R，G，Bは5，6，5ビットなので1画素は2バイトからなる

リスト3にそのソース・コードを示します．テキスト・ファイルを開いてscanf関数で1バイト読み，RとGに割り当てます．1画素は2バイトなので，さらに1バイト読み，今度はGとBに割り当てます．1ラインは720画素あるので，それを720回繰り返します．

265

リスト3 ラズベリー・パイの画像をjpegに変換して保存するアプリケーションのソースコード（savejpeg.cの抜粋）

```c
int main (int argc, char **argv) {
                           :   中略   :
  int width=720, height=480;
  int normal_zero = 669;
  int early_zero = 560;

  sprintf( loadfile, "pixdata%s.txt", argv[1] );   ← 入力はテキスト・ファイル
  printf( "%s¥n", loadfile );
  sprintf( savefile, "frame%s.jpg", argv[1] );     ← 出力はJPEGファイル
  printf( "%s¥n", savefile );

  fp = fopen( loadfile, "r" );   ← 入力ファイルを開く
  if( fp == NULL ){
      printf( "%s cannot be opened.¥n", loadfile );
      return -1;
  }
                                          ← 画像の構造体の生成
  img = cvCreateImage(cvSize(width, height), IPL_DEPTH_8U, 3);
  if(img==0) return -1;
  cvZero(img);

  for(y=0; y<height; y++) {     ← フレーム480ライン
      extrazero = 0;
      for(i = 0; i < 720; i++) {   ← 1ライン720画素
        fscanf(fp, "%s", onepix);   ← 1バイト読み込む
        pix_r[i] = ((Hex2Dec(onepix) & 0xF8) >> 0);
        pix_g[i] = ((Hex2Dec(onepix) & 0x07) << 5);
        fscanf(fp, "%s", onepix);
        pix_g[i] += ((Hex2Dec(onepix) & 0xE0) >> 3);   ← R, G, B画素値を
        pix_b[i] = ((Hex2Dec(onepix) & 0x1F) << 3);        取り出す
        pix[i] = (pix_r[i] + pix_g[i] + pix_b[i]) / 3;
        if(i > early_zero && i <= normal_zero && extrazero == 0) {
          if(pix[i] == 0) extrazero = normal_zero-i;
        }                                  ← 「ライン・シフト」対策
      }
      for(x=0; x<width; x++) {
        int a = img->widthStep*y+x*3;
        if(x-extrazero >= 0) {
           img->imageData[a+0] = pix_b[x-extrazero];
           img->imageData[a+1] = pix_g[x-extrazero];   ← 「ライン・シフト」があれば
           img->imageData[a+2] = pix_r[x-extrazero];      調整する
        } else {
           img->imageData[a+0] = pix_b[x];
           img->imageData[a+1] = pix_g[x];
           img->imageData[a+2] = pix_r[x];
        }
      }
  }
  cvSaveImage(savefile, img, 0);   ← JPEGファイルに保存
  fclose( fp );
  cvReleaseImage(&img);
  return 0;
}
```

● **SPI通信が不安定なときの対策を施す**

1画面は480ラインありますが，そのうち数ラインの画素が左方向にずれてしまう現象（ライン・シフトと呼ぶ）が時折発生しました．SPI通信が不安定になるときに頻発します．OSが立ち上がって30秒ほど待てば，SPI通信が安定するようで少なくなります．

対策として，水平同期の位置ずれを調整します．リスト3の`normal_zero`は本来の位置であり，0データ（水平同期の始まり）がそれより早く見つかったら，そのぶん右方向へシフトして調整します．

● **OpenCVの関数を呼び出してエンコード**

最後に`cvSaveImage`を実行します．これはOpenCVの関数であり，この一行でJPEGファイルに変換してセーブできます．

■ **機能3：メール送信ツールを使う**

● **メール送信はSMTPサーバ経由**

図7にメール送信の概要を示します．ラズベリー・パイはmailコマンドでSMTP（Simple Mail Transfer Protocol）と呼ばれるメール送信サーバに電子メールを送ります．その後SMTPサーバは速やかにPOP（Post

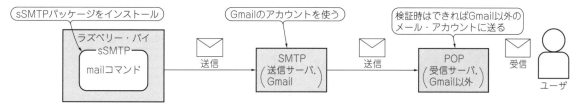

図7 製作した獣害対策センサ・カメラは撮影が終わるとすぐに3G回線を使って写真を添付したメールを送信する

Office Protocol)と呼ばれるメール受信サーバに転送します．インストールや設定は，第4章のp.146を参照してください．

● JPEGファイルをメールに添付する方法

JPEGファイルを送るには，次のmailコマンドのオプションを使います．

```
mail -A frame0.jpg -s "from RasPi" username@userdomain.com
```

図8のように電子メールにJPEGファイルが添付されて届きます．

ソラコム社のSIMカードとUSBドングルAK-020をラズベリー・パイで使う

AK-020(エイビット社)は，携帯電話回線を利用できるUSB接続のデータ通信端末です．IoTデバイス向けの携帯電話回線を提供しているソラコム社から購入できます．AK-020にソラコム社のSIMカードを使えば，有線LANやWi-Fi環境のないところでもネット接続できます．

● セットアップには別のネット環境が必要

AK-020をラズベリー・パイ用にセットアップするには，ラズベリー・パイZeroにUSBハブを介して，有線LANアダプタまたはWi-FiアダプタとAK-020の両方をつなぎます．

● プロトコルとシェルスクリプトのダウンロード

LX Terminalを開き，次のようにネット経由でwvdial(ダイアルアップ接続プロトコル)をインストールします．

```
sudo apt-get install wvdial
```

その後，ネット経由でシェルスクリプトを得ます．

```
curl -O http://soracom-files.s3.amazonaws.com/connect_air.sh
```

シェルスクリプトに実行属性(+x)を加えます．

図8 画像を添付した電子メールを送る

```
chmod +x connect_air.sh
```

● AK-020でネットが使えているか確認

ラズベリー・パイから有線LANやWi-Fiアダプタを外します．リブートの後，スクリプトを実行しましょう．

```
sudo reboot
sudo ./connect_air.sh
```

図9左側のような表示が現れたら，Epiphanyウェブ・ブラウザで適当なサイトにアクセスしてみましょう．ネットにつながっているのを確認したら，前節で説明したmailコマンドの-Aオプションコマンドで画像を送ってみましょう．受信できれば準備は完了です．

シェルスクリプト＋rc.localでアプリケーションやコマンドを自動的に動かす

シェルスクリプトとは，Linuxのコマンドやアプリケーションを，キーボードから入力する代わりにファ

図9 3G通信モジュールが設定できると，Wi-Fiがなくてもインターネットに繋がる

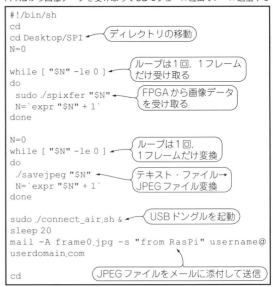

リスト4 ラズベリー・パイで動かすシェルスクリプト(my-script.sh)
FPAGから画像データを受け取って3Gモジュール経由でメール送信する

イルに記述したものです．C言語とは違ってコンパイルの必要はありません．

● 実行するには属性を変える必要がある

リスト4はmy-script.shというシェルスクリプトです．このように記述して，次のように実行属性(+x)を加えましょう．

```
chmod +x my-script.sh
```

● シェルスクリプトの役割

my-script.shは次のアプリケーションを実行します．
①SPI通信でFPGAから画像データを受け取ってテキスト・ファイルに落とす．
②OpenCVの関数で上記テキスト・ファイルをJPEGファイルに変換．
③USBドングルを起動し，上記JPEGファイルをメールに添付して送る．

■ 人間がいなくてもラズベリー・パイが勝手に動いてくれるようにする

ラズベリー・パイ起動後，このシェルスクリプトを自動的に実行するには，rc.localというファイルを変更します．以下のように適当なエディタでリスト5のように変更します．

```
sudo vi /etc/rc.local
```

● 起動したらすぐにGPIO23をHにする

ラズベリー・パイは起動後，リスト5にあるようにGPIO23ポートをHにします．このポートは図3におけるP_ACTIVEであり，これがHである限り，マイコンはラズベリー・パイの電源をONに保ちます．

OS起動直後はSPI通信が安定動作しないので，30秒スリープしてからシェルスクリプトを実行します．

● シェルスクリプトの後，GPIO23をLにしてシャットダウン

シェルスクリプトではリスト4にあるアプリケーションやコマンドが実行されます．その後は20秒待ってからGPIO23をLに戻してOSをシャットダウンします．マイコンはGPIO23がLになったのを確認したら15秒後にラズベリー・パイの電源をOFFにします．

単2乾電池×3本で1カ月動作する予定

表3に1日/1カ月当たりの電流量を示します．なお，「1日何回？」の列は仮定です．

● 単2乾電池×3個で1カ月ほど動作できるはず

1段目の「FPGA & LED ON」はカメラで撮影しているときです．動きが検出されないと3秒で電源が切られます．1日20回，赤外線センサが反応すると仮定しています．

2段目の「FPGA & ラズパイON」は，動き検出の後，ラズベリー・パイが立ち上がり，FPGAから画像データを送っているときです．この状態は約50秒続いて，1日7回動きを検出したと仮定します．

3段目の「ラズパイのみON」は，画像データのJPEG化，メール送信，ラズベリー・パイのシャットダウンを行っているときです．この状態は約70秒続きます．動き検出に続く動作なので，1日7回の計算です．

4段目の「マイコンのみON」は，赤外線センサが反応しないときです．ほぼ1日中この状態と仮定し，

表3 消費電流の見積もり
単2形乾電池3本で1カ月くらい動作するはず

動作状態	消費電流 [mA]	1回あたりの時間 [s]	1日何回？（仮定）	1日あたりの時間 [s]	1日あたりの電流量 [mAh]	1カ月あたりの電流量 [mAh]
FPGA & LED ON	400	3	20	60	6.0	180
FPGA & ラズパイ ON	900	50	7	350	87.0	2610
ラズパイのみ ON	600	70	7	490	81.0	2430
マイコンのみ ON	0.7	−	−	24*60*60	16.8	504

リスト5 電源ONでリスト5のシェルスクリプトを自動実行するために /etc/rc.local を変更する

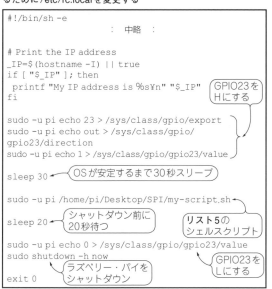

```
#!/bin/sh -e
            ：中略：

# Print the IP address
_IP=$(hostname -I) || true
if [ "$_IP" ]; then
  printf "My IP address is %s\n" "$_IP"
fi
sudo -u pi echo 23 > /sys/class/gpio/export
sudo -u pi echo out > /sys/class/gpio/gpio23/direction
sudo -u pi echo 1 > /sys/class/gpio/gpio23/value    ← GPIO23をHにする
sleep 30    ← OSが安定するまで30秒スリープ

sudo -u pi /home/pi/Desktop/SPI/my-script.sh    ← リスト5のシェルスクリプト
sleep 20    ← シャットダウン前に20秒待つ
sudo -u pi echo 0 > /sys/class/gpio/gpio23/value    ← GPIO23をLにする
sudo shutdown -h now    ← ラズベリー・パイをシャットダウン
exit 0
```

1日あたり 24 * 60 * 60 秒としています．

1カ月あたりの電流量を合計すると 5724 mAh となります．単2乾電池の電流量は一般的に 6000 mAh といわるので，約1カ月間動作すると思われます．

IoT時代の司令塔は意外にもワンチップ・マイコン

FPGAは高速・並列動作を特徴とするデバイスです．ラズベリー・パイを使うとネット接続や画像認識が容易になります．これらを併用すれば，大変高度なIoT技術になりそうです．

しかし「屋外版IoT」では，今回の製作のように，低消費電力なワンチップ・マイコンが「司令塔」になる必要がありそうです（図10）．表1に示すような長所

図10 IoTデバイスの司令塔はマイコン
消費電力の大きいコンピュータやFPGAをマイコンで制御する

と短所が存在するので，それらをよく理解した上で上手に使い分け，役割分担させるのを心がけてください．

● IoT屋外版-センサ・カメラで獣害対策！

今回製作したセンサ・カメラは農家の方々の強い味方になると思います．読者の皆さんの周りに獣害に困っている農家の方がいらっしゃれば，この記事を紹介していただければ幸いです．

いわた・としお

◆参考文献◆
(1) 岩田 利王；特集第5章『24時間ジロジロ…超ローパワーArduino「Lazurite」で作る違法駐車チクリ・カメラ魔ン』，トランジスタ技術，2017年2月号，CQ出版社．
(2) 岩田 利王；「安心してお出かけください」アクション系ウェブ・カメラマンの製作，トランジスタ技術，2017年2月号，CQ出版社．
(3) 岩田 利王；FPGAスタータ・キットで初体験！オリジナル・マイコン作り，CQ出版社．
(4) 全国の野生鳥獣による農作物被害状況について（平成24年度），http://www.maff.go.jp，農林水産省．

Appendix 4 罠トリガ対応版で害獣たちを捕まえる！

必撮猪鹿カメラマン

本記事で解説した「必撮猪鹿カメラマン」のような装置は「3Gセンサ・カメラ」と呼ばれ，すでに数社から市販されています．それらとの差別化を測るため，筆者（DIGITALFILTER.COM）は「罠トリガ対応版」を発売しています．本記事との違い（実験の結果，見つかった課題とその対処）を併せて紹介します．

猪鹿カメラマンの課題と対処法

本編で紹介した猪鹿カメラマンから見直した点は，次のとおりです．

課題1：電池の換え時（残量）を知りたい
対処
　電子メールの本文（**図1**）で電池の電圧値を知らせる．

課題2：直射日光によるセンサの誤動作
対処
　昼間はセンサを一時停止させる．この例では11～16時（変更可能）．リアルタイム・クロック（DS1307）とラズパイのI^2C通信で現在時刻を取得できる（**写真1**）．

課題3：市販の3Gセンサ・カメラと差別化したい
対処
　スマホ操作の罠トリガで「遠隔狩猟」を可能にする．

課題4：可視光の照明だと，獣がびっくりして逃げる
対処
　波長が940nmで動作電流が1.2Aの赤外線照明（LZ1-10R702）に変更する．カメラ・モジュールの赤外線フィルタを外して使う（**写真2**）．

課題5：カメラから伝送される画像データは高速（25MHz，8ビット）なので，ケーブルを引き回せない
対処
　LVDS（Low Voltage Differential Signaling）のトランスミッタ（DS92LV1021）とレシーバ（DS92LV1212A）で画像データを伝送する．ツイスト・ペア・ケーブルで数m引き回せる．

課題6：夜だと基板上のLEDの光でもかなり明るく感じ，獣が逃げてしまう
対処
　基板類はカメラと分離してボックス内に隠す．

課題7：カメラの視角が狭いので獣が映りきらない

図1 装置から送られてきた電子メールの内容

写真1 I^2Cリアルタイム・クロック（DS1307）

写真2 赤外線照明（LZ1-10R702）

対処
　スマホ用広角レンズ（TTSH014）を付加して広角化する（**写真3**）．

第10章 ギャラは電池3本／月！必撮猪鹿カメラマン

写真3 スマホ用広角レンズ TTSH014（TaoTronics）

課題8：FPGAボード（Bemicro MAX10）が入手困難

対処

Bemicro MAX10の互換機を製作した（**写真4**）．

写真4 Bemicro MAX10のクローン・ボード（DIGITALFILTER.COM）

猪鹿カメラマンのシステム

現行の猪鹿カメラマンのシステムを**図2**に示します．

必撮猪鹿カメラマンで撮影した獣たち

「必撮猪鹿カメラマン」は2019年2月現在，岐阜県

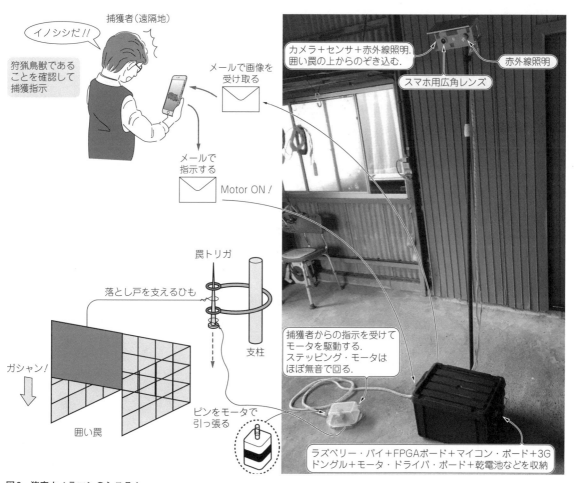

図2 猪鹿カメラマンのシステム

271

郡上市で活躍中です！ここでは撮影した獣たちを紹介します(**写真5**).

近年はシカやイノシシが増えすぎて，農作物，森林被害が激増しています．このままでは農林業を維持できなくなるため，ある程度は害獣を捕獲する必要があります．かわいそうですが仕方ありませんね．

筆者の住んでいる岐阜県では，「豚コレラ」が流行しています(2019年2月現在)．イノシシや他の獣，さらに狩猟者もそのウイルスの「運び屋」になり得るため，できるだけ山に入らないよう地元猟友会から注意勧告されています．このような遠隔監視システムがあれば，現場に行く頻度を減らせそうです．

なお，実験にご協力いただいた，合同会社けものやの太田様にこの場を借りて御礼申し上げます．

いわた・としお

◆参考URL◆

(1) DIGITALFILTER.COM　http://www.digitalfilter.co.jp/

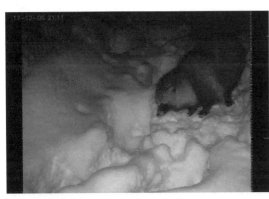

(a) タヌキ

(b) ニホンジカ

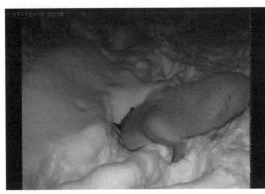

(c) キツネ？

(d) アナグマ

(e) カモシカ

写真5　撮影された獣たち
撮影場所はそれほど山奥ではなく，人里から歩いて数分のところ

第11章 徹底解剖！ラズパイ・カメラのRawデータ取り出しと性能評価

イメージ・センサの性能を暴き，画像の処理を自由自在に！

越澄 黎

　1.2 GHz 4コアCPUを搭載したラズベリー・パイ3と専用カメラ・モジュールPi Cameraを利用すると，1万円以下でディジタル・カメラを搭載した実験・研究用の画像分析装置が作れます．

　JPEGファイルは8ビットでRGB色256階調なので約1670万色です．Pi Cameraのイメージ・センサから出力される素のままの画像データ（以下，Rawデータ）は10ビットなので，約10億7370万色まで扱えます．10ビットのデータは，JPEGの各色ビット・データより精度の高い処理に向いています．

　Rawデータがあれば，RGBの各色のデータを使って自由に画質を調整したり，暗闇で物体の輪郭を認識しやすくしたりできます．4枚以上の静止画像を平均化処理してSN比を2倍以上改善することもできます．

　Pi Cameraで撮影して保存されるJPEGファイルなどの画像は，イメージ・センサのRawデータそのものではありません．内部でコントラスト調整やノイズ除去などの処理や圧縮などが施されています．

　ラズベリー・パイとPi Cameraがあれば，スクリプト言語Pythonを利用してイメージ・センサのRawデータを取り出すことができます．

　本稿では，Pi Cameraに内蔵された800万画素のイメージ・センサの生画像データの取り出して，イメージ・センサそのものの性能を調べる方法を解説します．

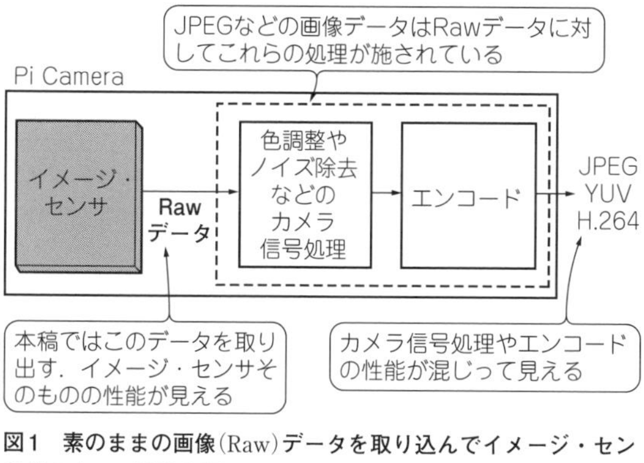

Rawデータの特徴

● 暗いところで物体の輪郭を認識する監視カメラなどを作ることができる

　映像を楽しむためのカメラもそうですが，Rawデータを直接目的に応じた処理を施すことで，暗闇で物体認識をするなどの用途の監視カメラや運転支援カメラの性能を向上させることができます．

　カメラの中にはイメージ・センサと呼ばれる撮像素子が内蔵されています．イメージ・センサから出力された画像データ（Rawデータと呼ぶ）は，補正などの処理が施されています．

　カメラの性能を評価するとき，通常は図1のようにRawデータに対して，カメラ信号処理とエンコードした後の信号に対して行います．これでは信号処理の性能がイメージ・センサの性能に混じってしまい，本来のイメージ・センサの性能がわかりません．

　Rawデータを使って性能評価すればイメージ・センサそのものの性能がわかります．

● 用途

　Pi Cameraの用途を表1に示します．インターネットに応用がたくさん掲載されたり，「トランジスタ技術」や「Interface」にも特集が組まれました．

　一方で，Pi CameraからRawデータが取り出せる

図1 素のままの画像（Raw）データを取り込んでイメージ・センサそのものの性能を調べる
JPEG画像データやYUVのような信号では，カメラ信号処理というお化粧でイメージ・センサの本来持っている性能が隠れてわからない．Rawデータは10ビットなので約10億7370万色まで扱え，自由に色調整できる．暗闇での物体の輪郭認識などの応用ではお化粧をする前のRawデータから処理を開始したほうがイメージ・センサの性能を存分に活用できる

表1 RawデータやPi Cameraの応用側

用 途	方 法
ディジタル・カメラ ビデオ・カメラ	ディスプレイとGPIOにスイッチ，LEDを接続しカメラを構成
ホーム・セキュリティ カメラ	動体検出，人感センサを組み合わせる
コマ撮りカメラ	強力なプログラミング言語でコマ撮りを簡単に実現
ドライブ・レコーダ	加速度センサなどを組み合わせる

ことは意外と知られていません．

　Rawデータは，カメラの性能がその応用に適しカバーできるものなのか判断する大事な材料になります．例えば，Pi Cameraで暗いところを撮影したときに画像信号がどれくらいのSN比になるかがシンプルに計算できるようになり，それが目的とする応用の信号処理でエラーを起こさないかどうか実験せずとも推定できるようになります．

● メリット

　Rawデータを直接扱うことはあまりないのですが，プロやハイアマチュア向けのディジタル一眼レフのようなカメラはRawデータを保存する機能を持っていて，それをRaw現像ソフトで自在に操作することで目的に応じた処理を施すことができるようになっています．一方で通常のカメラがRawデータを保存しないのは，圧縮したJPEG画像に比べサイズが大きいので保存できる枚数が減ったり，あとで処理する手間がかかるからです．

　Pi Cameraでも静止画をJPEGと同時にRawデータを保存する機能があり，これを生かさない手はありません．この場合Rawデータを利用するメリットは，次の通りです．

（1）Raw現像ソフトを使って好みの色や解像感の画像を作り出せる
（2）長時間露光で発生しがちな暗電流固定パターン・ノイズをあとから引き算して補正することができる
（3）静止画の場合なら，Rawデータを複数枚保存して，平均化処理することでノイズを効果的に抑圧できる
（4）色補正処理を現場の照明スペクトルをもとに適正処理して色再現性をバッチリ決めることが可能．ディジタル一眼でRaw現像をしても照明条件は推定のため色再現性が低い場合が多い

　上記のメリットのうち，（2）は天体写真で使われる方法で，イメージ・センサを冷却する手段と合わせて暗電流による固定パターン・ノイズを効果的に抑制できます．（3）は，一部のディジタル・カメラやスマートフォンに応用されています．例えば4枚の画像を平均化処理すれば画像のSN比が2倍に跳ね上がります．両者ともPi CameraでRawデータ保存を活用すれば，応用できます．

STEP1 Rawデータを取り出す

● 静止画像を取り込む

　ラズベリー・パイのOS DebianベースのLinux（Raspbian）には，Pi Cameraで撮影した画像データを取り込むためのコマンドが組み込まれています．カメラ・モジュールのケーブルをSPIコネクタに正しく接続し，Raspbianでカメラを有効にします．

　OSのコマンド・プロンプトから次のコマンドを入力することにより，信号処理できれいにお化粧した静止画を取り込むことができます．

```
$ raspistill -o test.jpg
```

● スクリプト言語PythonでPi Cameraを制御できるようにする

　Rawデータを取り出す目的は，カメラとイメージ・センサの性能を調べたり，目的に合わせた自由自在な処理を施すことです．OSに組み込まれたコマンドを組み合わせて実行するのは大変不自由なので，バイナリ・ファイルの処理から簡単な行列演算がすぐに書けるPythonスクリプトを利用します．

　PythonはすでにOSをインストールしたときに組み込まれています．PythonからPi Cameraを制御し画像データを取得するためのカメラ・モジュール・パッケージが別途必要なので，これをインストールします．ネットワークに接続した状態でコマンド・プロンプトから，次のコマンドを実行すると，PythonからPi Cameraを制御できるようになります．

```
$ sudo apt-get update
$ sudo apt-get install python-picamera python3-picamera
```

● Rawデータを取得できているか確認する
▶ スクリプト・ファイルの作成

　リスト1のようなスクリプトを適当なテキスト・エディタで作成します．スクリプト・ファイル名はcapture01.pyとしておきます．

　リスト1の内容をざっと説明します．最初の3行はタイマとカメラ・モジュールを制御するパッケージをロードするコマンドです．4～5行目はキャプチャする画像の解像度を設定し，モニタにプレビューを映し出すところです．5～6行目はプレビューのため，2

第11章 徹底解剖！ラズパイ・カメラのRawデータ取り出しと性能評価

リスト1 JPEG画像を保存するためのPythonスクリプト
画像のチェックだけでなく露光の自動調整のためプレビューを行う

```
from time import sleep          タイマとカメラ・モジ
from picamera import PiCamera   ュールを制御するパッ
camera = PiCamera()             ケージをロードする
camera.start_preview()
sleep(2)                        プレビューのため2秒
camera.stop_preview()           待って停止する
camera.capture('test.jpg')
```
（JPEGを保存する）

秒間待ってプレビューを停止します．最後の行がJPEGファイルを保存するコマンドです．プレビューを行うのは，画像のチェックだけでなく露光の自動調整のためです．

このスクリプトを実行するのに，スクリプトが保存されているディレクトリで，コマンド・プロンプトから，次のコマンドを入力します．

```
$ python3 capture01.py
```

プレビューが2秒ほど表示された後，そのディレクトリに通常のJPEG画像が保存されています．

次に，リスト1の最後の行を次のように画像のファイル名を変え，`bayer`というパラメータを`True`で追加します．

```
camera.capture('test_raw.jpg', bayer=True)
```

同じようにスクリプトを実行するともう1枚の画像が出来上がります．試しに"ls -al"コマンドでファイルの大きさを確かめます．

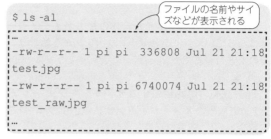

```
$ ls -al
…
-rw-r--r-- 1 pi pi  336808 Jul 21 21:18 test.jpg
-rw-r--r-- 1 pi pi 6740074 Jul 21 21:18 test_raw.jpg
…
```
（ファイルの名前やサイズなどが表示される）

`test_raw.jpg`は`test.jpg`よりファイルが大きくなっています．これはイメージ・センサの生の信号であるRawデータがJPEGファイルのメタ・データとしてJPEGの内容の後に格納されていることを示しています．JPEG画像は`camera.resolution`で設定された大きさになりますが，同一ファイル中のメタ・データであるRawデータはその設定にかかわらずイメージ・センサの最大解像度の画像です．

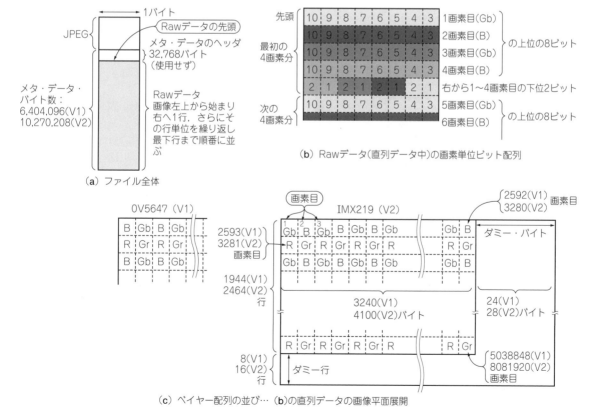

図2 JPEG画像メタ・データに格納されたRawデータ・フォーマット
このフォーマットさえわかればRawデータを自在に扱えるようになる

STEP2
Rawデータの構造を見てみる

● 取り出したデータの内部

前述したメタ・データがどのようなフォーマットで格納されているか解説します．図2にRawデータのフォーマットを示します．

図2(a)のようにファイル全体の後方がメタ・データになっていて，32,768バイトのヘッダから始まり，そのあと最後までがRawデータです．ここでは，500万画素のイメージ・センサOV5647(OmniVison Technologies社)を搭載するカメラ・モジュールV1と800万画素のイメージ・センサIMX219(ソニー)を搭載するV2の両方を記載しました．

● 画素の配列

図2(b)のようにRawデータは4画素を1つにまとめた5バイトが直列に並びます．5バイトのうち1～4バイト目は4画素の上位8ビット，残りの1バイトには下位2ビットが4画素分入っています．この直列並びのRawデータは，画像の行単位で区切られ，画像1行の後部はダミー・バイトがあり，Rawデータ全体の最後にもダミー行が存在します．

● Bayer配列

図2(c)のBayer配列の並びに示すように，Rawデータのうち画素の色名がついた部分だけが信号として有効です．

このフォーマットを参考に，Rawデータの処理に役立ててください．

STEP3
イメージ・センサの感度を調べる

● 感度を求めるために必要な係数「変換効率」

Rawデータが取得できるとカメラ・モジュールに組み込まれたイメージ・センサのさまざまな性能を詳しく解析できます．感度を調べてみましょう．

イメージ・センサそのものも感度を表現する基準はいくつか存在します．近年のスマートフォン用イメージ・センサなどでは，緑色の信号を出す画素に注目して $[e/(lx \cdot s)]$ という単位で表される感度基準が標準です(eは電子の数を表す慣例的な単位)．これは，イメージ・センサの撮像面が1 lxになる光を1秒間露光したとき，図2に示した緑の信号を出すGr/Gb画素に現れる信号電子の数を表します．

感度を測るのに電子の数をとらえるので，難しいことのように思われるかもしれません．しかし，光や電流の持つショット・ノイズという性質を用いると間接的ですが，電子の数を簡単かつかなり正確に求めることができます．ここでは詳細を省きますが，画素に発生する信号である電子のその数Nに対して，そのショット・ノイズは$\sqrt{N}$である性質を利用してディジタル信号値と電子数を関係づける変換効率が導けます．変換効率は1画素に発生している信号電子の数を求めるための係数です．

Rawデータから電子の数を知るには，イメージ・センサが出すRawデータのディジタル値 $[DN]$[*1]と電子数 $[e]$ の関係がわかっていればこと足ります．この関係を変換効率と呼び，単位は $[DN/(e \cdot Gain)]$ です．$Gain$ はイメージ・センサ内部の信号増幅率(ゲイン)を表します．

● 変換効率を求める

▶準備

カメラ・レンズの前に適当な紙を置き，逆側から適当な照明器具で照らします(写真1)．こうすることで画角全体がほぼ均一な信号のRawデータが得られます．均一でなければならないかというとそうではないので，ここは適当で構いません．

▶スクリプト作成と実行

用意ができたら，リスト2に示すようなPythonスクリプトを実行します．これは，画像が白飛びしない範囲で，画像の信号が大から小まで適当な間隔で変化する10通りのJPEGとRawデータ・ファイルを2枚ずつSDメモリ・カードに保存する制御です．

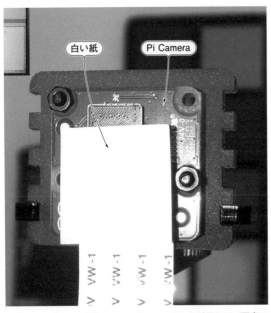

写真1 カメラ・モジュールPi Camera V1を利用して1画素に発生している信号電子の数を求めるための係数「変換効率」を測るところ
画像全体が白均一になるようモジュールの前に白い紙を被せライトを当てる

---

*1 Digital Numberの略．イメージ・センサの出力は2進数のディジタル値で表されるため単位としてDNが用いられる．10ビットならば1024階調の数値で表される．

第11章 徹底解剖！ラズパイ・カメラのRawデータ取り出しと性能評価

▶リスト2　変換効率計算用画像キャプチャのPythonスクリプト
画像が白飛びしない範囲で画像の信号が大から小まで任意の間隔で変化する10通りのJPEGとRawデータ・ファイルを2枚ずつSDメモリ・カードに保存する

```python
### Pythonパッケージ ###
from picamera import PiCamera
camera = PiCamera()
from time import sleep
### 初期値 ###
camera.framerate = 10    # フレーム・レート
camera.iso = 100         # ISO感度設定
Nexp = 10    # 露光時間の数
Rexp = 3     # Auto時の露光時間に対するRawキャプチャ時の最大露光時間
### プレビューによるAE ###
camera.start_preview()
sleep(5)
camera.stop_preview()
### AE解除 ###
camera.shutter_speed = camera.exposure_speed
camera.exposure_mode = 'OFF'
### Rawキャプチャ ###
AutoExpSpd = camera.exposure_speed
for j in range(Nexp):
    ExpSpd = (j+1) / Nexp * Rexp * AutoExpSpd
    camera.shutter_speed = int(ExpSpd)
    time.sleep(1) # インターバル
    for i in range(2):
        filename = 'jpeg_raw_ss'+str(j+1)+'_'+str(j+1)+'.jpg'
        camera.capture(filename, bayer=True)
        print('ファイル名 = %s' % filename) # 表示
        print(' 露光時間 =', camera.shutter_speed, '[us]')
```

▶リスト3　オープンソースの科学計算ソフトウェアScilabのスクリプト
変換効率を計算する

```
clear ;
stacksize(1.5e8) ;
for i = 1:10
  raw2 = zeros(1944, 2592, 2) ;
  for j = 1:2
    fnamei = "jpeg_raw_ss" + string(i) + "_" + string(j) + ".jpg" ;
    fdi = mopen(fnamei,'rb') ;
    mseek(-6371328, fdi, "end") ;
    raw = mget(6371328,'uc',fdi) ;
    mclose(fdi) ;
    raw = matrix(raw, 3264, 1952)' ;
    raw = raw(1:1944, 1:3240) ;
      raw2(:, 1:4:$, j) = raw(:, 1:5:$)*4 + bitand(raw(:,5:5:$), repmat(bin2dec("00000011"), 1944, 648)) / 1 ;
      raw2(:, 2:4:$, j) = raw(:, 2:5:$)*4 + bitand(raw(:,5:5:$), repmat(bin2dec("00001100"), 1944, 648)) / 4 ;
      raw2(:, 3:4:$, j) = raw(:, 3:5:$)*4 + bitand(raw(:,5:5:$), repmat(bin2dec("00110000"), 1944, 648)) / 16 ;
      raw2(:, 4:4:$, j) = raw(:, 4:5:$)*4 + bitand(raw(:,5:5:$), repmat(bin2dec("11000000"), 1944, 648)) / 64 ;
  end
  sig(i) = mean( raw2(:, :, 1) + raw2(:, :, 2) ) / 2 ;  // 信号平均値
  var(i) = variance( raw2(:, :, 1) - raw2(:, :, 2) ) / 2 ;  // 分散
end
disp(reglin(sig(1:6)', var(1:6)')) ;  // 変換効率の計算結果表示（6ポイント使用）
```

▶計算実行

　出来上がったRawデータ付きJPEGファイルを使って，変換効率の計算を実行します．前述したPythonスクリプトのキャプチャ文によるデータの送り先をファイルではなくストリームにすれば続けて変換効率計算の処理ができます．ここではコードがかさむので，オープンソースの科学計算ソフトScilabで計算しました．

　JPEGメタ・データとして格納されているRawデータを切り出し，図2に示したフォーマットに従ってR，Gr，Gb，Bの色別に信号の平均値とノイズの分散を信号レベルの違う10通りについて求めます．式で表すなら変換効率 η [DN/(e・Gain)] は，信号の平均値とノイズの分散の傾きで次のように表現されます．この原理は専門書に委ねます［参考文献(1)］．変換効率は次式で求まります．

$$\eta = \frac{\Delta \sigma^2 \Delta S}{\Delta S Gain} \; [\text{DN}/(\text{e}\cdot\text{Gain})]$$

ただし，S：信号の平均値[DN]，σ^2：分散[DN^2]，Gain：ISO感度設定値を100で割った値[*2]

　実際に変換効率を求める処理をScilabスクリプトで書くと，リスト3のようになります．この例は，カメ

＊2　キャプチャされるJPEG画像はアナログ・ゲイン（camera.analog_gain）とディジタル・ゲイン（camera.digital_gain）が有効である．RawデータはISO感度がゲインの代わりになっている．

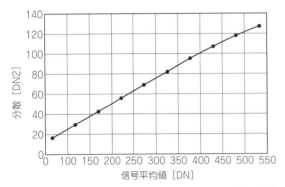

図3 リスト3を実行することによって変換効率の計算結果を確認できる
グラフの傾きが変換効率［DN/(e・Gain)］になる．信号の大きいところで直線から外れている部分は画素が一部飽和しかかっているところなので，変換効率の計算からは除外する

ラ・モジュールV1を使う場合のパラメータ設定になっています．

Scilabのパッケージをラズベリー・パイにインストールすれば，そのまま処理できますが，処理速度の関係でメタ・データ付きJPEGファイルをパソコンに転送して実行することをおすすめします．

▶結果の確認

リスト3のスクリプトから10条件の信号平均値と分散が変数sigとvarに保存され，変換効率の計算結果が表示されます．Scilabで得られた信号平均値と分散を参考までにグラフにしました（図3）．

このグラフの傾きが変換効率 η［DN/(e・Gain)］になります．ただし，イメージ・センサの内部ゲインである Gain は ISO 設定の最低値が100なので，これを Gain = 1.0 と定義しています．これは500万画素のカメラ・モジュール Pi Camera V1の場合なので，800万画素のカメラ・モジュールV2を使用する場合は，**リスト3**のスクリプト内の1944，2592，6371328，3264，1952，648の6つの値を，2464，3280，10237440，4128，2480，820に置き換えてください．

これにより私の測定した500万画素カメラ・モジュール搭載のOV5647は，η が 0.251DN/(e・Gain) になりました．

感度を実際に評価する

● 準備

得られた変換効率を使って実際に感度を求めてみます．感度を測定するには，**写真2**のように照度計と反射率が分かっているカラー・チャートが必要になります．ここでは標準的に使われるカラー・チェッカ「ColorChecker Classic」（X-rite社）を用いました．

今回の性能テストで照度計は必要です．通販サイトなどで買うか，持っている人がいれば借りましょう．カラー・チャートも通販で手に入りますが，なければ純白の紙でも構いません（反射率をおおよそ90％と想定）．使う照明は，そのスペクトルによって得られる感度値が変化するため，発光スペクトルがわかっているものが理想です．しかし，正確性を要求しているわ

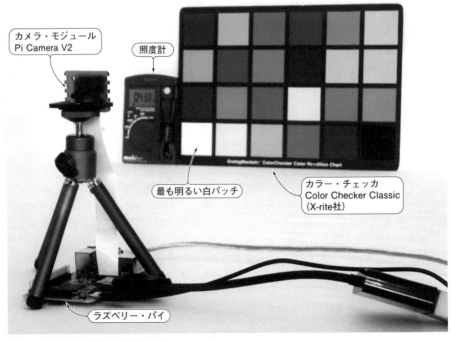

写真2 実際に被写体照度を測るところ
カラー・チャートの左下白パッチの信号を取るので，その近くに照度計を置く

第11章 徹底解剖！ラズパイ・カメラのRawデータ取り出しと性能評価

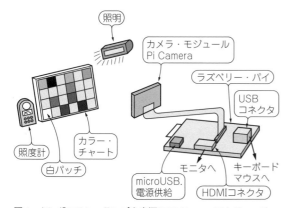

図4 タングステン・ランプを光源にPi Cameraでカラー・チェッカを撮像しているところ
カラー・チャートの白パッチが画角の中央になるようにカメラ・モジュールを向けて撮像する．照明はなるべく均一に当たるようにする

けではないので，昼間の太陽光か部屋の照明で構いません．条件によってはフリッカが発生する蛍光灯はなるべく避けます．

カラー・チャートの照度が分かったら実際にPi Cameraで撮像します．Pythonスクリプトでカメラを起動し，Rawデータを保存します．スクリプトからわかるように，その時の露光時間，アナログ/ディジタル・ゲイン，ホワイト・バランス・ゲインが表示されるので，それも記録します．

図4はタングステン・ランプを光源に使ってカラー・チャートと照度計をPi Cameraで撮像した例です．照度計はカラー・チャートの左下の反射率が約90％の白パッチの近くに配置しました．

● 業界標準の感度の値を求める

リスト4に感度測定の画像キャプチャPythonスクリプトを示します．

キャプチャしたRawデータから，カラー・チェッカのグレー・スケールのうち最も明るい白パッチ部分から得られたGr画素とGb画素の信号値S_GrとS_Gb［DN］を求めます．感度の基準には一般的には使われませんが，ついでにR画素とB画素の信号値S_RとS_B［DN］もとっておきます．変換効率を求めたScilabスクリプトを参考に白パッチ部分のGr，Gb画素の信号の平均値を出します．

後は次式に従って，信号のディジタル値を変換効率η［DN/(e・Gain)］を使って電子数に直し，被写体照度I［lx］とカラー・チェッカの白パッチの反射率R，レンズのF値と赤外カット・フィルタの光透過率Tから得られるイメージ・センサ撮像面の照度［lx］と蓄積時間t_{int}［s］で割れば業界標準の感度の値［e/(lx・s)］が得られます．

リスト4 感度測定用の画像キャプチャのPythonスクリプト

```
### Pythonパッケージ ###
import picamera
camera = picamera.PiCamera()
from time import sleep

### 初期値 ###
camera.framerate = 10    # フレーム・レート設定
camera.iso = 100         # ISO感度設定

### プレビューによるAE ###
camera.preview_fullscreen = False
camera.preview_window = (0, 0, 640, 480)
camera.start_preview()
sleep(2)
input('  白パッチが画角の中央にくるよう合わせたら改行を押す
>')
camera.stop_preview()

### Rawデータのキャプチャ ###
camera.shutter_speed = camera.exposure_speed
camera.exposure_mode = 'OFF'
camera.capture('image_Sens.jpg', bayer=True)
print("  露光時間 =", camera.shutter_speed, " [us]")
# キャプチャ時の露光時間
```

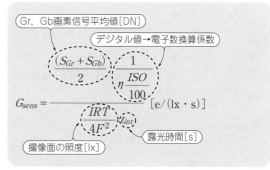

Rawデータの信号はイメージ・センサ内部でISO感度設定値を100で割った値のゲインがかかっています．

式(2)にη = 0.251 DN/(e・Gain)，t_{int} = 33332 μs，ISO感度 = 100($Gain$ = 1.0)，S_Gr = 450 DNとS_Gb = 448 DN@カラー・チェッカの白パッチ，I = 546 lx，R ≒ 0.9，Pi Camera V1のF = 2.9，T = 0.9(推定)を代入すると，感度G_{Sens} = 4750 e/(lx・s)が求まります．

Pi Camera V2のF値は2.0になります．

R画素とB画素も信号のSN比を求めるのに使いますので，標準としては使われませんが，G画素と同じように感度値を計算します．

式(2)，R画素信号S_R = 419 DNとB画素信号S_B = 211 DN@カラー・チェッカの白パッチから，感度R_{Sens} = 4430 e/(lx・s)とB_{Sens} = 2230 e/(lx・s)が求まります．

白パッチ部分のGr，Gb画素の信号の平均値を出すScilabスクリプトをリスト5に示します．撮像した画像の白パッチ部分のアドレスを画像ビューアなどを用いて読み取り，スクリプト内の$xywh$変数の値(左アドレス，上アドレス，幅，高さ)を書き換え，JPEG

リスト5 白パッチ部の各色画素信号を求めるScilabスクリプト
最後の4行に含まれている"16"は黒レベルで，Pi Camera V2は64になる．V2は，数値3264，1952，1944，3240，2592，648をリスト3にならって変更する

```
clear ;
stacksize(1.5e8) ;

fdi = mopen("image_Sens.jpg",'rb') ;
mseek(-6371328, fdi, "end") ;
raw = mget(6371328,'uc',fdi) ;
mclose(fdi) ;
raw = matrix(raw, 3264, 1952)' ;
raw = raw(1:1944, 1:3240) ;
raw2 = zeros(1944, 2592) ;
raw2(:, 1:4:$) = raw(:, 1:5:$)*4 + bitand(raw(:,5:5:$), repmat(bin2dec("00000011"), 1944, 648)) / 1 ;
raw2(:, 2:4:$) = raw(:, 2:5:$)*4 + bitand(raw(:,5:5:$), repmat(bin2dec("00001100"), 1944, 648)) / 4 ;
raw2(:, 3:4:$) = raw(:, 3:5:$)*4 + bitand(raw(:,5:5:$), repmat(bin2dec("00110000"), 1944, 648)) / 16 ;
raw2(:, 4:4:$) = raw(:, 4:5:$)*4 + bitand(raw(:,5:5:$), repmat(bin2dec("11000000"), 1944, 648)) / 64 ;

xywh = [1336, 733, 200, 190] ;   // 画像白パッチ部分のアドレス(筆者の撮像例)
xywh(1:2) = int(xywh(1:2)/2)*2+1 ;
printf('Gb = %6.2f\n', mean( raw2(xywh(2)   :2:xywh(2)+xywh(4), xywh(1)   :2:xywh(1)+xywh(3)) )-16 ) ;
printf('Bl = %6.2f\n', mean( raw2(xywh(2)   :2:xywh(2)+xywh(4), xywh(1)+1:2:xywh(1)+xywh(3)) )-16 ) ;
printf('Rd = %6.2f\n', mean( raw2(xywh(2)+1:2:xywh(2)+xywh(4), xywh(1)   :2:xywh(1)+xywh(3)) )-16 ) ;
printf('Gr = %6.2f\n', mean( raw2(xywh(2)+1:2:xywh(2)+xywh(4), xywh(1)+1:2:xywh(1)+xywh(3)) )-16 ) ;
```

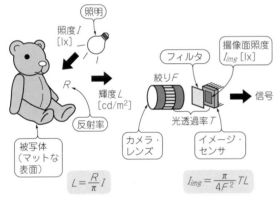

図5 被写体照度と撮像面照度の関係
照度計で測った照度を撮像面照度に換算することができる

画像のあるディレクトリに移動してこのスクリプトを実行します．これでGr，Gb，R，B画素の信号値がディジタル値で表示されます．

今回は，光源のスペクトルを特定しなかったのと，白パッチの分光反射率を0.9一定にしたり，カメラ・レンズの分光透過率を無視し，赤外カット・フィルタも透過率を0.9一定にしたため，少々雑な感度値ではあります．それでもこの業界標準の感度値を使った次に解説するSN比の推定から，実際の応用に際して信号がどれくらいのSN比になっているかを容易に想像できるようになります．

● 信号のSN比の推定

感度が求まったところで，事務所程度の明るさ(500 lx)の場合に，Pi Camera V1のレンズは$F = 2.9$，

被写体の反射率は平均的な18％のグレーとしたら，カメラ・レンズと赤外カット・フィルタの光透過率を0.9とすれば，イメージ・センサ撮像面の照度は約2.2 lxになります．カメラ・レンズが間にある被写体照度と撮像面照度の関係を図5に示しますので，参考にしてください．

そのとき，露光時間が動画に適する1/30秒なら，Gr(=Gb)，R，B画素の電子数は求めた感度から348 e，325 e，164 eになります．これくらいの信号電子数なら，ノイズは光ショット・ノイズが支配的なのでノイズはその平方根になり，それぞれ19 e，18 e，13 eです．すると，信号のSN比は25.4 dB，25.1 dB，22.1 dBと計算できます．

このような計算がわかっていれば，撮影するにしても，物体の認識をするにしてもそのSN比からどれくらいまで暗いところでも対応できるか容易に判定できるようになります．

　　　　＊　　　　＊　　　　＊

今回はRawデータをキャプチャすることで感度を求めることに成功しました．イメージ・センサの3大性能の残りである各種ノイズや最大信号量にあたる飽和電子数も実測できます．イメージ・センサの本来の性能を暴くことにチャレンジしてみましょう．

こずみ・れい

◆参考文献◆
(1) 米本 和也；CCD/CMOSイメージセンサの基礎と応用，CQ出版社．

第12章 自動で愛犬撮影&メール送信！留守番ウェブ・カメラマン

専用サーバも専門知識も要らない！
低消費だから24時間稼働OK！

岩田 利王

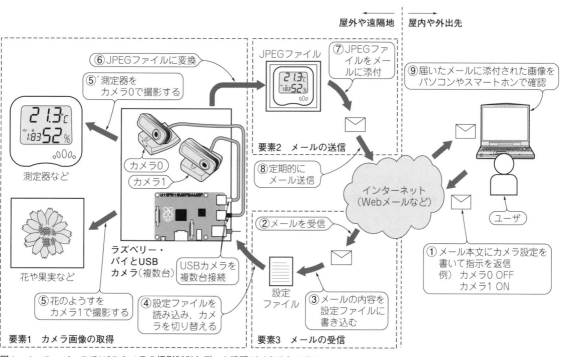

図1 メール・ベースでUSBカメラの撮影制御とデータ確認ができるシステム
クラウド・サービスを使って自前サーバも不要

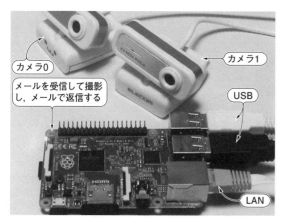

写真1 ラズベリー・パイとUSBカメラだけで作れる！

ラズベリー・パイには900 MHzで動作するARM Cortex-A7プロセッサが4コア搭載されています．Raspbianなどの本格的なLinuxが動作するので，インターネットに接続すればメールの送受信ができます．

本章では，メール・ベースの自動撮影・送信システムを製作します（**図1**）．ラズベリー・パイに複数台のUSBカメラを接続し，撮影したJPEGファイル（静止画）をメールに添付して，ユーザのスマートホンやパソコンに送ります（**写真1**）．**図1**の例では，ビニール・ハウスの温度や湿度，花のようすがどこからでも確認できるようになります．

第12章　初出：「トランジスタ技術」2016年3月号
この記事を再現する際は，当時のOSをラズベリー・パイにインストールしてください．詳細はp.8を参照．

リスト1 USBカメラを取得するプログラム（capturejpeg.c）

```c
#include <stdio.h>
#include <highgui.h>
int main(int argc, char *argv[])
{
    ~ 中略 ~
    CAMN = atoi(argv[1]);                        // 最初のアーギュメントがカメラ番号(0か1)になる
    sprintf( savefile, "CAM%s.jpg", argv[1] );
    printf( "%s¥n", savefile );                  // 0ならCAM0.jpg, 1ならCAM1.jpg

    fp = fopen( "camonoff.txt", "r" );           // ファイルを開いて読む
    if( fp == NULL ){
        printf( "%s cannot be opened.¥n", fname );
        return -1;
    }
    strcpy(str_camn[0], "OFF");                  // str_camn[] を
    strcpy(str_camn[1], "OFF");                  // "OFF" で初期化
    while(fgets( mail_line, 1024, fp ) != NULL) {
        if( (pos = strstr(mail_line, "CAM0")) != NULL ) {
            if( pos[4] == 'O' && pos[5] == 'N' ) {
                strcpy(str_camn[0], "ON");
            }
        }
        if( (pos = strstr(mail_line, "CAM1")) != NULL ) {
            if( pos[4] == 'O' && pos[5] == 'N' ) {
                strcpy(str_camn[1], "ON");
            }
        }
        break;                                   // ストリング・サーチしてカメラ
    }                                            // ON/OFF情報を得る.
                                                 // str_camn[ ] には ON/OFF の
                                                 // 文字が入る
    fclose( fp );                                // ファイルを閉じる

    pos_onoff = strstr(str_camn[CAMN], "ON");    // CAMN番目が"OFF"だっ
    if(pos_onoff == NULL) return -1;             // たらアプリケーション終了
    capture=cvCreateCameraCapture(CAMN);
    if(capture==NULL)                            // キャプチャ構造体の初期化.
    {                                            // CAMN番目のカメラを使う
        fprintf(stderr, "can not find a camera!! ¥n");
        return -1;
    }
    cvNamedWindow(winNameCapture, CV_WINDOW_AUTOSIZE);  // ウインドウの作成
    while(1)                                     // 1フレームをキャプチャ
    {
        img=cvQueryFrame(capture);
        cvShowImage(winNameCapture, img);        // ウインドウに表示する
        if(cvWaitKey(1)>=0) {                    // 何かキーを押したら終了
            break;
        } else if(fco == 100) {
            cvSaveImage(savefile, img, 0);
            break;
        } else {
            fco++;
        }
    }                                            // 100フレーム(数秒)後の最後フレーム
                                                 // をJPEGファイルに落とす
    cvDestroyWindow(winNameCapture);
    cvReleaseCapture(&capture);
    return 0;                                    // ウインドウの破棄と
}                                                // 構造体のリリース
```

● **フリーの画像処理ライブラリでカメラ撮影プログラムを作る**

アプリケーションの作成には，第8章でインストールしたオープンソースの画像処理ライブラリOpenCVを使います．このシステムに必要なUSBカメラの制御，画像表示，JPEGファイルへの画像変換といった複雑そうなプログラムも短い記述で作成できます．

こんな装置

● **スマートホンからメールで指示を送って動かせる**

ユーザはラズベリー・パイからのメールに返信することで，どのカメラを撮影に使うかを指示できます．温度計の値を見たいときは，カメラ0で撮影し，花のようすを見たいときは，カメラ1で撮影する，ということをラズベリー・パイにメールで指示します．

● **自前サーバを使わないからセキュリティ知識は不要**

このシステムでの通信は，すべてメールで行います．自分で外部からアクセスできるサーバを立てる必要がなく，ネットワーク知識やセキュリティ対策は最低限で済みます．

ラズベリー・パイをサーバに仕立てるには，IPアドレスを設定したり，ダイナミックDNSサービスに登録したりと面倒です．仕事場や自宅の画像をWeb上に晒すわけですから，あまり気持ちのよいものではありません．それなら，サーバを立てないで実現すればよいのです．

● **低価格，低消費電力なので気軽に台数を増やせる**

現在ラズベリー・パイ2 Model Bは5,000円弱，USBカメラは1,500円程度と安価です．記事ではUSBカメラを2台使用しますが，USBハブを使えば4台，10台と増やせそうです．ラズベリー・パイやUSBカメラは今後さらに低価格化が進むでしょうから，カメラを100台以上遠隔操作し，監視するシステムも近い将来，身近になるかもしれません．

小型で安価，低消費電力，セキュリティもバッチリな遠隔操作システムにチャレンジしてみましょう．

要素1：カメラ画像の取得

USBカメラの操作や画像の表示，保存にはOpenCVを使用します．OpenCVのインストールは，第7章内のp.233～p.235で行っています．

ソース・コードを**リスト1**に示します．「トランジスタ技術」のサポート・サイト（https://toragi.cqpub.co.jp/tabid/795/Default.aspx）の2016年3月号の本記事のアーカイブをダウンロードして試してみてください．

第12章　自動で愛犬撮影＆メール送信！留守番ウェブ・カメラマン

● まずはコンパイルしてサンプルを動かしてみる

ラズベリー・パイでダウンロードしたアーカイブは，~/Downloadsにあります．次のコマンドでアーカイブを解凍し，デスクトップへ移動させます．

```
$ cd ~/Downloads
$ unzip archive.zip
$ mv Mydog ../Desktop
```

カメラ画像取得プログラムのソース・コードcapturejpeg.cのあるディレクトリに行き，コンパイルします．

```
$ cd ~/Desktop/Mydog
$ gcc `pkg-config --cflags opencv` capturejpeg.c -o capturejpeg `pkg-config --libs opencv`
```

`pkg-config…opencv`を囲むキャラクタ(`)はクォーテーションマーク(')ではなく，バッククォートなので間違えないよう注意してください．

コンパイルに成功したらUSBカメラを接続し，次のように実行します．

```
$ ./capturejpeg 0
```

実行すると動画が表示され，数秒後自動的に終了します．そのフォルダを開くとCAM0.jpgというファイルができているので，ファイル・マネージャ上でダブル・クリックして確認しましょう．

▶カメラの選択方法

先ほど実行した，ファイル名に続く文字列(アーギュメント)"0"は「カメラ0」を使用するという意味です．このプログラムはカメラを2台使うことを想定しており，アーギュメントを"1"にすれば「カメラ1」になります．USBカメラをもう1台つなぎ，今度は次のコマンドで実行してみましょう．

```
$ ./capturejpeg 1
```

「カメラ1」を指定したはずですが，動画は映らないでしょうし，JPEGファイルもできていないでしょう．「カメラ1」で撮影するためには，camonoff.txtを開き，"CAM1OFF"の記述を"CAM1ON"に変更する必要があります．

● プログラムの動作

capturejpegのプログラム動作を図2のフローチャートで確認していきましょう．

このプログラムは，アーギュメントの0/1で2台あるカメラのどちらを使うかを指定します．実行すると，最初にアーギュメントを変数のCAMN(カメラ番号)やsavefile(JPEGファイル名)に反映させます．

▶指定したカメラがONのときだけ撮影する

その後プログラムはcamonoff.txtを開き，ON/OFFの文字をサーチして，ON/OFFのデータを配列str_camnに入れます．camonoff.txtの内容が次のようになっているとします．

```
CAM0ON
CAM1OFF
```

このときstr_camn[0]に"ON"，str_camn[1]に"OFF"が入ります．文字列のサーチが終わったらcamnoff.txtを閉じます．この時点で，2台のカメラのON/OFF設定が配列str_camnに入っています．アーギュメントで指定したカメラ番号CAMNで配列str_camnの要素を指定すればON/OFFの設定データを取り出せます．

str_camn[CAMN]が"OFF"なら，この時点でプログラムを終了し，"ON"なら撮影処理に進みます．CAMNは起動時に読み込んだアーギュメントが入っているので，0/1のどちらかが入っています．

camonoff.txtが上記の内容だった場合は，アーギュメントが"0"だったら撮影処理を行い，"1"だったら

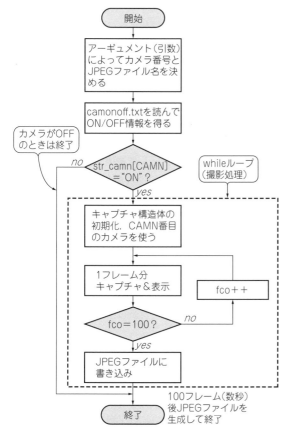

図2　USBカメラを制御・撮影するプログラムcapturejpegのフローチャート

撮影せずに終了します．

▶撮影処理…OpenCVの関数を使う

撮影処理に入ると，はじめにcvCreateCameraCapture関数でキャプチャ構造体を初期化します．その後while文の中でカメラから1フレーム分のデータを収得するcvQueryFrame関数と，ウィンドウに表示するcvShowImage関数を繰り返します．それらにかかる時間が，表示のフレーム・レートです．

USBカメラにはUCAM-C0220FB（エレコム，図1の左側）とUCAM-C0220FE（同図右側）を使用しました．どちらもフレーム・レートは10～20 fpsです．

100フレーム（数秒間）の動画を表示したら，その時点の取得フレームをcvSaveImage関数でJPEGファイルに保存します．その後，breakでwhile文を抜けて，プログラムを終了します．

100フレーム表示するのは被写体の目視確認のためで，短くしてもかまいません．

これでUSBカメラで撮影するプログラムができました．

要素2：メールの送信

● ラズベリー・パイから画像メールを送る

次は撮影したデータをメールで送信する仕組みを作りましょう．

図3に，ラズベリー・パイからユーザにメールを送る仕組みを示します．ラズベリー・パイはmailコマンドでSMTP（Simple Mail Transfer Protocol）サーバと呼ばれるメール送信サーバにメールを送ります．すると，SMTPサーバはPOP（Post Office Protocol）と呼ばれるメール受信サーバにそれを転送します．

● メール・アプリをインストール

ラズベリー・パイでmailコマンドを使うために，sSMTPとmailutilsというパッケージをインストールします．次のコマンドで，まずmailutilsをインストールし，そのあとでsSMTPをインストールします．

```
$ sudo apt-get install -yV mailutils
$ sudo apt-get install -yV ssmtp
```

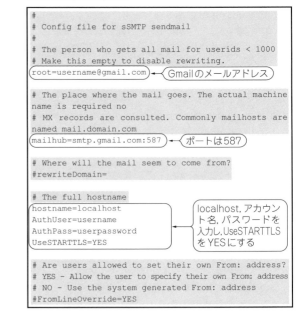

リスト2 設定ファイルを変更して送信に使うサーバを指定する
（/etc/ssmtp/ssmtp.conf）

インストールが終わると/etc/ssmtp/ssmtp.confというファイルができているので，それを開いてリスト2のように，使用するSMTPサーバの設定を行います．

● 送信サーバはGmailを使う

送信（SMTP）サーバはGoogleが提供するGmailを利用します．普段からGmailを使っている人も，外部からメールを送信できるように設定するため，別のアカウントを作成することを推奨します．

● mailコマンドからメールを送信できるようにする

Gmailは，標準のままでは外部からのメール送信ができません．そのため，次のように設定する必要があります．

Gmailにサインインした後，図4(a)のようにusername@gmail.comをクリックし，さらに［My Account］をクリックします．次に図4(b)のように［Sign-in & security］をクリックします．図4(c)の"Allow less secure apps"を有効にします．

これでラズベリー・パイからmailコマンドでメー

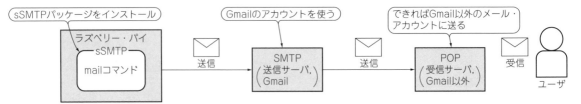

図3 ラズベリー・パイからユーザにメールを送る

（a）アカウント情報の呼び出し

（b）ログインとセキュリティ設定画面の呼び出し

（c）設定画面

図4　［My Account］→［Sign-in & security］と進め，"Allow less secure apps"の項目をONにする

ルを送信できます．

● 自分のメール・アドレスに送ってみる

ラズベリー・パイで次のようにmailコマンドに宛先を追加してリターンしてみましょう．

```
$ mail username@userdomain.com
```

送信先のアドレスは，できればGmail以外に送ってください．いずれにせよ，ご自身で受け取れるアドレスに送りましょう．するとCCやSubjectを求められるので，適当に入力し，その後本文を入力します．本文の入力を終了するにはキーボードで［Ctrl］＋［D］キーを入力します．このとき，終了と同時にメールが送信されます．

● 設定に誤りがなければ，すぐにメールが届く

mailコマンドを終了したら，メールが来ているかチェックします．うまく送信できない場合は /etc/ssmtp/ssmtp.conf（リスト2）にタイプミスなどの誤りがないかチェックしましょう．また，/var/log/mail.logにエラー・ログがあるので参考にしてください．

図5　JPEG画像が添付されたメールが届いた（Windows Live メール）

また，Webブラウザを開いて，ラズベリー・パイからGmailにログインできるか確認してみましょう．

● JPEGファイルをメールに添付する

JPEGファイルを送るには，次のようにmailコマンドの-Aオプションを使います．

```
mail -A CAMO.jpg -s "from RasPi" username@userdomain.com
```

届いたメールには，capturejpegで撮影したJPEGファイルが添付されているでしょう．

要素3：メールの受信

今度は，メールにカメラ設定を入力してラズベリー・パイのカメラを制御するため，ラズベリー・パイがメールを受信できるようにします（図6）．

ラズベリー・パイから送られてきた画像に気になるところがあれば，すぐに他のカメラの画像を撮影して確認できます．

● メールの返信でカメラの切り替えを制御

ラズベリー・パイでメールの受信をする前に，受信するメールを先に送信しておきましょう．ユーザはラズベリー・パイからのメールに返信し，カメラを切り替えるよう指示を出します．返信メールの本文には，次のようにcamonoff.txtの設定内容を記述します．

```
CAM0OFF
CAM1ON
```

● 受信サーバにもGmailを使う

ラズベリー・パイからのメールは，差出人がusername@gmail.comになるので，返信すればそのアドレスにメールが届きます．したがって，ラズベリー・パイは図6のようにGmailの受信サーバにアクセスすれば，ユーザからの指示を知ることができます．

● ラズベリー・パイにメール・チェック機能を追加

ラズベリー・パイがusername@gmail.comに届いたメールをチェックするには，fetchmailコマンドを使います．fetchmailをインストールするには，次のコマンドを実行します．

```
$ sudo apt-get install fetchmail
```

インストールが終わったら，次のコマンドでホーム・ディレクトリに移動します．

```
$ cd /home/pi
```

適当なエディタで.fetchmailrc(＊1)とmyfetchmail.shの2ファイルを作成します．エディタ内でリスト3，リスト4のように入力してして保存しましょう．その後，次のようにファイル属性を変えます．

```
$ sudo chown pi .fetchmailrc
$ sudo chown pi myfetchmail.sh
$ sudo chmod 710 .fetchmail.rc
$ sudo chmod 710 myfetchmail.sh
```

● Gmailの未読メールをチェックする

fetchmailコマンドを次のように実行します．

```
$ fetchmail > /dev/null
```

fetchmailコマンドはリスト3の設定ファイルに従い，リスト4の処理を実行します．処理が完了すると~/Desktop/Mydogディレクトリにcamonoff.txtというファイルができており，その中にはメールのヘッダ情報から本文まで入っています．

このとき，Gmailの受信サーバにある未読メールの古いものから順に読み出されるので，Gmailにログインして確認しましょう．「プロモーション（いわゆる迷惑メール）」のフォルダに未読メールがないか確認してください．

● 返信メールに書いた指示が入っていることを確認

図7はメール・ヘッダの冒頭です．Gmailに送られたものであることが読み取れます．図8は本文の部分です．カメラのON/OFFの情報が書かれています．ラズベリー・パイはこの情報を見て，カメラを切り替えます．

▶うまく動かないときはエンコード方式を疑う

メールのエンコード方式によってはうまく動作しない場合があります．例えば，BASE64というエンコード方式のメールはfetchmailではデコードされません．

camonoff.txtを開いてみてメールの本文が消えている場合は，メーラの設定を確認してみたり，違うメーラから送信してみてください．

仕上げ

● シェル・スクリプトで一連の動作を繰り返し実行できるようにする

シェル・スクリプトとは，Linuxのコマンドやアプリケーションを，キーボードから入力する代わりにファイルに記述したものです．これを実行することで，記述通りの順番で動作します．while文なども使えるため，複数のコマンドやアプリケーションを自動的に繰り返すことができます．またC言語などとは違い，コンパイルは必要ありません．

リスト3 .fetchmailrcを作成して，使用するアカウントとスクリプトを指定する

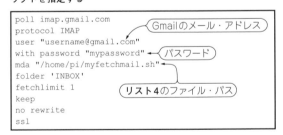

```
poll imap.gmail.com
protocol IMAP
user "username@gmail.com"
with password "mypassword"
mda "/home/pi/myfetchmail.sh"
folder 'INBOX'
fetchlimit 1
keep
no rewrite
ssl
```

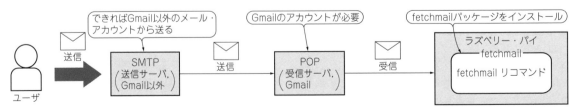

図6 ユーザからのメールをラズベリー・パイで受信する

＊1　先頭にドット"."が付く特殊ファイルにあたるのでlsコマンドで見るには"ls -la"とオプションを付ける必要があります．

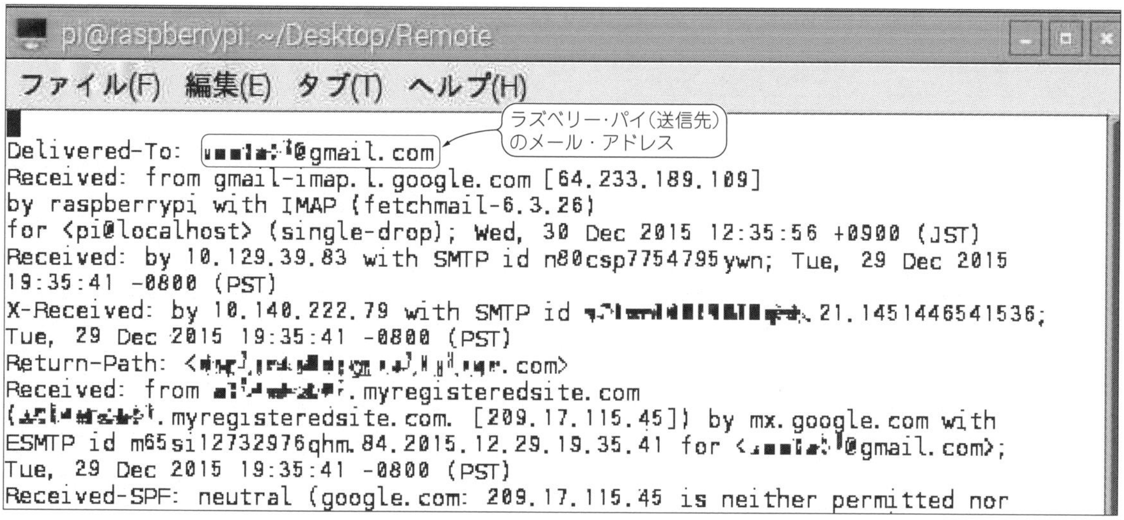

第12章 自動で愛犬撮影＆メール送信！留守番ウェブ・カメラマン

図7 ヘッダ情報からメール本文まですべてcamonoff.txtに書き出される
はじめにラズベリー・パイに送信されたものであることを確認しよう

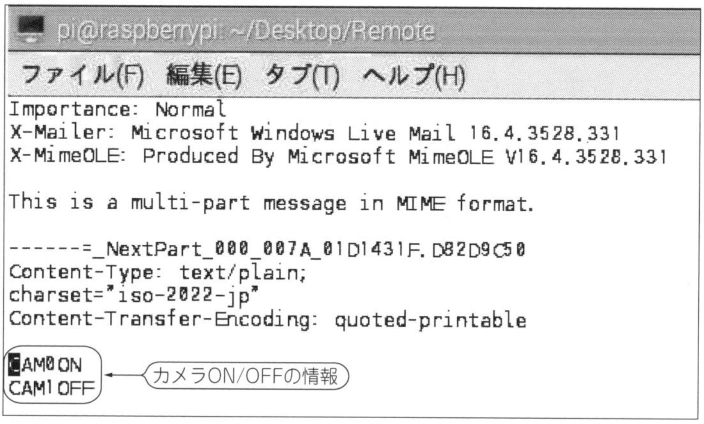

図8 camonoff.txtからカメラ制御の指示を読み出せば制御できる

リスト4 受信メールをテキストに書き出すシェル・スクリプトを作成する（myfetchmail.sh）

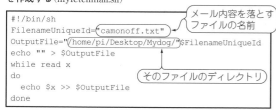

```
#!/bin/sh
FilenameUniqueId="camonoff.txt"
OutputFile="/home/pi/Desktop/Mydog/"$FilenameUniqueId
echo "" > $OutputFile
while read x
do
  echo $x >> $OutputFile
done
```

● 作成するシェル・スクリプト

シェル・スクリプトの名前をgetmailsendmailとして，リスト5のように記述します．

最初に#!/bin/shがありますが，シェル・スクリプトは基本的にこの行で始まります．これは，スクリプトを実行する，アプリケーション（ここではsh）を指定しています．その後は，前節までに使用したアプリケーションやコマンドが並んでいます．

● シェル・スクリプトの動作

リスト5のスクリプト動作の流れは次の通りです．

① ユーザからのメールを読む（fetchmail）
② USBカメラの画像をJPEGファイルに落とす（capturejpeg）
③ JPEGファイルをメールで送る（mail）

シェル・スクリプトにはif ～ then ～ else ～ fiという条件分岐処理もあります．フローチャートで表わすと図9のようになります．

最初にfetchmailでGmailの受信サーバにアクセスし，ユーザからのメールをcamonoff.txtに保存します．その中にはカメラのON/OFF情報が入っています．

capturejpegの後にあるアーギュメント"$N"はカメラ番号0/1を表します．camonoff.txtから，そのカメラがONならカメラを作動してJPEGファイルに

リスト5　メール受信→撮影→メール送信までを行うシェル・スクリプト（getmailsendmail）

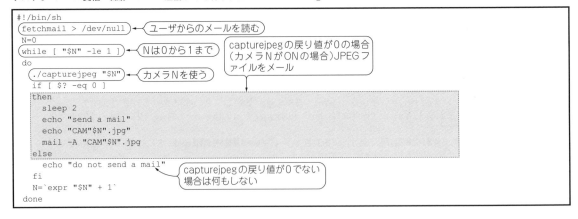

落とします（戻り値は0），OFFなら何もせず終了します（戻り値は-1）．

　capturejpegの戻り値によって条件分岐して，0のとき，つまり撮影したときは，撮影したJPEGファイルをmailコマンドの-Aオプションでメールに添付して送信します．-1のときはメールを送信しません．

　カメラは2つあるので，while文ではカメラ番号Nの値を0，1と2回繰り返して終了します．もしカメラを10個つなぐならリスト5の4行目を次のように書き換えます．

```
while [ "$N" -le 9 ]
```

● シェル・スクリプトに実行属性を追加してから実行

　リスト5のように記述したら保存しますが，そのままではただのテキスト・データであり実行できません．次のように実行属性（+x）を追加してから実行します．

```
$ chmod +x getmailsendmail
$ ./getmailsendmail
```

　実行するとスクリプトに記載した処理が順に行われます．受信メールに書かれた指示にしたがってカメラが選択・撮影され，JPEGファイルがユーザに送信されます．

● 一定時間ごとに繰り返し実行すれば定期撮影になる

　getmailsendmailでは，2個のJPEGファイルを1回送信して終了します．それを24回，1時間ごとに繰り返したい場合，リスト6のように別のシェル・スクリプトを作成しましょう．getmailsendmailを1時間（＝3600秒）おきに24回繰り返して終了します．

　ラズベリー・パイは自動的に撮影・送信を繰り返す

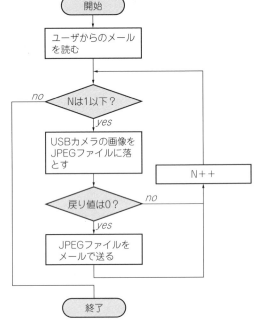

図9　メール受信→撮影→メール送信のフローチャート

ので，丸1日間そこに人が張り付いて監視する必要はありません．

● ユーザから指示することもできる

　リスト6のrepeatgetsendを実行すると，カメラが両方ONなら1時間ごとに2枚のJPEGファイルが送られてきます．どちらか1個のカメラだけ見たい場合は，見たくない方をOFFにしてメールを返信しましょう．両方OFFにすれば撮影もメール送信も行われません．

288

第12章　自動で愛犬撮影＆メール送信！ 留守番ウェブ・カメラマン

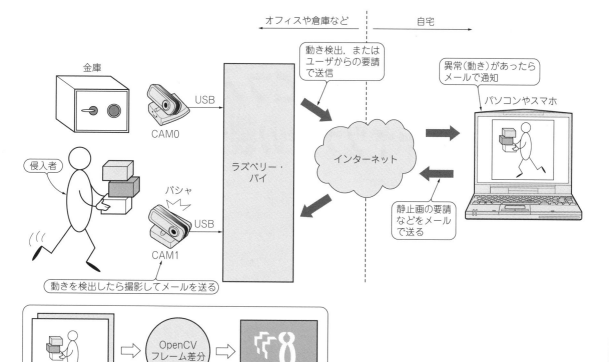

図10　ほぼ同じ構成で，オフィスの侵入者検知・通知システムも作れる

● ラズベリー・パイとOpenCVで手軽にいろいろなシステムが作れる

　本章ではビニール・ハウス内のようすを遠隔監視するシステム，としましたが，これをベースに第8章の図1(p.239)のような使い方もできます．

　他にもOpenCVを使えば「動き検出」を使って図10のようなオフィスの侵入者を検出して撮影し，画像を送るといった通報・通知システムも作れそうです．またFAXの前にカメラを置いて，着信ランプを「動き検出」し，外にいる人に知らせる，ということもできそうです．

いわた・としお

リスト6　getmailsendmailを3600秒ごとに繰り返して定期的に動作させる（repeatgetsend）

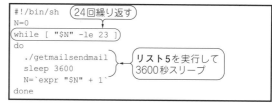

```
#!/bin/sh
N=0
while [ "$N" -le 23 ]
do
  ./getmailsendmail
  sleep 3600
  N=`expr "$N" + 1`
done
```

◆参考文献◆
(1) 山森 丈範, シェルスクリプト基本リファレンス, 2005年, 技術評論社.

福井高専発の53 MHz放射の跳ね返り信号，
約－100 dBmを信号処理で捕える

第13章 USBワンセグとラズパイで日中も！流星キャッチャの製作

藤井 義巳

流星の電波をキャッチする

ラズベリー・パイは，強力なCPUと大容量のメモリを持ち，各種センサやデバイスを接続するためのさまざまなインターフェースを備えた小型のコンピュータです．

今回，ラズベリー・パイとUSBワンセグ・チューナを利用して，電波カメラを製作しました．

図1に本器の全体像を示します．図2は本器で流星エコーを捕えた瞬間を表示します．

ここでは，次の内容を解説します．

(1) 速度40 k～70 km/s，高度80 k～120 kmの流星を受信する方法
(2) ラズベリー・パイ，USBワンセグ・チューナ科学計算プログラミング環境MATLAB/Simulinkを利用して流星エコーを検出する方法
(3) 受信したRFデータの保存方法

● 本器のプログラム

図3に，MATLAB/Simulinkで作成した本器のモデ

---

column   ソフトウェア無線始めるなら！ USBワンセグ・チューナRTL-SDR

RTL-SDRは，もともと地デジ放送やディジタル・ラジオ放送などをパソコンに接続したUSBドングルとソフトウェア処理によって，受信するために開発されたUSBドングル型デバイスです．図AにRTL-SDRの内部ブロック図を示します．

小型のアンテナが付属していて，内部構造は，広帯域のチューナ・チップ（中間周波信号を出力）にインターフェース周波数に固定されたソフトウェア無線（受信）チップが接続された形となっています．

RTL-SDRという名前の由来は，この後段のチップがRTL-2832U（Realtek）という受信チップを採用していることから来ています．

RTL-2832Uは，チューナから受信した中間周波信号を28 MHzでサンプリングして8ビットのディ

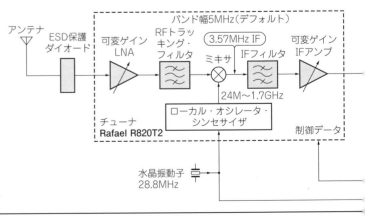

図A　RTL-SDRの内部ブロック

第13章 USBワンセグとラズパイで日中も！流星キャッチャの製作

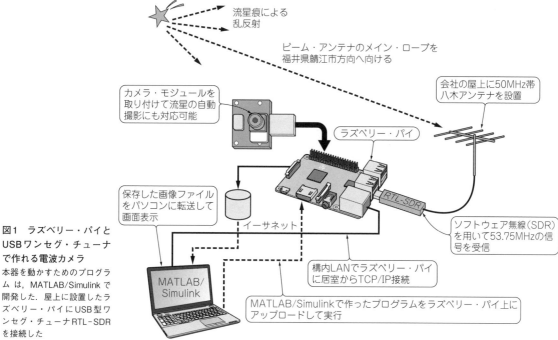

図1 ラズベリー・パイとUSBワンセグ・チューナで作れる電波カメラ
本器を動かすためのプログラムは，MATLAB/Simulinkで開発した．屋上に設置したラズベリー・パイにUSB型ワンセグ・チューナRTL-SDRを接続した

ルを示します．ほかのプログラミング言語では，ハードルが高い流星エコーの自動検出プログラムも，MATLAB/Simulinkなら機能ブロックを利用して直観的に作ることができます．

ジタル・サンプルに変換した後，インターフェース周波数を生成する数値制御発振器(NCO：Numerical Controlled Oscillator)と乗算機を使ったディジタル回路で更に直交変換を行って，8ビットのI-Q信号を作り出しています．

非常に良く考えられた回路構成です．チューナ・チップにもよりますが，通常，20 MHzから高い周波数は1.7～2 GHzのRF信号の受信に対応できるように作られています．

価格が1,000～3,000円ということもあって，アマチュアの世界でSDRブームのきっかけとなったとても興味深いデバイスです．

〈ふじい・よしみ〉

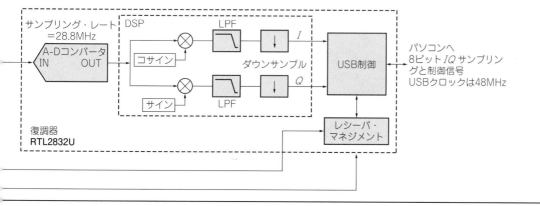

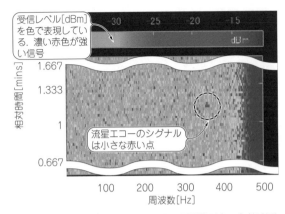

図2 流星エコーが検出されると，ある周波数が赤い点（信号強度が強い）となって現れる
SimulinkのSpectrum Analyzerブロックの表示モードを「スペクトログラム」に設定すると，ウォーターフォールが表示される．これはある瞬間の信号強度を周波数ごとに異なる色のピクセルで表現し，それが時間とともに上から下，または下から上に滝のように流れて表示される

● 仕様と用途
表1に本器の電気仕様を示します．

▶特徴
- 流星エコーの検出
- インターネットによる画像転送

次のような流星を観測できます．
- 彗星のチリに起因する流星の速度：40k〜70 km/s
- インターネットによる画像転送

▶用途
流星エコーの観測のほか，航空機の上空通過なども検出できます．

ハードウェア

● 用意するもの
実際に電波観測をする際に必要な機材を説明します．表2に本器で利用した機材を示します．

50 MHz帯の電波を受信するので，アンテナと受信機を用意する必要があります．今回，受信機はソフトウェア無線機を使います．アマチュア無線をやっている人は，お手持ちの50 MHz帯トランシーバやゼネラル・カバレッジ・レシーバを使っても観測できます．

今回の目的は，単に流星の出現を受信機のスピーカで音として捕らえるだけでなく，MATLAB/Simulinkを用いて，ディジタル信号処理の世界を楽しみます．

USB型ワンセグ・チューナRTL-SDRをパソコンにつないで，ソフトウェア受信機にします．

アンテナやアンテナ・ポールは，市販のものを使い

表1 本器の電気的スペック
ラズベリー・パイにUSB型ワンセグ・チューナRTL-SDRを接続してソフトウェア無線（SDR：Software-Defined Radio）受信機として使う

受信周波数	53.75 MHz（国立福井高専発射のアマチュア波帯信号）RTL-SDRの対応周波数内で変更可能
サンプリング周波数	28.8 MHz
中間周波数	3.57 MHz
I-Q信号サンプル・レート	250 ksps
I-Q信号分解能	8ビット（実質7ビット）
ダウンサンプリング	1/50（250 ksps→5 ksps）
ディジタルLPF特性	fpass = 400 Hz, fstop = 500 Hz

表2 本器で利用した機材

項 目	概 要	価格(参考)
パソコン	Windowsパソコンを流用	ー
RTL-SDR USBドングル	通販サイトなどで購入可能．クロック精度の高いTCXO搭載のものはRTLSDR.comで約$30で購入可能	1,000円〜
指向性アンテナ	A502HBR［(HB9CV)第一電波工業］2素子ビーム・アンテナ	10,205円
アンテナ・ポール	AM600（第一電波工業）全長6 m，5段伸縮マスト	21,210円
アンテナ・ポール基台	AS600（第一電波工業）アンテナ・ポール用3脚スタンド	10,390円
同軸ケーブル	固定局用5D-FBケーブル（第一電波工業）15 m	3,948円
同軸変換コネクタ	同軸ケーブルのM-PコネクタからRTL-SDRのSMA-Jコネクタに接続するためのMJ-SMA-P変換コネクタ．RTL-SDR側がSMAではなくMCXのこともある．その場合はSMAJ-MCXP変換コネクタも用意する	500〜1,000円
SMA-J-SMA-P 同軸ケーブル	5D-FBなどの太い同軸ケーブルを変換コネクタを介してRTL-SDRに直接接続するのではなく，細い同軸ケーブルで中継して接続する	〜1,000円

ます．今回ネット通販サイトで購入しました．ビーム・アンテナの指向性は，それほどシャープなものである必要はありません．

グラウンド・プレーン・アンテナでもよいかもしれません．ただし，高仰角にビームを向けることができるアンテナの方が使い勝手は良いでしょう．ヘンテナとかダイポール・アンテナとか，いろいろと自作して試してみてください．

● 機材の設定
屋外に出て用意した機材を設定します．すでにアンテナが設置されていて，ケーブルが屋内に引き込んである場合はそれを使えば屋内でも観測ができます．

第13章 USBワンセグとラズパイで日中も！流星キャッチャの製作

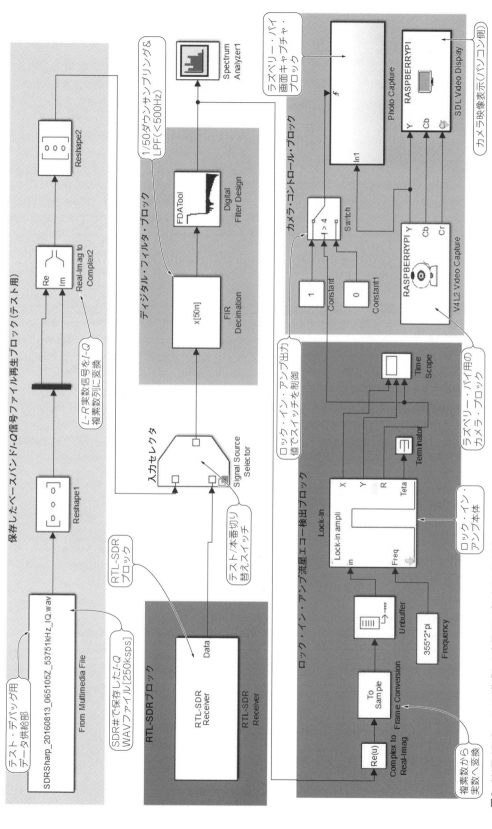

図3　MATLAB/Simulinkで作成した本器のモデル（プログラム）
RTL-SDRで受信して微弱で瞬間のI-Q信号を解析して流星エコーを検出する．プログラムはSimulinkの機能ブロックを利用して直感的に作ることができる．カメラの映像を記録するブロックも追加した

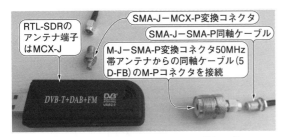

写真1　本器で利用する変換コネクタと中継同軸ケーブル

同軸ケーブルのM型コネクタ(M-P)を直接RTL-SDRに接続できないので，変換コネクタまたは，変換ケーブルを使います(**写真1**)．

アンテナをRTL-SDRに接続した後，パソコンにUSB接続したら，機材のセットアップは完了です．

ソフトウェア

● 流星の電波を観測するために利用できる

流星電波観測に，HROFFTというソフトウェアがよく使われます．HROFFTは，受信機の音声出力をパソコンの音声入力端子に接続し，FFT解析を行って流星エコーを観測します．

残念ながら，HROFFTを付属していた書籍は，既に絶版になっています．インターネット上でも公開されていませんが，MROFFTという類似のソフトウェアを使うこともできます．次のWebサイトでダウンロードできます．

http://www.nap.jp/michi/meteor/mrofft/index.html

● ラジオ受信ソフトウェアRTL-SDR#の設定

表3にソフトウェア一覧を示します．今回観測に使ったのは，RTL-SDRと組み合わせて広く利用されているSDR#と呼ばれるフリーのラジオ受信ソフトウェアです．

SDR#とRTL-SDRがあれば，50MHz帯の受信機を持っていなくても流星電波観測ができるのです．

SDR#はC#言語で開発されたことから，この名前が付きました．以前はソースコードも公開していたのですが，今はバイナリだけの提供となっています．

▶ダウンロード

次のWebサイトでSDR#をダウンロードできます．

http://airspy.com/download/

「SDR Software Package」で［Download］ボタンをクリックすると，sdrsharp-x86.zipというzipファイルがダウンロードされます．これを適当なフォルダを作成し，そこに展開します．私は"C:¥SDRtools¥sdrsharp"に置きました．

▶USBデバイス・ドライバのインストール

次フォルダにあるinstall-rtlsdr.batを実行します．このバッチ・ファイルは，RTL-SDRのUSBデバイス・ドライバ・インストール・ツールZadigをダウンロードします．フォルダの中から，アイコンを見つけてダブルクリックしてください．Zadigのダイアログが出現したら，Optionsで「List All Devices」にチェックを入れます(**図4**)．

図5のコンボ・ボックスの中から［RTL2838UHIDIR］

図4　USBドライバ・インストール・ツールZadigで"List All Devices"にチェックを入れる

表3　本器を作るため利用したソフトウェア一覧
Simulinkのほか，3つのオプションToolboxが必要になる．学生向けMATLAB and Student Suiteは10,000円でCommunications System以外のToolboxを購入できる．学生は1,000円で追加のToolboxを購入できる

ソフトウェア	概　要	価　格	備　考
MATLAB Home	数値計算言語処理系，スクリプト言語，高性能なビルドイン関数群など	15,000円	個人向け
Simulink	ビジュアル・プログラミング環境，並列処理，モデル・ベース・デザインなど	4,500円	MATLAB Homeのオプション製品
Communications System Toolbox	通信システムの解析，設計，検証などのためのアルゴリズムとアプリ	4,500円	
DSP System Toolbox	ストリーミング信号を処理するためのアルゴリズム，設計ツールなど	4,500円	
Signal Processing Toolbox	信号処理/測定/変換/処理や可視化用の関数とアプリ	4,500円	
SDR#	ラジオ受信ソフトウェア．スペクトルとウォーターフォール表示	無料	USB型ワンセグ・チューナRTL-USBと組み合わせて使う

というデバイスを選択して,「Replace Driver」を実行すると,USBデバイス・ドライバWinUSBがインストールされます.デバイス名は,「Bulk-In, Interface(Interface 0)」と表示される場合もあります.

これでインストールは完了です.SDRSharp.exeをダブルクリックすれば,SDR#が起動します.

パソコンとRTL-SDRで動作確認

● ラジオを聞く

SDR#のGUIは,直観的な操作ができるようになっています.

図6の上部で周波数をHz単位で指定するのも,マウス操作だけで可能です.正しく動作するかどうか,RTL-SDRドングルに付属の小さなアンテナを付けて,FMラジオ放送を聞いてみてください.東京近郊だと80.0 MHzの東京FMがよく聞こえます.その際に,変調方式は[WFM(広帯域FM)]を選択してください.

[デバイス設定]ボタンをクリックすると,RTL-SDRのデバイス設定ダイアログが現れます(図7).

主に設定すべき項目はサンプル・レートとAGC(Automatic Gain Control)のON/OFF,LNA(Low Noise Amplifier)のゲイン設定です.サンプル・レートはデフォルトの2.4 MSPSのままでよいです.AGCのON/OFF,LNAのゲイン設定は,いろいろと試すことができます.

● 流星エコーの観測

私は,2016年8月12日(ペルセウス座流星群の極大予想日)に長野県北杜市(清里)に移動し,図8で示したような環境で観測を行いました[*1].当日の長野県はあいにくの曇り空で流星の目視観測はできなかったのですが,翌13日の明るい時間帯にいくつかの流星エコーを観測することができました.

スペクトル表示は時間軸がないため,残念ながらスペクトルの時系列の変化を見るのには適しません.そこでもう1次元,色による表現を加えたのがウォーターウォール(スペクトログラム)です.

スペクトルの強さを色で表現し,縦軸を時間軸に置き換えるのです.ちょうど滝が流れ落ちるかのように,スペクトルの変化を縦軸の色の変化で追いかけることができるので,非常に重宝されます.通常のスペクトル表示と違い,周波数ごとの信号レベルの正確な差を

図5 RTL-SDRデバイスを選択してWinUSBドライバをインストールする

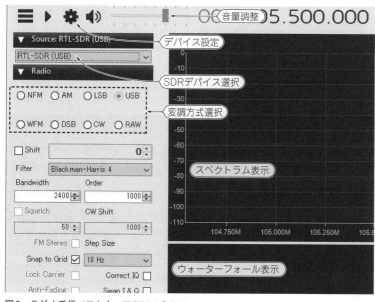

図6 ラジオ受信ソフトウェアSDR#のGUI
スペクトル表示とウォーターフォール表示機能を持っているので,RTL-SDRと組み合わせてさまざまな周波数のラジオ受信機として動作させることができる

図7 SDR#のRTL-SDRデバイス・コントローラ画面
AGCのON/OFFやLNAのゲインなどを設定できる

---

*1 2019年2月現在.JA9YBD 福井高専(50.750 MHz)は停波中です.JH9YYA 福井県立大学(50.755 MHz)を受信してください.

295

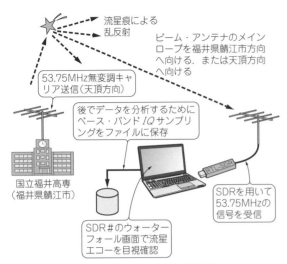

● 流星が流れた瞬間の音を聞く

SDR#の変調方式をSSB(Single Side Band)，またはCW(Continuous Wave)にしておくと，流星が流れた瞬間に「ヒュッ」という感じの音がします．流星にも音がありました．ぜひ試してみてください．

Simulinkによるプログラム作成

● ラズベリー・パイを利用する

パソコンとRTL-SDRで流星エコーを捕えることができました．いよいよラズベリー・パイの出番です．

前述した図1のようにラズベリー・パイ3にRTL-SDRを接続します．流星が流れたら，自動的に撮影を行うようカメラ・モジュールも接続しています．これによりビルの屋上にアンテナを常設し，ラズベリー・パイで24時間365日観測が可能になります．

撮影した画像は，イーサネット経由で手元のパソコンに送られてきます．

● 全体構成

流星電波観測を自動で行うために，ラズベリー・パイ用のプログラムを作ります．C言語やスクリプト言語Pythonで書くのではなく，MathWorks社のMATLAB/Simulinkを使いました．

前述した図3は，ラズベリー・パイ3とカメラ・モジュールで流星エコーを観測するためにMATLAB/Simulinkで作成したモデルです．

一番の問題は，流星エコーの一瞬の微弱な受信信号をどうやって検出するかということです．信号レベルは−80〜−100 dBmのようです［参考文献(2)］．

図8　ソフトウェア受信機を利用した流星電波観測
RTL-SDRとSDR#を使い，50 MHz帯の受信アンテナを接続して流星エコーを観測．後で分析することを考慮してSDR#のI-Qベース・バンド信号保存機能を使い，WAVファイルを取得した

直観的に見るのには向いていませんが，流星エコーのようにごく短い時間だけ現れる小さな変化を視覚的に捕えるのには，優れたグラフです．

図9は，SDR#のウォーターフォール画面に流星エコーが現れた瞬間を表しています．ほとんど信号レベルがゼロだったウォーターフォール画面に，突然小さな痕跡が現れます．流星エコーの持続時間は，短いものは1秒以下，長いものになると，20秒を超えるものもあるそうです．今回検出したものはどれも1秒以下の短いものばかりでした．

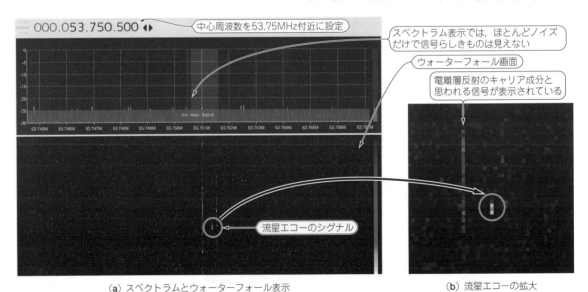

(a) スペクトラムとウォーターフォール表示　　　　　　　　(b) 流星エコーの拡大

図9　信号強度を周波数ごとに異なるピクセルで表示できるウォーターフォール画面で流星エコーを捕えた瞬間(SDR#利用)
ウォーターフォール表示を利用すると視覚的に流星エコーを観測できる

今回は，MathWorks社がMATLAB/Simulinkユーザのために提供しているコミュニティ・サイトMATLAB Centralに投稿されていた，Lock in Amplifier（ロック・イン・アンプ）というサンプル・プログラムを使うことにしました．

ロック・イン・アンプとは，あらかじめ信号の周波数が正確にわかっているとき，その周波数を含むごく狭い周波数成分だけを選択的に増幅する性質を持つ増幅器です．流星エコーの周波数（ベース・バンド周波数，つまりキャリア周波数からの差分）さえ，正確にわかれば，いつでも流星エコーの微弱かつ瞬間的な信号だけを検出できます（図10）．

図11はフィルタ設計用のFDAToolブロックで作成したLPFの特性です．RTL-SDRで受信した信号はサンプリング・レート250 kHzなので帯域幅が120 kHz以上あるため，FIRフィルタで流星エコー検出に必要な最小限の帯域に制限します．

● 流星エコーのスペクトラム解析

流星エコーの周波数を数Hz以内の誤差で特定するために，スペクトラム解析ができるSpectrum Analyzerブロックを使って調べてみたところ，私が測定したデータの場合にはキャリアから相対周波数が355 Hz付近であることがわかりました（図2）．

帯域幅はわずか10 Hzです．図12は，8月13日に観測を行った際にI-Q信号をファイルに保存しておいたものを再生しながら，SimulinkのSpectrum Scopeブ

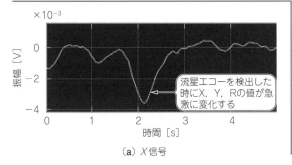
（a）X信号

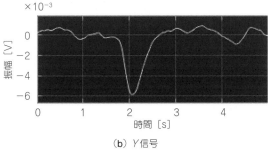
（b）Y信号

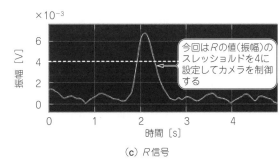
（c）R信号

図10 ロック・イン・アンプで流星エコーを検出した瞬間
流星エコーを検出したときに，X，Y，Rの値が急激に変化する．XとY信号はペアでロック・イン・アンプが増幅した特定周波数の信号の振幅と位相を表す．R信号は，$\sqrt{X^2+Y^2}$に等しく，ロック・イン・アンプが増幅した特定周波数の信号の振幅値（>=0）を表す

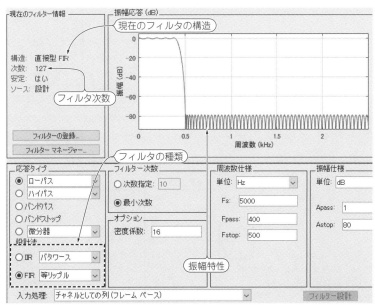

図11 FDAToolブロックで作成したLPFの特性
RTL-SDRで受信した信号は帯域幅が120 kHz以上あるため，流星エコー検出に必要な最小限の帯域に制限する．同時にサンプリング・レートも1/50にダウン・サンプリングして計算量を減らす

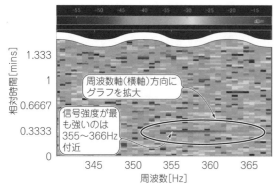

図12 図2のグラフを拡大すると流星エコー信号のベース・バンド周波数は355 Hz～365 Hz付近であることがわかる

ロックの画面を拡大して確認した周波数です（**図12**）．

実際には，水晶発振子の発振周波数は，温度によって変化するため，この方式では無調整で365日観測というわけにはいかないようです．

流星エコーの周波数は毎回異なります．それは，流星により生じたプラズマが上空の風により移動しているからです．移動速度によりドップラ・シフトが発生して，エコーの周波数が変化するのです．

● ロック・イン・アンプのサンプル・プログラムの動作テスト

図13は，MATLAB Centralに投稿されていたロック・イン・アンプの内部ブロック構成です．10年以上前の投稿だったのですが，MATLABのバージョン2016aで動作しました．**図14**のinから入力された信号のうち，**図15**の「Detection Frequency（rad/sec）」パラメータで指定した周波数付近のごく狭い帯域の成分だけを増幅し，その振幅を出力します．

このロック・イン・アンプは振幅成分だけでなくX, Y出力（直交座標表現）または，R, $Teta$（極座標表現）で振幅と同時に位相成分も検出します．

今回の用途のように位相成分を考慮する必要がなければ，R出力だけを使えば良いでしょう．周波数の単位は角周波数［rad/sec］なので，周波数に2πを掛

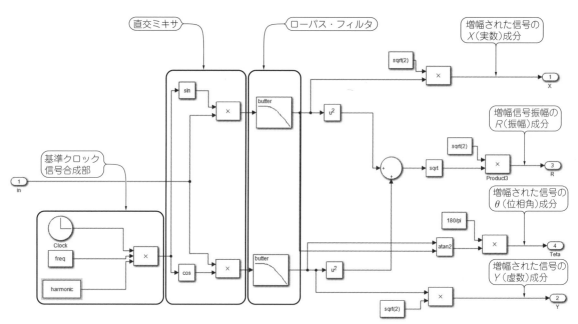

図13 ロック・イン・アンプの内部ブロック構成

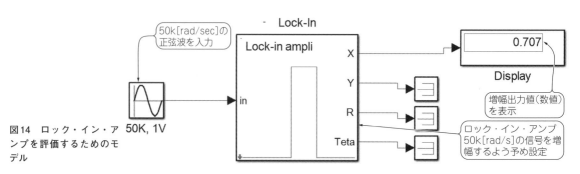

図14 ロック・イン・アンプを評価するためのモデル

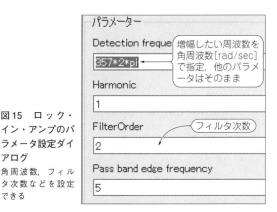

図15 ロック・イン・アンプのパラメータ設定ダイアログ
角周波数，フィルタ次数などを設定できる

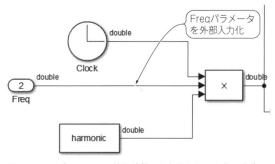

図16 Freqパラメータの値を外部から与えられるように改造
気温から周波数変動を推定するなどしてその時点の周波数の値を外部から入力するため必要になる

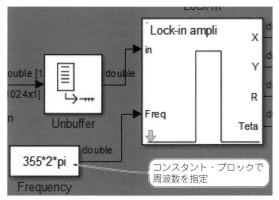

図17 周波数はSimulinkのconstant（定数）ブロックを使って設定できる

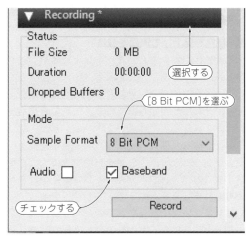

図18 SDR#でI-Qベース・バンド信号をファイルに記録

けた数値をダイアログから入力します．

● 水晶発振子の温度変化による周波数変動を考えてロック・イン・アンプのブロックを改良した

将来，流星エコーの周波数が（SDRの発振周波数が変動して相対的に）変化した場合でも，その周波数変動を検出してロック・イン・アンプに入力できるように，Freqパラメータの値を外部から与えられるように改造しておきます（図16）．

今回ロック・イン・アンプに周波数を定数値で入力していますが，水晶発振子の温度による周波数変動のため流星エコーが観測される周波数は一定とは限りません．例えば，そのときの気温から周波数変動を推定するなどして，その時点の周波数の値を外部から入力するために必要になります．

この改造に伴い，ロック・イン・アンプの入力は，inの他にFreqができています（図17）．ここに周波数（角周波数）の値をconstantブロックで入力します．

受信したRF I-Qデータの保存

● SDR#でのI-Qデータ保存方法

今回の実験でデバッグ用に使ったSDR#のファイル保存機能について紹介します．

SDR#は復調後の音声をWAVファイルに保存できるだけでなく，復調前の生のI-Q信号をWAVファイル形式で保存する機能を持っています．

SDR#画面の左下，［Recording］タブを開くとファイル保存形式を"Mode"で選択できるようになります（図18）．"Audio"ではなく"Baseband"をチェックし，"Sample Format"は，"8 Bit PCM"として［Record］ボタンを押してください．これでSDR#のEXEと同じフォルダにWAVファイルが保存されます．

● ファイル・サイズを考慮する

SDR#のファイル保存機能は，ファイル・サイズが最大2GBです．それを超えるファイルを作ることはできません．サンプリング・レートにもよりますが，生のI-Qサンプル・ファイルは，あっという間に2GBになるので，気を付けてください．

Simulink側は，WAVファイルをAudioファイルと同様From Multimedia Fileブロックで読み出すことができます．AudioファイルのL-R信号を複素数のI-Qに変換する方法は，図13を参考にしてください．

＊　＊　＊

　MathWowrks社は，エンベデッド(組み込み)システムに非常に力を入れています．今回はラズベリー・パイで動作するモデルをSimulinkで開発してみました．従来のアセンブラや低レベルの開発環境が当たり前だった組み込みソフトウェア開発を考えると隔世の感があります．MATLAB/Simulink製品版は，FPGAをターゲットとしたHDLコード生成にも対応していて，ますます期待したいところです．

　毎年11月中旬ごろには「しし座流星群」が，12月には「ふたご座流星群」が極大を迎えます．その時を狙って撮影にチャレンジしてみてください．

ふじい・よしみ

◆参考文献◆

(1) 流星電波観測国際プロジェクト；http://www.amro-net.jp/hro_index.htm
(2) 中島拓，臼居隆志，矢口徳之，小川宏，前川公男，中村卓司/高野秀路；前方散乱方式を用いた流星電波観測におけるエコー強度の測定，流星の電波観測報告会，2004.

column　VHF帯を使って電波を観測…流星エコーとは

● 夜空を見上げて流星を見る

　都会に住んでいると，夜空を見上げる機会は少ないと思います．あったとしても，汚れた空気とビルに囲まれた環境では，見られる星の数は少ないでしょう．そして，空から落ちてくる流れ星と出会えるのは，まれなことだと思います．

　都会を離れ，満天の星がきらめく夜空を見上げる機会があったなら，少し足を止めてみてください．運が良ければ，流れ星の1つや2つを見つけられるかもしれません．

　流れ星はいつでも見られるのですが，毎年何度か決まった時期にたくさんの流れ星が見られる「流星群」が訪れます．その時期を狙えば，流れ星に出会える確率がグッと上がります．よく晴れた夜に見晴らしの良い場所で10分くらい夜空を見上げてください．

　流星群は，太陽に近づいた彗星が残していったちりの中を地球が通過することで発生します．従って，彗星が通過した直後はたくさんの彗星が観測できますが，時が経つにつれ少しずつちりの密度が低下し，観測できる流星の数も減っていく傾向になります．

　筆者は冬の澄み切った夜空のほうが流星に出会えるチャンスが大きいと感じていますが，冬の夜に野外で長時間空を眺めるのは，正直ツライです．

　その点，8月のペルセウス座流星群は，寒さを気にせず野外で寝転がって観測できます．天気さえ良ければ安定した数の流星に出会えます．

● 流星の観測方法は目視だけではない

　流星も含め，天体観測はお天気が命です．せっかく多くの流星があっても，夜空に分厚い雲に覆われていては何も観測できません．例え，空気が澄み切った田舎へ出かけても，お天気に恵まれるとは限りません．

　そんなときでも必ず流星の出現を観測する方法があります．それが電波観測です．

　前述のように，流星の元は彗星が残していった「チリ」です．これは，0.1 mmぐらいの砂粒のようなものから，数cm大の野球ボールくらいのものまであるといわれています．地球の公転軌道上に漂っているこのチリに地球が接近すると，地球の重力に捕まりあっという間に加速して，数km～10 km/sもの速度に達するそうです．

　これが，100 k～150 km上空の薄い空気に触れて高温のプラズマ(電離したガス)が発生します．これが，われわれの目に流星として見えるのです．

　短波(HF)帯の電波を反射して，遠くまで届けてくれる電離層の正体もこのプラズマです．流星により発生するプラズマは局地的ですが，電離層よりもはるかに高密度なため，通常の電離層を突き抜けてしまう超短波(VHF)帯の電波でも反射する性質を持ちます．これを利用して，流星の発生が観測できるのです．この流星によるプラズマで反射した電波のことを「流星エコー」と呼びます．

　可視光線と異なり，VHF帯の電波はほとんど天候に左右されません．上空が厚い雲に覆われて全く夜空が見えなくても，昼間の太陽がまぶしい時間でも，電波観測は可能です．

● アマチュア帯を利用した電波流星観測

　電波観測を行うには，VHF帯の電波発信源が必要です．欧州などではアマチュア帯の144 MHz帯を使うことが多いです．日本では，福井県立大学(永平寺町)が，アマチュア帯の53.755 MHzで電波を常時上空に向けて発射していて，多くの愛好家たちの電波観測に利用されています．

　このことから，流星エコーの観測をアマチュア無線帯域を利用した電波流星観測(HRO：Ham-band Radio Observation)と呼んでいます．

ふじい・よしみ

第14章 ハードディスク×Pi！ 24時間365日フェニックス・サーバの製作

短寿命のSDカードに三行半（みくだりはん）！
冷却ファンで高安定動作＆33.4 MB/sの高速アクセス

杉﨑 行優

　サーバ・ソフトウェアには，ホームページを公開するWebサーバや，多様なデータを保存するファイル・サーバなど，さまざまな種類があります．これらを動かすには，サーバ用のコンピュータが必要です．

　従来は数万～数十万円の専用マシンやパソコンそのものを使用していましたが，1台5,000円のコンピュータ・ボード「ラズベリー・パイ」でもサーバ・ソフトウェアを動かせます．コンピュータとカメラ・モジュールや各種センサを組み合わせてWebサーバを動かせば，外出先から自宅の状態を監視したり，モータを回したりできる計測制御用オンライン・ストレージも製作できます．

　Webサーバとして使うなら，外部からアクセスがあったとき，いついかなるときでもサービスを提供しなければなりません．そのためサーバ用ハードウェアは24時間365日連続で動作する必要があります．

　ところがラズベリー・パイは，ストレージ装置にmicroSDカードを使用しているため，半年未満で寿

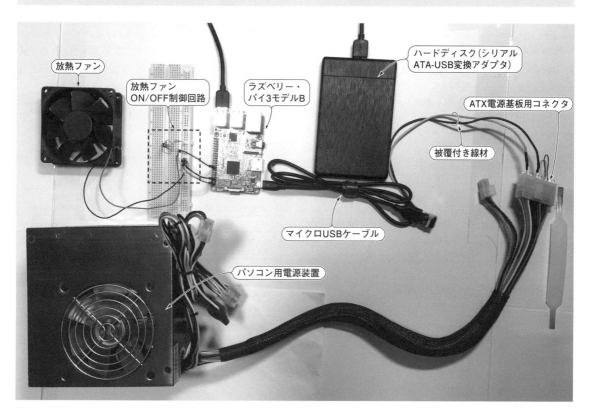

写真1　製作した24時間365日連続稼働するフェニックス・サーバ
ハードディスク化と各種対策により24時間365日連続稼働が可能になった

第14章　初出：「トランジスタ技術」2017年6月号
この記事を再現する際は，当時のOSをラズベリー・パイにインストールしてください．詳細はp.8を参照．

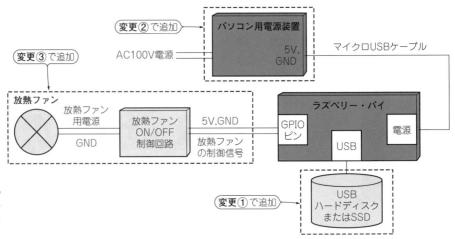

図1　Piサーバの装置構成
①ハードディスク化，②パソコン用電源装置，③放熱ファンの追加により，ラズベリー・パイを強化

命を迎えてしまいます．運用中もmicroSDカードの状態を常に気にする必要があり，そのままではサーバ用のハードウェアとして満足に使用できません．

本章では，ストレージ装置をハードディスクに変更することで，ラズベリー・パイでも24時間365日連続稼働を可能にしたサーバ用ハードウェア「Piサーバ」を製作します．外観を**写真1**に，装置構成を**図1**に示します．

本章では，ラズベリー・パイのOS起動ディスクをmicroSDからハードディスクに変更し，「Piサーバ」を製作します．これに伴う電源能力の不足を，電源装置の変更により補います．高負荷時のSoCの温度上昇を，放熱ファンによって抑えて動作を安定化させます．本稿では，それぞれの方法を解説します．

● Piサーバの特徴

▶ 長期間連続稼働可能な格安サーバ

ラズベリー・パイは，OSとしてLinuxが動くので，小型，省電力なWebサーバや，ファイル・サーバとして運用できます．

私は，メンテナンスによる再起動を除き，実際にPiサーバを自宅で24時間365日動かしています．主にサイズの大きなファイルを置くファイル・サーバとして使用しています．OSを含め，データ・ファイルはすべて外付けのハードディスクに格納しているので，microSDカードの寿命はほぼ減りません．運用開始から2年半の間では，一度もmicroSDカードを交換していません．

▶ 電気信号の入出力を遠隔で操作/監視できる

40ピン拡張コネクタには，電気信号の入出力をユーザが直接制御できるGPIOと呼ばれるピンがあります．このピンを使って，自宅の家電の電源をON/OFFしたり，センサを接続して部屋の状態を監視したりできます．

▶ データ・ファイルへのアクセス速度が約50％向上

OSの起動ディスクをハードディスクに変更することにより，データ・ファイルへのアクセス速度が向上します．

私の環境で，それぞれのアクセス速度を測定したところ，結果は次の通りになりました．

- microSDカード：平均22.5Mバイト/s
- ハードディスク：平均33.4Mバイト/s

環境によりますが，microSDカードよりハードディスクのほうが，アクセス速度が高速でした．アクセス速度は次のコマンドを実行することにより測定しました．

```
$ echo 1 | sudo tee /proc/sys/vm/drop_caches && dd if=(デバイスファイル名) of=/dev/null bs=10M count=10
```

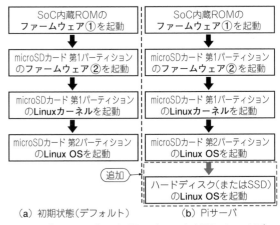

（a）初期状態（デフォルト）　　（b）Piサーバ

図2　ラズベリー・パイの起動シーケンスを変更してハードディスクからOSを起動する

① OS起動ディスクの
　ハードディスク化

■ 変更の方法

● 起動シーケンスを変更してHDD内でOSを動かす

ラズベリー・パイのOS起動ディスクを，microSDカードからハードディスクに変更します．

▶初期状態（デフォルト）の起動シーケンス

図2(a)に示すのは，ラズベリー・パイの初期状態（デフォルト）の起動シーケンスです．それぞれの動作内容は次の通りです．

（1）内蔵ROMのファームウェア①を起動する

電源を投入すると，SoCに内蔵されているROMからファームウェア①をRAMに読み込み，起動します．

（2）microSDカード内のファームウェア②を起動

ファームウェア①を起動すると，microSDカードを認識できるようになります．認識すると，microSDカードの第1パーティションからファームウェア②をRAMに読み込み，起動します．

（3）microSDカード内のLinuxカーネルを起動

ファームウェア②を起動すると，microSDカードの第1パーティションからLinuxカーネルをRAMに読み込み，起動します．

（4）microSDカード内のLinux OSを起動

Linuxカーネルを起動して初期処理が完了したら，microSDカードの第2パーティションからLinux OSを起動します．

▶Piサーバ用に起動シーケンスを変更

通常は，microSDカードの第2パーティションからLinux OSを起動しますが，Piサーバでは図2(b)のように手順を追加し，ハードディスクから起動するように変更します．

● 用意するもの

本工程で使用する部材は次の通りです．

- ラズベリー・パイ本体（本稿ではラズベリー・パイ3モデルBを使用）
- microSDカード
- SATA（シリアルATA）インターフェースのハードディスクまたはSSD（Solid State Drive）
- SATA-USB変換アダプタ
- USB接続のmicroSDカード・リーダ

■ ステップ1：
　Linux OSのイメージ・ファイル作成

ハードディスクに書き込むLinux OSのイメージ・ファイルを作成します．イメージ・ファイルの作成にはLinux環境が必要です．Raspbianがインストールされたラズベリー・パイ，またはUbuntuやDebianなどをインストールしたLinuxパソコンを用意してください．本稿ではラズベリー・パイを使用した場合の手順を説明します．

● 手順1：ハードディスクを接続して認識させる

▶SATA-USB変換アダプタを用意する

本稿執筆の時点（2017年1月現在）では，ハードディスクやSSD用のインターフェースとして，SATAが用いられた製品が多く発売されています．写真2に示すような形状のコネクタが付いています．

一方，ラズベリー・パイにはSATAのインターフェースがありません．これらのハードディスクをラズベリー・パイに接続するために，SATA-USB変換アダプタを用意します．数百～数千円で購入できます．今回はSalcar社製のSATA-USB変換アダプタを使用しました．Amazonから入手できます．

https://www.amazon.co.jp/dp/B01JOPMKYU

▶ハードディスクを接続する

ハードディスクにSATA-USB変換アダプタを装着して，ラズベリー・パイのUSBポートに接続すると，Linuxカーネルのメッセージ・バッファの中に図3のような文字列が出力されます．メッセージ・バッファ

```
sd 0:0:0:0: [sda] 976773164 512-byte logical
                  blocks: (500 GB/466 GiB)
sd 0:0:0:0: [sda] Write Protect is off
sd 0:0:0:0: [sda] Mode Sense: 03 00 00 00
sd 0:0:0:0: [sda] No Caching mode page found
sd 0:0:0:0: [sda] Assuming drive cache: write
through
 sda: sda1 sda2
sd 0:0:0:0: [sda] Attached SCSI disk
```
（OSが認識しているハードディスクの名前）

図3 ハードディスク接続時に出力されるLinuxカーネルのメッセージ・バッファ
「sudo dmesg | tail」というコマンドを実行すると表示される．ハードディスクがsdaという名前で認識されている

写真2 シリアルATAコネクタの形状
ハードディスクやSSD用のインターフェースとして主流になっている

の内容は，次のコマンドを実行すると確認できます．

```
$ sudo dmesg | tail
```

図3では，ハードディスクがsdaという名前で認識されています．表示内容は接続するハードディスクの容量や型番によって異なるので，適宜読み替えてください．

● 手順2：OSのイメージ・ファイルを入手する

Raspbianは，ラズベリー・パイ用に開発されたLinux OSです．通常版とLite版が用意されています．Lite版にはGUIソフトウェアが入っていませんが，サーバ用途で使用するならこれで十分です．今回はLite版を使用しました．次のURLから入手できます．

https://downloads.raspberrypi.org/raspbian_lite_latest

URLにアクセスすると，「2016-05-27-raspbian-jessie-lite.zip」のように，ファイル名に日付の入ったZIP形式で圧縮されたファイルがダウンロードされます．日付部分はバージョンによって変わります．

ダウンロードしたZIP形式のファイルを展開すると「2016-05-27-raspbian-jessie-lite.img」が出力されます．これは，OSのインストール・ディスクのデータをそのままダンプしたファイルで，イメージ・ファイルと呼びます．

■ ステップ2：OSの書き込み

Raspbianのイメージ・ファイルをmicroSDカードに書き込みます．今回は図4のように，Raspbianのイメージ・ファイルから，ハードディスクに書き込むデータも抽出します．

● 手順1：microSDカードにOSを書き込む
▶(1)接続

USB接続のSDカード・リーダなどを用いてラズベリー・パイとmicroSDカードを接続します．接続後に次のコマンドを実行し，microSDカードのデバイス・ファイル名を確認します．

```
$ sudo dmesg | tail
```

ハードディスク接続時と同様に，Linuxカーネルのメッセージ・バッファに文字列が出力されるので，そのときの名前を確認します．図5の場合は「/dev/sda1」がデバイス・ファイル名になります．

デバイス・ファイル名は，/dev/mmc$x$や/dev/sd$x$など，環境によって異なります．

▶(2)イメージ・ファイルの書き込み

Linux環境でターミナルを開き，cdコマンドで「2016-05-27-raspbian-jessie-lite.img」を格納したディレクトリに移動します．

次のコマンドで，microSDカードにRaspbianのイメージ・ファイルを書き込みます．

```
$ sudo dd if=2016-05-27-raspbian-
jessie-lite.img of=(SDカードのデバイ
ス・ファイル名) bs=8M
```

このコマンドを実行すると，microSDカードの中にある全データが削除されます．重要なデータが入っている場合は，あらかじめバックアップしておきましょう．

● 手順2：ハードディスクにOSを書き込む
▶(1)フォーマット

ハードディスク，もしくはSSDにRaspbianを書き込むためには，あらかじめフォーマットしておく必要があります．フォーマットすると，ディスク内にある全データが削除されます．重要なデータが入っている

```
sd 0:0:0:0: [sda] 15353856 512-byte logical
                            blocks: (7.86 GB/7.32 GiB)
[ 426.668108] sda:sda1
```
この場合「/dev/sda1」がデバイス・ファイル名

図5 microSDカード接続時に出力されるLinuxカーネルのメッセージ・バッファ
microSDカードがsda1という名前で認識されている

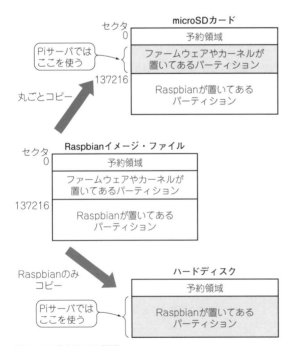

図4 OS書き込みの概要

第14章　ハードディスク×Pi！ 24時間365日フェニックス・サーバの製作

```
$ sudo fdisk /dev/sda    ←①コマンドを入力して実行
Welcome to fdisk (util-linux 2.25.2).
Changes will remain in memory only, until you decide to write them.
Be careful before using the write command.

Command (m for help): n    ←②[n]を入力して新しいパーテーションを作成
Partition type
  p  primary (1 primary, 0 extended, 3 free)
  e  extended (container for logical partitions)    ←③[Enter]を入力
Select (default p): (改行)
Partition number (1-4, default 1): (改行)    ←④[Enter]を入力
First sector (16775168-16777215, default 16775168): (改行)    ←⑤[Enter]を入力
Last sector, +sectors or +size{K,M,G,T,P} (16775168-16777215, default 16777215): (改行)    ←⑥[Enter]を入力

Created a new partition 1 of type 'Linux' and of size 1 MiB.

Command (m for help): w    ←⑦[w]を入力して終了
The partition table has been altered.
Calling ioctl() to re-read partition table.
```

図6　パーティションを作成するfdiskコマンドの実行手順

場合は，あらかじめバックアップしておきましょう．

フォーマットは次の手順で実行します．まず最初に次のコマンドを実行し，ハードディスクのパーティション・テーブルを初期化します．

```
$ sudo dd if=/dev/zero of=/dev/sda bs=512 count=1
```

ddコマンドの実行が完了したら，fdiskコマンドを実行してパーティションを作成します．コマンド実行中にもキー入力を要求されます．図6の通り実行してください．

fdiskコマンドの実行が完了したら，mkfs.ext4コマンドを実行して，ハードディスク内にファイル・システムを作成します．今回はext4と呼ばれるファイル・システムを使用します．実行コマンドは次の通りです．

```
$ sudo mkfs.ext4 /dev/sda1
```

▶（2）ハードディスクをマウントする

（1）でフォーマットしたハードディスクをマウントします．Linux環境でターミナルを開き，cdコマンドで「2016-05-27-raspbian-jessie-lite.img」を格納したディレクトリに移動します．次のコマンドを実行して，（1）で作成したsdaパーティションを，sda1というディレクトリにマウントします．

```
$ mkdir -p sda1
$ sudo mount /dev/sda1 sda1
```

▶（3）イメージ・ファイルの第2パーティションをマウントする

イメージ・ファイルの中から第2パーティションだけを抽出するために，2016-05-26-raspbian-jessie-lite.imgのパーティション情報を確認します．実行コマンドは次の通りです．

```
$ fdisk -l 2016-05-27-raspbian-jessie-lite.img
```

実行すると図7のようにパーティション情報が表示されます．これによると，Raspbianの本体が入っている第2パーティションは，137216セクタ目から始まっています．

137216セクタ以降のみをマウントします．次のコマンドを実行し，mntというディレクトリに2016-05-27-raspbian-jessie-lite.imgの第2パーティションをマウントします．

```
$ mkdir -p mnt
$ sudo mount 2016-05-27-raspbian-jessie-lite.img -o rw,offset=$((512*137216))
```

▶（4）イメージ・ファイルを書き込み

次のコマンドを実行して，Raspbian本体をハードディスクにコピーします．

```
$ sudo tar Ccf sda1/ - . | sudo tar Cxf mnt/ -
```

コピーが完了したら，次のコマンドで各々のマウン

図7　イメージ・ファイルのパーティションの情報を確認する
Raspbianの本体が入っている第2パーティションは，137216セクタ目から始まっている

```
...
Device                                       ... Start  ... Size ...
2016-05-27-raspbian-jessie-lite.img2  ...  137216  ... 1.2G ...
```

トを解除しましょう．

```
$ sudo umount mnt
$ sudo umount sda1
```

■ ステップ3：起動シーケンスの変更

● microSDカード内の起動スクリプトを変更

ラズベリー・パイは，図2で説明した通り，microSDカードからOSを起動します．電源投入直後に起動するファームウェア①はSoC内蔵ROMに書き込まれているため，起動順序は変更できません．そのため，ハードディスクやSSDから直接Raspbianを起動することはできません．

今回は，まず最初にmicroSDカードのRaspbianを起動し，そこからハードディスクのRaspbianを起動するようにします．そのためにmicroSDカードのRaspbian起動スクリプトを修正し，起動シーケンスを変更します．

ここでの作業は，実際に「2016-05-27-raspbian-jessie-lite.img」を書き込んだmicroSDカードを起動ディスクにしたラズベリー・パイで行います．

● 手順1：cmdline.txtの修正

/boot/cmdline.txtというファイルを修正します．このファイルは，microSDカードのファームウェア②起動時に読み込むファイルです．Linuxカーネルに渡すパラメータが記されています．cmdline.txtに，次の文字列を追加します．

```
init=/init
```

この文字列を追加することにより，Linuxカーネルが起動した直後に実行されるプログラムが，デフォルトの/sbin/initから/initに変更されます．

リスト1 ラズベリー・パイ起動時に実行される/initファイルの内容
ハードディスク内に書き込まれたOSを起動する

```
#!/bin/bash

PATH="/usr/sbin:/usr/bin:/sbin:/bin:$PATH"
while ! dd if=/dev/sda1 of=/dev/null bs=512 count=1
                   >/dev/null 2>/dev/null; do
  sleep 1
done
sleep 1
mkdir -p /mnt/sda1
mount /dev/sda1 /mnt/sda1
cd /mnt/sda1
mkdir -p proc old-root
mount -t proc proc proc
pivot_root . old-root
exec usr/bin/chroot . sbin/init
```

● 手順2：/initファイルの作成

次のコマンドでテキスト・エディタを起動し，リスト1の内容で/initファイルを作成します．

```
$ sudo nano /init
```

/initファイルの作成が完了したら，次のコマンドを実行し，ファイルを実行するための実行権限をセットします．

```
$ sudo chmod 755 /init
```

リスト1の中でchrootコマンドを使用しています．このコマンドは，デフォルトではインストールされていないので，次のコマンドでmicroSDカード上のRaspbianにインストールします．

```
$ sudo apt-get update
$ sudo apt-get install chroot
```

＊　　＊　　＊

以上の設定で，ハードディスク上のRaspbianを起動できるようになります．

② 電源装置の変更

■ 変更の方法

● 大容量電源を投入してハードディスク追加による消費電力増をカバー

▶各装置の消費電流を確認

ラズベリー・パイにハードディスクを追加すると，その分消費電力が増えます．私の環境でハードディスクの消費電流を測定したところ，結果は次の通りでした．

- 起動時：0.8 A
- アイドル時：0.4 A

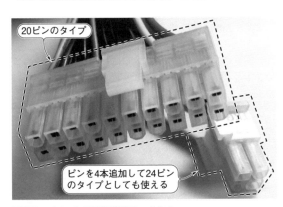

写真3　パソコン用電源装置のコネクタ
24ピンのタイプは20ピンのタイプにピン4本を追加しただけ．写真のコネクタは追加分の4本を取り外してどちらのタイプにも使えるようになっている

カタログには消費電流0.55 Aと記載されていますが，これは平均値だと思われます．ハードディスクは起動(スピンアップ)時に大きな電流を消費します．

ラズベリー・パイの消費電流は，次の通りでした．

- 起動時：最大0.6 A
- アイドル時：0.3 A

ハードディスクとラズベリー・パイ両者の最大電流の合計は，次の通りになります．

0.6 A(ラズベリー・パイ) + 0.8 A(ハードディスク) = 1.4 A

▶USBタイプのACアダプタでは容量不足

計算通りだと2.0 A出力のACアダプタでも動作可能ですが，電流不足で安定に動作しません．実際に試してみたところ，ラズベリー・パイの電源容量不足のインジケータが点灯しました．ACアダプタの出力が不十分で，消費電流の急激な変化に追従できないためと考えられます．このままハードディスクを使い続けると瞬断が発生し，貴重なデータを消失する可能性があります．

▶50 W級のパソコン用電源装置で強化

USBタイプのACアダプタの電源容量は，大きくても10 W程度ですが，パソコン用電源装置の出力は，少なくとも50 W程度はあります．ここでは，ハードディスクを接続した状態でもラズベリー・パイを安定動作させるために，電源をパソコン用電源装置に変更します．

● **用意するもの**

本工程で使用する部材は，次の通りです．

- パソコン用電源装置
- ATX電源基板用コネクタ(オス)
- USBタイプAコネクタ(メス)
- 被覆付き線材
- 熱収縮チューブ
- はんだ付けに必要な工具一式
- microUSBケーブル

具体的な方法

● **パソコン用電源装置は常時ONで使用する**

パソコン用電源装置のコネクタには，写真3のように20ピンと24ピンの2種類があります．24ピンのタイプは，20ピンのタイプに4本ピンが追加されただけで，ピン配置は基本的に同じです．

各ピンから出ているケーブルは，ピンの種類に応じて色分けされています．たとえば，グラウンドは黒色，5 Vには赤色が割り振られています．グラウンドも5 Vも複数ありますが，どれを使っても同じです．

パソコン用電源装置に電源を投入するには，緑色のPS_ONをGNDに接続します．

パソコン用電源装置をラズベリー・パイの電源として使うには，常に電源をONにしておく必要があります．今回は，PS_ONとグラウンドを常に接続しておくようにしましょう．

● **手順1：5 V電源とグラウンドを線材で引き出す**

パソコン用電源装置からラズベリー・パイへ配線するために，写真4のATX電源基板用コネクタ(オス)と被膜付き線材を使用します．コネクタには，20ピン・タイプの4201S-2×10を使用しました．千石電商などで入手可能です．写真5のように被覆付き線材をはんだ付けして使用します．

ここで使用する被覆付き線材は，大きな電流を流せる太いものを選んでください．被覆付き線材を確実に接続するために，端子部分は熱収縮チューブで固定した方がよいでしょう．

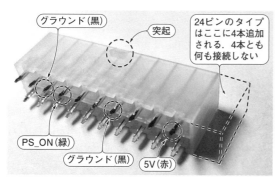

写真4　ATX電源基板用コネクタのピン配置(20ピンのタイプ)

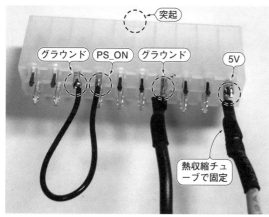

写真5　ATX電源基板用コネクタから5 V電源とグラウンドを線材で引き出した様子
PS_ONとグラウンドを接続してパソコン用電源装置が常にONとなるようにしている

● 手順2：線材を加工してラズベリー・パイと接続

　パソコン用電源装置の5Vとグラウンドを，ラズベリー・パイに接続します．ラズベリー・パイの電源端子はマイクロUSBコネクタなので，マイクロUSBケーブルを使用して電源装置と接続します．パソコン用電源装置をマイクロUSBケーブルと接続するため，写真6(a)のようなUSBタイプAのメス・コネクタを使用します．コネクタには，USB-A(F)90を使用しました．千石電商などで入手可能です．写真6(b)のように被覆付き線材をはんだ付けして使用します．反対に付けるとラズベリー・パイが故障する可能性があるので，よく確認してからはんだ付けしてください．

　　　　　＊　　　＊　　　＊

　実際に私の環境で試してみたところ，2.0A出力のACアダプタから電源を供給しただけでは，ハードディスクは動きませんでした．

　電源をパソコン用電源装置から供給することで，無事ハードディスクが動作するようになりました．

　高電圧を扱う機器に触ったりするので，くれぐれもけがや火事，事故などに注意して作業してください．

③ 放熱ファンの追加

■ 変更の方法

● 安定動作＆長寿命化に効果あり！

　ラズベリー・パイのSoCには，温度センサが内蔵されていて，内部の温度をモニタできます．CPUの負荷が高い状態のまま使い続けると，ラズベリー・パイ3の場合，1分程度でSoC(BCM2837，ブロードコム)の温度が80℃に達します．温度が上がったままだと，半導体が壊れる恐れがあるため，自動的にクロック周波数や電源電圧を落とす仕組みが組み込まれています．

　高負荷状態でもラズベリー・パイを安定動作させるためには，放熱ファンは必須です．ハードディスクやSSDなどのストレージ機器も発熱します．高温状態のまま使用すると，寿命が短くなります．

　ここでは，ラズベリー・パイのSoCとハードディスクを冷却するため，放熱ファンを取り付けます．

● 用意するもの

本工程で使用する部材は次の通りです．

- 放熱ファン
- ブレッドボード
- NPN型バイポーラ・トランジスタ(2SC1815)
- 抵抗器
- ジャンパ線
- パソコン用電源装置との接続に使用する線材

▶放熱ファンの選び方

　パソコン用電源装置が出力できる3.3V，5V，12Vで動作するものであれば，どれを使っても問題ありません．サーバを長期運用するなら，サイズが大きくて回転速度の遅い静音タイプを選ぶとよいでしょう．

■ 具体的な方法

● 手順1：放熱ファンON/OFF制御回路の製作

　放熱ファンは，ラズベリー・パイのGPIOピンを使ってON/OFF制御します．ラズベリー・パイのGPIOピンと放熱ファンの電源電圧が異なるため，ON/OFFの切り替えにはNPN型のバイポーラ・トランジスタ2SC1815を使用します．

　SoC用放熱ファンの制御にはGPIO22ピン，ハードディスク用の放熱ファン制御にはGPIO23ピンを使用します．GPIOピンはラズベリー・パイの40ピン拡張コネクタから取り出せます．

　図8に示すのは，放熱ファンの制御回路です．Tr_1の2SC1815のベースに流れ込む電流をベース抵抗R_Bで調整し，放熱ファンに流れる電流を調整しています．ベース抵抗R_Bの抵抗値は，次の通り算出します．

$$R_B = 3.3 \div \{(放熱ファンの最大電流) \div h_{FE}\}$$

　実際のR_Bには，算出された値より少し大きな抵抗値の抵抗器を使用してください．h_{FE}はデータシートの記載を確認してください．

　今回は，ブレッドボードに回路を組みました．完成

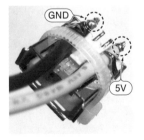

(a)USBタイプAコネクタ(メス)　(b)被覆付き線材を接続した様子

写真6　USBコネクタに5V電源とGNDを接続する

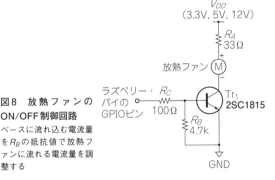

図8　放熱ファンのON/OFF制御回路
ベースに流れ込む電流量をR_Bの抵抗値で放熱ファンに流れる電流量を調整する

リスト2　シェルスクリプトで記述した放熱ファン制御プログラム
放熱ファンON/OFFの温度などは任意に設定できる

```
#!/usr/bin/env bash
SOC_FAN_ON_TEMP=50       ←SoCの放熱ファンONの温度設定
SOC_FAN_OFF_TEMP=40      ←SoCの放熱ファンOFFの温度設定
HDD_FAN_ON_TEMP=60       ←HDDの放熱ファンONの温度設定
HDD_FAN_OFF_TEMP=45      ←HDDの放熱ファンOFFの温度設定
PIN_SOCFAN=22
PIN_HDDFAN=23
DEV_HDD=/dev/sda

set -e
                         ←SoC内部温度を読み取る
TEMP_SOC=$(( ($(cat /sys/class/thermal/thermal_zone0/temp) / 1000))
TEMP_HDD=$(sudo smartctl -A "$DEV_HDD" | fgrep Temperature_Celsius | awk '{print $10}')

do_ops() {
  PIN="$1"
          TEMP="$2"
          ON_TEMP="$3"
          OFF_TEMP="$4"
          if [ -n "$TEMP" ]; then
            gpio -g mode "$PIN" out
            if [ "$TEMP" -ge "$ON_TEMP" ]; then
             gpio -g write "$PIN" 1
            elif [ "$TEMP" -le "$OFF_TEMP" ]; then
             gpio -g write "$PIN" 0
            fi
          fi
}
do_ops "$PIN_SOCFAN" "$TEMP_SOC" "$SOC_FAN_ON_TEMP" "$SOC_FAN_OFF_TEMP"
do_ops "$PIN_HDDFAN" "$TEMP_HDD" "$HDD_FAN_ON_TEMP" "$HDD_FAN_OFF_TEMP"
```

した回路を**写真7**に示します．

● 手順2：放熱ファンON/OFF制御プログラムの作成

　SoC内蔵の温度センサにより内部温度を定期的に測定し，特定の温度を超えたら放熱ファンをON，特定の温度の下回ったら放熱ファンをOFFにするプログラムを作成します．

▶各部温度の測定

　SoCの内部温度は，次のファイルから読み取れます．

```
/sys/class/thermal/thermal_zone0/temp
```

　ハードディスクやSSDの温度は，次のコマンドを実行すると読み取れます．

```
/$ sudo smartctl -A （デバイス・ファイル名） | fgrep Temperature_Celsius
```

▶GPIOピンの制御方法

　ラズベリー・パイのGPIOピンは，gpioコマンドで制御できます．デフォルトではgpioコマンドはインストールされていないので，次のコマンドを実行してインストールします．

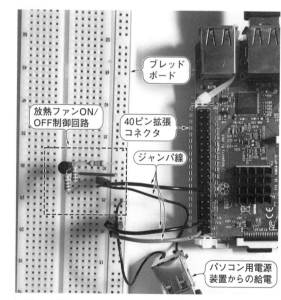

写真7　放熱ファンON/OFF制御回路の外観
部品点数が少なく，回路もシンプルなので，ブレッドボード上に回路を組んだ

```
$ sudo apt-get update
$ sudo apt-get install gpio
```

次のコマンドを実行するとGPIOピンを制御できます．

- 出力モードに設定する
  $ gpio -g mode (ピン番号) out
- Lレベル(0 V)出力
  $ gpio -g write (ピン番号) 0
- Hレベル(3.3 V)出力
  $ gpio -g write (ピン番号) 1

シェルスクリプトで作成した放熱ファンON/OFF制御プログラムの内容をリスト2に示します．このファイルを/home/pi/fanctrl.shとして保存し，次のコマンドで実行権限を付与します．

  $ chmod 755 /home/pi/fanctrl.sh

次のコマンドを何度か実行すると，温度に応じて放熱ファンがON/OFFされます．

  $ /home/pi/fanctrl.sh

● 手順3：定期的にプログラムを実行するスケジュールの設定

放熱ファンON/OFFプログラムを定期的に実行す

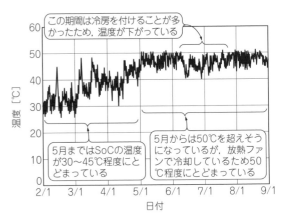

図9 放熱ファン取り付けによる効果…SoCの温度が夏場でも50℃以下をキープ！
筆者の環境で半年間SoCの温度変化を記録した結果

るために，cronというプログラムを利用します．cronはジョブを自動実行するためのプログラムで，OSのバックグラウンドで動作します．crontabと呼ばれるファイルで指定されたタイミングでプログラムを実行します．

ここでは，放熱ファンON/OFF制御プログラムを2

---

column　Raspberry Pi ワンポイントTips

● 権限

標準的なLinuxでは，すべてのファイル・ディレクトリに所有者と所有グループとパーミッションがあります．所有者はファイル・ディレクトリを所有するユーザ，所有グループはファイル・ディレクトリを所有するグループのことです．

パーミッションには，読み込み権限と書き込み権限と実行権限が「所有者」「所有グループ」「その他のユーザ」に対してそれぞれあります．読み込み権限を4，書き込み権限を2，実行権限を1とし，それを合計したものがそれぞれ所有者，所有グループ，その他のユーザに割り当てられています．

パーミッションは，一般にこの数字で表されます．例えば，ファイルのパーミッションが754に設定されていたら，所有者には読み込み・書き込み・実行権限があり，所有グループのユーザには読み込み・実行権限があり，その他のユーザには読み込み権限があることを表します．ファイルのパーミッションは
  $ ls -l (ファイル)
コマンドで，ディレクトリのパーミッションは
  $ ls -l -d (ディレクトリ)
で調べることができます．ユーザは，自分が該当するユーザの種類に対する権限がないとファイルを読み込み・書き込み・実行ができません．

● rootユーザとsudoコマンド

rootユーザは，基本的に最高の権限をもつユーザで，ファイル・ディレクトリのパーミッションに関わらず，すべてのファイルに対して読み込み・書き込みができます（実行は実行権限が少なくとも1つ以上セットされていないとできない）．

sudoコマンドは，指定したコマンドをrootユーザとして実行します．これにより任意のファイルを読

分に1回の頻度で実行するようにします．次のコマンドを実行し，crontabファイルを編集します．

```
$ crontab -e
```

ファイルの末尾に次の行を追加します．

```
*/2 * * * * /home/pi/fanctrl.sh
```

＊　　＊　　＊

放熱ファンを取り付けたことで，図9のように夏でもSoCの温度が50℃を下回るようになり，安定して動作するようになりました．

まとめ

Raspberry PiではLinuxが動くので，省電力なWebサーバやファイル・サーバとしての運用もできます．また，GPIOというマイコンのような入出力ポートがあるので，部屋の状態を監視させることもできます．

筆者は実際に，自宅でRaspberry Piをサーバとして24時間365日（メンテナンスの際は再起動しますが…）動かしています．筆者のサーバは主にサイズの大きなファイルを置くのに使っていますが，OSを含め，データ・ファイルは外付けのHDDに置いているので，SDカードの空き容量や寿命が減ることはほぼありません．

そのおかげで，サーバのストレージをHDDに変えてから2年半ほど，一度もSDカードを交換していません．また，筆者の環境では一般的なACアダプタから電源を供給しただけではUSB接続のHDDを動作させることができませんでした（中の円盤が回ろうとしてコケる音がした）が，電源をコンピュータ用の電源装置から引くことで，無事HDDが動作するようになりました．さらに，SoCにファンを取り付けたことで，夏でもSoCの温度が50℃程度を下回るようになり，安定して動作するようになりました．

筆者の経験からわかるように，上で述べたことを実践するだけで，Raspberry Piをサーバとして使えるようになるほど堅固にすることができます．

あなたはRaspberry Piサーバを何に使うでしょうか？　楽しいRaspberry Piライフをお送りください！

すぎさき・ゆきまさ

み書きできるので便利ですが，間違って重要なファイルを削除してしまわないように注意してください．

● HDDとRaspberry Piの消費電流

筆者の環境でHDDの消費電流を測定したところ，起動時に0.8Aほど，アイドル時に0.4Aほどでした．このHDDには消費電流が0.55Aと記載されていますが，これは平均値であって最大値ではないのでしょう．HDDは特にスピンアップ時に大きな電流を消費するということを覚えておいてください．

また，Raspberry Piの消費電流を測定したところ，起動時に最大0.6Aほど，アイドル時に0.3Aほどでした．こちらも起動時に大きな電流を消費すると覚えておいてください．

両者の最大電流を合計すると1.4AですがHDDとRaspberry Piを2A出力のACアダプタに接続しても，電流不足でうまく動いてくれません．これは恐らく，ACアダプタが突発的に大電流を流すことに長けていないからだと思います．

● SDカードとHDDのアクセス速度

以下のコマンドを使い，筆者の環境で測定したところ，SDカードは平均22.5MB/s，HDDは平均33.4MB/sの性能が出ました．環境などによりますが，SDカードよりHDDの方がアクセス速度が速いことがわかりました．OSはHDDに置くほうがサクサク動くことになります．

```
$ echo 1 | sudo tee /proc/sys/vm/drop_caches && dd if=(デバイスファイル名) of=/dev/null bs=10M count=10
```

すぎさき・ゆきまさ

第15章

すべてのCPUパワーを計測・解析・制御に注ぎ込む
2×ラズパイ2で超高速計算！ホーム用I/Oミニ・スパコンの製作

小野寺 康幸

第1話 製作の動機

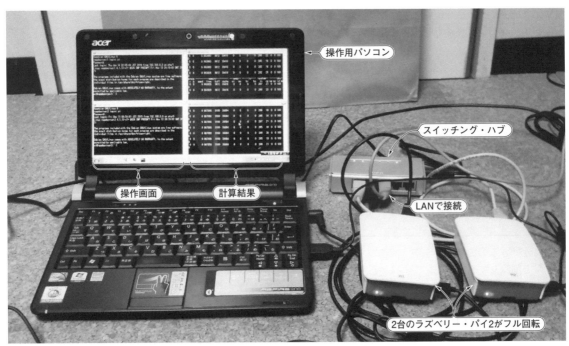

写真1 ラズベリー・パイを使ってミニ・スパコンの製作にチャレンジ

　本章では，ラズベリー・パイ2を使って世界トップクラスのスーパーコンピュータ「京」と同じ仕組みのミニ・スパコンを作ります．ラズベリー・パイ2は，4個のCPUコアに計算を分散できるコンピュータです．これを連結していけば，8コア，16コア，32コア，64コア…，のコンピュータ・システムを作れそうです．「京」を作るには数千億必要ですが，このミニ・スパコンなら1万円程度で実験できます．卓上であのスパコン「京」に近づけるかもしれません．

自宅にミニ・スパコンが欲しい

● スパコンを身近に

　高性能計算（ハイ・パフォーマンス・コンピューティング HPC：High-Performance Computing）を実現するスーパーコンピュータ（通称スパコン）を作ります．スパコン「京」に代表されるスパコンの仕組みや原理を理解するために，ラズベリー・パイ2を使って写真1のミニ・スパコンを実現します．

　写真2に示す「京」に代表されるスパコンは，性能

第15章　初出：「トランジスタ技術」2016年3月号
この記事を再現する際は，当時のOSをラズベリー・パイにインストールしてください．詳細はp.8を参照．

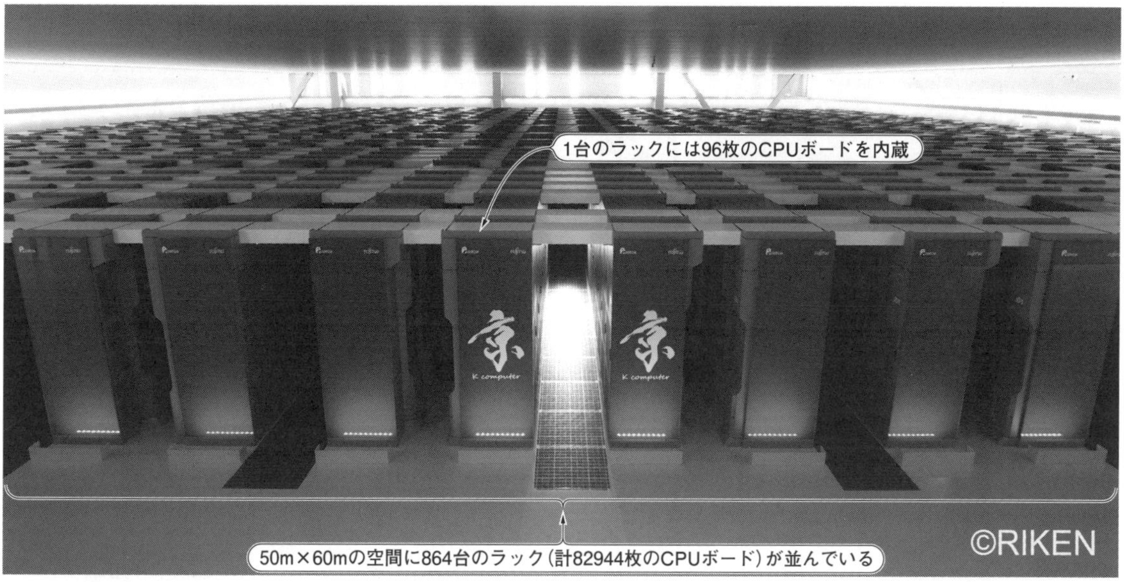

第15章 2×ラズパイ2で超高速計算！ホーム用I/Oミニ・スパコンの製作

1台のラックには96枚のCPUボードを内蔵

50m×60mの空間に864台のラック（計82944枚のCPUボード）が並んでいる

©RIKEN

写真2 世界トップクラスのスーパーコンピュータ「京」（2019年8月運用終了予定）

もコストも手の届かない世界です．そこで，同じ仕組みを手の届くサイズにし，その世界を少し体験してみます．

性能面ではパソコンに劣ります．パソコンはいろいろな用途に利用するコンピュータですが，ミニ・スパコンは，回路シミュレーションなど特定の用途に全てのCPUパワーを注ぎ込むことができます．ちょっとした計算専用サーバ・マシンとして，このミニ・スパコンが手助けになるかもしれません．「京」を利用するほどではないけれど，処理性能が少し必要なら，解決策となるでしょう．ちょっとした研究室ならこれで十分かもしれません．

● 1秒間に2.7億回の演算性能…命名「億」

製作するミニ・スパコンと，「京」の仕様を表1に示します．

スパコンの性能は，LINPACKと呼ばれる64ビット浮動小数点の演算処理能力（FLOPS）で評価されます．簡単に言えば，1秒間の演算回数です．「京」は1秒間に1京回演算することに由来します．今回のミニ・スパコンは「億」です．1秒間に2.7億回演算することに由来します．

● I/Oミニ・スパコンの構成

オーソドックスなスパコンの構成を，図1に示します．（a）のようにCPUボードやハブ，電源をまとめた「ノード」を複数台接続し，（b）のように操作用の端末（パソコンなど）から動かします．製作するスパコンもこの構成に近いものとします．

製作するミニ・スパコンの構成を図2に示します．

表1 スパコン「京」と作成するミニ・スパコン「億」の仕様

項目		スパコン	ミニ・スパコン
名称		京	億
ノード数（CPUボード数）		82944	2
各ノード	CPU	SPARC64 VIII fx（富士通）	ARM Cortex-A7プロセッサ BCM2836（ブロードコム）
	基本演算単位	64ビット	32ビット
	クロック	2 GHz	600/900 MHz
	コア数	8	4
	L2キャッシュ	6 Mバイト	512 Kバイト
	メモリ	16 Gバイト	1 Gバイト
インターコネクト（ノード間の接続）		Tofu	100BASE
ベンチマーク結果（HPCG準拠）		0.4608 [Pflop/s] 705024コア	0.270554 [Gflop/s] 8コア
開発費		約1120億円	約2万円（※）
年間運用費		約80億円	約2,000円（電気料金）

※ラズベリー・パイ以外にスイッチング・ハブや電源などを含む

（a）に示すように，2台のラズベリー・パイ2をLANで接続し，計算専用のマシンとします．それぞれの制御は，（b）に示すようにLAN接続したパソコンから行います．

それぞれのラズベリー・パイ2にディスプレイを接続して計算内容を表示することもできますが，その分処理速度が稼げません．そのため，ディスプレイは接続しません．

● OSはLinux

スパコンは学術用途で主に使われてきたため，伝統的にUnix系OSの利用が多く，現在もUnix系OSの「Linux」で動かすことがほとんどです．本ミニ・ス

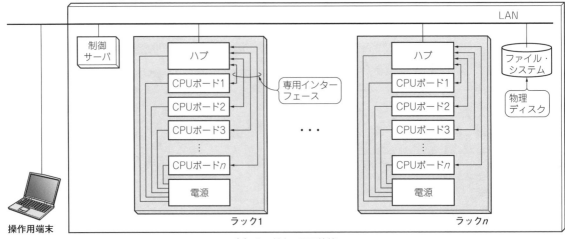

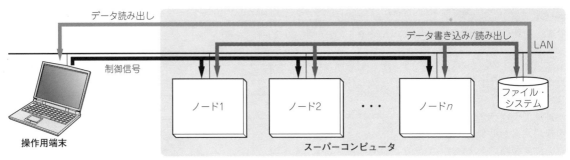

図1　オーソドックスなスパコンの構成

パコンもラズベリー・パイ用Linux「Raspbian」で動かします．

LinuxはUnixの子供のようなOSです．Unixはコマンドを入力することで操作するCUI（Character User Interface）が基本です．つまり，ラズパイ・ミニ・スパコンを使いこなそうとするなら，コマンド操作や，Linuxの仕組みを知っておくとよいでしょう．現代のスーパーコンピュータは，サーバの集合体です．サーバ・エンジニアはコマンドを巧みに使いこなし，ネットワーク上に接続された複数のサーバを管理します．さながらIT業界の職人です．

Linuxでは，デスクトップ画面を使えるGUI（Graphic User Interface）モードとしてX Window Systemが用意されていますが，計算サーバとして利用するときに必ずしもデスクトップ画面を必要としません．そこで，本ミニ・スパコンは，デフォルトではX Window Systemを起動しない設定としています．

● 開発&性能評価はフリーのソフトウェアを使う

スパコンの製作は，プログラムを複数のCPUで分担して処理を行う「並列化」が重要です．ハードウェアの性能をプログラミングで引き出すのです．

本ミニ・スパコンも同様に，並列化が製作のキモとなります．並列化は手動で行うには面倒ですが，フリーのソフトウェア・ライブラリが用意されているので，これを利用します．また，Linuxの性能評価コマンドや，フリーのスパコン向け性能評価ソフトウェアを使って，処理のボトルネックがどこにあるのかを調べながら製作していきます．手順の詳細は第3話（p.308～）にて解説します．

ミニ・スパコンのメリット

● モータ制御用，ソフトウェア無線用…専用計算機を作り放題！

従来の計算サーバは場所もコストも必要でしたが，ラズベリー・パイ2の登場で，ミニ計算サーバ（ミニ・スパコン）が個人でも手の届く存在となりました．ミニ・スパコンは，計算サーバあるいはパソコンでは大げさな用途に最適です．もともと最高性能を求めておらず，常に最高性能を追う必要もありません．

サーバ専用CPUは単体でもこのミニ・スパコンよ

第15章 2×ラズパイ2で超高速計算！ホーム用I/Oミニ・スパコンの製作

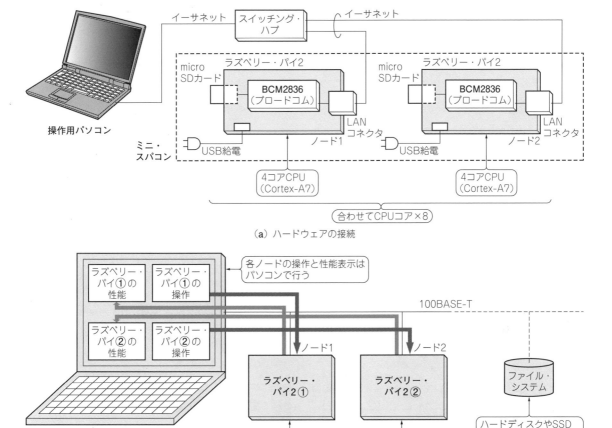

図2 ラズパイで製作するI/Oミニ・スパコン「億」の構成

り圧倒的に性能が高いです．例えば，インテルのXeonプロセッサ(18コア)は単体で500 Gflops もあります．しかしコストも跳ね上がり，とても個人で気軽に利用できません．しかも日進月歩で性能が向上するため，すぐに陳腐化します．早く減価償却して，数年で入れ替えなければなりません．スパコンの世界ランキングであるHPC Challenge Benchmark(HPCC)のTOP10に入っても数か月で追い越されます．

● ほったらかしでシミュレーションし放題

スパコンは，学術用途では気象シミュレーションやDNA解析などに，工業用途では以下のようなシミュレーションや解析を行うのに使われています．

▶自動車の構造解析やエンジンの燃焼シミュレーション

自動車では，構造解析や衝突安全のシミュレーションが行われ，衝突安全性が飛躍的に向上したり，エンジンの燃焼シミュレーションによって燃費改善にも一役買ったりしています．

▶航空機の機体設計向けの流体シミュレーション

航空機の飛行時には，機体周辺に発生する流体が大きな抵抗となります．これをシミュレーションし，機体形状を改善することで航空機の燃費を減らすことができます．

▶半導体LSIの回路解析

半導体の分野では，LSI内の論理回路が正しいかどうかを判定したり，電磁界シミュレータでパターン・アンテナの形状を短時間に決めるために使われます．

▶光学レンズの光線追跡シミュレーション

ディジタル・カメラや，LED照明の光学部品の設計にも使われます．レンズに入射する光線の影響を調べるのに使われます．

このほかにもさまざまな用途が考えられます．動画(CG映画など)のレンダリング・エンジンに利用してもよいでしょう．映画「トイ・ストーリー」はコンピュータ・グラフィックスを用いたアニメーション映画です．人工知能の開発にも利用できるでしょう．自動車の自動運転にも利用されるかもしれません．

315

パソコンを使ってこれらをシミュレーションすることはできますが，処理に時間がかかり，処理中に他のアプリケーションで作業をしようとすると，使おうとしているアプリケーションが落ちたり，シミュレーションがうまくいかないことがあります．そこで，このミニ・スパコンにシミュレーションを専念させれば，研究の効率が上がるかもしれません．

大学の研究室レベルや企業の研究開発レベルでちょっとしたシミュレーションを行えるミニ・スパコンはいかがでしょうか．従来は無理と考えられていたことが，シミュレーションで解決するかもしれません．そこから新たな未来が開けるでしょう．

第2話
計算能力を上げる定石

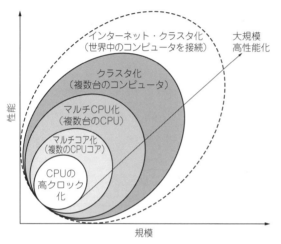

図3　並列コンピューティングの分類

スーパーコンピュータ(HPC)は，最先端のコンピューティング技術の集大成です．製作するミニ・スパコンも，基本的な考え方は同じです．

半導体プロセッサ単体の処理速度向上だけではスーパーコンピュータは作れません．CPUを並べて，それぞれのCPUに効率よく処理を分散するプログラムが必要です．これを並列プログラミングと呼びます．この並列プログラミング用のソフトウェア・ライブラリが無償で入手できるようになりました．手作りのミニ・スパコンにもってこいです．

高性能化の2大手法

スパコンの最大のメリットは，計算が早く済むこと

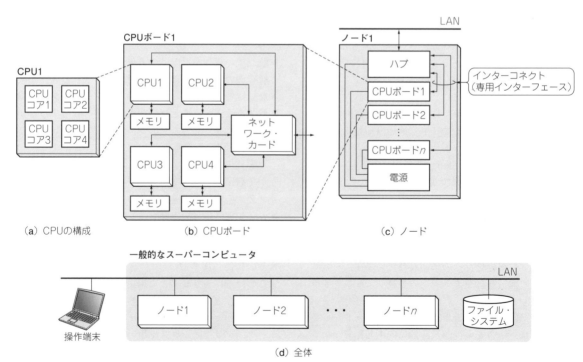

図4　並列化を組み合わせたものがスーパーコンピュータ

です.

その手法は大きく以下の二つに分けられます.

(1) CPUの高性能化
(2) 複数のCPUを同時に動かす

このコンピュータの高速化へのチャレンジは,コンピュータの歴史そのものでもあります.

● 手法1…CPUの高性能化

CPU単体での動作を速く,効率良く命令を実行できるようになれば,計算性能が上がります.この方法には,以下のようなものがあります.

- CPUの動作クロック周波数を高くする
- 同時に複数の処理を行える仕組みにする(パイプライン化)
- キャッシュ・メモリを使う

● 手法2…複数のCPUを同時に動かす

CPU単体の計算性能は,物理的な限界によって頭打ちとなります.そこで,CPUを複数使う並列化が考えられました.分散処理をプログラムに盛り込んで動かします.これを並列コンピューティングと呼びます.並列化は図3のように分けられます.

- 1チップに複数のCPUコアを収める(マルチコア)
- 複数のCPUを接続する(マルチCPU)
- 複数のコンピュータを接続する(クラスタ化)

これらをうまく組み合わせるのが,今どきのスーパーコンピュータです(図4).

CPUの高性能化

1 高クロック化

● 理論上,CPUの演算性能は動作周波数に比例する

1 GHzのクロックで動作するCPUがあり,この100倍の性能を得ようとすれば理論上は100 GHzのクロックで動作させればよいわけです.自動車の最高速度が100 km/hであり,この100倍の性能を得ようとすれば最高速度を10000 km/hにすればよいという考えです.

● 配線長による動作周波数の限界

CPUの動作周波数を高くしようとしても,電気の性質と物理的な大きさによる限界があります.

1 GHzの波長は30 cm,100 GHzの波長は3 mmです.1 GHzの場合は波長が30 cmなので,多少電気信号がずれても余裕があり計算に支障はありません.ところが100 GHzとなると,配線の長短によって生じる電気信号のずれを無視できなくなります.

仮に8本の線(1バイト)を並列に曲げて配線すると,どうしても図5のように外側と内側で長さに違いを生じます.たとえば1 mmの差があると,波長3 mmに対して1 mmですから,1/3波長も信号がずれてしまうので,CPU誤動作の原因となります.

これを避けるにはトランジスタや配線の長さを物理的に小さくし,CPUを含めたコンピュータ全体の信号のずれを抑え込む必要があります.物理サイズを小さくすると相対的に,電気信号のずれに余裕を持たせられます.

半導体のプロセス・ルールは32 nmに達しています.原子の大きさは元素によって異なり,軌道上にある電子の位置を定めることはできないため(不確定性原理)厳密な境界を定めることはできませんが,大ざっぱに考えると0.1 nmです.つまり,32 nmとは原子の数にして320個の幅しかありません(図6).

配線が32 nmのように細いと電流をあまり流せませんし,大きな電流で配線が切れやすくなります.また配線間隔が近いので隣同士で干渉し,リーク電流も大

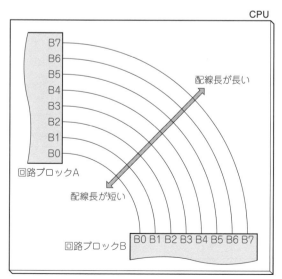

図5 CPUの内部で配線長が異なると伝送する電気信号に信号のずれが生じてしまう

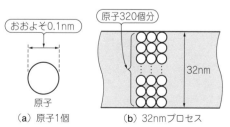

図6 最近の32 nmプロセス・ルールでは原子320個分の幅しかない…プロセス微細化の限界

きくなる傾向があります．基板配線によるパターン・アンテナがあるように，ダイ上の配線による電波を発生し，相互干渉します．

このように，CPUクロックを高速化するためには，小型化が欠かせませんが，あまり小型化しすぎると弊害を生じます．

2 パイプライン化

● CPU内の処理の仕組み

一般論として，CPUの命令はフェッチ，デコード，実行，ライトバックの4段階で処理されます．CPUの内部では，図7に示すように命令が順に処理されていきます．各段は1クロック1処理なので，図7の構成では4クロックが必要です．

● 命令を同時に処理できる仕組み「パイプライン」

図8のようにCPUの内部処理をパイプライン化すると，1クロックあたりの実行命令数を増やせます．パイプラインとは4本のベルトコンベアを並べた製造ラインのようなイメージです．次に実行する命令をパイプラインに並べておきます．

たとえば，本来4クロックで1命令実行するなら，4本のパイプライン構造にすることで，平均すると1クロックで1命令実行できるようになります（図9）．通常動作している限りにおいて性能向上につながります．

▶分岐命令があるとうまくいかないことがある

分岐命令があると，パイプラインによる先読み込みの失敗が発生し，いったん全てを破棄して始めからやり直さなければなりません．多重パイプライン化するとこの処理時間が増えるため，パイプラインを増やせばよいというわけではありません．パイプライン化にも限度があります．

3 キャッシュを搭載する

● メモリの読み書きの時間を短縮すればループ処理を速くできる

プログラム実行の大半は，図10に示すように一部のループに大部分の時間を費やす傾向があります（プログラムの局所性原理）．このループ部分をメイン・メモリ（プログラムの格納領域）ではなく，容量は小さくても高速なCPUキャッシュに一時保存しておくと，いちいちアクセス速度の遅いメイン・メモリにアクセスする手間を省けます（図11）．

キャッシュにヒットしている間は高速にプログラムを実行できます．ヒットしなければ，遅くなります．

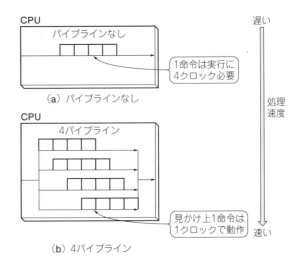

図9 パイプライン化と処理速度はおおざっぱに比例する

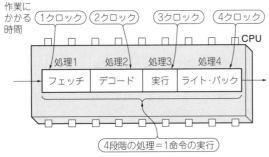

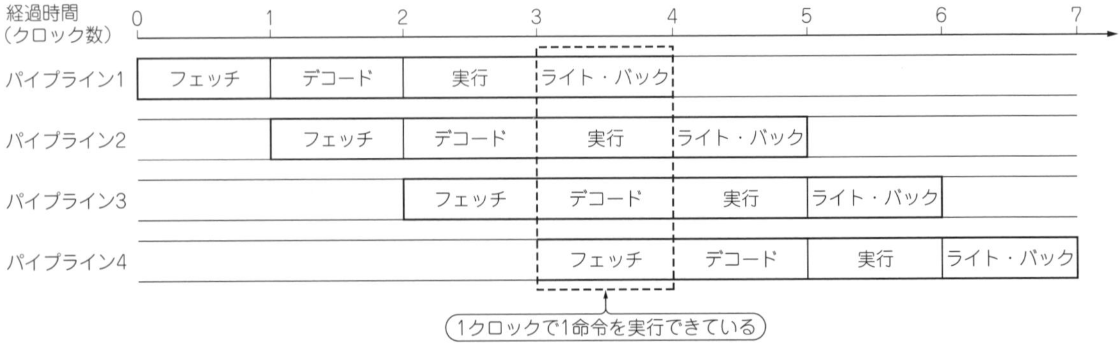

図7 CPUの内部では1個の命令は4段階で処理される

図8 パイプライン化で処理のステージを増やすと命令実行のムダを省いて演算を効率良くできる

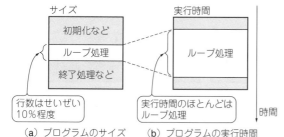

（a）プログラムのサイズ　　（b）プログラムの実行時間

図10 プログラム内のループ処理に時間がかかることが多い…プログラムの局所性原理

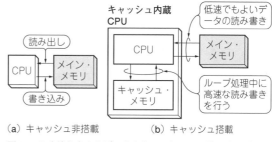

（a）キャッシュ非搭載　　　（b）キャッシュ搭載

図11 よく使う命令やデータをキャッシュから読み出せば処理時間を速くできる

複数のCPUを同時に動かす

■ 考え方

● 処理を分散すれば仕事の効率が良くなる

CPU1個での性能向上は，先述のように頭打ちとなります．そこで，複数のCPUを使ってコンピュータの性能を上げることを考えます．**図12**(a)のように一人で作業するよりも，**図12**(b)のように複数の人で同時に作業すれば，全体的に作業は早く終わるはずです．これを並列コンピューティングと呼びます．

もっとも，これも理論上の話なので，現実にはなかなかうまくいきません．実際の仕事でも人数が多いと統制が取れず，誰か一人が遅いために全体が遅れることがあります．必ず並列化でき，高速処理できるという保証はありません．

● 並列コンピューティングの分類

並列コンピューティングには，**図3**に示したようにのいくつかの手法があります．

(1) マルチコア・コンピューティング…複数のCPUコアを使うスレッド分散処理
(2) マルチプロセッシング…複数のCPUによるプロセス分散処理
(3) 分散コンピューティング
- クラスタ・コンピューティング…複数のコンピュータ（ノード）で分散する．クラスタはぶどうの房の意味
- グリッド・コンピューティング…インターネットを使って広域で処理を分散する

これらの手法は，簡単に言えば，処理を分散する方法が異なります．実際には，これらを組み合わせて使います．プロセスはプログラムの実行単位，スレッドはCPUの処理単位です（詳しくは後述）．

● 分類1…CPUコアを増やす

1つのコアで足りないなら複数のコアで補えばよいという発想をマルチコアのCPUを搭載したコンピュータで実現します．**図13**のように，1コアで足りないなら2コア，それでも足りないなら4コアといった考え方です．

後述するマルチスレッドのプログラミングで並列化し，高速処理を実現します．ソフトウェアとしてはOpenMPを利用します．OpenMPによるスレッド化は一般的にCPU内に限定され，CPUを超えて分散できません．なお，マルチスレッドのプログラム方法にはPOSIXスレッドなどいくつかの手段があります．

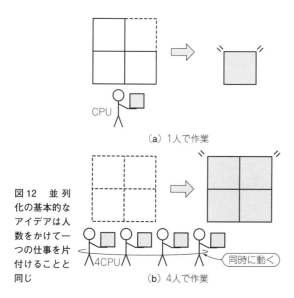

図12 並列化の基本的なアイデアは人数をかけて一つの仕事を片付けることと同じ

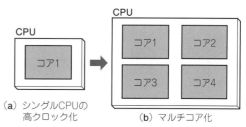

（a）シングルCPUの高クロック化　　（b）マルチコア化

図13 CPUコアを増やして処理を分散する…並列コンピューティングの型その1 マルチコアCPU

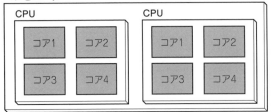

図14 複数のCPUをつなげて処理を分散する…並列コンピューティングの型その2 マルチCPU

● 分類2…複数のCPUを使う

1個のCPUで足りないなら複数のCPUで補えばよいという発想です．複数のCPU(マルチCPU)を搭載したコンピュータで実現します．

図14のように，複数のCPUプロセスを分散し，同時に動かすことができます．ソフトウェアはMPI(Message Passing Interface)を使って開発します．PVM(Parallel Virtual Machine)という方法もありますが，現在の主流はMPIです．スレッド分散も併用できます．

● 分類3…分散コンピューティング

1台のコンピュータで足りないなら複数のコンピュータで補えばよいという発想です．図15のように，複数のコンピュータ(これをノードという)を連結し，あたかも1台のコンピュータのように振る舞います．

コンピュータ間は高速の通信網で結びます．これをインターコネクトと呼びます．一般的にこの仕組みを持つコンピュータをクラスタ・システムと呼びます．

プロセスの実行は特定のノードに限定する理由がないため，どのノードで実行してもかまいません．もちろん，負荷の高いノードにプロセスを集中しないように，負荷を分散させる必要があります．

スレッドによる，プロセスによる，コンピュータによる分散がある大規模分散コンピューティングであるスーパーコンピュータは，すべての技術を包含しています．

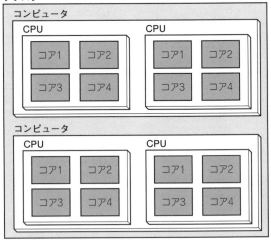

図15 複数のコンピュータを接続して処理を分散する…並列コンピューティングの型その3 クラスタ・システム

■ 処理を分散するプログラムのつくり

● プログラムの実行単位で処理を分散するときの概念…「プロセス」と「スレッド」

処理をCPUコアに分散させるには，プログラムをそのように記述しておかなければなりません．そのようなプログラムを組み立てるときには，「プロセス」と「スレッド」という概念を考えます．以下では，プロセスとスレッドを単純化して解説します．

プロセスとは「プログラムの実行単位」です．2つのプログラムを実行すれば2つのプロセスが起動します(図16)．一方で，スレッドとはプロセスを下請けする「CPUコアの実行単位」です(図17)．プロセスを親会社とするなら，スレッドは1つ以上の子会社といえます．マルチコアを持つCPUが登場した当時に考え出されたやり方です．

昔のCPUは1コアで，単純に1つのプロセスが1つのCPUコアで動作していました．OSの構造も単純でした．ところが，マルチコアのCPUが登場すると，複数のコアを有効活用する必要が出てきました．そこ

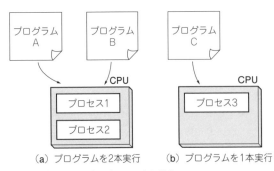

図16 プロセスはプログラムの実行単位

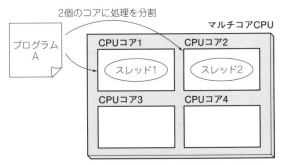

図17 スレッドはCPUコアの実行単位

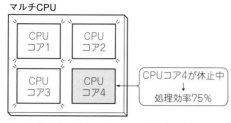

図18 並列化の基本…4個のコアをきちんと動かして処理効率を上げる

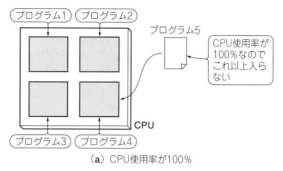

（a）CPU使用率が100％

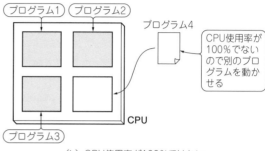

（b）CPU使用率が100％ではない

図19 OSはプロセスの実行タイミングをスケジュール管理してくれる

で，プロセスをスレッド分割して，同時に複数のコアを使用する，マルチスレッド・プログラムが登場しました．当然，OSもマルチスレッド対応するため，大幅に書き換えられました．

たとえば，4コアの場合，1プロセスを4つのスレッドに分散し，すべてのコアを動かせば，処理速度が向上します．1つのプロセスが3コアしか使用せず，残りの1コアが遊んでいるのはもったいないわけです．4つのコアにしっかり働いてもらわないと，性能を生かしきれません（図18）．

昔のプログラムは1プロセスで1スレッドと考えることもできます．スレッドという考え方へ拡張したことで，マルチコアのCPUを有効活用できるようになりました．

▶性能向上の2つの意味

これらの手法を使う場合，性能向上という言葉には2つの意味が生じてきます．

(1) 1つの処理を短時間に終わらせる．つまり，1つのプロセスを複数のスレッドに負荷分散して短時間に終わらせる
(2) 複数の処理を同時に行う．つまり，複数のプロセス負荷（つまりは複数のスレッド）を分散して全体として短時間に終わらせる

● プロセスやスレッドは必要なときだけ動く

実際のプロセスやスレッドは常に動き続けているわけではなく，何かのイベントがあるまで待機していることがほとんどです．そのため，CPUコア以上の複数のプロセスが常時起動されており，待機状態にあります．これがいわゆる常駐です．例えば，4コアでも100個のプロセスが起動しています（待機スレッドの数はもっと多い）．

OSはこのプロセスを時間分割してスケジュール管理します．

▶実際のLinux OSでは軽量プロセスという概念もある

実際のLinuxではプロセス，軽量プロセス，スレッドが存在しています．そのため，この解説は厳密ではありません．

■ 並列化のポイント

プログラム（計算のアルゴリズム）によっては並列処理できず，高速化が期待できないことがあります．処理する順序が決まっている場合などです．並列コンピューティングを用いれば，必ず高速化できるわけではありません．気を付けるべきポイントがいくつかあります．

以下では，その代表例を紹介します．なお，ここでの並列化という表現は，マルチスレッド化，マルチプロセス化，クラスタ化をすべて含みます．

● CPUの負荷分散は計画的に

計算サーバとして利用する場合は，1スレッドは1コアを100％使い切るように動作させます（図19）．そのため，計算を実行しているプロセスはCPU使用率100％の状態をキープします．CPU資源を遊ばせているのはもったいなく，非効率です．

他のプロセスが，これを妨げると性能劣化を招きます．たとえば，4コアで1プロセスが4スレッドに分散して動作しているところに，さらにCPUを使い切るようなプロセスを起動すれば，OSはコアへのスレッド割り当てを頻繁に切り替えます．完全に処理能力を超えて，オーバーワーク状態です．CPUの性能限界という意味では100％の使用率は好ましくありません．

こうしたことのないように，計算サーバでは負荷の計画を行わなければなりません．たとえば，4コアの

場合には**図20**のような計画が考えられます．

(1) 1プロセスを4スレッドに分散＝合計4スレッド
(2) 4プロセスを1スレッドずつに分散＝合計4スレッド
(3) 2プロセスを2スレッドずつに分散＝合計4スレッド

プロセスとスレッドの関係を理解していないと，スレッド分散とプロセス分散を混同して性能劣化を招くばかりでなく，プログラムが正しく処理されないことも発生します．プロセスは人が識別する最小単位と考えることもでき，スレッドはOSが識別する最小単位ともいえます．

● 並列化最大の壁…計算には順序がある

並列化には，データの時間依存性（データ従属性とも呼ぶ）という最大の障壁があります．家を建てるとき，土台となる基礎工事が終わらなければ屋根の工事はできません．基礎工事と屋根の工事には順序があります．これが時間依存性です．

データに時間の依存性があると並列処理できません．例えば，四則演算では加減算より，乗除算を優先するルールがあり，これを誤ると計算を間違えます．

「正」1 + 2 × 3 = 7
「誤」1 + 2 × 3 = 9

きちんとプログラムすればちゃんと計算できますが，1 + 2 × 3の通りにプログラムを書くと，コンピュータはこの通りに計算して間違えます．

並列化する場合は処理を分割しなければなりません．しかし，**図21**のように計算の優先順位は決まっています．その場合は並列化できません．

データの時間依存性で有名な例は，前の値が決まらないと次の値が決まらない場合です．繰り返し処理でよく使う

```
i=i+1;
```

という演算が該当します．前の変数iに1を加えて，次の変数iに代入します．前の値が決まらないと次が決まりません．こうした記述があると並列化できず，並列コンピューティングを生かせません（最近はこのような場合，縮約reductionという特別な手法で並列化できる）．時間依存性には，前方依存と後方依存がありますが，いずれにしても並列化できません．

▶データを共有している場合も並列化できない

図22のように並列処理で共有しているデータ（メモリ）への同時にアクセスする競合状態が生じる場合も，並列化できません．計算を誤ってしまいます．ロックやセマフォなどの排他制御が必要になり，処理待ちに

(a) 通常のプログラム（シングル・プロセス，シングル・スレッド）

(b) マルチスレッド

(c) マルチプロセス

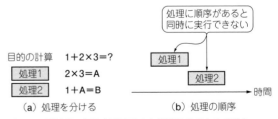

(d) マルチスレッドとマルチプロセスの併用

図20 4コアにプロセスとスレッドを割り当てる方法

よる実行の同期が必要になります．これもデータの時間依存性の一種です．

▶並列化の性能は直線的に伸びない…アムダールの法則

このように，並列化によって余計な処理が生じるため，並列化は必ずしも直線的に性能が伸びないことが知られています．これを「アムダールの法則」と呼びます．

$$E = \frac{1}{(1-r) + \dfrac{r}{n}}$$

E：全体の性能倍率（単体比）
r：単体の並列効率
n：並列数

図23に示すように，並列数を増やしてもいずれ，

目的の計算　1 + 2 × 3 = ?
処理1　2 × 3 = A
処理2　1 + A = B

(a) 処理を分ける　　(b) 処理の順序

図21 四則演算の順序を間違えると計算結果がまるで違う

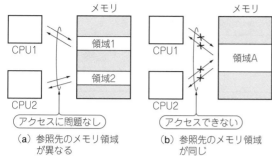

図22 異なるCPUから同じデータへアクセスする競合が起きる場合は並列化できない

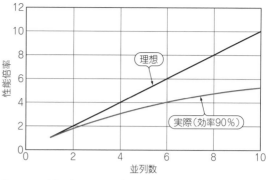

図23 並列化で有名なアムダールの法則

性能は飽和します．

● ループ処理をうまく分散させる

プログラムでもっとも時間を費やすのは繰り返し処理です．プログラムの局所に処理時間を費やすため，これを「プログラムの局所性原理」と呼びます．

単一のCPUコアを考えたとき，これには，高速で小さなキャッシュ・メモリが有効です．そして，並列処理は，プログラムの中で最も時間のかかる繰り返し処理を分散すると，処理能力を大幅に向上できるという考え方です．一方，膨大なデータがあると繰り返し処理も膨大になります．計算の処理速度を上げるには，いかに繰り返し処理を並列化できるかにかかっています．

■ 並列化で使う定番ソフトウェア

● 今どきのコンパイラなら並列化はサッとできる

最近のコンパイラは賢くなり，不要と思われるコードを削除したり，コードを命令数の少ない方法に変更したりして，コード・サイズを小さくし，実行速度を上げるコードの最適化を行います．一般には，最適化レベルを0，1，2，3などと指定できます．一般的に数字が大きいほど最適化が行われます．

サイズを小さくすることが必ずしも実行速度の短縮につながらないことがあるため，サイズを犠牲にしても実行速度を優先させることがあります．

▶コンパイラの自動スレッド化機能

技術の進歩はすごいもので，スレッド化も自動で行うようになりました．以前はPOSIXにのっとり，スレッド化するプログラムを手動で記述しなければなりませんでした．これは非常に大変な作業でした．

コンパイラはループ箇所を見つけると可能なら自動的にスレッド化します．コンパイラが時間の依存性を見つけるとスレッド化しません．

プログラマはオプションを指定するだけでコンパイラの最適化と自動スレッド化の恩恵を受けることができます．自分で最適なコードを記述する必要もなければ，スレッドのプログラムも記述する必要もありません．

● プログラムに埋め込むと並列化をアシストしてくれる2大関数ライブラリ（OpenMPとMPI）

コンパイラまかせで並列化することもできますが，OpenMPやMPIという，並列化をアシストしてくれる関数ライブラリもあります．

OpenMPはスレッド分散用で，ノード内でのみ並列処理できます．スレッド分散はノード間で行うことはできません．一方，MPIはプロセス分散用で，ノード内のみに限らず，ノード間でも行うことができます．MPIの方が適用範囲が広いとも言えます．スレッド分散とプロセス分散の違いを図24に示します．

▶スレッド分散用ライブラリOpenMP

OpenMPはコンパイラgccの機能の一部となっています．明示的に並列化を行う場合，プログラム中に#pragmaで指定します．使用方法は簡単で，forループの直前に指定します．これにより，forループが自動的にスレッド分散されます．プログラムの記述例をリスト1に示します．

---

column　自動でCPU資源の管理と負荷の分散をやってくれる商用ソフトもある

企業で使う計算サーバはCPU資源の管理と負荷分散を自動で行うソフトウェアを搭載していることがほとんどです．

例えば，LSFというソフトウェアがあります．ジョブを投入すると自動的に空いているCPUを見つけて，そこにジョブを割り当てるといった仕組みです．グリッドエンジンと呼ばれるソフトウェアも同じ仕組みです．

おのでら・やすゆき

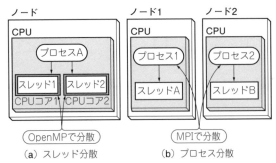

図24 スレッド分散とプロセス分散の違い

リスト1 スレッド分散をしたいときはソフトウェア・ライブラリOpenMPの関数#pragmaを埋め込む

```
# pragma omp parallel for
    for(i=0;i<100;i++){
}
```
OpenMPの#pragmaで並列化を指定
ループ処理

リスト2 関数ライブラリMPIのひな形プログラム

```
#include "mpi.h"
#include <stdio.h>

int main(int argc, char **argv)
{
  int myid,numprocs;
  // 初期化
  MPI_Init(&argc,&argv);
  // プロセス数の取得
  MPI_Comm_size(MPI_COMM_WORLD,&numprocs);
  // プロセスID(ランクID)の取得
  MPI_Comm_rank(MPI_COMM_WORLD,&myid);
  printf("Hello %d¥n", myid);
  // 終了処理
  MPI_Finalize();
}
```
実際にはここに処理を書く

あとは，OpenMPを使用するようにコンパイルします．これは，Linuxのコマンド画面に入力します．

```
$ gcc -fopenmp a.c
```

▶プロセス分散用ライブラリMPI

MPIは，Message Passing Interfaceの略です．名前からは想像できませんが，プロセス間をメッセージでやり取り(パス)することで通信します．例えば親プロセスは複数の子プロセスに計算をさせ，それぞれの計算結果を親プロセスが集めて最終結果とします．MPIはライブラリとして提供されており，その呼び出し規約がMPIです．ここではMPIを解説しません．OpenMPや最適化と異なり，MPIを利用するには手動プログラムが必要です．

MPIは，プロセス分散数と自分のプロセスIDを知ることにより，自分の担当処理範囲を自動で決定します．

MPIによる処理手順は，

① MPIの仕組みで分散された全プロセス数と自分のプロセスIDを知る
② 自分の担当する処理を決める．つまりは全データの担当分を処理する

このときに，担当データは時間依存性がないように分割しておくことが必要です．

プログラムの記述例をリスト2に示します．

● コンパイル方法(Linuxのコマンド画面で入力)

```
$ mpicc -Os -noparallel a.c
```

a.cというCプログラムをコンパイルする例です．a.outという実行ファイルが生成されます．

● 実行方法(Linuxのコマンド画面で入力)

以下のように実行ファイルa.outを動かします．

```
$ mpirun -n 2 a.out
```

---

column Linux特有の仕組み管理者権限とユーザ権限

スパコンで使われるLinuxでは，セキュリティを高めるために管理者と一般ユーザで使用できるコマンドの制限が異なります．

ホビー・ユースでは，権限をあまり気にする必要はありません．

そこで簡易的に一般ユーザからも管理者権限で実行できるsudoコマンドを使えます．sudoを入力する手間が増えますが，操作を明示的にすることで操作間違いを少し防止できます．

Linuxでは，管理者をスーパーユーザやrootと呼びます．コマンド操作で一般ユーザから管理者になることを「rootを取る」とか「suする」と呼びます．

Linuxのコマンドでは，コマンドプロンプトで一般ユーザと管理者を区別します．

```
$ コマンド  // 一般ユーザによるコマンド
# コマンド // 管理者によるコマンド
$ sudo コマンド //一般ユーザが管理者コマンドを使うときに利用
```

おのでら・やすゆき

第3話 作り方

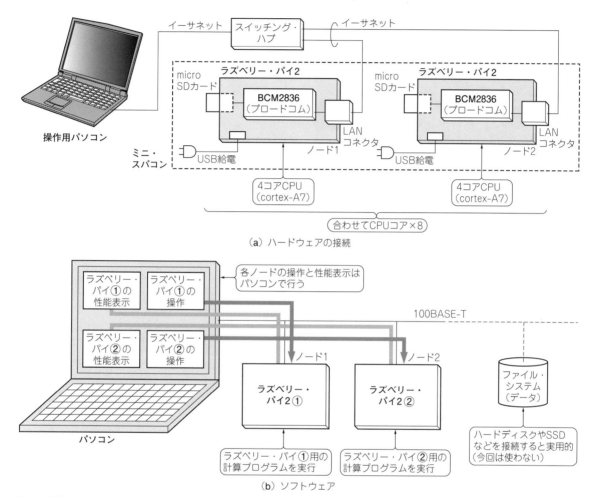

図25 製作するホーム用I/Oミニ・スパコン

スーパーコンピュータ「京」と同じ仕組みの並列コンピュータを，ラズベリー・パイ2を2台使って作ります．試すにはLinuxの知識がやや必要ですが，卓上で「京」のコンピュータ技術を再現できます．

製作の要となる並列計算は，フリーの並列化関数ライブラリOpenMPとMPIにまかせます．前者で単体のラズベリー・パイ2のCPUを並列で使えるようにし，後者で2台のラズベリー・パイ2を接続して合計8コアのCPUをフル回転できるようにします．

それぞれの実力を，実際のスパコンの評価に使われるベンチマーク・ソフトウェアで測定します．

製作手順

製作するミニチュア・スーパーコンピュータ(以下，ミニ・スパコン)の構成を図25に，実験の様子を写真3に示します．

ミニ・スパコンを構築する前に，まずはラズベリー・パイ2単体でマルチスレッド並列化ライブラリOpenMPを使って，マルチコア化の性能を実験します．いきなり構築してもうまく動作しない場合，何が原因でうまくいかないのかわかりません．そこで，ステップを踏みながら一歩ずつ進めます．

その後，ラズベリー・パイ2を2台組み合わせて図26のようにクラスタ化し，マルチプロセス並列化ライブラリMPIの実験を行います．

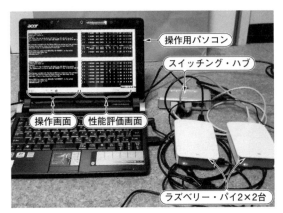

写真3 「京」と同じ仕組みの並列コンピューティングに挑戦

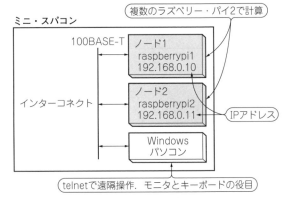

図26 ミニ・スパコンのネットワーク構成

表2 使用するハードウェア

項 目	数	備 考
ラズベリー・パイ	2	ラズベリー・パイ2 Model B
ケース	2	Pi Case Red/Wht（ラズベリー・パイ財団）
micro SDカード	2	8Gバイト，Class10
USB電源用ケーブル	2	micro USBコネクタ搭載品
LANケーブル	2	100BASE-T対応品
8ポート・スイッチングハブ	1	
USBキーボード	1	Raspbianインストール時に使用
USBマウス	1	
3.5 mm 4極-RCAケーブル	1	
HDMIケーブル	1	
USB電源(1A)	2	

表3 ラズベリー・パイの消費電流

状 態	消費電流
停止時	0.07 A
アイドリング時	0.25 A
フル負荷時	0.4 A

ハードウェア

使用するハードウェアを表2に示します．

● 周辺機器はOSのインストール時のみ使う

USBキーボード，USBマウス，RCAケーブル，HDMIケーブルは，OSのRaspbianをインストールするときのみ使用します．

● micro SDカードは読み書きが速いClass10を選ぶ

ラズベリー・パイに接続するmicro SDカードは，できるだけアクセス速度の速いClass10とします．SDカードには読み書き回数制限による寿命があるため，あまり酷使しないようにします．幸い，Linuxのファイル・システムはメモリ・キャッシュがデフォルトで働くため，ディスク・アクセスが少なめです．

● 通信インターフェースはLAN

ラズベリー・パイ間の通信インターフェース（インターコネクト）は100BASE-Tです．通常，スパコンでは，ノード間で高速なデータ通信を必要とするため，より高速な1000BASE-Tや10GBASEを用います．「京」では，さらに高速なTofuという特殊な立体構造の接続を用います．しかし，ラズベリー・パイ2はこれらを搭載していないため，100BASE-Tを利用することにします．

インターコネクトが高速な場合，それをハンドリングするためにCPU負荷も高くなります．本来の計算処理の負荷だけでなく，インターコネクト処理の負荷もCPU負荷に入れて負荷分散計画する必要があります．

● 電源

消費電流を測定します．

USB電流チェッカで測定した結果を表3に示します．これは平均値ですので，瞬間的にはこれをオーバーします．実際，0.5 A供給までのUSB電源では瞬間的に耐えられません．ラズベリー・パイ2の電源LEDはリセットIC（APX803-46）に接続されており，電源電圧(4.63 V以下で消灯)をモニターしていますが，電源LEDが点滅します．

ソフトウェア

● 「京」と同じ並列化ソフトウェアを使う

使用するソフトウェア一覧を表4に示します．これらは「京」と同様であり，スパコンを実現する根幹となるフリー・ソフトウェアです．スレッド分散としてOpenMP，プロセス分散としてMPIを利用します．

ベンチマーク・ソフト（HPCG-3.0）はOpenMPでもMPIでも利用できるようにプログラムされています．

表4 実験に使うソフトウェア

項　目	名　称
OS	Raspbian Jessie（カーネル・バージョン4.1）
コンパイラ	gcc（OS付属）
並列化ライブラリ（マルチスレッド）	OpenMP（gcc付属）
ベンチマーク・ソフト	HPCG-3.0
並列化ライブラリ（マルチプロセス）	MPICH-3.2

● パソコンからリモート操作するソフトウェア

OSであるRaspbianのインストールが終了したら，以降はTelnetによる遠隔操作を行います．デスクトップとしてではなく，計算サーバとして利用する場合，複数のノードを設定しなければならず，遠隔操作の方が効率的です．ネットワーク越しで作業するので，viなどのエディタ操作も前提です．

リモート操作用のターミナル・ソフトウェアとしてTelnetを使う理由はWindowsにクライアント・ソフトを標準搭載しているためです．セキュリティを気にする方は別途Tera Termなどを用意してください．

実験の下準備

以下，計算サーバとして使用するためのソフトウェアのインストールや設定を行います．なお，Linuxのコマンドや，OSであるRaspbianのインストールの説明は省略します．また，以下の手順では，設定を反映させるため，適宜再起動してください．

● ステップ1…Telnetの準備

パソコンから遠隔操作するためのTelnetサーバを，以下のコマンドでラズベリー・パイ2にインストールします．

```
# apt-get install telnetd
```

Windows側はTelnetクライアントを有効にします．［コントロールパネル］→［プログラムと機能］→［Windowsの機能の有効化または無効化］→［Telnetクライアント］の手順です．Windowsからコマンドプロンプトを起動し，ラズベリー・パイ2にtelnetコマンドで接続します．

● ステップ2…ホスト名の設定

ホスト名（ノード名）を設定するために，以下のようにして/etc/hostnameを編集します．

```
$ cat /etc/hostname
raspberrypi1
```

ユーザ名はpiのまま使用します．ノード2は同じ手順でraspberrypi1をraspberrypi2とします．

● ステップ3…固定IPの設定

ノードのIPアドレスが起動のたびにDHCPで変動しては混乱するので固定IPアドレスを設定します（ネーミング・サービスを利用していれば困りません）．/etc/network/interfacesファイルをエディタviなどでリスト3のように編集します．

さらに，各ノードのIP情報を/etc/hostsファイルに図27のように追記します．

● ステップ4…rootのパスワード設定

ステップ5以降の設定を行う際に，いちいち管理者モードにするsudoコマンドを入力する手間を省略するために，rootのパスワード設定を行います．

```
$ sudo passwd root
```

● ステップ5…デスクトップ画面を使わないようにする

起動時の画面をコンソール（コマンド入力画面）にします．デスクトップとして使用しないので，X Window Systemを起動しません．

```
$ sudo raspi-config
```

でコンフィグ画面を呼び出し，［Boot Options］で［Console］を選択．［Internationalisation Options］で［Timezone］を［Tokyo］にしておきます．

● ステップ6…USBメモリの自動認識

PCとUSBメモリ経由でベンチマーク結果などデータのやり取りを行います．そこで，USBメモリを便利に利用するため，図28のように自動認識できるようにします．

● ステップ7…OSとファームウェアの更新

OSとファームウェアの更新を図29のコマンドで行います．更新したら再起動します．再起動はsudo rebootコマンドで行います．なお，電源を切るにはsudo poweroffコマンドを使います．LANのアクセスランプが消え，SDカードのアクセスランプが消えればUSB電源を切ることができます．突然電源を切ってしまうと，ファイルを壊したり，ファイルシステムを壊したりすることがあります．

● ステップ8…性能測定コマンドのインストール

性能測定用のコマンド，iostat，mpstat，sarをインストールします．vmstat，netstat，topは標準イン

リスト3 各ノードのIPアドレスを固定する

図28 USBメモリをラズベリー・パイに自動認識させるための設定

図27 各ノードのIP情報をhostsファイルに保存する

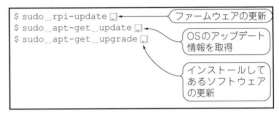

図29 ファームウェアの更新を行っておく

ストールされています．性能分析に必要なコマンドをインストールします．

```
$ sudo apt-get install sysstat
```

実験1　1台のラズベリー・パイでマルチスレッド化してみる

まずは1台のラズベリー・パイでOpenMPを使ってマルチスレッドをプログラムし，並列化の動作確認を行います．

■ 実験準備

● 事前確認

コンパイラやOpenMPがインストールされているかどうかを，図30のコマンドで確認しておきます．

● プログラムを作る

マルチスレッドのサンプル・プログラムをリスト4

図30 必要なソフトウェアがインストールされているかどうかを確認しておく

のようにa.cファイルに記述します．記述できたら，OpenMPを使用するように以下のコマンドでコンパイルします．

```
$ gcc -fopenmp a.c
```

すると，OpenMPのライブラリがリンクされてa.outという名前のバイナリ・ファイルができあがります．図31のようにlddコマンドで確認しておきます．

■ 実験

● 動かしてみる

CPU使用率を監視しながら，プログラムを実行します．コンソールを2つ開き，以下のように入力します．

```
$ vmstat -n 1
$ ./a.out
```

CPUのus（ユーザ使用率）が100％であり，4コアす

リスト4 マルチスレッドのプログラムを作成する

```c
#include <stdio.h>

int main()
{
    int i;
#pragma omp parallel for
    for(i=0;i<0x7fffffff;i++){
    }
}
```

```
$ ldd a.out
    linux-vdso.so.1 (0x7ee67000)
    /usr/lib/arm-linux-gnueabihf/libarmmem.so (0x76fb6000)
    libgomp.so.1 => /usr/lib/arm-linux-gnueabihf/libgomp.so.1 (0x76f7f000)
    libpthread.so.0 => /lib/arm-linux-gnueabihf/libpthread.so.0 (0x76f57000)
    libc.so.6 => /lib/arm-linux-gnueabihf/libc.so.6 (0x76e1a000)
    /lib/ld-linux-armhf.so.3 (0x54ba9000)
```

図31 動的リンクがはられているかを確認する

図32 実行時間をLinuxのtimeコマンドで調べてみる

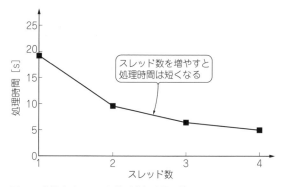

図33 分散するスレッド数が実行時間に効いている

べて使用していることを確認できます．スレッド数の制御は環境変数を設定するだけです．

```
$ export OMP_NUM_THREADS=2 ⏎
$ ./a.out ⏎
```

今度はユーザ使用率が50%になり，2コアだけ使用していることを確認できます．

● 実行時間の計測

`time`コマンドを使うと，**図32**のように実行時間を測定できます．

スレッド数の違いが実行時間の違いに現れます．`real`は実時間，`user`はCPUのユーザ使用時間，`sys`はシステム使用時間です．ユーザ時間が実時間を超えているのは，スレッド分散されているためです．

スレッド数を変えて実行時間を測定した結果を**図33**に示します．OpenMPによるスレッド分散は効果的なようです．実行時間がスレッド数4でスレッド数1のほぼ1/4に短縮します．

▶ラズベリー・パイ2の動作周波数はCPU負荷に応じて上下する

BCM2836の仕様上のクロック上限は800 MHzです（当初Broadcomは仕様を公開していましたが現在は削除されています）．ラズベリー・パイ2としては下限値が600 MHzで，上限が少しオーバークロックの900 MHzに設定しています．負荷が低いときは600 MHzで動作し，消費電力を削減しています．

現在の動作クロック値は次のコマンドで知ることができます．

リスト5 動作中のCPUクロックを確認するシェル・スクリプト

```
#!/bin/sh
for i in `seq 10`
do
  cat /sys/devices/system/cpu
              /cpu0/cpufreq/scaling_cur_freq
sleep 1
done
```

```
$ vcgencmd measure_clock arm ⏎
frequency(45)=600000000
```

▶CPUクロックの確認

動作中のCPUクロックを確認するシェル・スクリプトを**リスト5**に示します．負荷のかかるプログラムを実行すると600 MHzから900 MHzに変更される様子を確認できます．なお，本実験では基本性能を確認するため，ラズベリー・パイ2をオーバークロックしません．

スパコンとしての測定を行う

● スパコン用ベンチマーク・ソフトを用意する

ベンチマーク・ソフトHPCGをインストールし，OpenMPによるマルチスレッド化の効果を測定します．

HPCGは従来使われてきたベンチマーク・ソフトLINPACKの後継にあたり，今後の性能指標に使われる予定です．「京」のHPCG指標が公開されているため，ラズベリー・パイ2との性能比較ができます（p.313 **表1**参照）．

図34のようにHPCGを用意します．makeコマンドを実行すると，build/bin/xhpcgが生成されます．

● 結果…ベンチマーク・ソフトウェアHPCGがOpenMPに向いていない

図35のようにスレッド数を環境変数で指定しておき，xhpcgを実行します．

すると，HPCG-*.yamlファイルが生成されますが，約20分かかります．最後のHPCG result行が実行結果です．

```
HPCG result is VALID with a GFLOP/s
rating of: 0.0577359
```

図36にスレッド分散によるベンチマーク結果を示します．結論としては，ベンチマーク・ソフトHPCGはスレッド分散に向いていません．

1スレッドでは，**図37**のようにCPU使用率が25%（1コア分）に張り付いています．ところが**図38**に示すように，2スレッドでは50%に張り付かず，25%と行

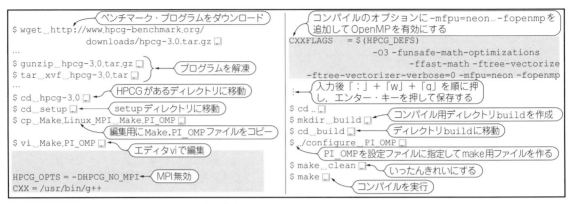

図34 スパコン用ベンチマーク・ソフトHPCGを用意する

図35 ベンチマーク・ソフトHPCGを動かす

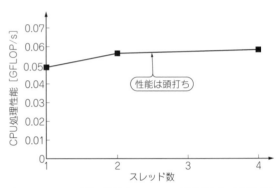

図36 スレッド分散で使用するCPUコア数を増やしても効果はあまり得られない
スパコン用性能測定ソフトHPCGでベンチマークを作った

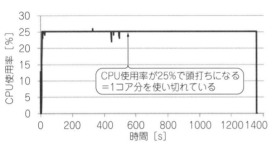

図37 1スレッド時のCPU使用率

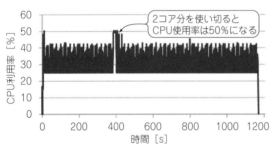

図38 2スレッド時のCPU使用率

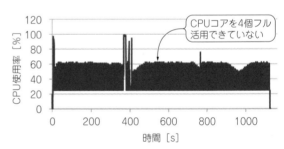

図39 4スレッド時のCPU使用率

き来しています．つまり2コアをフルに使い切っていません．図39に示すように，4スレッドも同様に100％に張り付かず，25％と60％くらいを行き来しています．何かしらの原因でCPUコアをフル活用できないことが，性能向上につながらなかった理由です．

実験2　2台のラズベリー・パイで分散処理をしてみる

プロセス分散用ライブラリMPIを使ったプロセス分散を実験します．

■ **実験準備**

● **ステップ1…MPIの準備**

図40に示すようにMPIをインストールします．Raspbianのソフト入手コマンドapt-getで手に入るMPICHのバージョンは古い3.1のため，最新バージョン3.2のソースコードからコンパイルしてインストールします．

第15章 2×ラズパイ2で超高速計算！ホーム用I/Oミニ・スパコンの製作

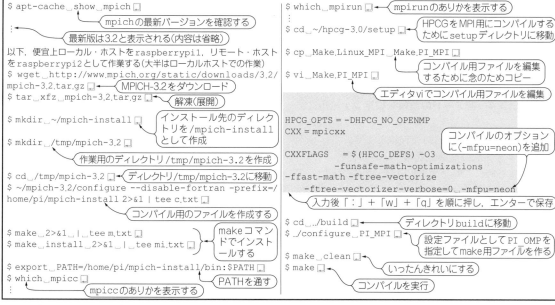

図40 プロセス分散用ライブラリMPIをインストールする

図41 パソコンでベンチマーク・ソフトHPCGを動かしてみる

図42 リモート操作をパスワード入力なしで行えるように変更する

今回の実験中は，従来から知られている~/.rhostsや/etc/hosts.allowの方法ではうまくいかなかったため，/etc/ssh/sshd_configファイルの中身のPubkeyAuthenticationが"yes"となっていることを確認しておく

図43 ベンチマーク・ソフトHPCGをラズベリー・パイ側に書き込む

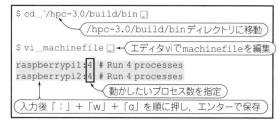

図44 ノード情報をMPIの設定ファイルに書き込んでおく

● ステップ2…ベンチマーク・ソフトHPCGの動作確認

パソコン側でベンチマーク・ソフトHPCGが動くかを図41のようにして確認します．mpiexecもmpirunもシンボリックリンクであり，実体は同じです．-n 1でプロセス数を指定します．-host respberrypi1で実行ホストを指定します．./xhpcgはベンチマーク・ソフト本体です．

● ステップ3…ラズベリー・パイ側にHPCGクライアントを書き込む

ベンチマーク実行に必要なファイルをリモート側にコピーします．パソコンからリモート操作を行います

が，いちいちパスワードを入力するのは面倒なのでパスワード入力を省略する設定を図42のように行います．

図43のように，ベンチマーク実行に必要なファイルをリモート側にコピーします．

HPCでは通常NFSを使ってファイル共有しますが，インターコネクトが100BASEと遅いため，あらかじ

めリモート側にコピーしておきます．NFSを使うこともできますが，MPIのインストールディレクトリの指定に気をつけてください．NFSでディレクトリが異なる場合，再度MPIを構築しなおす必要があります．

● ステップ4…各ノードの情報を設定ファイルに書き込む

設定ファイルmachinefileを作成します．各ノードと最大プロセス数の情報を図44のように記述します．mpirun実行時にこのファイルを指定することで，実行するノードが決定されます．ラズベリー・パイ2は4コアのため，4プロセス同時実行できます．

● ステップ5…ラズベリー・パイ側でベンチマーク・ソフトを動かす

リモート側でベンチマーク・ソフトが動くかどうかを確認しておきます．

```
$ mpirun -n 1 -host raspberrypi2 ./xhpcg
```

実験結果

● いざ動かす

さて最終目的である2ノードでベンチマークを行います．ベンチマーク・ソフトのメモリ消費量が大きいため，データ数を制限します．xhpcgをローカルとリモートで同時に実行します．

```
$ mpirun -n 8 -f machinefile ./xhpcg 64
```

● 結果

実験の結果は以下の通りです．1ノードでは0.0460794GFLOP/s，2ノードでは0.270554GFLOP/sとなります．

● MPIで1プロセスの結果（1ノード）

```
HPCG result is VALID with a GFLOP/s
rating of: 0.0460794
```

● MPIで8プロセスの結果（2ノード）

```
HPCG result is VALID with a GFLOP/s
rating of: 0.270554
```

図45に実験結果をまとめました．プロセス分散によって性能向上を確認できました．HPCGはプロセス分散に向いていることがわかります．4プロセスまではほぼ直線的に性能が伸び，8プロセスでは少し落ち

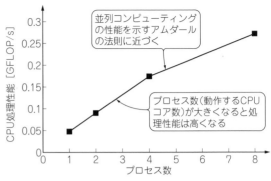

図45　ラズベリー・パイを複数台つないでミニ・スパコンとすると演算性能向上が期待できる

ます．4コアをフルに活用するとシステムのプロセスが動きにくくなるためです．

今回は2ノードまでのテストでしたが，8ノードに増やしても性能向上を期待できます．ノードを増やす方法は上記の方法を繰り返すだけです．

　　　　　＊　　　　　＊　　　　　＊

細かい点を解説できませんでしたが，大まかにスパコン「京」と同じ仕組みを構築し，同じ動作を経験することができました．デスクトップPCとは異なる世界があります．どのようにスパコンを実現しているのか，少しでも理解いただけたら幸いです．

今回はラズベリー・パイ2で実現しましたが，将来，もっと安価で高性能なハードが登場しても同じ仕組みと方法でHPCを実現できます．

● 今後のスパコンの方向性

次世代スパコンとして「京」の100倍の性能を検討しています．莫大な開発費がかかり，対費用効果も見えにくいため，難航が予想されます．

現在のクラスタ化だけでは性能向上は難しいため，複数のサイトを高速ネットワークで結び，大規模化していくでしょう．例えば神戸サイトだけでなく，東京サイトなど複数のサイトを結び，全体として大きなスパコンとなるようなイメージです．

大規模化を進めるためには施設（サイト）という殻を破る必要があります．国という殻も打ち破る必要が出てくるでしょう．スパコン性能を国家間で競うのではなく，人類の英知として活用すべく，共同で大規模化する必要があるでしょう．

おのでら・やすゆき

◆参考Webサイト◆
(1) http://www.hpci-office.jp/
(2) https://www.r-ccs.riken.jp/jp/

column 使わせていただいている無料版OS「Linux」と使ってあげている有料版OS「Windows」

Linuxを使うときは，最低限**表A**に示す違いを理解しておきましょう．LinuxとWindowsは，同じOSというカテゴリのソフトウェアですが，歴史的な背景が異なります．

Linuxは無料で使用できる代わりに保守や保証はありません．ユーザの自己責任で使用するのが原則です．

● Linuxの開発者はボランティア

Linuxはボランティアが開発したOSです．通常OSを開発するには莫大な資本（人，モノ，金）が必要ですが，Linuxの生みの親であるLinus Torvalds氏は開発を始めた当時大学生だったので，資金がありませんでした．

そこで，無料で使えることを約束し，ソースコードを公開する代わりに，ボランティアに開発を任せました．これは壮大な実験でした．結果は成功で，Linuxは現在もボランティアによる開発が続いています．Linuxが無料で使用できる背景には，ボランティアの開発者の支えがあります．

● 維持，管理，問題解決，保守は自分で行う

ユーザがLinuxを無料で使い続けるためには維持，管理，問題解決，保守を自分で行う必要があります．他人に依頼すると，保守費用が発生します．ボランティアは，好意や親切心など自発的な意思で開発を行っているため，タダ働きは強要できません．

そのため，Linuxのバグを直してほしいとボランティアに依頼することはできません．直したければソースコードが公開されているので自分でやってください…という方針なのです．

● 保証はナシ

Linuxには保証もありません．ログインすると次のように表示されます．

> Debian GNU/Linux comes with ABSOLUTELY NO WARRANTY
> （日本語訳：Debian GNU/Linuxは完全に無保証です）

開発はボランティアで行われているので，開発者には何の見返りもありません．見返りもなく責任だけ負わされるのでは誰もボランティアをしなくなります．そのため，ボランティアが作ったソフトウェアに保証は求められません．

おのでら・やすゆき

表A　無料版OS Linuxと有料版OS Windowsの違い

項　目	Linux	Windows
OS費用	無料	ライセンス販売
保守方式	ユーザによる手動更新	自動更新
ソースコード	公開	非公開
開発方式	ボランティア	自社
保証	なし	あり

初出一覧

本書の下記の章は，『トランジスタ技術』誌に掲載された記事を元に，加筆・再編集したものです．

章	掲載号	掲載時タイトル	筆者名
イントロダクション	書き下ろし	ラズベリー・パイのOS「Raspbian」のインストール	編集部
第1章	2016年8月号	特集 付録×ホビー・スパコンで科学の実験	
		プロローグ みんなの科学ガジェット ラズパイ兄弟 勢ぞろい	砂川 寛行
		第1章 ラズベリー・パイ3がおすすめな七つの理由	砂川 寛行
		第2章 Pi 1号発射！ 科学ガジェット・スパコン 私の遊び方	砂川 寛行
		第3章 消費電力を実測！ 電池動作時間の見積もりと電源製作	砂川 寛行
		第7章 実測！ CPUの演算性能とWi-Fi/Bluetoothの通信速度	三好 健文
		第8章 カメラ眼付き人工知能コンピュータの実験	三好 健文
		Appendix 人工知能プログラミング環境 TenseFlowの分散処理機能で高速機械学習	三好 健文
第2章	2016年8月号	はんだ付けから！ IoT電子工作ガジェット教材「Apple Pi」	小野寺 康幸
第3章	2017年1月号	オールDIPで1日製作！ 音声認識ハイレゾPiレコーダ「Pumpkin Pi」	小野寺 康幸
		Appenndix スタンドアロン動作のラズベリー・パイのOSを赤外線リモコンでシャットダウン	小野寺 康幸
	2017年8月号	ラズパイ音声認識基板Pumpkin Pi 一発セットアップ・プログラム公開	小野寺 康幸
第4章	2017年2月号	特集 全実験室に！ 高IQアルデュイーノ基板	
		イントロダクション π duino誕生！	編集部
		第1章 全実験室に告ぐ！ 高IQアルデュイーノπ duino誕生	砂川 寛行
		第2章 オールDIP！ 付録基板で1日製作！ π duinoの組み立て方	砂川 寛行
		第3章 1番簡単！ スケッチ言語でπ duinoプログラミング体験	砂川 寛行
		第4章 虫や動物，マシンの会話を盗み聞き！ こうもりヘッドホンの製作	砂川 寛行
		第5章 超ロー・パワー Arduinoで作る違法駐車チクリ・カメラ魔ン	岩田 利王
		Appendix 世界中の実験室で大活躍！ Arduinoってこんなマイコン・ボード	砂川 寛行
第5章	2016年12月号	特集 コンピュータ撮影！ Piカメラ実験室	
		Piカメラ 第1実験室 猫だけに反応！ 人工知能ツイッター・トイレ	鮫島 正裕
		Piカメラ 第2実験室 20cm以下の床下をらくらく点検！ Piカメラ偵察ローバ	村松 正吾
		Piカメラ 第3実験室 ミクロ探検隊！ スーパー・ズームPiカメラ顕微鏡	志田 晟
		Piカメラ 第4実験室 「赤黒茶…100Ωです！」 抵抗値即答マシン	宮田 浩
		Piカメラ 第5実験室 スピード対決！ お絵描き系MATLAB/Simulink vs スクリプト系Python	宮田 浩
		Piカメラ 第6実験室 -273〜+300℃！ Piカメラ・サーモグラフィ	エンヤ ヒロカズ
		Piカメラ 第7実験室 Piカメラで体内透視！ 近赤外線レントゲン・プロジェクタ	大滝 雄一郎
第6章	2017年4月号	ド真ん中撮影！ ロボット・アーム・カメラ「Pi蛇の眼」（前編）	松井 秀次
	2017年5月号	ド真ん中撮影！ ロボット・アーム・カメラ「Pi蛇の眼」（後編）	横山 昭義
第7章	2016年3月号	特集 緊急実験！ 5ドルI/Oコンピュータ上陸	
		のっけから異次元電子工作！ 24時間インテリジェント・ムービ	岩田 利王
第8章	2017年2月号	「安心してお出かけください」親切すぎるウェブ・カメラマンの製作	岩田 利王
第9章	2017年3月号	実家の両親でも一発完勝！ QRコード解読Webカメラ	田中 二郎
第10章	2017年4月号	ギャラは電池3本／月！ 必撮猪鹿カメラマン	岩田 利王
	書き下ろし	Appendix 4 罠トリガ対応版で害獣を捕まえる！	岩田 利王
第11章	2017年2月号	徹底評価！ PiCameraの生800万画素の画像データの取り出し方と評価	越澄 黎
第12章	2016年3月号	特集 緊急実験！ 5ドルI/Oコンピュータ上陸	
		自動で愛犬撮影&メール送信！ 留守番ウェブ・カメラマン	岩田 利王
第13章	2016年12月号	特集 コンピュータ撮影！ Piカメラ実験室	
		Appendix USBワンセグとラズパイで日中も！ 流星キャッチャの製作	藤井 義巳
第14章	2017年6月号	ハードディスク×Pi 24時間365日フェニックス・サーバの製作	杉崎 行優
第15章	2016年3月号	2×ラズパイ2で超高速計算！ ホーム用I/Oミニ・スパコンの製作	小野寺 康幸

著者プロフィール

岩田 利王（いわた・としお）
1967年岐阜県岐阜市生まれ．東京理科大学理工学部電気工学科卒業後，ケンウッド社，シーラスロジック社に勤務．現在，株式会社デジタルフィルター（DIGITALFILTER.COM）代表取締役．デジタル信号処理，画像処理，FPGA関連の著書多数（主にCQ出版社）．

エンヤ・ヒロカズ
技術系サラリーマンのかたわら，プライベートで執筆活動を行っている．執筆している技術領域は本業と近いが，あくまで「業務外の自己啓発活動」．

大瀧 雄一郎（おおたき・ゆういちろう）
画像処理システム構築に携わり，LVDS，USB，IEEE 1394，Gigabit Ethernetなどの画像入力ボード，USB，Gigabit Ethernetなどカメラ，DSPやFPGA，ARMを使ったCPUボードの開発を行う．

小野寺 康幸（おのでら・やすゆき）
東京電機大学・電子工学科卒．サン・マイクロシステムズのSEとして長年勤務．Unixやプログラムに精通．電子工作記事を多数執筆．

越澄 黎（こずみ・れい）
2002年：早稲田大学 博士（工学）
2018年：PixArt Japan CTO

鮫島 正裕（さめしま・まさひろ）
半導体関連の仕事に従事しているエンジニア．トランジスタ技術に執筆あり．

志田 晟（しだ・あきら）
分析機器メーカで機器開発設計に長年かかわる．主に電気回路設計．製品開発にmatlabなどの計算ソフト，各種シミュレータを活用．

杉﨑 行優（すぎさき・ゆきまさ）
筑波大学の情報系学部所属．現在4年．Idein株式会社でアルバイトとして働き，Raspberry Piに関する調査や試作基板，デバイスドライバ，ライブラリ，計算カーネルの開発を行う．

砂川 寛行（すながわ・ひろゆき）
1971年生まれ沖縄県出身．工業系大学を卒業後，印刷機メーカの電気系開発部門勤務．ラズベリー・パイZEROの紹介記事をきっかけにトランジスタ技術にて，ラズベリーパイやArduinoなどのマイコン関連の執筆を行う．ほかπduino，IoT Express MK-Ⅱなど特集基板を設計．

田中 二郎（たなか・じろう）
慶應大学大学院卒，開智国際大学准教授をへて，現在は遊び人．ハードからソフト，ネットワークまで，なんでも屋さん．自宅に専用線を引いてサーバを設置して23年め．現在はRISC-Vに挑戦中．

富澤 祐介（とみざわ・ゆうすけ）
輸送機器メーカ勤務．ラズベリー・パイを使った電子工作やアプリ制作，タイヤ交換から魚の三枚下ろしまで，自分の手を動かして「できた！」を楽しむエンジニア．

藤井 義巳（ふじい・よしみ）
長崎出身，無線とコンピュータそしてアウトドアが大好きなソフトウェア技術者です．近頃はSDRで衛星からの信号を受信するのにハマっていてキャンプ場でNOAA衛星からの映像を受信して遊んだりしています．

松井 秀次（まつい・しゅうじ）
1959年，山口県生まれ．1979年，大阪電気通信大学短期大学部を卒業し，海洋機器メーカで電子機器開発設計に従事．2002年に電子技術工房として個人事業を開業．2008年，株式会社電子技術工房として法人化．電子機器の受託開発および自社製品開発を行う．

三好 健文（みよし・たけふみ）
高性能計算から組み込み処理まで「効率の良いシステム」を「簡単に」実現できるようにするのが夢．Javaで書かれたプログラムをVHDL/Verilog HDLに変換する高位合成処理系Synthesijerを開発中．

村松 正吾（むらまつ・しょうご）
1995年：東京都立大学大学院工学研究科電気工学専攻了．
1998年：博士（工学）．
1997年：同大・工・電子情報工学科助手．
1999年：新潟大・工・電気電子工学科助手．
現在：同大・工・電子情報通信プログラム准教授．

横山 昭義（よこやま・あきよし）
ソフトウェアの受託開発を始めて20数年．還暦を過ぎてもコード書いてる爺です．最近はPython，Node.jsでの開発が多いです．よろしかったら，おもちゃ箱へおいでください．https://moosoft.jp

（50音順）

- ●本書記載の社名，製品名について ── 本書に記載されている社名および製品名は，一般に開発メーカーの登録商標です．なお，本文中では™，®，©の各表示を明記していません．
- ●本書掲載記事の利用についてのご注意 ── 本書掲載記事は著作権法により保護され，また産業財産権が確立されている場合があります．したがって，記事として掲載された技術情報をもとに製品化をするには，著作権者および産業財産権者の許可が必要です．また，掲載された技術情報を利用することにより発生した損害などに関して，CQ出版社および著作権者ならびに産業財産権者は責任を負いかねますのでご了承ください．
- ●本書に関するご質問について ── 文章，数式などの記述上の不明点についてのご質問は，必ず往復はがきか返信用封筒を同封した封書でお願いいたします．勝手ながら，電話での質問にはお答えできません．ご質問は著者に回送し直接回答していただきますので，多少時間がかかります．また，本書の記載範囲を越えるご質問には応じられませんので，ご了承ください．
- ●本書の複製等について ── 本書のコピー，スキャン，デジタル化等の無断複製は著作権法上での例外を除き禁じられています．本書を代行業者等の第三者に依頼してスキャンやデジタル化することは，たとえ個人や家庭内の利用でも認められておりません．

JCOPY 〈(社)出版者著作権管理機構委託出版物〉
本書の全部または一部を無断で複写複製(コピー)することは，著作権法上での例外を除き，禁じられています．本書からの複製を希望される場合は，(社)出版者著作権管理機構(TEL：03-3513-6969)にご連絡ください．

カメラ×センサ！ラズベリー・パイ製作全集 [基板3枚入り]

2019年5月10日　初版発行
2019年12月1日　第3版発行

©CQ出版株式会社 2019
(無断転載を禁じます)

編　集　トランジスタ技術編集部
発行人　寺前　裕司
発行所　CQ出版株式会社
　　　　（〒112-8619）東京都文京区千石4-29-14
　　　　電話　編集　03-5395-2123
　　　　　　　広告　03-5395-2131
　　　　　　　営業　03-5395-2141

ISBN978-4-7898-4702-5
定価は表四に表示してあります
乱丁，落丁本はお取り替えします

編集担当　島田　義人／沖田　康紀
DTP・印刷・製本　三晃印刷株式会社
Printed in Japan